高等职业教育(专科)"十三五"规划教材

宠物疫病防治

黄文峰　韩　周　主编

中国农业大学出版社
·北京·

内容简介

《宠物疫病防治》是高职高专宠物医学及相关专业的专业课程教材。本书融入案例教学法、任务教学法、项目教学法，突出了动手能力和专业技能的培养，充分体现了专业课教材的理实一体性。《宠物疫病防治》分为14个学习情境，学习情境下设项目，内容包含宠物传染病的病例、诊断、治疗、预防及常见寄生虫病的症状、诊断和防治。所有内容均最大限度地保证其科学性、针对性、应用性和实用性，并力求反映当代新知识、新方法和新技术。

图书在版编目(CIP)数据

宠物疫病防治 / 黄文峰，韩周主编. — 北京：中国农业大学出版社，2016.8(2022.1 重印)
ISBN 978-7-5655-1693-1

Ⅰ.①宠… Ⅱ.①黄… ②韩… Ⅲ.①宠物-防疫-高等职业教育-教材 Ⅳ.①S858.93

中国版本图书馆 CIP 数据核字(2016)第 194844 号

书　　名 宠物疫病防治
作　　者 黄文峰　韩　周　主编

策划编辑 康昊婷　姚慧敏　　**责任编辑** 王艳欣
封面设计 郑　川　　**责任校对** 王晓凤
出版发行 中国农业大学出版社
社　　址 北京市海淀区圆明园西路 2 号　　**邮政编码** 100193
电　　话 发行部 010-62818525，8625　　读者服务部 010-62732336
编辑部 010-62732617，2618　　出　版　部 010-62733440
网　　址 http://www.cau.edu.cn/caup　　**E-mail** cbsszs @ cau.edu.cn
经　　销 新华书店
印　　刷 涿州市星河印刷有限公司
版　　次 2017 年 9 月第 1 版　2022 年 1 月第 2 次印刷
规　　格 787×1 092　16 开本　24 印张　590 千字
定　　价 59.00 元

编审人员
CONTRIBUTORS

主　编　黄文峰（辽宁职业学院）

韩　周（辽宁农业职业技术学院）

副主编　欧红萍（成都农业科技职业学院）

潘志忠（松原职业技术学院）

张冬波（辽宁职业学院）

参　编　（按拼音排序）

陈立华（辽宁职业学院）

高德臣（辽宁职业学院）

李海龙（辽宁职业学院）

李　杰（铁岭市动物疫病预防控制中心）

宋立新（大连东日动物医院）

杨惠超（辽宁职业学院）

张喜丰（沈阳市兽药饲料监察所）

主　审　宋连喜（辽宁农业职业技术学院）

前言
PREFACE

随着宠物诊疗工作就业岗位逐年增加，选择学习宠物养护与疫病防治专业的高职生越来越多，这充分体现了中国养宠物的家庭数量之多，宠物疫病防治不但影响到宠物本身的健康，且有些传染病是人兽共患病，同样影响到接触宠物的人群健康。因此，研究宠物传染病的诊断与防治技术日益重要。根据社会调研与国家骨干高职院校建设的教学改革需要，我们组织编写了这本项目化教材《宠物疫病防治》，以满足宠物诊疗工作和高职院校教学的需要。

教材从编写体例设计上，突破以往大专教材的形式与思维模式，按照宠物诊疗工作流程和案例教学法的方向，以学生就业需求为导向，以适用"工学结合"教学模式为出发点，本着理论与实践相融合的思路，进行编写，力求符合现代学生发现问题、解决问题的认知与掌握知识的学习特点，提高学生的学习热情。

本教材由辽宁职业学院等多家单位联合编写，由黄文峰、韩周任主编，具体分工为：欧红萍编写学习情境一至学习情境三；张冬波编写学习情境四；黄文峰编写学习情境五项目一至项目十五；陈立华编写学习情境五项目十六、十七；李海龙编写学习情境五项目十八、十九；杨惠超编写学习情境六；高德臣编写学习情境七；韩周编写学习情境八至学习情境十三；潘志忠编写学习情境十四。全书由黄文峰统稿，张喜丰、宋立新和李杰协助统稿，宋连喜主审。

在编写过程中，尽管对本书内容反复修改和审定，但疏漏在所难免，敬请同行专家和师生批评指正。

编　者

2016 年 6 月

目录 CONTENTS

学习情境一

宠物传染病防治措施

项目一　宠物健康体检

项目二　宠物传染病的预防

项目三　宠物传染病的诊断与治疗

项目四　宠物诊疗机构的消毒与患病宠物尸体的处理

Project 1

宠物健康体检

学习目标

了解宠物健康体检对宠物饲养的重要性；
掌握宠物预防保健的具体内容；
熟悉宠物定期保健检查的内容。

随着生活水平的提高，物质生活的极大丰富，人们已不满足目前的生活，逐渐追求更高的精神享受。现代生活中，宠物已经成为人类的亲密朋友，饲养宠物的人越来越多，但人类与宠物的亲密接触，为人兽共患病的传播提供了可能，进而威胁到人类健康。因此，做好宠物防疫工作，就成为保证人类自身健康的重要一环，而宠物尸体处理也是保证人类健康的重要方面。宠物的排泄物及宠物尸体是一类特殊的“垃圾”，传播疾病，污染环境。死亡的宠物很大部分都是患病的，即便是正常死亡的宠物，其携带的病原微生物对人类的健康安全也具有潜在的威胁，如不对其进行严格的无害化处理，很容易造成疾病的传播。

【案例导入】

某人买了一只爱犬，对其宠爱有加，给它做美容，经常洗护，但有一天，爱犬突然精神状态不好，呕吐，腹泻，发烧，去宠物医院检查，确诊得了传染病，建议作疫苗注射及治疗，某人很不解，爱犬这么干净，又是品种犬，为何患了传染病？

【项目描述】

宠物传染病的传播途径多种，与其他隐性感染犬接触或者接触过患犬排泄物，爱犬很容易被传染，且对人有一定的危害。为防止宠物传染病的危害，全国多地区出台了养犬管理规定，爱犬人士必须携带爱犬到指定动物医院接受体检，健康犬作疫苗预防，办理宠物健康免疫证，然后按程序办理养犬许可证，按规定时间注射疫苗，核准犬的免疫证明，未经核准，任何单位和个人不得养犬。

相关知识

一、犬猫的健康状况

幼犬猫常常具有以下基本状况：①健康犬猫活泼好动，反应灵敏，喜欢和人玩耍，当人们向它们示意时，它们会自动而有信心地向人走来。当人在其旁边出其不意地猛拍手时，并不表现太多害怕。扔去爱吃食物立刻扑过去吃。用手轻触它的尾巴，马上能转过头来，行动时有速度感。②眼睛明亮，大小一致，无分泌物或白内障。③鼻端湿润，皮肤和耳内干净无病损，无异常气味。④口内颜色红润无口臭，牙齿生长良好，排成一排，咬合良好，齿数和年龄相适应。⑤身体发育匀称，抱起来比估测的体重要重，但不肥胖。吃食香甜，被毛光泽，无稀薄脱落。⑥公犬猫应有两个睾丸。仔犬生后2周，即可摸到睾丸，肥胖仔犬触摸困难些。到4月龄，犬猫通常都可触摸到。⑦排的粪便成形正常，消化良好，肛门周围干净。

二、犬猫的预防性保健

为了使犬猫身体健康，美丽漂亮，活泼可爱，减少疾病，延长寿命，成为主人极要好的忠诚朋友，我们应运用现代医学科学知识和医疗工具，对犬猫进行有效的预防性保健，从而减少犬猫发病，节省治疗疾病开支。其预防性保健内容如下：

1.疫苗接种注射　幼犬断奶和幼猫60日龄以后，就可进行疫苗接种注射，以后每年还要进行。疫苗接种能增强犬猫机体免疫功能，预防多种致命性传染病。同时，也能减少由犬猫传染给人的人和犬猫共患传染病。

2.体内外寄生虫的防治　幼犬猫3周龄时，就应做粪便虫卵检验，并开始用药驱虫。同时，还应做好体外的螨、虱子和跳蚤等的杀灭。驱虫最好在兽医指导下进行，以便做到对虫下药，使驱虫效果好，不产生毒副作用。犬猫需终生进行体内外寄生虫防治。

3. 适当的营养　幼犬猫处于生长发育阶段，成年犬猫处于维持平衡阶段，老年犬猫处于衰老耐受力降低阶段，妊娠和哺乳母犬猫处于给胎儿和仔幼犬猫提供大量营养阶段，它们处的阶段不同，需要的营养成分各异。给不同阶段犬猫提供不同营养成分，是保证其健康少生病的主要条件。

4. 适当运动　对不同年龄段的犬猫，进行不同量的运动、玩耍或训练，对促进血液循环和肌肉发育，预防肥胖和心脏病等十分重要。但一定注意不能过量，不要超过它们的承受能力。

5. 去势和摘除卵巢　也称中性化。中性化能使犬猫变得温顺，减少攻击和不良行为，减少公母犬猫生殖器官疾病和乳房肿瘤，控制生育。

6. 定期保健检查　每年至少一次携犬猫到动物医院，或给犬猫注射疫苗或驱虫时，请兽医做健康检查，以便早期发现疾病征兆，及早进行防治。清理牙垢或牙石，防止牙周炎发生。

7. 基本训练　对犬猫进行基本训练，使其定点大小便，学习些基本动作技能和遵守纪律，预防意外事件的发生，避免令人不快的行为出现，如啃咬电线、攻击人和其他动物等。

三、犬猫的定期保健检查

犬猫饲养者，把犬猫作为自己的最好朋友，还需把犬猫医生也作为自己的好朋友，并经常请教他们。购买犬猫前请教他们，购买后最好立即带犬猫到动物医院，请兽医检查，和兽医共同制定出一个注射疫苗、驱虫和定期保健检查的计划。每次去动物医院前，先考虑好这次需要解决和咨询的问题。例如进行犬猫粪便虫卵检验，用以确定体内有无寄生虫寄生；进行血液检验，用以诊断犬猫有无严重疾病存在等。

犬猫的定期保健检查，每年进行1～2次，一般包括如下内容：

1. 询问　内容包括日常的饲养管理、生长发育、体重、疫苗防疫注射、驱虫、与其他犬猫接触情况等。

2. 整体检查　包括精神状态、站立姿势、运动、体温、呼吸和脉搏等。

3. 眼睛　正常犬猫的眼睛应是明亮的，无分泌物，眼睑上无肿物。如有分泌物，可用棉花蘸着温水，清洗一下。

4. 耳　正常犬猫的耳朵是清洁的，无分泌物和异味。如果耳内有蜡质分泌物，可用棉签蘸温水，最好蘸滴耳液，清理一下。耳内有耳螨寄生时，产生黑色分泌物，需请兽医治疗。

5. 鼻　正常犬猫的鼻端是干净湿润的，无任何损伤，鼻孔内无分泌物。

6. 口腔　打开犬猫口腔，正常齿龈呈粉红色。检查犬猫牙齿有无异常，牙上有无牙石，一般半年或一年检查和去除一次牙石。检查嘴唇有无损伤等。

7. 皮肤和被毛　用双手抚摩全身被毛，检查皮肤有无损伤、肿瘤、肿块和蜱的寄生。翻弄被毛，检查有无跳蚤或虱子寄生，有无皮屑或污物。

8. 腿、趾和尾　检查四肢关节和趾有无肿大异常，爪是否过长、长入肉内，趾间有无异物，以及尾巴情况。

9. 肛门　检查肛门和肛门腺有无感染肿胀，肛门上有无绦虫节片。

10. 生殖器官　检查母犬猫阴门有无肿胀和分泌物，乳房内有无肿块。检查公犬猫睾丸是否是2个，质地有无异常，包皮口有无异常和分泌物。

11. 腹部触诊　触诊胃肠道内有无异物或肿瘤，肝、肾等器官有无肿大和质地变化等。

Project 2

宠物传染病的预防

学习目标

掌握传染病的概念、特征及发展阶段；
掌握传染病流行的基本环节；
掌握疫病防控的基本原则及内容。

一、传染病的概念

凡是由病原微生物引起的，具有一定的潜伏期和临诊表现，并且具有传染性的疾病，称为传染病(communicable disease)。由于各种病原微生物的致病机理不同，所以动物受侵害的器官也有差异，从而使得动物患病以后的表现也千差万别。

二、传染病的特征

传染病虽然因病原微生物的不同以及动物的差异，在临床上表现各种各样的症状，但同时也具有一些共性。传染病主要有以下特点：

1. 由病原微生物引起

传染病都是由病原微生物引起的，如狂犬病由狂犬病病毒引起，犬瘟热由犬瘟热病毒引起。虽然理论上传染病都只由一种病原微生物引起，但临床上混合感染非常普遍，特别是慢性患病动物体内的病原微生物往往非常复杂。

2. 具有传染性和流行性

所有的传染病患病动物都能通过一定的方式向体外排出病原体，这些病原体可能通过适当的途径进入其他动物体内，引起其他动物的感染，这就是传染性。传染性是传染病固有的重要特征，也是区别非传染性疾病的主要指标。个别动物的发病造成了群体性的发病，这就是传染病的流行性。

3. 感染的动物机体发生特异性免疫反应

几乎所有的病原微生物都具有抗原性，所以当病原微生物侵入动物体内都会激发动物体的免疫应答，也就是发生特异性免疫。但是免疫反应的发生并不一定能保证动物的健康，当免疫不能杀灭或限制病原微生物时，动物就会发病，甚至死亡。

4. 耐过动物能获得特异性保护

当患传染病的动物耐过后，动物体内产生了一定量的特异性免疫效应物质(如抗体、淋巴因子等)，并能在动物体内存留一定的时间。在这段时间内，这些效应物质可以保护动物机体不受同种病原微生物的侵害。每种传染病耐过保护的时间长短不一，有的几个月，有的几年，也有终身免疫的。掌握传染病的耐过免疫对预防传染病是非常有利的。

5. 具有特征性的症状和病变

由于一种病原微生物侵入易感动物体内，侵害的部位相对来说是一致的，所以出现的临床症状也基本相同，显现的病理变化也基本相似。但也有同一病原微生物引起动物出现完全不同的临床表现的，这与这些病原微生物侵害部位的不同有密切的关系。

传染病和其他疾病有所差异，也有共同的地方。临床上发现疑似传染病疫情时，要综合分析，认真诊断，控制疫情。

三、传染病的发展阶段

为了更好地描述动物传染病的发生、发展规律，人们将传染病分成了不同的阶段。虽然各阶段有一定的划分依据，但有的界限不是非常严格。

1. 潜伏期

从病原微生物侵入机体，到动物出现最初症状为止的一段时间称为潜伏期。不同的传染病潜伏期不同，就是同一种传染病也不一定相同。潜伏期一般与病原微生物的毒力、数量、侵入途径和动物机体的易感性有关，但内源性感染的潜伏期很难确定。一般来说，传染病的潜伏期还是相对稳定的，如犬细小病毒病的潜伏期为 7～14 d，犬瘟热的潜伏期为 3～5 d。总的说来，急性传染病的潜伏期比较一致；而慢性传染病的潜伏期则差异较大，较难把握。一种传染病的潜伏期短时，疾病经过往往比较严重；潜伏期长时，则表现较为缓和。因为动物处于潜伏期时没有临床表现，所以难以被发现，对于健康动物是较大的威胁。了解传染病的潜伏期对于预防和控制传染病有极其重要的意义。

2. 前驱期

从动物出现最初症状开始到出现特征性症状为止的一段时间。这一阶段一般时间较短，仅表现疾病的一般症状，如食欲下降、发热等。

此时对传染病的诊断来说是非常困难的，所以要加强观察，及时发现动物的异常表现。前驱期一般时间较短，但有时很难和明显期区别。

3. 明显期

是疫病主要症状的表现时期，同时这一阶段患病动物排出体外的病原微生物也最多，传染性最强。所以患病动物的隔离在明显期非常重要。当然明显期也是疫病最容易诊断的时期。这一阶段的措施是否得当，对传染病能否得到有效控制非常关键。

4. 转归期

是指明显期进一步发展至动物死亡或恢复健康的一段时间。随着病情的发展，如果动物机体不能有效控制或杀灭病原微生物，病原微生物进一步生长繁殖，必然使得动物最终死亡；如果动物机体的抵抗力得到加强，病原微生物得到有效控制或杀灭，动物的症状就会逐步缓解，体内的病理变化慢慢恢复，生理机能逐步正常。动物恢复健康后，会保持一定时间的特异性抵抗力。动物康复后，体内的病原微生物不一定马上消失，带毒（菌）现象会持续一定时间，各种病原微生物的保留时间不同。

四、流行过程的基本环节

动物传染病的流行必须同时具备 3 个基本环节，即传染来源、传播途径和易感动物群。这 3 个环节同时存在并互相联系时，就会导致传染病的流行，如果 3 个环节中任一环节受到控制，传染病的流行就会被终止。所以在预防和扑灭传染病时，要紧紧围绕这 3 个基本环节来展开工作，从而达到防控传染病的目的。

（一）传染来源

传染来源简称传染源，是指某种传染病的病原体能够在其中定居、生长、繁殖，并能够将病原体排出体外的动物机体。具体说来，就是指体内有病原微生物，且能够排出病原微生物的动物，主要包括患病动物和病原携带者（carrier）。传染源排出病原微生物的整个时期称为传染期（period of infection）。

患病动物所处的环境以及排泄物，都有病原微生物的存在，一般不适合于微生物的生长，所以一般不纳入传染源，而是作为传播媒介。

1. 患病动物

患病动物是最重要的传染源。动物在发病期间(特别是明显期)能排出大量毒力强的病原微生物，因此传播疾病的可能性也大，疾病早期和末期相对排出病原微生物较少，传播疾病的机会也相应降低。

2. 病原携带者

是指没有临床表现，但体内带有并能排出病原微生物的动物机体，更具有危险性。由于很难被发现，平时常常和健康动物生活在一起，所以对其他动物影响较大。主要有以下几类：

(1)潜伏期病原携带者　大多数传染病在潜伏期并不排出病原微生物，所以并不能作为传染源。但少数传染病(如狂犬病、犬瘟热等)在潜伏期的后期能排出病原体，因此能够传播疫病。

(2)恢复期病原携带者　是指病状消失后仍然排出病原微生物的动物。大多数传染病恢复后不久，体内的病原微生物即从体内消失，但有部分传染病(如布鲁氏菌病、巴氏杆菌病等)康复后仍能长期带菌。对于这类病原携带者，应进行反复的实验室检查才能查明。

(3)健康病原携带者　是指动物本身没有患过某种传染病，但体内有并且能排出该病病原体的动物。一般认为这多为隐性感染或是条件性病原微生物感染所致，如巴氏杆菌病、沙门氏菌病、结核病等。这类病原携带者存在间歇排出病原体的现象，在引进动物时要特别注意这类动物。

(4)机械性病原携带者　是指某些动物本身并不发生某种传染病，但该病病原体能在其体内生长、繁殖，并能排出体外的动物。如蚊子不会发生乙型脑炎，但乙型脑炎病毒却能通过蚊虫叮咬进行传播。所以多种动物混养时，一定要防止疫病的相互传播。

(二)传播途径

病原微生物从传染源排出后，通过一定的途径侵入另一动物，这种途径称为传播途径。掌握传染病传播途径的重要性在于人们能有效地切断传播途径，保护易感动物的安全。传播途径可分为水平传播、垂直传播两大类。

1. 水平传播(horizontal transmission)

是指动物传染病在动物群体中或个体间相互传播，可分为直接接触传播和间接接触传播两种。

(1)直接接触传播　是指在没有任何外界因素参与下，病原体通过传染源与易感动物的直接接触而引起的传播，如交配、舔咬、身体摩擦等。最具代表性的是狂犬病，大多数情况下是被狂犬病患病动物咬伤而感染的，其流行呈链状，不会造成大面积流行。以直接接触传播的传染病较少。

(2)间接接触传播　通过外界因素的参与，病原体通过传播媒介使易感动物感染的方式，称为间接接触传播。将病原体从传染源传递到易感动物的各种外界因素称为传播媒介。一般把有生命的传播媒介称为媒介者，无生命的称为媒介物。常见的传播媒介有以下几类：

①被污染的日粮、饮水和用具　这是最常见的一类媒介。传染源的分泌物、排泄物等污染了日粮、饮水及周围环境中的物体，其他生活于或经过该环境的动物就可能感染病原微生物。如犬瘟热、犬细小病毒病等就可以经过这样的途径传播。

②被污染的空气(飞沫、尘埃)　空气并不适合于病原微生物的生存，但病原微生物可以

短时间内存留在空气中。空气中的飞沫和尘埃是微生物的主要依附物。几乎所有的呼吸道传染病都主要通过飞沫进行传播，如流行性感冒、结核病、犬传染性喉气管炎、猫鼻气管炎等。一般动物密度大、光线暗、通风不良等有利于病原体通过空气进行传播。

③活的媒介　主要有节肢动物、野生动物、畜禽和人类。

节肢动物：主要有蚊、蝇、蠓、虻和蜱等。它们多是机械性传播，通过在患病动物和健康动物之间的刺螫、吸血而传播病原微生物。但有的病原能在这些节肢动物体内存活、生长，所以它们有的既是媒介，又是传染源。

野生动物：野生动物的传播可分为两类。一类是本身对病原微生物具有易感性，在感染病原微生物后引起疫病的传播，如鸟传播禽流感，狼、狐传播狂犬病等；另一类是本身对病原微生物并不具有易感性，但能机械性传播病原微生物，引起疫病的流行。

2.垂直传播(vertical transmission)

是指经胎盘、卵和产道等进行的传播，也可以说是在母体内就发生了感染。

(1)经胎盘传播　受感染的动物能通过血液循环将病原体传给胎儿，如伪狂犬病、布鲁氏菌病等。

(2)经卵传播　由带有病原微生物的卵细胞发育而使胚胎感染，如禽沙门氏菌病等。

(3)经产道传播　病原微生物通过子宫口到达绒毛膜或胎盘进行的传播，如大肠杆菌病、葡萄球菌病、疱疹病毒感染等。

(三)易感动物群

易感动物群是指一定数量的有易感性的动物群体。动物易感性的高低虽与病原微生物的种类和毒力强弱有关，但主要还是由动物的遗传性状和特异性免疫状态决定的，外界环境也能影响动物机体的感受性。易感动物群体数量与传染病发生的可能性成正比，群体数量越大，传染病造成的影响越大。影响动物易感性的因素主要有以下几方面：

1.动物群体的内在因素

不同种动物对同一种病原微生物的感受性有较大差异，这是动物的遗传性决定的。虽然动物育种专家在培育抗病品种方面做了很多工作，但收效甚微。动物的年龄也与抵抗力有一定的关系，一般初生动物和老年动物抵抗力较弱，而年轻的动物抵抗力较强，这和动物机体的免疫应答能力高低有关。

2.动物群体的外界因素

动物生活过程中的一切因素都会影响动物机体的抵抗力。如环境温度、湿度、光线、有害气体浓度、日粮成分、喂养方式、运动量等。另外，养殖密度也与机体抵抗力有密切的关系。

3.特异性免疫状态

在传染病流行时，一般易感性高的动物个体发病严重，易于死亡。而相对来说，感受性较低的动物症状较缓和。动物通过母源抗体和接触抗原获得特异性免疫，所以人们通过母体免疫和自体免疫来提高动物特异性免疫的能力。如果动物群体中70%～80%的动物具有免疫水平，就不会发生大规模的流行。

动物传染病的流行必须有传染源、传播途径和易感动物群的同时存在，互相联系。因此，传染病的防控措施都是紧紧围绕这3个基本环节进行的，通常消灭传染源，切断传播途径，增强易感动物的抵抗力，是传染病防控的根本原则。

五、防疫工作的基本原则和内容

(一)防疫工作的基本原则

(1)建立和健全各级防疫机构,特别是基层兽医防疫机构,以保证宠物传染病防疫措施的贯彻。宠物传染病防疫工作是一项与农业、商业、外贸、卫生、交通等部门都有密切关系的重要工作。只有各有关部门密切配合、紧密合作,从全局出发,统一部署,全面安排,才能把宠物传染病防疫工作做好。

(2)贯彻"预防为主"的方针。搞好防疫卫生、饲养驯化、预防接种、检疫、隔离、封锁、消毒等综合性防疫措施,以提高宠物健康水平和抗病能力,控制和杜绝传染病的传播蔓延,降低发病率和死亡率。实践证明,只要做好平时的预防工作,可以防止很多传染病的发生,就是一旦发生传染病,也能很快得到控制。随着宠物饲养量的急剧增加,"预防为主"的方针更显重要。如果防疫重点不放在预防方面,而忙于治疗个别病例,势必会造成发病率不断增加,越治病例越多,防疫工作陷入被动局面。

(3)贯彻执行兽医法规。《中华人民共和国进出境动植物检疫法》对我国动物检疫的主要原则和办法做了详尽的规定。《中华人民共和国动物防疫法》(简称《动物防疫法》)对动物防疫工作的方针、政策和基本原则做出了明确而具体的规定。

(二)防疫工作的基本内容

传染源、传播途径、易感动物群 3 个基本环节的相互联系,导致了传染病的流行。因此,采取适当的防疫措施来消除或切断 3 个基本环节的相互联系,就可以使传染病不再流行。但只采取一项防疫措施往往是不够的,必须采取"养、防、检、治"的综合防疫措施。综合防疫措施可分为预防措施和扑灭措施。

1. 预防措施

是指传染病发生前所采取的预防传染病发生的措施。

(1)加强饲养管理,增强宠物机体的抵抗力。

(2)宠物养殖场应贯彻自繁自养的原则,实行"全进全出"的生产管理制度。

(3)搞好免疫接种,提高机体特异性免疫水平。

(4)搞好卫生消毒工作,定期杀虫、灭鼠,尸体、粪便进行无害化处理。

(5)认真贯彻执行防疫、检疫工作制度。

(6)各地兽医机构调查研究本地疫情分布,协同邻近地区进行传染病防治。

2. 扑灭措施

是指传染病发生后消灭传染病所采取的措施。

(1)及时发现、诊断和上报疫情并通知毗邻单位。

(2)迅速隔离发病宠物,消毒污染地。发生危害大的疫病时,采取封锁措施。

(3)紧急免疫接种,对发病宠物进行及时、合理的治疗。

(4)合理处理死亡宠物和淘汰患病宠物。

以上预防措施和扑灭措施不是截然分开的,而是互相联系、互相配合、互相补充的。

(三)犬猫的疫苗预防接种

对犬危害较大的传染病有多种,国外已有的疫苗有犬狂犬病苗、犬瘟热苗、犬细小病毒病苗、犬传染性肝炎苗、犬副流感苗、犬腺病毒Ⅱ病苗、犬冠状病毒病苗、犬钩端螺旋体病苗、犬支气管败血博代氏杆菌病苗和犬莱姆病苗 10 种。我国已进口的国外犬疫苗，有犬六联疫苗和犬猫狂犬病疫苗，犬六联苗可预防犬瘟热、犬细小病毒病、犬传染性肝炎、犬副流感、犬腺病毒Ⅱ病和犬钩端螺旋体病 6 种传染病，一般幼犬 6 周龄或再大些开始注射，每次 1 个剂量，每隔 2～4 周注射 1 次，直到 12 周龄。初次注射疫苗的犬，最少也得注射 2 次，以后每年注射 1 次即可。近年进口的狂犬病疫苗，可预防犬猫狂犬病，一般幼犬猫在 3 月龄或再大些开始注射，每次 1 mL，第 2 年再注射 1 次，以后犬猫每 3 年注射 1 次即可。

国产的犬病疫苗有犬五联苗和犬六联苗，犬五联苗预防犬狂犬病、犬瘟热、犬副流感、犬传染性肝炎和犬细小病毒病。犬六联苗除预防犬五联苗预防的五种犬病外，再加上犬冠状病毒性肠炎。犬五联苗和犬六联苗注射方法为幼犬从离乳之日起，以 2～3 周的间隔，连续注苗 3 次，每次肌肉注射 1 个免疫剂量；成年犬以 2～3 周间隔，每年注射 2 次，每次肌肉注射 1 个免疫剂量。怀孕母犬可于产前 2 周加强免疫 1 次，每次肌肉注射 1 个免疫剂量。

对猫危害较大的传染病也有多种，国外已有的疫苗有猫鼻气管炎苗、猫杯状病毒病苗、猫泛白细胞减少症苗、猫狂犬病苗、猫肺炎苗、猫传染性腹膜炎苗和猫白血病疫苗 7 种。我国已进口的猫疫苗有猫三联苗，可预防猫泛白细胞减少症、猫鼻气管炎和杯状病毒病。猫三联苗注射方法为幼猫 9 周龄或更大些开始注射，每次 1 个剂量，间隔 3～4 周再注射 1 次，以后每年注射 1 次。国产的只有猫泛白细胞减少症疫苗，9 周龄注射，间隔 3～4 周再注射 1 次，以后每年注射 1 次。

Project 3

宠物传染病的诊断与治疗

学习目标

掌握宠物疫病的诊断方法；
掌握宠物疫病的治疗原则。

传染病的准确诊断，有利于传染病的治疗，挽救患病动物，减少损失，同时也是消除病原、搞好综合性防疫措施的重要方面。

一、诊断

1.疫情调查

主要有发病动物的种类、性别、日龄、发病时间、发病率、死亡率、临诊症状、免疫情况等。

2.病理变化

首先应对动物的外貌、体表、营养状况进行观察记录，然后进行解剖观察，并注意无菌采取病料，以备实验室诊断应用。对活体的解剖应放血致死并观察血液的颜色、黏稠度。内脏器官和组织病变特征的观察主要有色泽、形状、纹理、淤血、出血、坏死、脓肿、肿大、菌斑、渗出性变化、尿酸盐、肿瘤等。

3.实验室诊断

用病料涂片、染色、镜检病原体，必要时进行病理组织切片，观察组织病变及病原体，进行细菌和病毒的分离培养和鉴定，进行易感或实验动物试验。免疫学试验可检测病原或特异抗体，如血凝试验、血凝抑制试验、补体结合试验、中和试验、琼脂扩散试验等。

如无条件进行实验室诊断，仅靠流行病学、临诊症状诊断时，应注意与有相似症状的疾病进行鉴别诊断，为有效治疗提供依据。

二、治疗

1.对症治疗

为了消除或减缓某些严重症状、调节和恢复机体的生理机能而进行的内外科疗法称为对症疗法。如退热、泻火、镇静、止泻、止血、利尿等。对某些病症如腹泻不止，还应注意补液、补盐和补充维生素及能量物质。

2.针对病原体的疗法

(1)特异性疗法　应用针对某种传染病的高免血清、痊愈动物血清或全血等特异性生物制品进行治疗称为特异性疗法。用异种动物血清时，应注意防止过敏反应。

(2)药物性疗法　利用抗生素和化学药物帮助机体消灭或抑制病原体的疗法称为药物性疗法。如青霉素、链霉素、氯霉素、磺胺类、呋喃类、氟哌酸等许多药物均可用于抑制和杀灭病原体的治疗。

在用药过程中应注意病原体对药物的敏感性，必要时可进行药敏试验。还要考虑药物的用量、给药途径(皮下或肌肉注射、静脉推注或输液、饮水或拌料等)、次数、间隔时间及疗程、不良反应、经济价值，以及是否可以引起药物中毒等问题。临诊常采用多种药物同时或交叉使用及多种途径给药，以利快速有效地抑制或杀灭病原体，促进机体康复。此时应注意易产生耐药性药物的使用次数和剂量，并注意药物的配伍禁忌，以免引起不良反应。病毒性疾病多采用特异性疗法结合支持疗法进行治疗，有的病毒性疾病可用疫苗进行群体性地紧急预防接种，大多数抗生素对病毒无抑杀作用，可作为防止继发感染用药物，防止发生混合感染而加重病情，尽可能控制病情，减少损失。

3. 支持治疗

为了改善宠物的一般情况，如营养、精神状态等而进行的辅助治疗称为支持治疗。当宠物的一般情况不允许接受其他治疗时，支持治疗就具有重要的意义。有时改善宠物的一般情况本身就具有治疗意义，如营养不良宠物的一些合并症，在改善营养状况后，往往可以自愈。

Project 4

宠物诊疗机构的消毒与患病宠物尸体的处理

学习目标

了解宠物诊疗机构的消毒程序；

了解宠物尸体处理及无害化程序。

一、宠物诊疗机构卫生消毒制度

(1)宠物诊疗机构的环境、物品消毒必须符合有关规范、标准和规定，采取有效措施，加强卫生消毒管理。

(2)宠物诊疗机构应当建立严格的消毒程序，对不同场所、器具采取相应的消毒措施，并做好记录。

(3)工作人员应当接受消毒技术培训、掌握消毒知识，按规定严格执行消毒制度。

(4)医护人员进行诊疗操作前后应当采取洗手等清洁措施，必要时进行消毒。

(5)进入动物组织或无菌器官的医疗用品必须灭菌，应当“一宠一用一灭菌”。凡接触皮肤、黏膜的器械和用品必须达到消毒要求。

(6)与宠物直接接触的诊疗台等设施应当“一宠一用一消毒”，用过的卫生清洁用具及时清理、消毒。

(7)无菌容器、辅料缸、持物钳等器械要定期消毒、灭菌，消毒液要定期更换，使用与未使用的物品要明确分开并有明显的标志。用过的医疗器械应先去污后，分类浸泡、清洗、漂洗、烘干，再进行消毒或灭菌。

(8)宠物诊疗活动中产生的废弃物必须及时处置，污水、污物等应按有关规定及时进行无害化处理。

(9)动物诊疗机构暂存污水、污物、病死动物及其他医疗废弃物的用具要指定专人负责管理，使用后的一次性医疗器具等医疗废弃物应当按《医疗废弃物管理条例》的规定处理。

二、犬舍消毒

1.先冲洗后消毒

犬舍在消毒前应先进行冲洗，尤其是床下面、墙壁四角是病原微生物繁殖的温床，不能漏掉，因为药物一遇有机物就与其结合成不溶性化合物，降低药物的消毒效果。在进行犬舍消毒的同时，也要将犬的食盆、水盆，清扫工具，以及犬舍周围的排水沟等一并彻底消毒。

2.消毒时应将犬牵到舍外

因为消毒药剂的浓度达到能杀死病原微生物时，也能损害动物和人的机体。所以喷药前要将犬牵出，同时施药人员也要做好防护。经一段时间后，用清水冲净地面，除去药剂气味，以免刺激犬鼻黏膜，影响嗅觉，待地面晾干后再将犬牵回犬舍。

3.选择合适的消毒药剂

不同病原菌及不同发育阶段的病原菌对不同药剂的敏感性也不同，例如，休眠期的芽孢对消毒药的抵抗力比繁殖期菌体要大；革兰氏阳性菌对消毒药的敏感性高于革兰氏阴性菌。

4.掌握药品剂量和作用时间

任何一种消毒药剂的抗菌活性都取决于它与微生物接触的浓度，浓度太低达不到消毒效果，反之，则毒性与刺激性太大，对犬身体有一定的伤害，而且很不经济。药物向病原体内渗透和发生化学反应都需要一定时间，如果时间不到，则影响消毒效果。

5.掌握好消毒药剂的使用温度

一般消毒药剂在16℃时才有明显作用,有些药剂要用温水或热水稀释,不仅可以节省药剂,而且可以提高消毒效果。但有些药剂,如碘制剂、次氯酸钠的消毒力则在20℃左右最佳,提高药液温度反而影响药效。

6.不要长期使用一种消毒药剂

长期使用一种药剂,可能使某种病原体产生抗药性,所以要定期更换消毒剂的种类或两种消毒剂合并使用,以达到理想的消毒效果。合并使用消毒剂时,要注意药物间的配伍禁忌。

三、饲料及饮水消毒

1.粮食类的消毒

淀粉类食物喂前应进行熟化处理。为了不影响犬对饲料的适口性及消化吸收,烹调过程中不得夹生或烧煳。粮食需用清水将沙土淘净,不必多次过水,如需浸泡膨胀,可在浸泡后将洗米水等一起倒入锅内煮熟,以保证养分的充分利用。

2.肉类食物的消毒

肉类要求熟制,但为了尽量保持蛋白质少受损耗,洗肉不能用热水,浸泡的时间也不宜太长,煮沸的时间长短以灭菌、肉熟为度,不应碎烂过火。饲喂时,肉汤要一起喂食。

3.蔬菜及青饲料类的消毒

要先洗后切,并用火煮熟,但不宜煮烂。对块根类的菜如萝卜和薯类等尽量不削皮,以保持丰富的营养成分。

4.饲养用具的消毒

饲养用具经常清洗、消毒。用过的食具、水盆要及时清洗。食盆、水盆每周要消毒1次,每次吃剩的食物要倒掉,不要留在盆里,以免腐败变质,使宠物吃后得病。食具、水盆可用沸水煮20 min,或用0.1% 新洁尔灭或2%~3% 热碱水浸泡20 min,也可用强力消毒灵或菌毒清等处理,最后用清水冲干净。要保证充足的清洁饮水。

四、犬体消毒

1.健康犬体的预防性消毒

要定期喷除虫药,除掉体外寄生虫。夏日可用水冲洗犬舍,同时用水缓缓冲洗犬身,用刷子梳刷犬身,除去浮毛及秽物。刷子应每只犬单独使用,避免混用。

2.妊娠期及哺乳期母犬与仔犬的消毒保健

母犬分娩时的消毒处理:一般分娩后,咬脐带和舐去黏液,母犬可自理。但产仔多时,需要协助分娩。仔犬出生后,迅速用干毛巾擦去口中和身体上的黏液,促其呼吸;用消毒丝绒结扎脐带后(根部留2 cm)用消毒剪刀从结扎处剪去,并涂以5%碘酊;然后将仔犬收入产仔箱内,等全部产完后,再送回母犬怀里。

五、犬粪便的消毒

粪便要及时运出场外,否则时间一长,粪便发酵,散发臭味,有碍卫生,也容易通过粪便传播疾病。运出场外的粪便，至少要离犬舍 100 m 远，粪便上要覆盖一层泥土，进行生物热发酵，以杀死粪便中的微生物和虫卵。发生疫情时，犬的排泄物必须深埋或焚烧。

六、患病宠物尸体的处理

(1)《动物防疫法》第十六条规定染疫动物及其排泄物，染疫动物的产品，病死或者死因不明的动物尸体，必须按照国务院畜牧兽医行政管理部门的有关规定处理，不得随意处理。

(2)参照《医疗废弃物管理条例》的有关规定处理医疗废弃物，及时收集本单位产生的医疗废弃物，并按照类别分置于防渗漏、防锐器穿透的专用包装物或者密闭的容器内。暂时贮存设施、设备应当设置安全措施，并及时将医疗废弃物交由医疗废弃物集中处置单位处理。

(3)设置专人负责检查、督促、落实本单位医疗废弃物的管理工作。

(4)医疗废弃物贮存设施、设备应当定期清洁和消毒。

(5)对医疗废弃物进行登记，登记内容应当包括医疗废弃物的来源、种类、重量或者数量、交接时间、处置方法、最终去向以及经办人签名等项目。

(6)相关污水、动物的排泄物，应按照国家有关规定消毒处理后方可排放。

总之，宠物尸体的处理是控制人兽共患病的重要一环，社会必须予以充分的重视，进而保证宠物和人类的身心健康。

学习情境二

国产犬五联疫苗相关病毒性传染病的防治技术

项目一　犬瘟热的防治技术

项目二　犬传染性肝炎的防治技术

项目三　犬细小病毒病的防治技术

项目四　犬副流感的防治技术

项目五　狂犬病的防治技术

Project 1

犬瘟热的防治技术

学习目标

掌握犬瘟热的病原特性、发病原因及疾病特征；

了解疾病的发生机理；

熟悉犬瘟热发生发展的基本规律及转归；

掌握犬瘟热的防控措施。

【案例导入】

某乡村出现幼犬大量死亡的现象。某犬主人带犬来医院就诊，主诉：幼犬未满周岁，没有打过任何疫苗，最近不吃东西，没有精神，有腹泻现象，偶尔只喝点水，喜欢卧在阴凉的地方，身体发热，没力气走路。

【项目描述】

一、宠物入院症状、诊断评估与记录

（一）一般检查项目评估

1. 问诊

病史，未免疫的幼犬和接触过病原（病犬及其分泌物）的犬要考虑犬瘟热感染的风险。

2. 临床症状

经医生临床检查，鼻镜比较干燥，鼻翼两旁有少量眼分泌物，呼吸急促，眼结膜潮红肿胀，体温升高至 40℃，有发热表现，被毛无光，肛门周围有腥臭分泌物黏附在尾部皮毛上，精神沉郁。

3. 快速诊断

采用犬瘟热病毒胶体金试纸检测法，取患犬眼、鼻分泌物，唾液或尿液等为检测样品，检测患犬体内抗原，可在 5～10 min 内做出诊断（图 2-1）。

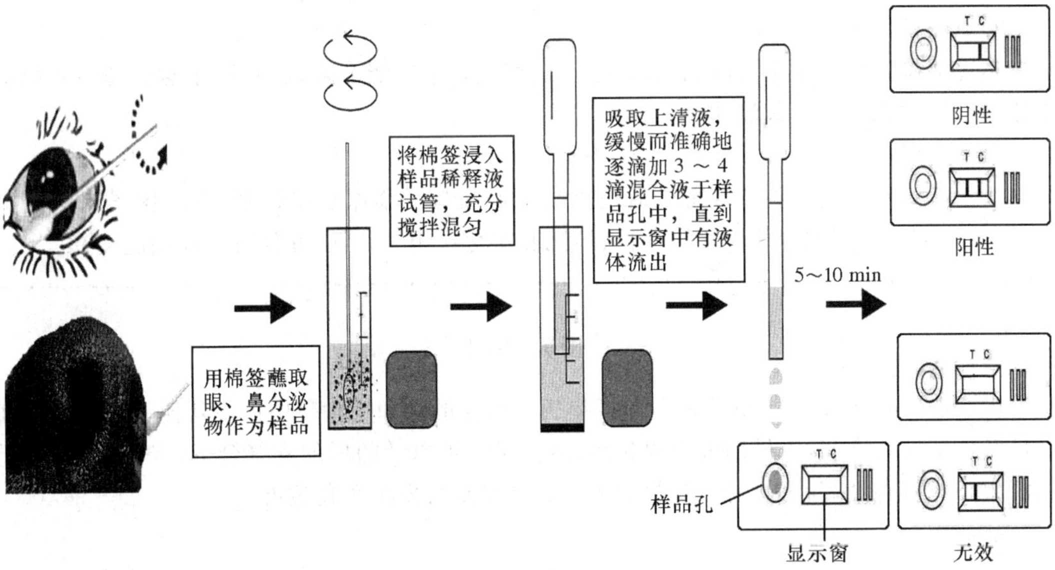

图 2-1　胶体金试纸检测法

(二)重点检查项目评估

1. 血液学和生化指标

初期会出现淋巴细胞减少、中性粒细胞减少、球蛋白升高或白蛋白降低,无特异性结果。

2. 病原检查

取犬胃肠内容物,经研磨后用磷酸盐缓冲液(PBS)稀释成10%悬液高速离心,取上清液,用磷钨酸负染后,经电镜观察,发现大量犬瘟热病毒颗粒。

3. 包涵体检查

病毒包涵体偶尔能在结膜、黏膜上皮细胞等地方被发现。

(三)并发症评估

1. 眼睛的损伤

眼睛的损伤是由于犬瘟热病毒侵袭眼神经和视网膜所致。眼神经炎及眼睛突然失明、瞳孔反射小为明显特征。炎性渗出可能导致视网膜分离。还可导致慢性非活动性基底损伤、视网膜萎缩和瘢痕等并发症。

2. 死胎

在母犬腹中感染犬瘟热是很少见的,但是也有可能发生。未出生的狗宝宝经胎盘感染可在28~42 d产生神经症状。母犬会表现为轻微或不显症状的感染。妊娠期间感染病毒可导致流产、死胎。

3. 牙釉质损伤

新生幼犬在永久齿长出来之前若感染了犬瘟热病毒,会造成牙釉质的严重损伤,牙齿生长不规则,这是病毒直接损伤处于生长期的牙齿釉质层所导致的。

4. 血液的损害

在血液检查中可见患犬淋巴细胞减少,白细胞吞噬功能下降,偶尔可在淋巴细胞和单核细胞中检出病毒抗原和包涵体。

5. 心肌损伤

小于7日龄的新生狗宝宝感染后还可出现心肌病。临床症状包括:呼吸困难、抑郁、厌食、虚脱和衰弱。病理变化以心肌变性、坏死和矿化作用为特征,并伴有炎性细胞浸润。

相关知识

犬瘟热(canine distemper)是由犬瘟热病毒引起的犬和肉食目中许多其他动物的一种高度接触传染性传染病,以早期表现双相热、急性鼻卡他以及随后的支气管炎、卡他性肺炎、严重的胃肠炎和神经症状为特征,少数病犬的鼻和足垫可发生角化过度。

病原

副黏病毒科麻疹病毒属的犬瘟热病毒(canine distemper virus,CDV),呈圆形或不整形,有时呈长丝状,大小100~300 nm,病毒基因组为负链RNA,核衣壳呈螺旋形,直径为15~17 nm,外被双层囊膜,膜上有长约1.3 nm的纤突蛋白,只有一个血清型。Vero细胞系是培养本病毒的首选细胞,但毒株之间有差异。但只有在传代与接毒同步进行时或同时加有胰酶的情况下,细胞才出现病变(CPE),表现胞浆出现空泡,细胞逐渐圆缩、拉网,最后脱落。

某些毒株可使肾细胞产生颗粒变性，形成空泡、巨细胞或合胞体等病变，并在胞浆内出现包涵体。本病毒连续通过雪貂可增强对雪貂的致病力，但对犬的毒力逐渐减弱。病毒通过鸡胚绒毛膜接种传代，毒力可减弱。病毒对紫外线和乙醚、氯仿等有机溶剂敏感。最适 pH 7.0，在 pH 4.5～9.0 条件下均可存活。病毒在－70℃可存活数年，冻干可长期保存。对热和干燥敏感，50～60℃ 30 min 灭活。3%福尔马林、5%石炭酸溶液以及 30%苛性钠等对本病都具有良好的消毒作用。试验证明，该病和牛瘟、麻疹病毒有相关性。

流行病学

病犬是最重要的传染来源。病毒大量地存在于受染和患病动物的鼻、眼分泌物和唾液中，也见于血液、脑脊液、淋巴结、肝、脾、脊髓、心包液及胸、腹水中，并且从尿中长期排毒，污染周围环境。因此，狗窝、狗的饲养场以及狗经常到的其他地方，都可能储存病毒。

健犬和病犬直接接触，通过气溶胶微滴和污染的饲料、饮水，主要经呼吸道和消化道感染，也可经眼结膜和胎盘传染。

犬科的动物如犬、狼、豺等，鼬科动物如貂、雪貂、白鼬、鼬鼠、臭鼬、黄鼠狼、獾、水獭等，浣熊科的浣熊、蜜熊、白鼻熊和大小熊猫等都对犬瘟热有自然易感性。猴(日本，1990)也有易感性。但 2 月龄以内的仔犬由于母源抗体的保护，80%不受感染；3～12 月龄的幼犬易感性最高；2 岁以上的犬发病率逐渐降低。犬瘟热康复犬可获终身免疫力。

本病多发生于寒冷季节(10 月到第 2 年的 2 月)，似有一定的周期性，每 2～3 年流行一次，但现在有些地方这种周期性不明显，常年发生。

发病机理

感染后病毒主要从鼻咽和呼吸道散布到支气管淋巴结和扁桃体进行原发性增殖，引起病毒血症，病毒分布到全身淋巴器官和上皮结构的固有膜。约 50%的犬于感染后迅速产生抗体，但不出现临诊症状。另一半的感染犬体内病毒继续增殖，广泛侵害多个系统的上皮细胞，而呈现特征性的症状。病毒通过脑膜巨噬细胞扩散到脑，并在 3～4 周时出现神经症状。有些感染犬仅有神经症状，这是由于病毒在抗体达到保护水平之前，已扩散到脑所致。老龄犬发生脑炎时要考虑到有感染本病的可能性。研究证明，在犬瘟热的临诊表现中，继发性细菌感染也起着很重要的作用。

症状

潜伏期一般 3～5 d，若野毒株来源于异种动物，由于需要一段适应时间，潜伏期可拉长到 30～90 d。病犬最初精神沉郁，食欲不振或缺乏。眼、鼻流出浆黏性分泌物，以后变为脓性，有时混有血丝，发臭。发热(39.5～41℃)，约持续 2 d，以后下降到常温。此时病犬感觉良好，食欲恢复。2～3 d 后再次发热，持续数周之久，即所谓的双相型发热(体温两次升高)，此时，病情又趋恶化。鼻镜、眼睑干燥甚至龟裂，厌食，常有呕吐和发生肺炎。严重病例发生腹泻，粪呈水样，恶臭，混有黏液和血液。病犬消瘦，脱水，体重不断下降。脚垫和鼻过度角质化。(图 2-2)

发热初期，少数幼犬下腹部、大腿内侧和外耳道发生水疱性脓疱性皮疹。康复时干枯消失。这可能是继发性细菌感染引起的，因为单纯性病毒感染不见这种皮疹。

神经症状一般多在感染后 3～4 周，全身症状好转后几天至十几天才出现。经胎盘感染

食欲废绝

精神沉郁

体温升高

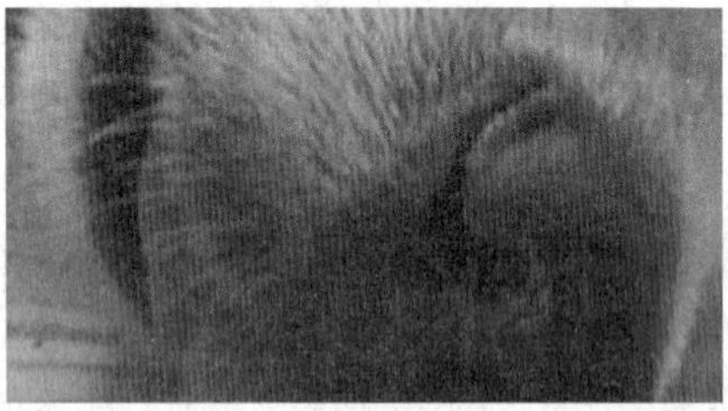

鼻头干裂

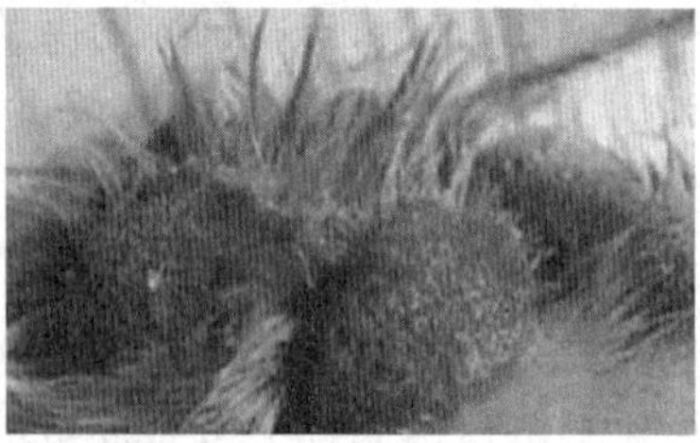

足垫高度角质化

图 2-2　犬瘟热的临床症状

的幼犬可在 4～7 周龄时表现神经症状，且成窝发作。犬瘟热的神经症状视病毒侵害中枢神经系统的部位不同而有差异：或呈现癫痫、转圈，或共济失调、反射异常，或颈部强直、肌肉痉挛，但咬肌群反复节律性的颤动是本病常见的神经症状。病犬出现惊厥症状后，一般多取死亡转归。有些病例在其症状消失后，还遗留舞蹈症、麻痹或瘫痪等症状。

二维码 1　犬瘟热的临床症状

仔犬于 7 日龄内感染时常出现心肌炎，双目失明。幼犬在永久齿长出之前感染本病，则有牙釉质严重损害，表现牙齿生长不规则。警犬、军犬发生本病后，常因嗅觉细胞萎缩而有嗅觉缺损。妊娠母犬感染本病可导致流产、死胎和仔犬成活率下降等。

在发热的早期白细胞减少，但后期如细菌性继发感染未被控制，则出现明显的白细胞增多。病程一般 2 周或稍长些，并发卡他性肺炎和肠炎的病程可能较长；发生神经症状的病程最长。根据品种、年龄、有无并发和继发感染、护理和治疗条件的不同，病死率差异很大，波动于 30%～80%之间。

眼观病变

本病是一种泛嗜性感染，病变分布广泛。有些病例皮肤出现水疱性脓疱性皮疹；有些病例鼻和脚垫表皮角质层增生而呈角化病。上呼吸道、眼结膜呈卡他性或化脓性炎。肺呈现卡他性或化脓性支气管肺炎，支气管或肺泡中充满渗出液。在消化道中可见胃黏膜潮红，卡他性或出血性肠炎，大肠常有过量黏液，直肠黏膜皱襞出血。脾肿大。胸腺常明显缩小，且多呈胶冻状。肾上腺皮质变性。轻度间质性附睾炎和睾丸炎。中枢和外周神经很少有肉眼变化。

组织学检查

可在病犬的很多组织细胞中发现嗜酸性的核内和胞浆内包涵体，呈圆形或椭圆形，直径1～2 μm。胞浆内包涵体主要见于泌尿道、膀胱、呼吸系统、胆管、大小肠黏膜上皮细胞内以及肾上腺髓质、淋巴结、扁桃体和脾脏的某些细胞中。核内包涵体主要发现于膀胱细胞，一般难检查到。表现神经症状的病犬可见有脑血管袖套现象、非化脓性软脑膜炎以及白质出现空泡，很多潘金奇(Purkinje)细胞变性以及小脑神经胶质瘤病。

诊断

典型症状为眼、鼻流出浆液性分泌物，体温呈双相热型。病情恶化后，眼睑肿胀，呕吐，腹泻，精神萎靡；神经型有神经症状，癫痫样阵发性发作；肺炎型咳嗽声嘶，呼吸困难，有大量黏液性、脓性鼻漏，听诊肺部有显著湿性啰音；瘫痪型后肢麻痹瘫痪，幼病犬下腹部、股内侧有丘疹、脓疱，有的鼻翼、足垫角化。但本病常因存在混合感染(如与犬传染性肝炎等)和细菌性继发性感染而使临诊表现复杂化，所以只有将临诊调查资料与实验室检查结果结合考虑才能确诊。

1. 包涵体检查　包涵体主要存在于膀胱、胆管、胆囊和肾盂上皮细胞内，大多存在于胞浆内，一般呈圆形或椭圆形。但 CDV 形成的包涵体难以与狂犬病病毒等所形成的包涵体及类似物区分，因此，确诊犬瘟热需要与其他方法相结合。

2. 病毒分离　发病早期采淋巴组织；急性病例取胸腺、脾、肺、肝、淋巴结；呈脑炎症状者采小脑等病料，制成 10%乳剂，加适量双抗或经微孔滤膜过滤后，腹腔接种 1～2 周龄或断乳 15 d 的易感幼犬 5 mL，症状明显，常于发病后 2 周死亡；或脑内接种易感雪貂 0.5～1.0 mL，8～12 d 鼻流水样分泌物，不久变为脓性，眼睑水肿、粘连，颏发红，嘴边出现水疱和脓疱，脚肿，两趾发红，病貂蜷缩，拒食，于发病 5～6 d 后死亡；也可将上述病料乳剂经无菌处理后接种于犬肾原代细胞、鸡胚成纤维细胞或仔犬肺泡巨噬细胞，后者细胞培养物在 1～2 d 内出现胞浆内包涵体，在 2 d 内形成大细胞，进行病毒分离。剖检时也可直接培养病犬的肺泡巨噬细胞以分离病毒。这是一种容易成功和快速分离病毒的方法。病毒于细胞上培养后，可用免疫荧光抗体技术或琼脂扩散试验进行本病毒鉴定。应用鸡胚、乳鼠或仓鼠等从自然病例分离病毒是不适合的，因为只有已经适应的毒株，才能在这些宿主中生长繁殖。

3. 血清学检查　中和试验、荧光抗体法、琼脂扩散试验和酶标抗体法等都可选用来诊断本病。

血清中和试验：将被检血清稀释后加入病毒，25℃作用 2 h，与制备好的犬肾或绿猴肾细胞悬液混合接种于微量培养板，5% CO_2 条件下 35～36℃培养 3 d 染色检查 CPE。

荧光抗体检查：该法比检查包涵体更有意义。急性病犬的淋巴细胞、结膜、阴道细胞、脑脊髓液涂片做荧光抗体染色，其阳性胞浆显示弥散性荧光。亚急性或慢性病犬由于产生中和抗体，通常难以查出阳性细胞。

4. 分子诊断技术　国内外均已建立了反转录-聚合酶链反应(RT-PCR)和核酸探针技术用于本病诊断。该法简便快速、灵敏特异，有广阔的应用前景。

在本病的诊断中要注意与犬传染性肝炎、犬细小病毒性肠炎、钩端螺旋体病、狂犬病及犬副伤寒作区别诊断。犬传染性肝炎缺乏呼吸道症状，有剧烈腹痛特别是剑突压痛。血液不易凝结，如有出血，往往出血不止。剖检时有特征性的肝和胆囊病变及体腔的渗出液。而犬瘟热则无此变化。犬传染性肝炎组织学检查为核内包涵体，而犬瘟热则是胞浆内和核内包涵体，且以胞浆内包涵体为主。犬细小病毒性肠炎典型症状为出血性腹泻，病犬发病急，病死率高，眼、鼻缺乏卡他性炎症。发病初期(3～9 d)，其粪便上清液对猪的红细胞具有较高的凝集作用。钩端螺旋体病不发生呼吸道炎症和结膜炎，但有明显黄疸。病原为钩端螺旋体。狂犬病有喉头和咬肌麻痹症状及攻击性，而犬瘟热则没有。副伤寒生前无呼吸道症状和皮疹，剖检见脾显著肿大，病原为沙门氏菌，而犬瘟热病例的脾一般正常或稍肿，病原为犬瘟热病毒。

防治

发现疫情应立即隔离病犬，深埋或焚毁病死犬尸，彻底消毒(用3%福尔马林、3%氢氧化钠或5%石炭酸溶液等)污染环境、场地、犬舍以及用具等。对未出现症状的同群犬和其他受威胁的易感犬进行紧急接种。平时严格兽医卫生防疫措施，坚持进行免疫注射，犬瘟热是可以预防的。我国目前用于预防本病的疫苗有单价苗(鸡胚细胞弱毒冻干苗)、三联苗(犬瘟热、犬传染性肝炎和犬细小病毒病)、五联苗(犬瘟热、犬细小病毒病、犬传染性肝炎、犬传染性气管支气管炎、犬副流感)。

二、按医嘱进行治疗

(一)治疗原则

本病尚无特效的抗病毒药物，对症或支持治疗。

(二)药物治疗

在出现临床症状之后用大剂量的犬瘟热单克隆抗体或抗犬瘟热高免血清进行注射，剂量一般应大于1～2 mL/kg体重，连用2～3 d，可控制本病的发展。

在犬瘟热最初发热期间给予大剂量的高免血清，可以使机体获得足够的抗体，防止出现临床症状，达到治疗目的。为抑制病毒增殖和控制细菌继发感染，常应用病毒唑、双黄连、清开灵、氨苄青霉素、头孢菌素V或头孢曲松等。

对于犬瘟热临床症状明显，出现神经症状的中后期病犬，即使注射犬瘟热高免血清也大多很难治愈。

另外，对症治疗：补糖、补液、退热，防止继发感染，加强饲养管理等方法，对本病有一定的辅助治疗作用。对发热患犬，应用安痛定或复方氨基比林，并配合应用氢化可的松或地塞米松。有便血症状的，可应用安络血或止血敏。早期输液和配合应用犬干扰素、细胞因子等免疫增强剂，能有效防止机体脱水，提高抗病力，促进患犬康复。

三、宠物出院指导

(一)护理指导

定期进行活动场地消毒，保持一个良好的饲养环境。

(二)预后

在病初患犬尚未出现典型症状时,尽快注射犬瘟热单克隆抗体或大剂量高免血清,可使免疫状态增强到足以阻止疾病发展。若特征性临床症状,尤其是神经症状出现,则预后不良,患犬即使经耐心治疗后幸存,往往遗留四肢抽搐或意识不清的后遗症。

Project 2

犬传染性肝炎的防治技术

学习目标

掌握犬传染性肝炎的病原特性、发病原因及疾病特征；
了解疾病的发生机理；
熟悉犬传染性肝炎发生发展的基本规律及转归；
掌握犬传染性肝炎的防控措施。

【案例导入】

2014 年 9 月 18 日，黑背犬，1 岁。主人反映 4 d 前突然发烧，持续 1 d，然后恢复正常体温持续 1 d，此后又发烧，曾在其他医院就诊，用过庆大霉素、地塞米松、安乃近等药物无效，厌食，呕吐，腹泻，偶有血便，饮水增加，嗜睡，卧地不起，鼻流浆液性分泌物，舌苔黑厚。临诊体温 41.1℃，头颈和下腹部水肿，精神沉郁，黏膜苍白。扁桃体肿大，心搏增强，触诊肝脏肿大、指压疼痛。

【项目描述】

一、宠物入院症状、诊断评估与记录

(一)一般检查项目评估

1. 问诊

病史，未免疫的幼犬和接触过病原(病犬及其分泌物)的犬要考虑犬传染性肝炎感染的风险。

2. 临床症状

经医生临床检查，患犬厌食，呕吐，腹泻，偶有血便，饮水增加，嗜睡，卧地不起，鼻流浆液性分泌物，舌苔黑厚。临诊体温 41.1℃，头颈和下腹部水肿，精神沉郁，黏膜苍白。扁桃体肿大，心搏增强，触诊肝脏肿大、指压疼痛。

(二)重点检查项目评估

1. 肝功能检查

抽取前肢静脉血液 2 mL，经肝素抗凝后静置或 2 000～3 000 r/min 离心 15 min，即得被检样品血浆。然后用血液自动生化分析仪做肝功能检查。根据检查肝功能的各个项目，配制不同浓度的试剂和调节自动生化分析仪的体系参数。测定时，按照自动生化分析仪说明书进行。肝功能检测结果表明：弥漫性血管内凝血，血小板数量减少，凝血酶原时间、凝血酶时间和激活凝血激酶时间延长。

2. 血常规检查(白细胞计数)

犬前肢静脉采血，滴数滴于一玻片上，用沙利氏吸管吸取被检血至 20 mL 处，擦去管外黏附的血液，加入到含 0.38 mL 冰醋酸的小试管中，反复吹吸数次，尽量破坏红细胞。充分振荡混合，再用毛细吸管吸取稀释的血液，充入以盖好玻片的计数室内，静置 1～2 min 后，低倍镜检查白细胞总数。血常规检查结果表明：白细胞数减少。

结合临床症状、血常规及肝功能检测结果综合分析，该病例疑似传染性肝炎。

相关知识

犬传染性肝炎是由犬传染性肝炎病毒引起的犬的急性、败血性传染病。临床上以高热、角膜浑浊、黄疸和贫血为特征。本病一年四季均可发生，冬季多见。主要危害 1 岁以内的犬。

病原

犬传染性肝炎病毒(infectious canine hepatitis virus,ICHV)又名罗巴斯病病毒,该病毒为犬腺病毒Ⅰ型病毒[犬腺病毒有两种类型:其Ⅰ型为犬传染性肝炎病毒,其Ⅱ型为单纯引起呼吸道病变而不引起肝炎的腺病毒,即A26株(多伦多A26/61)。Ⅰ型和Ⅱ型可用红细胞凝集范围不同来区分,Ⅰ型可凝集人O型血红细胞和豚鼠红细胞,而Ⅱ型只能凝集人O血型红细胞。对病犬肝脏和细胞培养物冻融上清中的Ⅰ型和Ⅱ型犬腺病毒DNA进行PCR检测,根据扩增产物的大小不同,可以将两型明显区别开来,犬腺病毒Ⅰ型为520 bp,犬腺病毒Ⅱ型为1 030 bp,且通过试验发现Ⅰ型和Ⅱ型病毒两者在引物及其他区域均有一定程度的同源性],属腺病毒科哺乳动物腺病毒属成员。病毒呈二十面体结构,无囊膜。其基因组为单分子线状双链DNA,长36～38 kb,末端有一个共价相连的55 ku末端蛋白(TP)。末端蛋白与病毒的感染性有关,存在末端蛋白的病毒DNA可使其感染性提高100倍。病毒可以凝集人O型血、鸡、大鼠的红细胞。利用这种特性可以进行血凝抑制试验。病毒对外界抵抗力很强,室温下可存活10～13周,附着在针头上的病毒可存活3～11 d。病毒对乙醚、氯仿、酒精有耐受性,苯酚、碘酊及火碱是常用的有效消毒剂。

流行病学

病犬是本病的主要传染源,其呕吐物、唾液、鼻液、粪便和尿液中都带有病毒,康复犬可经尿长期排毒。自然条件下,除犬外,狐也易感染而发生狐脑炎。不满周岁的幼犬感染率和致死率均较高。

发病机理

自然感染主要经消化道感染,病毒通过扁桃体和小肠上皮经淋巴和血液而广泛散播。发病初期,病毒在单核巨噬细胞系统和血管内皮中繁殖,以增生性和退行性变化及很早出现核内包涵体为特征。血管内皮的损害伴有严重的渗透和循环紊乱。肝实质细胞和多种组织器官的血管内皮细胞是病毒定位和侵害的主要靶细胞。肝脏受损时常发生变性、坏死等退行性变化或慢性肝炎变化。病毒可在肾脏长期存在,病初局限于肾小球血管内皮,导致蛋白尿,随后出现于肾小管上皮,引起局灶性肾炎,在疾病的发热期,病毒可侵入眼而引起虹膜睫状体炎和角膜水肿。

症状与病理变化

患传染性肝炎的犬,按其症状可分为最急性、急性、慢性和隐性(无症状)四型。本病自然发病的潜伏期为6～9 d。最急性病例见于流行初期,病犬出现呕吐、腹痛和腹泻症状后数小时内即死亡。急性症状的病犬初期表现怕冷,精神轻度沉郁,且有水样鼻液和眼泪等症状,高热达41℃,持续2～6 d,体温曲线呈马鞍形变化。以后渴欲明显增加,甚至出现两前肢浸入水中狂饮,这是本病的特征性症状。病犬口吐白沫、腹泻、粪便带血、尿深黄、血凝不良。口腔、齿龈出血。随病程的进展有的出现呼吸和脉搏增数,呼吸困难,干咳,胸部听诊有摩擦音,全身无力,食欲不振,肝区有轻微的压痛,按压剑突表现有剧烈痛感等。在急性症状后期,可见有贫血、黄疸、咽炎、扁桃体炎、淋巴结肿大,血液检测可见白细胞减少和血凝时间延长。特征性症状还表现在角膜浑浊,其特点是由中心向四周扩散,常在1～2 d内为浅蓝色膜所覆盖,即所谓的“蓝眼”病变(图 2-3)。轻者 2～3 d 后可不治而愈,重症者可造成角膜穿孔并伴有水肿,眼睛半闭,流大量浆液性分泌物。如不及时治疗,通常在 2～3 d 内死亡。慢性型病例见于流行的后期,病犬仅见轻度发热,食欲时好时坏,便秘与腹泻交替。此类病犬死亡率较低但生长发育缓慢,且有可能成为长期排毒的传染来源。有的病犬狂躁不安,边叫边跑,可持续 2～3 d。隐性(无症状)型无临床症状,但血清中有特异抗体。

二维码 2　犬传染性肝炎的临床症状

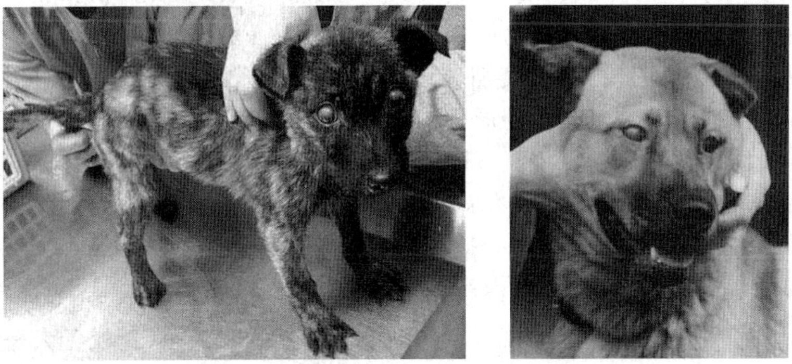

图 2-3　犬传染性肝炎的“蓝眼”症状

病理变化

动物感染本病主要表现全身败血症变化。剖检见实质器官、浆膜、黏膜上有大小、数量不等的出血点或出血斑。浅表淋巴结和颈部皮下组织水肿、出血,腹腔内充满清亮、浅红色液体,常混有血液和纤维素蛋白,腹腔脏器表面有纤维素蛋白沉着,有血样腹水。肝脏肿大,质脆易碎,切面外翻,表面苍白或黄褐色,并有许多暗红色斑点。胆囊壁水肿、出血和肥厚。脾肿大、充血。肾出血,皮质区坏死。肺实变。肠系膜淋巴结肿大、充血,肠黏膜出血,内容物呈酱色。中脑和脑干后部常见出血。

二维码 3　犬传染性肝炎的病理变化

诊断

根据流行病学、临床症状,结合病理变化仅可做出初诊。确诊必须进行病毒分离鉴定和血清学检查。

1.病毒分离鉴定　病毒分离是用发病初期的血液、扁桃体棉拭子或死亡动物的肝、脾乳剂接种犬肾原代或继代细胞。由于毒株和接毒剂量的不同,细胞病变最早出现于接毒后 30 h,而有的需待 6～7 d 才能见到。随后即可用补体结合试验检测细胞培养物中的病毒抗原,应用中和试验,可进一步鉴定病毒的型。

2.血清学检查　是用组织培养液作抗原进行补体结合试验,或用浓缩的感染细胞培养物为抗原作琼脂扩散试验,检测血清抗体。在做中和试验和血凝抑制试验(用人的 O 型血红细胞)时有人建议应用间隔 14 d 的双份血清,以抗体效价提高 4 倍以上者作为该病感染的阳性指标。

治疗

抗病毒、对症治疗等措施对治疗本病有一定效果。

预防

贯彻“预防为主”的方针，由于本病的死亡率较高，因此本病要以预防为主，定期做好抗犬传染性肝炎疫苗注射最为关键。

国外及外地引进犬，防止病毒传入。患病后康复的犬一定要单独饲养，至少隔离半年以上。自然感染的发病犬，免疫期长达5年之久。可见人工接种疫苗是防治本病的根本方法。主要以细胞培养的病毒代替感染动物的组织生产灭活苗。然而无论是脏器灭活苗还是细胞培养灭活苗，都存在免疫用量大、免疫期较短的缺点，这就限制了灭活苗的使用。其次是通过康复或经疫苗接种的母犬以哺乳的形式将母源抗体传给幼犬。病毒特异的免疫球蛋白也可提供大约3周的暂时性被动免疫。不同疫苗生产厂家，单苗还是联苗，其免疫程序都有所不同。但目前对该病的免疫程序如下：为排除母源抗体干扰，7周龄小犬应进行犬传染性肝炎的第一次预防接种，9周龄时应进行第二次预防接种，15周龄时应进行第三次预防接种。另外，作为联苗使用时主要考虑犬瘟热疫苗的免疫需要，规定幼犬于6～8周龄时进行初次免疫，10～12周龄时进行第二次免疫，13～15周龄进行第三次免疫，成年犬每年免疫1次，即可达到有效的免疫目的。

二、按医嘱进行治疗

(一)治疗原则

本病尚无特效的抗病毒药物，对症或支持治疗。

(二)药物治疗

1. 抗病毒

病初大量注射传染性肝炎高免血清，每只犬按2～3 mL/kg体重皮下或肌肉注射，连用3 d，可有效缓解临床症状。但对最急性病例和发病中后期病例无效。

2. 对症治疗

静脉滴注葡萄糖、电解质液体及三磷酸腺苷(ATP)、辅酶A，对本病康复有一定的作用。也可用大青叶、板蓝根、维生素C、维生素B_{12}进行肌肉注射。全身应用抗生素及磺胺类药物防止继发感染。对贫血严重的犬，可输全血治疗，间隔48 h以17 mL/kg体重的量，连续输血3次。为防止继发感染，给予广谱抗生素，以静脉滴入为宜。出现角膜浑浊，一般认为是对病原的变态反应，多可自然恢复。若病变发展使眼前房出血时，用3%～5%碘制剂(碘化钾、碘化钠)、水杨酸制剂和钙制剂以3∶3∶1的比例混合，静脉注射，每日1次，每次5～10 mL，3～7 d为1个疗程，或肌肉注射水杨酸钠，并配合使用抗生素点眼液。注意防止紫外线刺激，不能使用糖皮质激素。对于表现肝炎病状的犬，可按急性肝炎进行治疗。葡醛内酯5～8 mg/kg体重肌肉注射，每日1次，辅酶A 50～700 IU/次，稀释后静滴，每日1次。肌苷100～400 mg/次口服，每日2次。核糖核酸6 mg/次肌肉注射，隔日1次，3个月为1个疗程。

3. 中西医结合，对症施治

中药治疗以泻肝火利湿热为原则。可用龙胆泻肝汤进行治疗。组方：龙胆草 6 g，柴胡 4 g，栀子 4 g，黄芩 4 g，当归 3 g，生地 4 g，木通 3 g，车前 3 g，泽泻 3 g，炙甘草 4 g(10 kg 以上的病犬药量酌加)，加水适量煎至 1 000 mL。另加口服补液盐(ORS)灌服。每天 1 剂，连用 5 d。

西药以对症和支持疗法为原则。选用以下药物：复方生理盐水 20～50 mL/kg、50%葡萄糖 1 mL/kg、ATP 10～40 mg/kg、辅酶 A 50～700 IU/次、维生素 C 100～1 000 mg/次、维生素 B_6 25～50 mg/d、头孢类抗生素 0.5～1 g/次，每天 1 次，连用 3～5 d。同时肌肉注射或口服肝泰乐 5～8 mg/次，以保肝利胆；肌肉注射维生素 B_6，防止组织渗血和出血，每天 1 次，连用 5 d。对于出现角膜浑浊现象的动物，可采用氯霉素眼药水、普鲁卡因和青霉素少许混合点眼。

Project 3

犬细小病毒病的防治技术

学习目标

掌握犬细小病毒病的病原特性、发病原因及临床特征；
了解疾病的发生机理；
熟悉犬细小病毒病发生发展的基本规律及转归；
掌握犬细小病毒病的防控措施。

【案例导入】

松狮犬，2 月龄，雌性，2 kg，聂某购回 7 d，未洗澡。2 d 前开始腹泻，呈果冻状且混有少量血丝，呕吐白色黏液，免疫情况不明。

【项目描述】

一、宠物入院症状、诊断评估与记录

(一)一般检查项目评估

1. 临床检查

该病犬鼻镜尚湿润，可视黏膜色泽正常，体温 38.6℃，心跳、呼吸稍快。临床上主要表现为精神沉郁，食欲降低甚至废绝，出现腹泻、呕吐。病初呕吐物为白色泡沫样，5～12 次/d，随病程发展，次数逐渐增多，数量变化不等，由白色泡沫变为黄色泡沫，到后期，有时只有逆呕动作，而无呕吐物。本病腹泻较为严重，腹泻物为稀水样，随病程发展腹泻次数增多，颜色先为黄色或灰黄色，含有大量的黏液，有的带伪膜，随后粪便呈番茄酱汁样，有特殊的腥臭味。

2. 实验室检查

白细胞下降到 $(2\sim9)\times10^9$ 个/L，白细胞明显减少，尤其是在本病的前 5～6 d 最为明显，常在 3.0×10^9 个/L 以下。血常规显示淋巴细胞 0.8×10^9 个/L，嗜酸性粒细胞 0.2×10^9 个/L。血清总蛋白量下降至 4～6 mg/L。CDV(犬瘟热病毒)呈阴性，CCV(犬冠状病毒)呈阳性，CPV(犬细小病毒)呈阳性。粪检中有大量红细胞。

3. 快速诊断

可应用犬细小病毒病快速检测试纸卡。犬细小病毒病快速检测试纸卡利用双抗夹心法原理，采用免疫层析金标技术。检测时用生理盐水蘸湿棉签以从直肠取样，或从新鲜粪便中直接取样；将棉签浸入装有样品稀释液的试管，充分搅拌混匀后，用一次性滴管取上清液；取出试纸卡，开封后平放在桌面上，从滴管中缓慢而准确地逐滴加入 2～3 滴混合液；5 min 后判断结果。

结果判断：①阳性结果，试纸卡 C、T 线都显示红色色带；②阴性结果，试纸卡 C 线显示红色色带，T 线不显红色(图 2-4)；③无效，当试纸卡 C 线不显示红色色带时，无论 T 线是否显示红色都视为无效。

二维码 4　犬细小病毒病快速检测试纸卡的使用

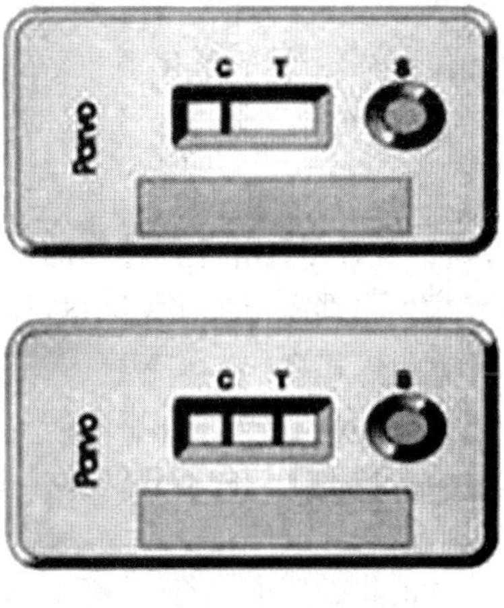

图 2-4　犬细小病毒病快速检测试纸卡

(二)重点检查项目评估

1. 全血细胞计数

严重时淋巴细胞和中性粒细胞减少,脱水造成血细胞压积(PCV)升高。活下来的动物可能出现淋巴细胞增多。血清生化(无特异性):低血糖、低血钠、低血钾、代谢性酸中毒。

2. 粪便检查

以排除肠道寄生虫感染。

3. 确诊

可采取病料进行病毒分离、RT-PCR 检测。

相关知识

犬细小病毒病(canine parvovirus infection,CP)是犬细小病毒引起的犬的一种急性、高度接触性传染病。以急性出血性肠炎和非化脓性心肌炎为特征。多发生于幼犬,病死率10%~50%。1977 年 Eugster 等首先在病犬粪便中发现细小病毒粒子。1978 年美国、加拿大、欧洲和澳大利亚分别分离到细小病毒。1982 年我国首次报道有本病的存在,目前已广泛流行。

病原

犬细小病毒(canine parvovirus,CPV)属于细小病毒科细小病毒属。核酸为单股线状DNA,病毒粒子直径为 20~24 nm,呈二十面体对称,无囊膜。可在犬肾原代细胞或传代细胞中生长。病毒能在猫胎肾,犬胎肾、脾,牛胎脾等原代或次代细胞中增殖。目前常用犬肾传代细胞 MDCK 和 F81 等传代细胞分离病毒。病毒应在细胞培养后不久或同时接种,才可达到增殖的目的。在感染细胞核内能检出包涵体。病毒粒子有 VP1、VP2、VP3 三种多肽,其中 VP2 为衣壳蛋白主要成分。具有血凝活性,在 4℃和 25℃时可凝集罗猴和猪的红细胞,但不凝集其他动物的红细胞。CPV 与猫的泛白细胞减少症病毒(FPV,猫细小病毒)有极近的亲缘关系,抗原性很相近,因此 FPV 疫苗具有抗本病毒感染的效果。

本病毒对各种理化因素有较强的抵抗力,所以一旦发病,很难彻底消除。病毒在室温下能存活 3 个月,60℃耐受 1 h,pH 3 处理 1 h 后仍有感染性。对乙醚、氯仿等有机溶剂不敏感。但对福尔马林、氧化剂和紫外线敏感。

流行病学

犬是本病的主要宿主,其他犬科动物如狼、狐等也可感染。犬细小病毒对犬具有高度的传染性,各种年龄和不同性别的犬都有易感性,但以刚断乳至 90 日龄的犬更为易感,其发病率和病死率都高于其他年龄组,往往以同窝暴发为特征。依据临诊发病犬的种类来看,纯种犬及外来犬比土种犬发病率高。

病犬、隐性带毒犬是本病的主要传染源,感染后 7~14 d 可经粪便向外界排毒。康复犬也可长期带毒。病犬的粪便中含毒量最高。感染途径主要为病犬与健康犬直接或间接接触感染。病毒随粪便、尿液、呕吐物及唾液排出体外,污染食物、垫料、饮水、食具和周围环境,主要经消化道感染。苍蝇、蟑螂和人也可成为本病的机械传播者。3~4 周龄犬感染后常呈急性致死性心肌炎;8~10 周龄的犬以肠炎为主。小于 4 周龄的仔犬和大于 5 岁的老犬发病率低，分别为2%和16%。犬细小病毒病多为散发，在养犬比较集中的单位常呈地方流行性。本病一年四季均可发生，但以冬春季节多发，天气寒冷、气温骤变、拥挤、卫生条件差和并发感染，可加重病情和提高死亡率。

症状

本病在临诊上可分为肠炎型和心肌炎型。

1.肠炎型　自然感染的潜伏期为7～14 d。病初表现发热(40℃以上)、精神沉郁、不食、呕吐。初期呕吐物为食物，之后为黏稠、黄绿色黏液或有血液。发病1 d左右开始腹泻。初期粪便为黄色或灰黄色稀粪，常覆有多量黏液和伪膜。随病情发展，粪便呈咖啡色或番茄酱汁样的含血稀粪。以后排便次数增加，出现里急后重，血便带有特殊的腥臭气味。血便数小时后病犬表现严重脱水症状，眼球下陷、鼻镜干燥、皮肤弹力高度下降、体重明显减轻。对于肠道出血严重的病例，由于肠内容物腐败可造成内毒素中毒和弥散性血管内凝血，造成休克、昏迷甚至死亡。血象变化，病犬的白细胞数可减少至60%～90%(由正常犬的1.2×10^{10}个/L减至4×10^{9}个/L以下)。病程短的4～5 d，长的1周以上。成年犬发病一般不发热。(图2-5)

二维码5　犬细小病毒病的临床症状

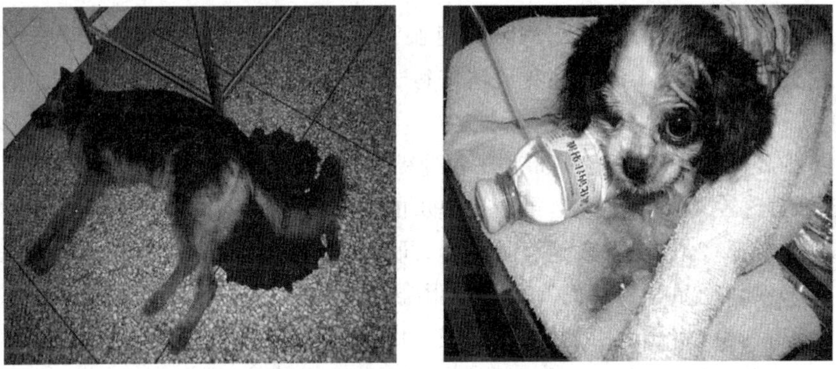

患犬严重便血、呕吐、黄疸

图2-5　犬细小病毒病的临床症状

2.心肌炎型　多见于50日龄以下的幼犬。常突然发病，数小时内死亡。病犬常出现无先兆性症状的心力衰竭，脉搏快而弱，心律不齐。心电图R波降低，S—T波升高。有的病犬突然呼吸困难。有的犬可见有轻度腹泻后死亡。病死率60%～100%。

病理变化

1.肠炎型　自然死亡犬极度脱水、消瘦，腹部卷缩，眼球下陷，可视黏膜苍白，肛门周围附有血样稀便或从肛门流出血便。胃肠道有广泛出血性变化，可见小肠明显出血，肠腔内含有大量血液。特别是空肠和回肠的黏膜潮红、肿胀，散布有斑点状或弥漫性出血，严重时肠管外观为紫红色。淋巴结充血、出血和水肿，切面呈大理石样。在小肠黏膜上皮细胞中可见有核内包涵体。

2.心肌炎型　可见心脏扩大，心房和心室有淤血块，心肌或心内膜有非化脓性坏死灶和出血斑纹，心肌纤维严重损伤。肺水肿，局灶性充血和出血，表面色彩斑驳。在病变的心肌细胞中有时可发现包涵体。

二维码 6　犬细小病毒病的病理变化

诊断

依据流行特点、特征性病状可做出初步诊断，确诊需进行实验室诊断。

1. 镜检　取病死犬小肠后段和心肌做组织切片，查到肠上皮细胞和心肌细胞内有包涵体即可确诊。

2. 电镜观察　取发病后 2～5 d 的病犬粪便，加等量的磷酸盐缓冲液(PBS)后，混匀，以 3 000 r/min 离心 15 min。再取上清液加等量氯仿，振荡 10 min，离心取上清液，用磷钨酸负染后进行电镜观察。可见有直径约 20 nm 的圆形和六边形病毒粒子。在发病后 6～8 d 的粪便中，由于抗体的产生，病毒粒子常被凝集成块。

3. 病毒分离与鉴定　将病犬粪便材料加入胰蛋白酶消化后同步接种猫肾或犬肾等易感细胞培养，通过免疫荧光试验或血凝试验鉴定病毒。

4. 血凝试验　常用于检测粪便中的病毒效价，用 1%猪红细胞作为指示系统，血凝价(HA)＞1∶80 可作为阳性感染的指示标准。

治疗

犬细小病毒病早期应用犬细小病毒高免血清治疗。目前我国已有厂家生产，临诊应用有一定的治疗效果。犬细小病毒高免血清按每千克体重 0.5～1 mL，皮下或肌肉注射，每日或隔日注射 1 次，连续使用 2～3 次。

对症治疗：补液常用林格氏液和 10%葡萄糖生理盐水加入维生素 C、维生素 B_1 及 5%碳酸氢钠注射液静脉注射，每日 2 次，可根据脱水的程度决定补液量的多少。防止继发感染可选用庆大霉素、卡那霉素、红霉素等静脉注射，同时口服泻痢停等。止吐可肌肉注射爱茂尔、灭吐灵、胃复安或阿托品等。便血严重者可用维生素 K 或止血敏等。

用药注意事项：本病最后康复的关键是靠自身产生抗体来抵御病毒，所以在使用高免血清或单克隆抗体时要考虑用量与疗程，过多地使用外源抗体会抑制机体自身的免疫反应。补液很重要，很多患病犬死于脱水，所以要以动物机体具体情况为指导，合理补液，尤其是补钾、补钙时要注意补给量、浓度、速度。止吐、止泻、止血、灌肠方法要适当，同时要掌握好时机合理用药。

预防

预防本病主要依靠免疫接种疫苗和严格犬的检疫制度。目前国内使用的疫苗有犬细小病毒灭活疫苗、犬二联苗(犬细小病毒病、犬传染性肝炎)、犬三联苗(犬瘟热、犬细小病毒病、犬传染性肝炎)、犬五联苗(犬瘟热、犬细小病毒病、犬传染性肝炎、犬副流感、狂犬病)等。对 30～90 日龄的犬应注射 3 次，90 日龄以上的犬注射两次，每次间隔 2～4 周，每次注射 1 头份(2 mL)，以后每半年加强免疫 1 次。

在本病流行季节，严禁将个人养的犬带到犬集结的地方。当犬群暴发本病后，应及时隔离，防止病犬、病犬饲养人员与健康犬接触，对犬舍及场地用 2%火碱水或 10%～20%漂白粉等反复消毒。对轻症病例，应采取对症疗法和支持疗法。对于肠炎型病例，因脱水失盐过多，及时适量补液十分重要。为了防止继发感染，应按时注射抗生素。

二、按医嘱进行治疗

（一）治疗原则

以抗菌消炎、抗病毒、增强自身的免疫功能、补充体液与营养等为治疗原则。

（二）药物治疗

采取以特异性治疗为主的综合治疗方法，疗程一般为 7～14 d。在治疗期间，要谨防并发症的发生，同时根据病犬的情况采用对症治疗、支持疗法进行消炎、补液、止血、止呕等。

特异性治疗采用犬细小病毒单克隆抗体同犬血免疫球蛋白、犬用干扰素配伍。

病初尽快注射犬细小病毒单克隆抗体或含抗犬细小病毒抗体的高免血清，同时针对出血性胃肠炎与脱水症状，采取强心补液、抗菌消炎、止吐、止泻和止血对症治疗。根据血气分析结果，精确计算出患犬所需补充的液体量、电解质离子量，调节酸碱平衡。通常静脉滴注5%葡萄糖氯化钠溶液或复方氯化钠溶液，加入适当剂量的病毒唑、庆大霉素或丁胺卡那霉素、止血敏、维生素 K、硫酸阿托品或盐酸 654-2。对顽固性呕吐的患犬，建议肌肉注射爱茂尔、氯丙嗪或硫酸阿托品止吐，并可一日内用药多次。对出现贫血症状的患犬，输注代血浆或全血白蛋白。

该病的治疗效果与治疗时间的早晚有关。因此，该病治疗的关键是早期诊断、早期治疗。临床诊断时，根据腹泻次数与时间、粪便颜色与性状、呕吐物等，再结合细小病毒病检测试纸卡的诊断结果，一般都能做出准确的判断。

治疗方案如下：

（1）早期应用犬细小病毒高免血清治疗。

（2）对症治疗：补液疗法，用等渗的葡萄糖盐水加入 5%碳酸氢钠注射液给予静脉注射。可根据脱水的程度决定补液量的多少。

（3）消炎、止血、止吐：庆大霉素 1 万 IU/kg 体重，地塞米松 0.5 mg/kg 体重混合肌肉注射，或卡那霉素 5 万 IU/kg 体重加地塞米松 2～5 mg/次混合肌肉注射。维生素 K 11 mg/kg 体重，胃复安 2 mg/kg 体重，混合肌肉注射。

三、宠物出院指导

（一）护理指导

对呕吐、腹泻较严重的患犬，须禁食、禁饮水，并注意保暖。在恢复期要控制饮食，可饲喂口服补液盐及少量的牛奶、鸡蛋汤等营养丰富和易消化的食物，切忌饲喂难以消化的肉食，以防病情加重。由于治疗期间长期的抗生素的运用，康复期需要食用 15～30 d 的益生菌类药物调理肠道有益菌群，例如宠儿香的肠乐宝。

（二）预后

犬细小病毒性肠炎的特点是病程短急、恶化迅速，病程短的 4～5 d 即会死亡，长的 1 周左右，与犬瘟热明显不同。治疗中若能迅速有效地止吐、止泻和止血，并及时合理地输液纠正水、电解质及酸碱平衡紊乱，可显著提高治愈率。心肌炎型治愈率极低，往往会出现突然死亡。

发生败血症性休克和血性腹泻的犬预后较差。

Project 4

犬副流感的防治技术

学习目标

掌握犬副流感的病原特性、发病原因及临床特征；
了解疾病的发生机理；
熟悉犬副流感发生发展的基本规律及转归；
掌握犬副流感的防控措施。

【案例导入】

2016 年 3 月 5 日，某军犬基地部分军犬出现了以发热、咳嗽、流涕、厌食为主要症状的疫情，前后有 69 条军犬发病，发病犬为 3～8 月龄幼犬。

【项目描述】

一、宠物入院症状、诊断评估与记录

(一)一般检查项目评估

1. 问诊

病史。某地区 3 月的气温较往年偏低，部队在这段时间搞拉动训练，部分 7 月龄的训练犬开始出现了上呼吸道感染的症状，尽管采取了隔离治疗，但春季风沙较大，很难做到严格的隔离，部分幼犬也出现了感染发病。

2. 临床检查

病犬主要表现为呼吸道症状，突然发热，有大量黏性脓性鼻分泌物，结膜炎、咳嗽、呼吸困难、抑郁和厌食。本病在临床上与犬瘟热相似，应予区别。犬瘟热有双相热等典型症状，副流感发热不规则，主要流浆液或黏液性鼻汁和咳嗽。少数病犬仅呈现后躯麻痹的神经症状与出血性肠炎症状。

(二)重点检查项目评估

通常在发病早期，采取呼吸道分泌物，以除菌上清液接种犬和猴肾原代或传代细胞及 Vero 细胞，若出现多核融合细胞，细胞具有吸附豚鼠红细胞特性，或培养物可凝集绵羊或人红细胞，并可被特异性抗体抑制，即可确诊。

应用荧光标记抗体来进行检测，在气管、支气管上皮细胞中检出特异性荧光细胞即可确诊。

取发病初期和恢复期双份血清，用特异性抗原测定中和抗体或血凝抑制抗体，血清滴度增高 4 倍以上者，即可判为副流感病毒感染。

相关知识

犬副流感是由副流感病毒 5 型引起的犬的一种呼吸道传染病。临床表现为突然发热、流涕和咳嗽。它是导致幼犬咳嗽的疾病之一，主要感染幼犬，发病急，传播快。该病在世界各地均有发生。近年来研究表明，该病毒也可引起急性脑脊髓炎和脑内积水，临床表现为后躯麻痹和运动失调等症状。

病原

副流感病毒 5 型(parainfluenza virus 5)，又称犬副流感病毒(canine parainfluenza virus，CPIV)，属副黏病毒科副黏病毒属，核酸类型为单股 RNA。病毒粒子呈多形性，直径 100～140 nm，外有囊膜，内含螺旋对称的核衣壳。该病毒经十二烷基硫酸钠-聚丙烯酰胺凝

胶(SDS-PAGE)分析呈现 6 种主要多肽:大蛋白(L)、血凝素神经氨酸酶(HN)、核衣壳蛋白(NP)、融合蛋白(F)、磷蛋白(P)和基质蛋白(M)。HN 蛋白和 F 蛋白突出于囊膜表面形成纤突,分别介导病毒吸附和穿入细胞;M 蛋白位于囊膜的内表面,维持病毒粒子的完整性;NP 蛋白和单股 RNA 基因组复合物形成核衣壳;P 蛋白和 L 蛋白相连从而具有病毒 RNA 多聚酶活性。

本病毒只有一个血清型,但毒力有所差异。病毒可在犬和猴肾原代或传代细胞及 Vero 细胞上增殖并产生 CPE,感染细胞胞浆内形成嗜酸性包涵体。病毒还可在鸡胚羊膜腔中增殖,鸡胚不死亡。CPIV 粒子表面含有血凝素和神经氨酸酶。在 4℃和 24℃条件下可凝集人 O 型血及鸡、豚鼠、大鼠、兔、犬、猫和羊的红细胞。羊膜腔和尿囊液中均含有病毒,血凝效价可达 1∶128。本病毒对热、乙醚、酸、碱不稳定,在 0.5%水解乳蛋白和 0.5%牛血清 Hank's 液中 24 h 感染性不变。

流行病学

该病的宿主范围广,已报道的自然感染宿主主要有人、猴、犬、牛、羊、马、家兔、豚鼠、仓鼠、小鼠、禽类以及某些野生动物等,雪貂对 CPIV 气溶胶也易感。CPIV 引起犬,主要是幼犬的传染性气管支气管炎,是“犬窝咳”的主要病原。本病传播迅速,自然条件下单独感染本病的情况不多见。常与细菌、病毒、支原体等混合感染。血凝抑制试验调查瑞典犬群副流感病毒流行情况,发现血清阳性率 28%,且与犬的年龄、性别和饲养群体无关。即使免疫过的犬,在其呼吸道和肺中依然可以检测到该病毒。我国关于犬副流感感染和诊治的报道证明,在我国犬群等动物体内存在该病毒。

本病发生于所有养犬国家和地区,包括我国。病毒可感染玩赏犬、实验犬、军犬和警犬。在军犬中常表现呼吸道症状,在实验犬则表现犬瘟热样症状。成年犬和幼龄犬均可发生,但幼龄犬病情较重。

急性期病犬是最主要的传染源。自然感染途径主要是呼吸道。犬感染 8～10 d 后可从呼吸道分泌出病毒。游离病毒感染犬的机会较小,通常病毒以飞沫的方式传播。含病毒的飞沫感染犬 10 d 后血清中出现中和抗体并逐渐升高,至 4 周逐渐下降。封闭犬群中如暴发本病后,两年内仍可查到中和抗体。感染期间动物可因抵抗力降低、继发支气管败血博代氏杆菌和支原体感染而死亡。

发病机理

犬副流感病毒主要通过呼吸道传染,对犬、狐、貉等的神经系统也有较强的感染力,病情严重者可导致死亡。鼻内感染后,在感染动物气管中出现炎症和变性损伤,而鼻腔内很少有炎症。在细支气管和肺泡内检测不到病毒,这是因为该病毒不能在巨噬细胞内增殖,肺巨噬细胞使病毒的感染局限于上呼吸道,并阻止病毒传播到其他器官。

病毒从呼吸道入侵,在鼻腔黏膜细胞中繁殖,扩散到邻近细胞或直接通过细胞间桥从一个细胞进入另一个细胞。病毒无远距离扩散能力,仅限于局部感染,引起局部或全身症状。

副流感病毒易在细胞浆内形成包涵体,并使感染的细胞膜发生改变,从而导致感染细胞与邻近未感染细胞发生融合,形成多核巨细胞合胞体。另外,病毒感染的细胞膜上常出现由病毒基因编码的抗原——血凝素和神经氨酸酶,使感染细胞成为免疫攻击的靶细胞。

症状

潜伏期 4～6 d。临床表现为突然暴发,迅速传播。患病动物体温升高,打喷嚏,剧烈咳嗽，鼻腔流黏性或浆液性分泌物。呼吸急促，听诊支气管呼吸音粗，心跳加快，严重时出现呼吸性心律不齐。结膜潮红、流泪。精神倦怠，四肢无力，厌食。眼鼻分泌物增多，肺炎症状明显。2～3 月龄动物感染后，病程为 1 周至数周，成年动物感染后症状较轻，一般可完全恢复正常，死亡率较低。

少数动物感染后表现后躯麻痹和运动失调。Evetmann 等报道，210 日龄犬感染后可表现后躯麻痹和运动失调等症状。病犬后肢可支撑躯体，但不能行走。膝关节和腓肠肌反射和自体感觉不敏感。随后从病犬脑脊液中分离到 CPIV，证实它可引起神经系统疾病。CPIV78-238 毒株，经脑内接种 6 日龄幼犬，7～10 d 后表现痉挛、抽搐等症状。当与支原体或支气管败血博代氏杆菌混合感染时，病情加重。

病理变化

病理变化主要在呼吸道，以卡他性鼻炎和支气管炎为特征。剖检可见鼻孔周围有黏性或浆液性鼻漏，气管、支气管内有大量炎性渗出的黏液。肺部边缘不整齐，表面有点状出血。扁桃体红肿。神经型主要出现急性脑脊髓炎和脑室积水。组织学检查可见鼻上皮细胞水泡变性，纤毛消失，黏膜和黏膜下层有大量白细胞浸润。肺、气管及支气管有炎性细胞浸润。神经型病犬可见脑皮质坏死，血管周围有大量淋巴细胞浸润及非化脓性脑膜炎病变。

诊断

由于犬副流感病毒的感染和犬腺病毒 2 型、疱疹病毒、呼吸型犬瘟热病毒、呼肠孤病毒的感染十分相似，因此，根据临床症状很难确诊。较为可靠的诊断方法是病毒分离和鉴定。通常在发病早期，采取呼吸道分泌物，以除菌上清液接种犬和猴肾原代或传代细胞及 Vero 细胞，若出现多核的融合细胞，细胞具有吸附豚鼠红细胞特性，或培养物可凝集绵羊或人红细胞，并可被特异性抗体抑制，即可确诊。

也可用荧光标记的特异性抗体，与气管、支气管上皮细胞进行反应，若细胞出现特异荧光，即可确诊。取发病初期和恢复期双份血清，用特异性抗原测定中和抗体或血凝抑制抗体，血清滴度增高 4 倍以上者，即可判为副流感病毒感染。

随着现代分子生物学的发展，RT-PCR、套式 PCR 等方法可为犬副流感的早期快速诊断提供有力的支撑。

治疗

犬副流感病毒感染目前尚无特异性疗法。可采用增强机体免疫机能、抗病毒感染、抗继发感染、补充体液等方法进行对症治疗。呼吸困难者采用氨茶碱 0.5 mg/kg，地塞米松 0.5 mg/kg 肌肉注射或静脉注射；心力衰竭者采用西地兰 0.05 mg/kg 静脉注射；咳嗽剧烈者采用咳必平、咳特灵或复方甘草片内服。

当犬感染本病时，常常继发感染支气管败血博代氏杆菌、支原体等。因此，应用抗生素或磺胺类药物可防止继发感染，减轻病情，促使病犬早日恢复。

本病多发于犬密集的场所，环境突变、卫生条件差、过度拥挤等常可诱发本病。本病一旦发生，传播迅速。新购幼犬多因长途运输、环境改变、受凉感冒等原因发病。因此在饲养过程中，应加强管理，注意防寒保暖，避免环境突然改变等应激因素刺激。发现病犬及时隔离治疗，并严格消毒犬舍。增强机体免疫机能：可采用胸腺肽 5～10 mg/次或转移因子 3 万～6 万 U/次，同时配合犬五联高免血清或犬副流感高免血清 2 mL/kg 体重肌肉注射，

1 次/d，连用 3～5 d。抗病毒感染：病毒唑 20～30 mg/kg 体重，头孢唑啉钠或头孢曲松钠 0.1 mg/kg 体重，双黄连 1～3 mL/kg 体重，混合静脉注射；也可采用丁胺卡那霉素 5～10 mg/kg 体重，鱼金注射液 1～4 mL，病毒唑 20～30 mg/kg 体重，混合肌肉注射，连用 4～5 d。补充体液：对长期高热、厌食的病犬应及时补液，并适当补充维生素 C 等。

预防

本病的预防主要是进行免疫接种，目前国内多使用含犬副流感弱毒疫苗的犬用六联弱毒疫苗和五联弱毒疫苗，一般幼犬在 6～8 周龄时进行首免，以 2 周为间隔连续接种 3 次，可取得较好效果。由于本病主要通过空气经呼吸道传播，一旦发生即很快蔓延到整个犬群，难以控制。

二、按医嘱进行治疗

（一）治疗原则

增强机体免疫机能，抗病毒感染、抗继发感染，补充体液等。

（二）药物治疗

肌肉注射五联高免血清 2 mL/kg 体重、胸腺肽 5 mg，每日一次；病毒唑 30 mg/kg 体重、菌必治 50 mg/kg 体重、双黄连 1 mL/kg 体重，配合盐水 200 mL 静脉输液；板蓝根冲剂每日 2 次，每次 1 袋。

对干咳的犬可用复方甘草合剂、联邦止咳露等，对严重咳嗽的犬可用超声波气雾疗法；食欲差的犬可静脉输入等渗葡萄糖液，并注意补充 ATP、辅酶 A 和维生素 C、B 族维生素；本病常继发感染支气管败血博代氏杆菌、支原体，为防止继发感染，可选用先锋霉素、林可霉素、氨苄青霉素等。

三、宠物出院指导

（一）护理指导

定期进行活动场地消毒，保持一个良好的饲养环境。

（二）预后

多治疗 5 d 后病情明显好转，体温正常，食欲恢复。

Project 5

狂犬病的防治技术

学习目标

掌握狂犬病的病原特性、发病原因及临床特征；
了解疾病的发生机理；
熟悉狂犬病发生发展的基本规律及转归；
掌握狂犬病的防控措施。

【案例导入】

2013 年 7 月 30 日台湾新闻

7 月中旬发布狂犬病确诊案例至今半个月(统计至 7 月 28 日为止),负责检验狂犬病的“农委会家卫所”,总计收到来自各地食肉目野生动物 55 例,其中 7 例无法检测,因此共采检 48 例,有 12 例确诊为狂犬病阳性反应,全都是鼬獾,其余均为阴性反应。

【项目描述】

一、宠物入院症状、诊断评估与记录

(一)一般检查项目评估

1. 问诊

有被犬、猫或其他宿主动物舔咬史,出现兴奋、恐惧,对外界刺激如风、水、光、声等异常敏感。

2. 典型独特的临床表现

依据患病动物狂暴不安,张口流涎,主动攻击人、畜和后期运动失调等临床特征,结合散发及曾被咬伤病史,可做出初步诊断。

(二)重点检查项目评估

狂犬病的实验室诊断主要应用 ELISA 检测试剂盒,可对疑似动物进行狂犬病抗原定性及血清抗体水平检测。

免疫荧光抗体法检测抗原:发病第一周内取唾液、鼻咽洗液、角膜印片、皮肤切片,用荧光抗体染色,狂犬病病毒抗原阳性。

死后脑组织标本分离病毒阳性或印片荧光抗体染色阳性或脑组织内检到内基氏小体。

(三)并发症评估

狂犬病病毒经过神经元的途径侵害神经,可损害神经细胞和血管壁,引发神经兴奋或麻痹。

相关知识

狂犬病(rabies)又称恐水病(hydrophobia),是由弹状病毒科狂犬病病毒属狂犬病病毒(rabies virus)侵犯神经系统引起的人畜共患急性传染病,是一种接触性传染病。该病的临床特征是,患病动物出现极度的神经兴奋、狂暴和意识障碍,最后全身麻痹而死亡。该病潜伏期较长,一旦发病常常因严重的脑脊髓炎导致全身麻痹,而以死亡告终。同时感染的神经元内出现胞浆内嗜酸性包涵体。人狂犬病多因被感染的犬、猫或野生动物咬伤而感染,病死率近乎 100%。

病原

狂犬病病毒属于弹状病毒科狂犬病病毒属。病毒粒子直径为 75～80 nm,长 140～

180 nm，一端钝圆，另一端平凹，呈子弹状或试管状外观。含有 5 种主要蛋白，即糖蛋白、核蛋白、聚合酶、磷蛋白和膜蛋白。其中糖蛋白在狂犬病病毒致病与免疫中起着关键作用，构成病毒表面的纤突，是狂犬病病毒与细胞受体结合的结构，能与乙酰胆碱受体结合，决定了狂犬病病毒的嗜神经性。此外，能刺激抗体产生保护性免疫反应。核蛋白是诱导狂犬病细胞免疫的主要成分，因其更为稳定，且高效表达，常应用于狂犬病病毒的诊断、分类和流行病学研究。核蛋白是荧光免疫法检测的靶抗原，有助于临床诊断。

流行病学

患病动物和带毒者是本病的传染源。该病毒感染的范围非常广泛，人及所有温血动物，如犬、猫、猪、牛、马及野生肉食类的狼、狐、豺，各种啮齿类动物，鸟类都能感染，尤其是犬科野生动物（如野犬、狐和狼等）更易感染。在患病动物体内以中枢神经组织、唾液腺含毒量最高，其他脏器、血液和乳汁中也可能有少量病毒存在。病毒可在感染组织（如唾液腺和神经细胞）的胞浆内形成狂犬病特有的特异的嗜酸性包涵体，叫内基氏小体，呈圆形或椭圆形。传播途径是患病动物和带毒者通过咬伤、抓伤、挠伤其他动物而使其感染。因此，该病发生时具有明显的连锁性，容易追查到传染源。此外，当健康动物的皮肤或黏膜损伤时，如果被患病动物和带毒者舔舐或者接触患病动物和带毒者的唾液，则也有感染的可能性。

发病机理

狂犬病病毒为嗜神经病毒，对神经组织有强大的亲和力。病毒一般不进入血液，而是通过周围神经逆行向中枢传播。患病动物唾液中的病毒通过咬伤而进入易感动物的皮下组织，经过潜伏期后，首先在局部伤口的肌肉细胞进行少量繁殖，通过和神经肌肉接头的乙酰胆碱受体结合，侵入神经末梢（从局部伤口至侵入周围神经不少于 72 h）。然后沿神经纤维进入神经中枢，在神经细胞中增殖并由中枢神经系统到达外周神经。一旦侵入脊神经，就开始大量繁殖，并在数小时内即可达到大脑。例如，患病动物唾液腺和唾液中的病毒，就是由中枢神经系统扩散而来的。病毒在中枢神经系统中增殖，既侵害神经细胞，又损害血管壁。血管壁受损后，引起血管周围细胞浸润；神经细胞受刺激后，即可引起各种神经症状，如神志扰乱和反射兴奋性增高；当延脑受到侵害时，则可引起发热、多尿和糖尿。该病的后期常常由于神经细胞变性，使患病动物逐渐出现麻痹症状。动物死亡的直接原因，就是由于呼吸中枢麻痹所致。

症状

典型病例的潜伏期为 2～8 周，有时可达 1 年或数年。一般说来，伤口距神经中枢越近、进入伤口的病毒越多，潜伏期越短，最短者只有 10 d。一般分为狂暴型和麻痹型。

1. 狂暴型　可分为前驱期、兴奋期和麻痹期。

前驱期为 0.5～2 d。精神沉郁，意识模糊，呆立凝视，常躲在暗处，不愿和人接近或不听呼唤，强迫牵引则咬主人。此外患病动物生活习性异常，有逃跑或躲避趋向，有时失踪数日，归来时满身泥泞，主人对其爱抚时常常被咬。食欲反常，喜吃异物，喉头轻度麻痹，吞咽时颈部伸展。瞳孔散大，反射机能亢进，轻度刺激即易兴奋，对反射的兴奋性明显增高，在受到光线、声响或抚摸等刺激时，表现高度惊恐或跳起。有时望空捕咬，嗅舔自己或其他动物的生殖器官，唾液分泌逐渐增多，后躯软弱。

兴奋期 2～4 d，高度兴奋（图 2-6），表现狂暴症状，到处乱跑，可远达几十千米，常攻击人、动物，狂暴发作往往和沉郁交替出现。疲劳时卧地不动，但不久又立起，表现特殊的斜视惶恐表情。当再次受到外界刺激时，又出现新的发作，狂乱攻击，自咬四肢、尾等。随病势发展，陷于意识障碍，反射紊乱，狂咬。显著消瘦，吠声嘶哑，眼球凹陷，散瞳或缩瞳，下颌麻痹，流涎和夹尾等。

图 2-6　病犬高度兴奋

麻痹期 1～2 d。麻痹急剧发展，下颌下垂，舌脱出口外，流涎显著，不久后躯及四肢麻痹，卧地不起，最后因呼吸中枢麻痹或衰竭而死。整个病程为 6～8 d，少数病例可延长到 10 d。

2.麻痹型　兴奋期很短或只有轻微兴奋表现，即转入麻痹期。表现喉头、下颌、后躯麻痹，流涎，张口，吞咽困难，恐水等，经 2～4 d 死亡。

猫潜伏期一般是 1 周至 2 个月。发病后可见形态异常，起卧不安，流涎，遇响声或刺激则呈现惊恐症状。很快进入兴奋期，即狂暴期，此时病猫反常吼叫，常主动攻击人畜，狂暴过后转为麻痹期，步态不稳，口腔、咽喉黏膜充血和糜烂，后躯或四肢麻痹，病猫极度衰竭，倒地不起，继而死亡。一般病程 1 周，短则 2～3 d。

病理变化

常见尸体消瘦，体表有伤痕，口腔和咽喉黏膜充血或糜烂，胃内空虚或有异物，如木片、石头、铁器、玻璃等，胃肠道黏膜充血或出血。内脏充血、实质变性。组织学检查，常发现在大脑海马角、小脑和延脑的神经细胞胞浆内出现嗜酸性包涵体(内基氏小体)，呈圆形或椭圆形。此外，脑、脊髓出血，神经细胞核肿大，细胞浆内出现空泡、颗粒变性或脂肪变性。

诊断

临床上诊断比较困难，如果出现典型症状，结合病史可初步判断。确诊需进行实验室病理、组织学检查。实验室可检查脑和唾液腺组织中的狂犬病病毒或抗原，送检的样本可取动物的头部，然后放于加有冰块的密封容器。样本须冷藏，但不能冷冻，因为冻融的样本不利于病毒的检测。

脑触片法检查：取患病犬、猫大脑海马角或小脑组织触片，染色观察有无内基氏小体。

动物接种：将病死犬、猫脑组织制成乳剂 0.5～1 mL，注于 30 日龄小鼠脑内，如果在 1～2 周内出现麻痹或脑内出现肿胀、充血出血，便可确诊。该项诊断准确率较高，但费时。也可接种后 3 d 扑杀小鼠，取脑制触片用荧光抗体法检查，从而缩短诊断时间。

荧光抗体检查：取疑似病犬、猫的脑组织或唾液腺冷冻切片或涂片，用荧光抗体染色，在荧光显微镜下看到胞浆内出现黄绿色荧光颗粒即为阳性。该方法准确，但要求条件极高。

狂犬病抗原检查：通过酶标快速诊断试剂盒，采用 ELISA 法，检测动物脑组织液或唾液中的狂犬病病毒。实验通过酶标仪测试吸光度得出数值性结果，判定阳性、可疑或阴性。实验耗时 3 h 左右。

狂犬病抗体检查：标准抗原需液氮保存。采用抗狂犬病病毒中和抗体效价快速荧光灶抑制试验(RFFIT)精密检测动物血清中狂犬病抗体滴度水平，通过荧光显微镜，进行结果判定。国际标准抗体滴度应高于 0.5 IU，即抗体水平在 0.5 IU 以上时，可确定动物有足够的抗狂犬病病毒感染的能力。

防治

加强动物检疫，防止从国外引进带毒动物和国内转移发病和带毒动物。

疫苗接种是预防狂犬病的重要措施，因此应加强犬、猫等动物的狂犬病免疫。有计划地对犬、猫等动物进行免疫是控制狂犬病的重要措施，因此对于宠物，特别是犬，应定期进行疫苗的免疫。目前狂犬病患病动物仍然无法治愈，当发现患病动物或可疑动物时应尽快扑杀，防止其攻击人及其他动物而造成该病的传播。

对狂犬病免疫的同时，还要对免疫效果进行长期监测，评估免疫效果和免疫保护期，从而制定有效的免疫措施，达到较高的免疫保护率。认真贯彻执行所有防止和控制狂犬病的规章制度，包括扑杀野犬、野猫以及各种限养犬等动物的措施。

人狂犬病的预防

管理传染源：加强犬的管理，野犬应尽量捕杀，家犬应进行登记与疫苗注射。狂犬立即击毙、焚毁或深埋。

伤口处理：立即用 20％的肥皂水或清水彻底清洗所有伤口和搔伤处，反复冲洗至少 20 min，再用 75％乙醇或 2％碘酒涂擦。如创伤深广、严重或发生在头、面、手、颈等处，除按要求注射狂犬疫苗外，还应在 24 h 内皮试阴性后在创伤处做高效免疫血清浸润注射。伤口在数日内暂不缝合。也可酌情应用抗生素及破伤风抗毒素。

疫苗接种：目前，我国所应用的人用狂犬病疫苗为狂犬病固定毒适应株，接种于原代地鼠肾单层细胞，培养后收获病毒液，加入甲醛溶液灭活后经浓缩 3～5 倍，再加氢氧化铝制成。凡被狂犬病或其他疯动物咬伤、抓伤时，应及时注射本疫苗。

二、按医嘱进行治疗

狂犬病患犬无治疗意义。

学习情境三

猫三联疫苗相关病毒性传染病的防治技术

项目一　猫瘟热的防治技术

项目二　猫鼻气管炎的防治技术

项目三　猫杯状病毒感染的防治技术

Project 1

猫瘟热的防治技术

学习目标

掌握猫瘟热的病原特性、发病原因及临床特征；
了解疾病的发生机理；
熟悉猫瘟热发生发展的基本规律及转归；
掌握猫瘟热的防控措施。

【案例导入】

饲养者家中的 1 岁以下宠物猫初期体温升高，精神倦怠，食欲废绝，头和前爪紧贴腹部昏睡，1 d 后体温正常，2 d 后体温再次升高，出现呕吐，排带血的水样便，迅速脱水，衰竭死亡。

【项目描述】

一、宠物入院症状、诊断评估与记录

1. 临床检查

病初体温升高至 40℃以上，24 h 后体温恢复正常，间歇 2～3 d 后体温再次升高，保持稽留热，即呈典型的双相热型。听诊肺部呼吸音快而粗厉；心跳快而弱。病猫眼、鼻流出脓性分泌物；出现呕吐，排带血水样便，迅速脱水，衰竭死亡。

2. 实验室检查

(1)血液学检查　发热期采静脉血做白细胞检查，本病主要是中性粒细胞和淋巴细胞减少。正常的白细胞总数为 15 000～20 000 个/mm^3，患病猫的白细胞减少到 5 000 个/mm^3。

(2)血凝和血凝抑制试验　采病死猫的血液、粪便和各脏器经处理后做血凝试验(HA)、HI 试验，呈现阳性。

(3)其他血清学实验　用琼脂扩散法、对流免疫电泳法、荧光抗体法能检测出病毒。

相关知识

猫瘟热又称猫传染性肠炎或猫泛白细胞减少症，是由猫细小病毒引起的一种高度接触性急性传染病，以突发双相型高热、呕吐、腹泻、脱水、明显的白细胞减少及出血性肠炎为特征，是猫最重要的传染病。

病原

猫细小病毒(FPV)属细小病毒属成员。本病毒与犬细小病毒(CPV)和水貂肠炎病毒(MEV)有抗原相关性。世界各地分离的本病毒只有一个血清型。本病毒在(pH 6.0～6.4)4℃和 37℃对猪的红细胞都有凝集性。本病毒对乙醚、氯仿等有机溶剂和酸、碱、酚(0.5%)、胰蛋白酶等具有一定抵抗力，也能耐热(66℃ 30 min)。含毒组织中的病毒在低温下或 50%甘油盐水中能相当长时期内保持其感染性。福尔马林(1%)和次氯酸则能有效地将其杀灭。

本病常见于猫和其他猫科动物(如虎、豹、猞猁、野猫、山猫、豹猫等)以及非猫科的浣熊、貂及环尾雉等。各种年龄的猫都可感染发病，但主要发生于 1 岁以下的小猫，尤其 2～5 月龄的幼猫最为易感。病猫和康复带毒猫是主要的传染源。病猫在感染的早期即从粪、尿、唾液、鼻眼分泌物和呕吐物中排毒。一些康复猫可从粪、尿中排毒数周。出生后感染的幼猫肾中带毒可长达 1 年以上。它们通过直接或间接接触，经消化道传染给健康猫。在病毒血症期间也可通过虱、蚤和螨等吸血昆虫传播，妊娠母猫感染后还可经胎盘垂直传染给胎儿。

症状

潜伏期 2～6 d。本病在易感猫群中感染率可高达 100%，但并非所有感染猫都出现临诊症状。根据临诊表现可分为最急性、急性、亚急性和隐性等 4 个类型。

最急性型：病猫突然死亡，来不及出现症状，往往被误认为中毒。

急性型：病猫仅有一些前驱症状，很快于 24 h 内死亡。

亚急性型：病猫初委顿，食欲不振，体温升高到 40℃以上，24 h 后下降到常温。2～3 d 后体温再度上升到 40℃以上，呈明显的双相热。第二次发热时症状加剧。高度沉郁，衰弱，伏卧，头搁于前肢。发生呕吐和腹泻，粪便水样，内含血液，迅速脱水。白细胞数减少（主要为淋巴细胞和中性粒细胞减少）。当体温升到最高峰时，白细胞可减少到 2 000 个/mm^3 以下（正常猫为 15 000～20 000 个/mm^3）。一般减少到 5 000 个/mm^3 以下为重症，2 000 个/mm^3 以下多数预后不良。约有 20%的病例白细胞数仅有 0～200 个/mm^3。病程 3～6 d，如能耐过 7 d 多能康复。病死率一般 60%～70%，高的可达 90%以上。妊娠母猫感染后可发生胚胎吸收、死胎、流产、早产或产小脑发育不全的畸形胎儿。

病理变化

二维码 7　猫瘟热的病理变化

剖检可见猫尸消瘦、脱水（除最急性外）。小肠（自空肠中、后段起）黏膜肿胀、炎症、充血、出血，肠腔中有条索状纤维素性渗出，严重的呈伪膜性炎症变化。内容物灰黄色，水样，恶臭。肠系膜淋巴结肿胀、充血、出血。肝肿大红褐色。胆囊充满黏稠胆汁。脾出血。肺充血、出血、水肿。

长骨的红骨髓呈液状或胶冻状。组织学检查主要见肠黏膜和肠腺上皮细胞与肠淋巴滤泡上皮细胞变性，有的见有核内包涵体。

诊断

根据流行病学、临诊症状和病理变化的特点（骨髓呈液状、半液状，小肠黏膜上皮细胞内的包涵体）以及血液学检查发现白细胞减少，可以做出初步诊断。确诊则需做病毒分离鉴定和血清学试验。

1. 病毒分离鉴定　急性病例生前宜采血液等；死后则采脾、小肠和胸腺等病料，处理后接种易感断乳仔猫或其肾、肺原代细胞或 F81 细胞系细胞培养，以观察接种动物发病情况，检查眼观和组织学病变或接种细胞的 CPE 和核内包涵体，以及用其细胞培养物与猪红细胞凝集试验结果做出肯定或否定诊断。直接取患畜身体的肾、肺、睾丸等脏器做病毒分离，最易获得成功。细胞病变明显与否与病毒浓度有关。

2. 血凝和血凝抑制试验　感染猫肠内容物、粪便及感染细胞可通过 HA 试验，检测病毒抗原及其毒价，再用标准 FPV 阳性血清做 HI 试验，做出诊断，也可采发病初期和 14 d 后的双份血清，56℃灭活 30 min 后与已知病毒用 1%猪红细胞做血凝抑制试验，如康复期抗体效价增高 4 倍以上，即可判定阳性。

此外亦可用中和试验、免疫荧光技术、酶联免疫吸附试验（ELISA）和对流免疫电泳（出现明显的沉淀线，简便易行）进行诊断。

防治

本病目前尚无有效治疗方法，主要依靠接种疫苗以预防其发生。猫通常在感染后 8 d 开始出现中和抗体，30 d 即达到高峰，耐过猫可获得良好免疫力，且在自然条件下很少发生二次感染发病。目前，国外许多国家都生产有灭活苗和弱毒苗用于预防本病。我国亦有灭活苗生产，一种是细胞培养毒甲醛灭活疫苗，另一种是细胞培养毒二乙烯亚胺(BEI)灭活疫苗。断乳后(8～10 周龄)初免，隔 2～4 周后进行二免。二免 7 d 后即可产生坚强的免疫力，免疫保护期半年，以后每年免疫 2 次。新生仔猫可以从乳中获得中和抗体，半衰期 9.5 d，中和抗体效价 1∶30 以上，可获得良好保护(仓田一明，1982)。平时应搞好猫舍清洁卫生，对新引进的猫必须经过免疫接种并隔离观察 60 d，方可混群饲养。未免疫猫群一旦发生本病，应立即隔离病猫。早期病猫可用抗血清[国内有生产，HI 价≥(1∶256)，剂量 2 mL]以及用对症、支持疗法和使用抗生素防止并发症等综合性措施进行抢救。中后期病猫扑杀后和病死猫深埋。污染的用具和环境用 1%福尔马林彻底消毒。

二、按医嘱进行治疗

(一)治疗原则

本病目前尚无特效治疗药物，一般采取对症疗法，总体治疗原则为解热止吐、抗毒消炎、制酸补液。

(二)药物治疗

主要采取非特异性的支持疗法，如补液、非肠道途径给予抗生素和止吐药，精心护理并限制饲喂。最重要的是对严重的脱水及时给予矫正，最好是经非肠道途径给药。

(1)用猫瘟热高免血清每千克体重 2 mL，皮下注射，每日 1 次，连用 3 次以上；同时肌肉注射聚肌胞 1～2 mg/次，隔日 1 次，连用 3 次以上。

(2)抗病毒、抗感染可用病毒唑每千克体重 50～100 mg、氨苄青霉素每千克体重 30 mg、地塞米松每千克体重 2～5 mg，肌肉注射，每日 1～2 次，连用 4 d 以上。

(3)止吐，胃复安注射液每千克体重 0.05～0.15 mg，每日 2 次，皮下注射。

(4)调节电解质的平衡与纠正机体酸中毒，以 10%葡萄糖液、乳酸林格氏液、能量合剂混合静脉注射，剂量为每千克体重 50 mL。

三、宠物出院指导

(一)护理指导

定期进行活动场地消毒，保持一个良好的饲养环境。

(二)预后

本病为猫的致死性传染病，若无特异性高免血清治疗，治愈率很低。幼猫发病的死亡率可高达50%～90%。只有当呕吐和腹泻停止，食欲和体温恢复正常，白细胞开始增多后才能预示其能够康复。并发低温和休克(内毒素血症)、黄疸，继发细菌或真菌感染，血液检验白细胞总数降至2 000个/mm^3以下的患猫，则预后不良。

Project 2

猫鼻气管炎的防治技术

学习目标

掌握猫鼻气管炎的病原特性、发病原因及临床特征；
了解疾病的发生机理；
熟悉猫鼻气管炎发生发展的基本规律及转归；
掌握猫鼻气管炎的防控措施。

【案例导入】

接诊一病例，主诉猫经常打喷嚏，咳嗽，且眼鼻分泌物很多，前期呈浆液性，后期呈脓性，严重时堵塞鼻腔，猫表现张口呼吸，体温升高至40.5℃。

【项目描述】

一、宠物入院症状、诊断评估与记录

1. 临床检查

主要检查眼部、鼻腔通路，观察是否喷鼻，有无鼻炎、结膜炎，是否出现鼻腔堵塞。

2. 病理变化

剖检可见鼻腔、喉、气管及支气管黏膜弥漫性出血、坏死。有的可见鼻甲骨吸收，骨质溶解。有细菌感染时可见肺炎。组织学检查可见鼻腔、扁桃体、气管及瞬膜的上皮细胞内有包涵体。确诊必须进行病毒学或血清学检查。

相关知识

猫鼻气管炎是由猫疱疹病毒Ⅰ型引起的猫急性接触性呼吸道传染病，以喷嚏、流泪、结膜炎和鼻炎为特征。临床上发病率可达100%，主要侵害仔猫，死亡率达50%，成年猫不发生死亡。

病原

猫疱疹病毒Ⅰ型(FeHV-Ⅰ)属疱疹病毒科甲型疱疹病毒亚科。目前，本病毒只有1个血清型，病毒能吸附和凝集猫的红细胞。病毒对外界因素抵抗力很弱，离开宿主后只能存活数日，在干燥的条件下可存活12 h，56℃存活4～5 min，－60℃存活3个月。病毒对乙醚敏感，可用甲醛和酚灭活。本病毒只感染猫及猫科动物。病猫、自然康复猫、潜伏感染猫均能带毒或排毒，成为本病传染源。带毒猫呈间歇性排毒，发病初期猫由分泌物大量排毒，持续14 d，以后遇分娩、发情及运输等应激因素均可排毒，经接触和飞沫迅速传播。

症状

潜伏期2～3 d。病猫初期体温升高，呈明显上部呼吸道感染症状，不时咳嗽，喷嚏，口吐泡沫，流泪，眼鼻分泌物增多，开始为浆液性，后为脓性分泌物(图3-1)，继之精神沉郁、食欲减退。有的出现溃疡性口炎，全身皮肤溃疡，肺炎及阴道炎等。血检中性粒细胞减少。一般幼猫较成年猫症状严重，死亡率50%，如有继发感染，死亡率更高。病程约1周。部分患猫转为慢性者，出现咳嗽、鼻窦炎和呼吸困难等症状，带毒猫所产仔猫体质弱，多嗜睡、呼吸困难及死亡。

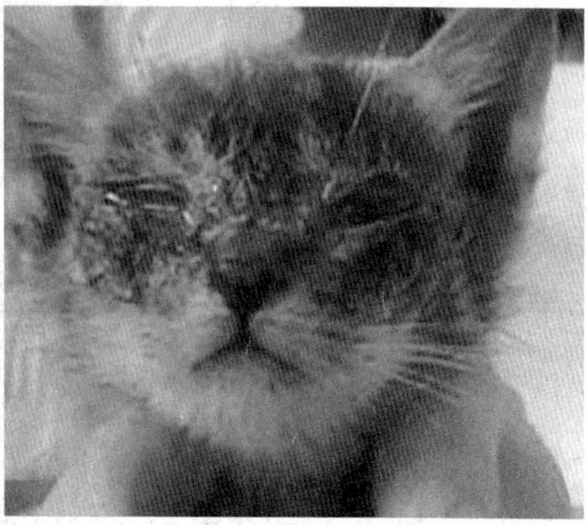

图3-1 幼猫眼部多量脓样分泌物，难以睁开眼睛

病理变化

二维码 8　猫鼻气管炎的临床症状

肉眼病变主要表现在上呼吸道。病初，鼻腔和鼻甲骨黏膜呈弥漫性充血，喉头和气管也可出现类似变化。较严重病例，鼻腔、鼻甲骨黏膜坏死，眼结膜、扁桃体、会厌软骨、喉头、气管、支气管甚至细支气管的部分黏膜上皮也发生局灶性坏死。慢性病例可见鼻窦炎。组织学检查可见间质性肺炎及支气管和细支气管周围组织坏死，坏死区上皮细胞中可见大量的嗜酸性核内包涵体。

诊断

从临床症状看，本病与猫冠状病毒感染、猫杯状病毒感染和猫衣原体性肺炎很难区分，只有靠实验室检查才能做出准确诊断。

1. 包涵体检查　剖检时，采取病猫上呼吸道黏膜上皮细胞，进行包涵体染色。在上呼吸道黏膜上皮细胞中见到典型的嗜酸性核内包涵体，具有一定的诊断意义。

2. 血清学检查　病猫眼结膜和上呼吸道黏膜的涂片或切片标本，用 FeHV 荧光抗体染色可做出准确快速的诊断。中和试验(病毒感染 21 d 后中和抗体可达 64 倍)及血凝抑制试验也具有诊断意义。

3. 病毒分离鉴定　该病毒可在病猫鼻咽部黏膜和结膜持续存在 30 d 以上。症状出现后 7 d 内，肝、肺、肾、脾等实质脏器用敏感细胞可分离出病毒。在急性发热期，以灭菌棉拭子在鼻咽、喉头和结膜取样，接种于原代猫肾细胞，逐日观察有无细胞病变，成功率较高。

此外，也可用已知的 FeHV-Ⅰ免疫血清进行中和试验鉴定，或用荧光抗体染色对病毒的细胞培养物进行快速鉴定。近年来，PCR 已经用于本病的诊断。

防控

防控本病应采取综合性措施，对新引进的猫应加强检疫，隔离观察 14 d，确认无病后方可入群。目前美国已有 FeHV-Ⅰ弱毒苗可供应用。猫 63～84 日龄时首免，以后每隔 6 个月加强免疫 1 次。该苗单独应用或与猫杯状病毒(FCV)弱毒苗联合应用，均有较好的预防效果。免疫可减少排毒，但无法预防感染和消除带毒状态。弱毒苗的副作用稍大，但能克服母源抗体的干扰，能在 2～4 d 内快速产生免疫力。也可与猫泛白细胞减少症及猫肺炎(衣原体感染)疫苗联合应用。

加强饲养管理也是预防本病的重要措施。减少应激因素，将猫饲养于通风良好的环境中。控制猫群的数量和密度，搞好饲养人员的卫生。因分娩常能促进带毒母猫排毒，从而造成新生仔猫的感染，因此带毒母猫不宜再做种用。并非所有表现慢性呼吸道症状的猫都是疱疹病毒带毒者，可通过定期检疫方法查出带毒猫。

目前尚缺乏特效药，可采用对症疗法、防止继发感染及支持疗法。5-碘脱氢尿嘧啶核苷可用以治疗本病引起的溃疡性结膜炎。对于病猫，应用广谱抗生素可有效防止细菌继发感染和后遗症的发生。吞咽困难时可给予糖浆。口腔损害和病程长的病猫，可口服或肌肉注射维生素 A。出现结膜炎的病猫可每天多次用 10%磺胺醋酰钠、1%氯霉素或 0.5%新霉素眼膏滴眼，但不宜使用含皮质类固醇的眼膏。

患猫需早期隔离，隔离舍保持恒温，如有脱水，可口服或皮下注射等渗葡萄糖盐水，每日

50～100 mL，每日 2 次。为增进食欲，可给予少量芳香味食物，如鱼肝、瘦肉等，有利于患猫康复。长久不进食者，可考虑用胃导管法喂食。

二、按医嘱进行治疗

（一）治疗原则

本病目前尚无特效药治疗。采用支持疗法、对症治疗和防止继发感染，对本病的恢复有良好的作用。

（二）药物治疗

应用抗病毒药物如猫干扰素帮助猫对抗病毒；应用广谱抗生素预防和治疗继发的细菌感染；对出现结膜炎的猫可应用抗生素、抗病毒滴眼液；应用科特壮、维肝素等药物调节猫咪代谢机能，促进食欲；对于食欲不振、症状较重的猫，进行输液治疗，通过输液也可以补充水分和能量；多日不进食的猫，需强行灌食，帮助其食欲及消化功能恢复，以避免和缓解长期不进食引起消化系统及肝脏功能障碍及损伤。

赖氨酸可以帮助免疫系统抑制疱疹病毒，可减轻患病猫咪的症状。目前已有供猫食用的赖氨酸膏和赖氨酸粉，如法国威隆的“猫安”。发表在 2002 年美国兽医研究杂志的一项研究显示，赖氨酸在减少疱疹病毒感染猫咪的临床症状方面发挥着有效作用。

三、宠物出院指导

（一）护理指导

猫鼻气管炎一般眼睛都会出现红肿、多泪、流涕。轻度症状的时候只是出现一些水状的眼泪和鼻涕，如果症状严重鼻涕和眼泪就会呈浓稠状，颜色发青黄色。有时候眼泪太多太黏稠还会粘住眼皮，眼睛就睁不开了，鼻涕变干会堵塞鼻孔使其呼吸困难。这个时候一定要用医用棉花蘸温水一点一点地把眼睛、鼻子周围干掉的分泌物化开，轻轻擦去。

（二）预后

一般情况下，猫得到合理治疗病情不至特别严重者，预后较良好，治愈率较高。成年猫（特别是老年猫）如果治疗不及时，出现肺部感染的症状则治疗时间长，病情反复而严重，治愈率不高。

Project 3

猫杯状病毒感染的防治技术

学习目标

掌握猫杯状病毒感染的病原特性、发病原因及临床特征；

了解疾病的发生机理；

熟悉猫杯状病毒感染发生发展的基本规律及转归；

掌握猫杯状病毒感染的防控措施。

【案例导入】

主诉其猫精神状态不好，食欲不佳，流涎，打喷嚏，流浆液性鼻液，口腔出现溃疡，溃疡面分布于舌和硬腭部。鼻腔黏膜也出现大小不等的溃疡面。

【项目描述】

一、宠物入院症状、诊断评估与记录

1. 临床检查

精神不振，打喷嚏，流浆液性鼻液，结膜炎，角膜炎，流泪，流涎，舌和上腭有溃疡，严重时呼吸困难。有的仅有肌肉疼痛和角膜炎，不显呼吸道症状。

2. 实验室检查

取结膜刮取物和鼻液，用猫源细胞培养进行病毒分离可确诊。

相关知识

猫杯状病毒感染是猫的一种多发性病毒性呼吸道疾病，主要表现为上呼吸道症状，双相发热，浆液性和黏液性鼻漏，结膜炎，极度沉郁。该病毒还能引起猫的口腔和上呼吸道疾病，有的毒株还可以造成猫的跛行。

病原

猫杯状病毒(FCV)属杯状病毒科杯状病毒属成员。一般认为本病毒只有 1 个血清型，但其抗原很容易变异，出现多株变异株。FCV 不能凝集各种动物红细胞。病毒对乙醚和氯仿及温和的洗涤剂不敏感，50℃ 30 min 可灭活。1～2 mol/L NaCl 可提高病毒耐热性，但 $MgCl_2$ 可加速其灭活。2% NaOH 可有效灭活该病毒。

所有猫科动物可能都易感，但确实报道的只有猫和澳大利亚的猎豹。自然条件下本病毒只感染猫，1 岁以下的猫最易感，小猫病死率可达 30%。病猫和带毒猫为主要传染源。病猫通过唾液、鼻分泌物、粪便和尿大量排毒。康复猫和持续感染猫排毒期数月或数年，甚至终生带毒。病毒通过直接接触污染物或气溶胶飞沫经消化道和呼吸道传播。持续感染的母猫也可将病毒垂直传播给后代。

症状

潜伏期 2～3 d，病程 5～7 d。临诊症状依感染毒株毒力和猫年龄不同而有差异。轻者表现出精神沉郁，发热(39.5～40.5℃)，打喷嚏，眼和鼻流浆液性或黏液性分泌物，口腔溃疡(图 3-2)。严重者则表现呼吸困难，沉郁，肺部有啰音，易引起继发感染。4～8 周龄吃奶猫易死亡，1 岁以上猫常呈温和型或隐性经过。有些病例仅表现出发热和肌肉疼痛或慢性胃炎。

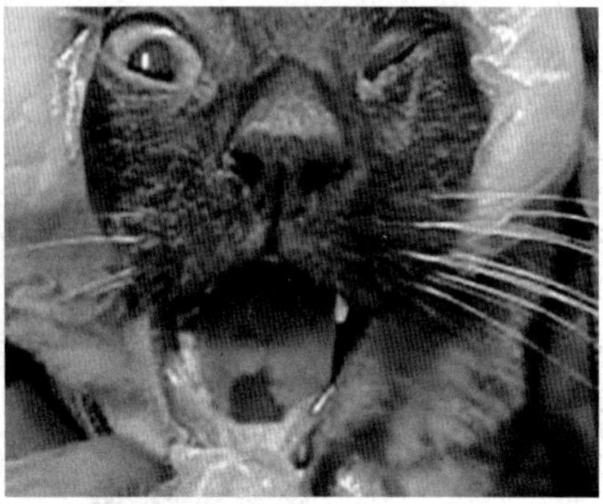

图 3-2 舌面溃疡

病理变化

剖检主要表现出结膜炎、鼻炎、舌炎和气管炎，舌和腭黏膜有溃疡或胃有溃疡。肺腹缘出现暗红色实变区。组织学检查可见舌溃疡的边缘和基质有大量中性粒细胞浸润。肺表现间质性肺炎，肺泡内有蛋白渗出物和肺泡巨噬细胞聚积，肺泡及其间隔有单核细胞浸润，支气管和细支气管内有大量蛋白性渗出物、单核细胞及脱落的上皮细胞。

诊断

本病确诊依靠实验室检查。怀疑本病时，可采取患猫眼结膜或扁桃体活组织做荧光抗体染色，检测是否存在 FCV 抗原。也可采取患猫鼻腔分泌物、扁桃体和肺组织，适当处理后接种于猫肾细胞进行病毒分离和鉴定。

防治

疫苗接种是防治本病的有效方法。国外有活疫苗和灭活疫苗，也有与猫鼻气管炎和猫泛白细胞减少症的二联苗和三联苗。我国也已研制出活疫苗。3 周龄以上猫每年接种 1 次，免疫期 6 个月以上。平时应搞好猫舍清洁卫生，对新引进猫应隔离观察，30 d 或至少 2 周内无呼吸道疾病，方可混合饲养。治疗采用对症疗法。对出现结膜炎症状的病猫可用四环素软膏防止继发感染。表现关节疼痛的病猫通常可在 2～3 d 内自愈。发病期间可维持体液及营养平衡，并服用少量阿司匹林解热和减轻病猫关节疼痛。对出现口腔溃疡的病猫治疗时应注射低剂量的皮质类固醇或其他免疫抑制药物，并加少量抗生素防止继发感染。

二、按医嘱进行治疗

(一)治疗原则

本病尚无特效的抗病毒药物，对症或支持治疗。

(二)药物治疗

目前无特异性治疗方法，一般应用广谱抗生素防止继发感染。

三、宠物出院指导

(一)护理指导

尽量避免高密度养猫，避免养于猫多且来路混杂处。注意猫舍卫生清洁，新来的猫必须隔离观察并进行免疫接种后再混群饲养。如出现发病猫，及时隔离，清理猫舍，对环境及器具进行消毒。康复猫带毒可达 35 d 之久，故康复后需继续隔离。

(二)预后

如果病程较长，由于猫咪免疫力急剧下降，到后期往往容易继发其他病毒病感染，例如猫瘟，则死亡率大大上升。

学习情境四

犬猫其他病毒性传染病的防治技术

项目一　犬传染性气管支气管炎的防治技术
项目二　伪狂犬病的防治技术
项目三　犬疱疹病毒感染的防治技术
项目四　犬冠状病毒病的防治技术
项目五　犬轮状病毒病的防治技术
项目六　犬病毒性乳头状瘤病的防治技术
项目七　猫传染性腹膜炎的防治技术
项目八　猫白血病的防治技术
项目九　猫免疫缺陷病的防治技术
项目十　猫痘的防治技术
项目十一　猫星状病毒感染的防治技术
项目十二　猫海绵状脑病的防治技术
项目十三　猫呼肠孤病毒感染的防治技术
项目十四　猫合胞体病毒感染的防治技术
项目十五　猫轮状病毒感染的防治技术
项目十六　猫波纳病毒病的防治技术
项目十七　猫麻疹病毒感染的防治技术

Project 1

犬传染性气管支气管炎的防治技术

学习目标

掌握犬传染性气管支气管炎的病原特性、发病原因及临床特征；

了解疾病的发生机理；

熟悉犬传染性气管支气管炎发生发展的基本规律及转归；

掌握犬传染性气管支气管炎的防控措施。

【案例导入】

2015 年 12 月 29 日，某基地一德牧受训犬先发病，5 d 内基地所有犬共 36 只全部发病。约在同一时间段周边的某装备仓库 5 只护卫犬和另一基地 23 只工作犬也相继发病，请求诊治。主要临床症状为：剧烈持续阵咳，剧烈运动后明显加剧，呕吐白色带痰黏液(严重者次日早晨犬舍内可见黏痰 10 余处至 20 余处，几乎地上一片白色)，60%左右的病犬食欲明显下降，40%左右的病犬精神倦怠，喜卧地，鼻镜干燥，20%左右的病犬鼻流浆液性鼻液，5 只左右病犬拉黄色稀便。

【项目描述】

一、宠物入院症状、诊断评估与记录

(一)一般检查项目评估

临床检查：40%左右的病犬体温升高，在 39.5～41.30℃之间，呼吸、心跳加快；胸部听诊肺泡呼吸音增强，有的可听到湿性啰音；人工诱咳阳性，严重的病犬吠叫声音沙哑或发不出声音。

(二)重点检查项目评估

实验室检查：发热病犬 X 线摄影可见支气管纹理变粗阴影；病初选一咳嗽严重的病犬做血常规检查。

相关知识

犬传染性气管支气管炎(canine infectious tracheobronchitis，ITB)又名犬窝咳，是以支气管败血博代氏杆菌和(或)犬副流感病毒为主要病原所引起的一种犬传染性呼吸道疾病。其他病原可能继发感染。临床上以阵发性咳嗽、不定期吐痰、眼鼻有分泌物、气管支气管炎和鼻炎等为主要特征。19 世纪初期，有文献报道本病易与犬瘟热混合发生。

病原

引起本病发生的病原较多，有细菌和病毒两类。支气管败血博代氏杆菌是犬传染性气管支气管炎病例中最常分离出的革兰氏阴性、需氧球杆菌，被认为是本病的主要病原。病毒感染常发生于本病的早期，也可能参与疾病的发展，这些病毒包括犬副流感病毒、犬腺病毒Ⅱ型、犬疱疹病毒、犬瘟热病毒和呼肠孤病毒。支原体是否为本病病原还未确定。应激、通风状况、温度和湿度等因素可影响该病的发生率和疾病的严重性。支气管败血博代氏杆菌大小为(0.2～0.3) μm×(0.5～1.0) μm。本菌可在各种普通培养基上生长，但极易发生菌相变异，并伴随抗原变异。在波-让(Bordet-Gengou)二氏琼脂培养基上培养 24 h，细菌呈杆状、球杆状；40～48 h 典型Ⅰ相菌呈整齐的类球状、球杆状，Ⅱ相和Ⅲ相菌呈不整齐的球杆状、杆状或短链状。Ⅰ相菌具有荚膜和密集的周生菌毛，很少见有鞭毛，毒力强，Ⅲ相菌无荚膜和菌毛，多见有周生鞭毛，毒力弱。在波-让二氏琼脂培养基上，典型菌落(Ⅰ相菌落)呈珍

珠状或半圆状，直径 0.5～0.8 mm，乳白色、光滑致密并且有明显的 β 溶血环。在培养条件不适或多次传代后出现Ⅱ相或Ⅲ相菌落。Ⅲ相菌落灰白、扁平，大于Ⅰ相菌落，而且不溶血。在麦康凯琼脂培养基上生长良好，菌落呈微红色。在普通肉汤或蛋白胨液体中轻度均匀浑浊生长，不形成荚膜。

本菌的主要毒力因子是皮肤坏死毒素。不耐热，存在于胞浆内，在细胞裂解后释出，为一种蛋白毒素。56℃ 30 min 处理后完全失活，0.3％甲醛 37℃处理 20 h 完全失去毒性但保留免疫原性，0.1％硫柳汞处理 6 个月仍保持部分毒性。

本菌抵抗力不强，常用消毒剂对其均有效。在液体消毒剂中，58℃ 15 min 可将其杀灭。

本病常见的第二种病原是犬副流感病毒（CPIV），为副黏病毒科副黏病毒属成员。病毒粒子呈多形性，直径 100～180 nm，囊膜表面有特征性突起，含血凝素和神经氨酸酶。病毒在细胞浆中复制，成熟后在细胞膜上出芽释放。病毒基因组为单股 RNA，只有一个血清型，但不同分离株之间毒力有所差异。病毒可在犬和猴肾的原代或传代细胞及 Vero 细胞上增殖并产生细胞病变，在感染细胞胞浆内形成嗜酸性包涵体。病毒也可在鸡胚羊膜腔内增殖，但鸡胚不死亡。

本病毒对热、碱、酸、乙醚不稳定，在 0.5％水解乳蛋白和 0.5％牛血清 Hank's 液中 24 h 感染性不变。病毒在 4℃和 24℃条件下可凝集人 O 型血及鸡、豚鼠、犬、大鼠、兔、猫和羊的红细胞。在引起犬传染性气管支气管炎的各种病原中，病毒与细菌之间发挥协同作用。虽然犬副流感病毒是犬呼吸道病的主要病原体，但是单纯的 CPIV 感染一般没有临床表现，如果先感染了支气管败血博代氏杆菌，就会增加 CPIV 感染的可能性，并出现临床症状，也增加疾病的严重性。支原体是成年犬鼻喉部常见的微生物，在小于 1 岁的正常犬以及此日龄的发病犬气管支气管灌洗样本中也偶有发现，但认为本病与支原体感染以及其他肺部疾病之间没有联系。

流行病学

任何品种、年龄的犬均可感染本病，但小型犬和幼龄犬最易感。此病的致死率不高，但传染性极强，只要一只犬发病，同窝其他犬几乎难以幸免。病犬和带菌犬是主要传染源。传播方式主要是飞沫传播，带菌犬通过接触或经呼吸道传给健康犬，然后扩大到全群。本病发病率有逐年增高的趋势。

症状

患病犬初期精神正常或稍差，食欲正常或稍减，流清鼻涕，以后流浆液性鼻汁，出现短而粗的干咳。随后咳嗽症状明显，出现痉挛性干咳。咳嗽在运动和兴奋后加剧，有些病犬表现为阵发性吸气性呼吸困难。触摸气管和喉头可引发咳嗽，咳嗽时常张口和呕吐，鼻和眼有分泌物。初期病犬体温正常，当继发细菌感染时，体温可升高到 39～40.5℃。如治疗不及时，可转为支气管肺炎，则较难治愈。若为犬副流感病毒感染，可表现为后躯麻痹和运动失调等神经症状。

多数病例是自限性的，即没有并发病。如果病犬的免疫功能低下或有慢性胸肺部疾病如支气管炎、纤毛运动障碍、气管塌陷等情况，可发生严重的并发病。此时犬会出现全身不适，如持续的发热、体重减轻、虚弱、视网膜脉络膜炎、胃肠不适如呕吐和腹泻等。

断奶幼犬由于失去母源抗体的保护，又增加了接触这些病原的机会，更易发病，症状更为严重，死亡率也较高。成年犬病症较轻，死亡率较低。

病理变化

病犬鼻孔周围有黏性脓性分泌物，有结膜炎和肺部病变。气管内有大量分泌物，气管周围淋巴结充血出血。组织学检查鼻上皮细胞变性，纤毛消失，黏膜和黏膜下层有大量白细胞浸润，肺、气管及支气管有炎性细胞浸润。神经型主要出现急性脑脊髓炎和脑积水，可见脑皮质坏死，血管周围有大量淋巴细胞浸润及非化脓性脑膜炎。

诊断

根据流行病学、临床症状和病理变化可做出初步诊断，确诊需要分离病原。气管冲洗取样是常用的方法，也可在鼻腔深部和喉部取样。由于本病有病毒性病原的存在，样本中没有细菌生长并不能排除本病，需要进一步作病毒分离。将病料适当处理后接种犬肾细胞，每隔4～5 d进行一次豚鼠红细胞吸附试验。盲传2～3代，阳性病料可使接种细胞出现细胞病变，再用特异性豚鼠抗血清进行血凝抑制试验(HI试验)进行病毒鉴定。血凝抑制或病毒中和试验可用于CPIV的诊断，在测定犬腺病毒Ⅱ型抗体滴度时只用血清中和试验。对有严重临床并发症的病犬要做详细的检查，如血细胞计数、血清生化分析、尿液分析、胸部听诊和放射检查等，以明确并发病的种类和严重程度。除了支气管败血博代氏杆菌和犬副流感病毒外，还要确定是否有其他病因的存在，如异物、急性吸入性肺炎、吸入有毒物或刺激物等。

治疗

对患病犬主要采用杀菌和对症治疗。抗菌消炎：阿莫西林20～25 mg/kg体重，肌肉注射，每日2～3次；氯霉素50 mg/kg体重，肌肉注射，每日2～3次；强力霉素5～10 mg/kg体重，肌肉注射，每日2～3次；恩诺沙星2.5～5 mg/kg体重，肌肉注射，每日2～3次；甲氧苄氨嘧啶等磺胺类药物15～30 mg/kg体重，肌肉注射，每日2～3次。镇咳：右美沙芬1～2 mg/kg体重，内服，每日2～3次。

辅助疗法：维持足够的热量和水的摄入，减少与其他犬接触，保持最佳温度和湿度。防止继发感染，减少应激和刺激。

预防

国内由夏咸柱等研制的五联苗对预防本病有积极作用。国外有三类疫苗可供选用：第一类是支气管败血博代氏杆菌全细胞菌苗，能刺激机体产生全身免疫，但幼犬的母源抗体能抑制免疫应答，因此幼犬需多次注射。还有一种是支气管败血博代氏杆菌全细胞菌苗和犬副流感病毒、犬瘟热病毒、犬腺病毒Ⅱ型和细小病毒等致弱株的联苗。第二类是用支气管败血博代氏杆菌抗原提取物制备的疫苗，免疫后能迅速抑制鼻道内微生物。与全细胞菌苗类似，初乳抗体能抑制抗原提取物的免疫反应，因此，幼犬要多次注射。第三类是含(或不含)犬副流感病毒和犬腺病毒Ⅱ型的支气管败血博代氏杆菌灭活联苗或灭活单苗。这类苗有些可滴鼻使用，母源抗体影响不大，因此可用于幼犬免疫。免疫后4 d在局部可检测出分泌型IgA，并产生IgG，免疫犬的攻毒保护率为96%，从免疫犬中分离的有毒力的犬副流感病毒和支气管败血博代氏杆菌明显减少。

犬舍及设备的消毒，建议使用次氯酸钠、洗必泰。保持通风，环境温度维持在21～24℃，注意工作人员的卫生，减少犬的密度。

二、按医嘱进行治疗

(一)治疗原则

本病尚无特效的抗病毒药物,对症或支持治疗。

(二)药物治疗

目前我国还没有犬腺病毒Ⅱ型高免血清,所以发现本病一般均采用对症疗法,一般用镇咳药、祛痰剂和补充电解质、葡萄糖等。

典型的温和型犬传染性气管支气管炎在7～14 d内自限性发展,所以对症状轻微的犬不需要进行特别的治疗。而对于严重型,因为侵害到下呼吸道时可致死,所以必须对细菌性支气管肺炎进行治疗。

对咳嗽持续时间超过14 d的病例,应考虑犬传染性气管支气管炎之外的其他病因。

支气管败血博代氏杆菌对氯霉素、四环素、庆大霉素、卡那霉素和新生霉素等敏感;但对药物的敏感性会发生变化,有条件的情况下应进行药敏试验选择药物,特别是严重型和慢性病例。

对于附着于黏膜表面纤毛上的支气管败血博代氏杆菌,抗生素喷雾效果可能更好,因为全身给药时药物很难达到这些部位。

对生痰性咳嗽,建议不要使用镇咳药,但对温和型犬传染性气管支气管炎为减少咳嗽噪声及减缓症状,可以使用。

三、宠物出院指导

(一)护理指导

注意犬舍保暖、通风,避免牵病犬散步、运动等,以免引起阵咳。

(二)预后

混合感染的犬预后大多不良。

Project 2

伪狂犬病的防治技术

学习目标

掌握伪狂犬病的病原特性、发病原因及临床特征；
了解疾病的发生机理；
熟悉伪狂犬病发生发展的基本规律及转归；
掌握伪狂犬病的防控措施。

【案例导入】

主诉：家犬近 2 d 来嗜睡，精神沉郁，大量流涎，间断性嚎叫，疯狂啃咬前肢、头部，尤其是下颌部奇痒，不断用后肢蹬挠头颈部。该犬为犬场群养犬中的一只，平时会吃煮食的猪肉。病犬于 2 d 后死亡，取病料进行病毒分离和鉴定，诊断为伪狂犬病。

【项目描述】

一、宠物入院症状、诊断评估与记录

(一)一般检查项目评估

1. 问诊

吃煮食的猪肉，患犬不安，对主人的呼唤没有反应，两眼呈惊恐状。

2. 临床症状

面部、耳部和肩部奇痒，被咬(挠等)成烂斑，周围组织肿胀。唾液增多，不能吞咽。

(二)重点检查项目评估

病理组织学检查，脑神经元和胶质细胞核内可见嗜酸性包涵体。

(三)并发症评估

病后期发展成脑脊髓炎，出现不同程度的神经症状。

相关知识

伪狂犬病(pseudorabies，PR)是由伪狂犬病病毒(pseudorabies virus，PRV)引起的犬、猫及其他动物共患的一种急性传染病。特征是发热、奇痒、脑脊髓和神经炎，人也可感染。最早于 1902 年由匈牙利学者报道，因其临床症状和狂犬病有类似之处，曾被误认为狂犬病，后来启用了伪狂犬病这一病名。

病原

伪狂犬病病毒在分类上属疱疹病毒科甲型疱疹病毒亚科。核酸为双股 DNA。伪狂犬病病毒仅有 1 个血清型，但从世界各地分离的不同毒株毒力有所差异，同一毒株对不同动物的致病性有所不同。

伪狂犬病病毒对外界环境具有较强的抵抗力。在污染的动物房内可存活 30～46 d，在肉中存活 35 d 以上。伪狂犬病病毒对乙醚、氯仿等脂溶剂，甲醛，紫外线，1%氢氧化钠等敏感，胰蛋白酶、胃蛋白酶等能灭活病毒，但不损坏衣壳。病毒粒子表面没有能凝集禽类和哺乳动物红细胞的血凝素。

流行病学

伪狂犬病病毒感染动物广泛，猪、牛、羊、犬、猫等均有感染发病的报道。研究证明，猪和鼠类是病毒的主要贮存宿主，尤其是猪，它们既是原发感染动物，又是病毒的长期贮存和排

毒者，是犬、猫和其他家畜发病的疫源动物。病毒主要通过呼吸道、消化道及损伤的皮肤和黏膜感染。本病在世界各地，一年四季均有发生，但多发于冬、春季，犬和猫伪狂犬病主要发生在猪伪狂犬病的流行区，是由于吃了死于本病的鼠、猪等尸体或肉而感染的。

症状

本病的潜伏期随动物种类和感染途径而异。最短 36 h，最长 10 h，一般多为 3～6 h，主要通过飞沫、摄食和创伤感染。本病的临床表现和病程随动物种类和年龄而异。

犬、猫感染后局部奇痒，疯狂啃咬痒部并哀叫，下颌和咽部麻痹，流涎，多于 1～2 h 死亡，死亡率达 100%。

犬病初精神沉郁、凝视、舐擦皮肤某一处，随后局部瘙痒，主要见于面部、耳部和肩部，病犬用爪搔抓或嘴咬产生大块烂斑，周围组织肿胀甚至形成很深破损。病犬烦躁不安，对外界刺激反应强烈，有攻击性。后期大部分病犬头颈部肌肉和口唇部肌肉痉挛，呼吸困难而死亡。

猫症状与犬相似，发出痛苦的叫声，呈犬坐姿势，神经过敏。猫的瘙痒程度较犬严重，搔抓头部，致使皮肤破损、发炎。病猫烦躁不安，乱搔乱咬，甚至咬伤舌头。偶尔病猫表现明显的神经症状，运动失调，昏迷，病程很短，一般在症状出现后 18 h 以内死亡。

病理变化

无特征病变，仅见局部损伤和因动物搔抓造成的皮肤破溃，以面部、头部、肩部较为常见，皮下呈弥漫性出血，局部淋巴结肿胀、充血。肺水肿，有的病例脑膜充血，脑脊液增多。

组织学检查，大脑灰质及白质有较明显的病变，呈弥漫性非化脓性脑膜脑炎，大脑神经细胞和星状细胞有为数不多的核内包涵体。

诊断

根据流行特点、临床症状和病理变化可以做出初步诊断。确诊需送有条件的实验室进行病毒分离和鉴定。血清学检测具有流行病学意义。

1. 动物接种试验　将病料组织悬液于家兔腹侧皮下接种 1～2 mL，常在接种后 36～48 h 发病。表现注射部位剧痒、自咬或摩擦痒部，直至掉毛、损伤及出血，四肢麻痹，最终死亡。亦可脑内接种刚断乳的小鼠。

2. 血清学检测　可采取荧光抗体试验、中和试验及琼脂扩散试验等进行诊断。

3. 病理组织学检查　脑神经元和胶质细胞核内可见嗜酸性包涵体。

预防

疫苗接种是预防伪狂犬病的重要措施。可用伪狂犬病弱毒疫苗或鸡胚细胞灭活苗接种，6～7 d 后再接种 1 次，免疫期达 1 年以上。伪狂犬病主要通过猪和啮齿类动物传播。因此，犬、猫饲养房舍应有隔离设施，防止野鼠进入。同时，犬、猫要分别饲养，在房舍设计上应注意保持一定间隔。控制猪伪狂犬病的流行，同时不要用生猪肉或加工不适当的感染猪肉饲喂犬、猫。发现本病应立即隔离犬、猫，并用 2%烧碱溶液消毒环境及用具。

二、按医嘱进行治疗

(一)治疗原则

本病目前还没有特效的治疗方法,主要是以对症治疗为主,即止痒、镇静、消炎。

(二)药物治疗

应首先隔离,早期应用抗伪狂犬病高免血清有一定效果,同时使用广谱抗生素以防继发感染,进行对症治疗以减缓病犬症状。

Project 3

犬疱疹病毒感染的防治技术

学习目标

掌握犬疱疹病毒感染的病原特性、发病原因及临床特征；
了解疾病的发生机理；
熟悉犬疱疹病毒感染发生发展的基本规律及转归；
掌握犬疱疹病毒感染的防控措施。

【案例导入】

主诉：犬场刚开始有一窝新生犬(产后 10 d)突然发生死亡，当时并没有引起足够的重视，而后 15 窝(105 只)中的 12 窝(78 只)幼犬在产后 2 周内都发生类似的病症。共死亡 69 只。其发病率为 74.3%，病死率为 88.4%。而该犬场 3 周龄以上的仔犬很少发病。

发病犬的症状：主要表现为上呼吸道感染，流清鼻涕，体温升高，病犬精神迟钝，呼吸困难，喜卧不爱动，有的新生犬甚至完全停止吮乳。粪便稀软无臭味，色泽黄绿。轻压腹部，病犬即发出痛苦的嚎叫声。有些病犬连续发出痛苦的呻吟。共有 6 只犬虽然外观健康，但吮乳后经常出现呕吐症状。多数病犬在出现症状后 24 h 内死亡，病程长的也不超过 48 h。在 9 只耐过仔犬中，有 6 只犬留有中枢神经症状的后遗症，表现共济失调，向一侧作圆周运动，致使仔犬失去饲养价值。

经诊断为犬疱疹病毒感染。

【项目描述】

一、宠物入院症状、诊断评估与记录

(一)一般检查项目评估

1. 问诊

发病及死亡情况，病犬精神迟钝，食欲不良或停止吃奶。

2. 临床症状

呼吸困难，腹痛，呕吐，排黄绿色粪便。中枢神经症状的后遗症，表现共济失调，向一侧作圆周运动或失明。

(二)重点检查项目评估

对已死亡的 23 只犬剖检，共有的特征性病变表现为：各实质脏器表面散在直径为 2～3 mm 的灰白色坏死灶和小出血点。肺和肾的变化更为严重，肾皮质层散在灰白色的坏死灶。腹腔和胸腔内常有带血的浆液性体液积留。但也有个别病例表现为脑膜炎变化，脑膜出血、水肿。

(三)并发症评估

21 日龄以下的幼犬可引起致死性感染。大于 21 日龄的犬主要以上呼吸道感染症状出现，咳嗽、打喷嚏。当继发混合感染时可引起肺炎症状。成年犬可引起生殖系统炎症。

相关知识

犬疱疹病毒感染(canine herpes virus infection)是新生幼犬的一种急性、不发热性、致死性疾病。大于 21 日龄的犬主要以上呼吸道感染症状出现。成年犬可造成母犬不育、流产和死胎，公犬以阴茎炎、包皮炎症状出现。

本病于 1965 年由 Cannichael 和 Stewart 分别在美国和英国首先报道。此后，日本、澳

大利亚和许多欧洲国家相继发现，现已分布于多数国家和地区。我国是否存在该病尚不清楚。

病原

犬疱疹病毒(canine herpes virus，CHV)属于疱疹病毒科甲型疱疹病毒亚科水痘病毒属成员。病毒具有疱疹病毒所共有的形态特征。本病毒只有1个血清型，不同毒株毒力有差异，病毒无血凝性。

本病毒对犬胎肾和新生犬肾原代细胞和传代细胞系最易感，对犬肺和子宫组织细胞也敏感，35～37℃条件下可迅速增殖，感染后12～16 h即可出现CPE，初期呈局灶性细胞圆缩、变暗，逐渐向周围扩展，随后由灶状中心部细胞开始脱落。部分细胞胞核内出现着色不明显的嗜酸性包涵体，感染细胞核内的染色质大部分集聚于核膜位置。本病毒还可在琼脂和甲基纤维素覆盖层下形成界限明显、边缘不整的小型蚀斑。本病毒对热的抵抗力较弱，-70℃保存的毒种(含10%血清的病毒悬液)只能存活数月。冻干毒种保存数年毒价无明显变化。病毒对乙醚等脂溶剂、胰蛋白酶、酸性和碱性磷酸酶等敏感。pH 4.5时，经30 min失去感染力，但在pH 6.5～7.0之间比较稳定。

流行病学

本病毒只感染犬，2周龄内仔犬最易感，病死率可达80%，成年犬感染，常无明显临床症状。患病仔犬和康复犬是主要传染源，仔犬主要通过分娩过程中与带毒母犬阴道接触或生后由母犬含毒的飞沫及仔犬间接接触感染发病。康复犬长期带毒，潜伏感染是本病毒的又一特征，病毒还可由母体通过胎盘感染胎儿，但母源抗体滴度的高低可影响仔犬临床症状的严重程度。

症状

该病的潜伏期为4～6 d，21日龄以下的幼犬可引起致死性感染。初期病犬精神沉郁，不吃奶，体软无力，呼吸困难，压检腹部敏感疼痛，粪便稀软、色黄。体温不高，犬不停嚎叫，不安，颤抖。有的犬表现鼻炎症状，有浆液性鼻漏，鼻黏膜表面广泛性斑点状出血，股内侧皮肤可形成红色丘疹。后期病犬角弓反张、癫痫、知觉丧失。大多数犬在出现症状后24～48 h死亡。康复的犬可造成永久性神经症状，如运动失调，失明等。

大于21日龄的犬主要以上呼吸道感染症状出现，咳嗽、打喷嚏。当继发混合感染时可引起肺炎症状。

成年母犬以生殖道感染为主，阴道黏膜弥漫性小泡状病变，可造成妊娠母犬流产、死胎及不孕等。公犬可见阴茎和包皮慢性炎症，包皮内可有大量脓性分泌物。

病理变化

死亡仔犬的典型剖检变化为实质脏器表面散在多量芝麻大小的灰白色坏死灶和小出血点，以肾和肺的变化更为显著。胸腹腔内常有带血的浆液性液体积留，脾常肿大，肠黏膜呈点状出血，全身淋巴结水肿和出血，鼻、气管和支气管有卡他性炎症。组织学变化主要为肝、肾、脾、小肠和脑组织内有轻度细胞浸润，血管周围有散在的坏死灶，上皮组织损伤、变性。在肝和肾坏死区邻近的细胞内可见嗜酸性核内包涵体。妊娠母犬胎儿表面和子宫内膜出现多发性坏死。少数病犬有非化脓性脑膜脑炎变化。

诊断

据流行病学、症状和病理变化可做出初步诊断，确诊必须依靠实验室检查。

病毒抗原检测：采取症状明显幼龄犬肾、脾、肝和肾上腺，或用棉拭子蘸取成年犬或康复犬口腔、上呼吸道和阴道黏膜，制成切片或组织涂片，用荧光抗体染色检测是否存在 CHV 特异抗原。本法准确快速。

病毒分离鉴定：按上述方法采样，无菌处理后接种于犬肾单层细胞，逐日观察有无 CPE，再用中和试验鉴定病毒分离物。

血清学试验：包括血清中和试验和蚀斑减数试验，用于检测本病血清抗体。

鉴别诊断：本病各实质脏器有坏死灶和出血点，应与犬传染性肝炎和犬瘟热等鉴别。

预防

本病疫苗研制进展不大，现没有疫苗可用。

二、按医嘱进行治疗

(一)治疗原则

本病尚无特效的抗病毒药物，对症或支持治疗。

(二)药物治疗

可用康复的母犬或仔犬自制血清进行注射，可防止感染的幼犬死亡。对病犬给以保温(37℃左右)，同时对上呼吸道症状的犬给以广谱抗生素疗法及补液疗法。

三、宠物出院指导

(一)护理指导

加强饲养管理、定期消毒、防止与外来病犬接触是预防本病的有效方法。当疫病流行时，幼犬可用康复犬血清作被动免疫，幼犬也可通过初乳获得母源抗体。口服 5% 葡萄糖液，防止脱水可改善症状。

(二)预后

21 日龄以下的幼犬，大多数在出现症状后 24～48 h 死亡。康复后可造成永久性神经症状，如运动失调，失明等。

Project 4

犬冠状病毒病的防治技术

学习目标

掌握犬冠状病毒病的病原特性、发病原因及临床特征；
了解疾病的发生机理；
熟悉犬冠状病毒病发生发展的基本规律及转归；
掌握犬冠状病毒病的防控措施。

【案例导入】

主诉：宠物店购买的3个月大的幼犬呕吐，想吐吐不出来，不吃不喝，拉肚子。嗜睡，没有精神。像是感冒，又像是肠炎。用犬冠状-犬轮状病毒快速检测试纸检测，结果为阳性。

【项目描述】

一、宠物入院症状、诊断评估与记录

(一)一般检查项目评估

1. 问诊

厌食、沉郁、腹泻、呕吐。

2. 临床症状

粪便呈粥样或水样，黄绿色或橘红色，混有数量不等的黏液，偶可在粪便中看到少量血液。

(二)重点检查项目评估

犬冠状-犬轮状病毒快速检测试纸卡可以帮助兽医及宠物主人在10 min内鉴别犬是否感染犬冠状病毒和犬轮状病毒。

取新鲜粪便做病毒颗粒电镜观察。

(三)并发症评估

患病犬易小肠套叠，脾肿大。

相关知识

犬冠状病毒病(canine coronavirus disease)是由犬冠状病毒引起的一种急性肠道性传染病，以呕吐、腹泻、脱水及易复发为特性。本病病毒于1971年首次在美国发生腹泻军犬的粪便中电镜检出，于1974年首先由Binn在德国报告分离获得。

病原

犬冠状病毒(canine coronavirus，CCV)属冠状病毒科冠状病毒属成员。病毒具有冠状病毒的一般形态特征，呈圆形或椭圆形，长径80～120 nm，宽径为75～80 nm，有囊膜，囊膜表面有花瓣状纤突，长约20 nm，冻融极易脱落，失去感染性。核衣壳呈螺旋状。病毒基因组为单股RNA。病毒在CsCl中的浮密度为1.15～1.16 g/cm^3。

病毒对氯仿、乙醚、脱氧胆酸盐敏感。对热也敏感。用甲醛、紫外线能灭活。对胰蛋白酶和酸有抵抗力。病毒在粪便中存在6～9 d。本病毒与猪传染性胃肠炎病毒、猫传染性腹泻病毒和人冠状病毒229E株有相关抗原，但至今犬冠状病毒似乎只有1个血清型。病毒能在犬肾和胸腺原代细胞及A72、CRFK(猫肾细胞)和FCWF(猫胚胎细胞)等传代细胞系上增殖，并产生CPE，也可在猫肾和猫胚成纤维细胞上生长，但FCWF细胞比较敏感。

流行病学

本病可感染犬、貉和狐狸等犬科动物，不同品种、性别和年龄犬都可感染，但幼犬最易感，发病率几乎100%，病死率约50%。病犬和带毒犬是主要传染源。病毒通过直接接触和间接接触，经呼吸道和消化道传染给健康犬及其他易感动物。本病一年四季均可发生，多见于冬季。气候突变，卫生条件差，犬群密度大，断奶转舍及长途运输等可诱发本病。

发病机理

本病毒经口接种易感犬2 d后，到达十二指肠上部，主要侵害小肠绒毛的消化吸收细胞，在胞质空泡的平滑膜上出芽。由于细胞膜破裂，病毒随脱落的感染细胞进入肠腔内，再感染小肠整个肠段的绒毛上皮细胞，进而绒毛短粗，消化酶和肠吸收功能丧失，导致腹泻。以后随着小肠结构的复原，临床症状消失，排毒减少并终止，血清中产生中和抗体。

症状

本病传播速度快，几日后可蔓延全群。潜伏期1～5 d。临床症状轻重不一，有的无明显症状，有的可呈现致死性胃肠炎症状。病犬表现嗜睡、衰弱、厌食，初期可见持续性数日呕吐，随后出现腹泻，粪便呈稀粥样或水样，黄绿色或橘红色，恶臭，有时粪便中混有少量黏液，有的粪便中可有少量血液，病犬表现高度脱水，消瘦，眼球下陷，皮肤弹力下降。多数病犬体温变化不大，白细胞数量正常或稍低。该病在幼犬发病时死亡率高，有的幼犬死亡很快。成年犬发病一般不死亡，对症治疗后7～10 d可恢复。

病理变化

剖检病变主要是胃肠炎。肠壁菲薄，肠管内充满白色或黄绿色、紫红色血样液体，胃肠黏膜充血、出血和脱落，胃内有黏液。肠系膜淋巴结肿大，胆囊肿大。组织学检查主要见小肠绒毛变短、融合，隐窝变深，绒毛长度与隐窝深度之比发生明显变化。上皮细胞变性，胞浆出现空泡，黏膜固有层水肿，炎性细胞浸润，上皮细胞变平，杯状细胞的内容物排空。

诊断

根据流行病学、临床症状及剖检变化可怀疑本病，确诊则依靠实验室检查。

1. 电镜检查　取粪便用氯仿处理，低速离心，取上清液，滴于铜网上，经磷钨酸负染后，用电镜观察是否有特殊形态的病毒粒子，该法快速。若取上清液与免疫血清作用，使病毒粒子特异性凝集，则有助于诊断。

2. 病毒分离鉴定　取典型病犬新鲜粪便，经常规处理后，接种于A72细胞或犬肾原代细胞培养，用特异抗体染色检测是否存在病毒，或待细胞出现CPE后，用已知阳性血清作中和试验鉴定病毒。为提高病毒分离率，粪样要新鲜，避免反复冻结，最好先将病料实验感染健康幼犬，取典型发病犬腹泻粪便作为样品分离病毒。也可试用濒死期幼犬肾脏直接进行细胞培养以分离病毒。

此外，中和试验、乳胶凝集试验、ELISA等方法也可用于诊断本病。

预防

该病目前已有国产疫苗用来预防，国产五联、六联血清可用于治疗。减少发病的其他措施有：加强饲养管理，严格执行兽医卫生措施。次氯酸钠和漂白粉是本病有效的消毒剂。

二、按医嘱进行治疗

(一)治疗原则

止泻、止吐、补液,防止继发感染。

(二)药物治疗

特异性治疗,采用血清;对症疗法,如止吐、止泻、补液,大部分犬均可自愈;支持疗法,维持电解质和酸碱平衡,用抗生素防止继发感染。

三、宠物出院指导

(一)护理指导

对病犬治疗前期要禁水禁食,注意保暖。

(二)预后

幼犬患病后死亡率高,成年犬死亡率较低。对症疗法后大部分犬可自愈。

Project 5

犬轮状病毒病的防治技术

学习目标

掌握犬轮状病毒病的病原特性、发病原因及临床特征；
了解疾病的发生机理；
熟悉犬轮状病毒病发生发展的基本规律及转归；
掌握犬轮状病毒病的防控措施。

【案例导入】

1周龄的幼犬腹泻，精神沉郁，食欲减退，不愿走动，被毛粗乱，肛门周围皮肤被粪便污染，粪便呈水样，体温降低，心跳加快。用犬冠状-犬轮状病毒快速检测试纸卡检测，结果为阳性。

【项目描述】

一、宠物入院症状、诊断评估与记录

(一)一般检查项目评估

1. 问诊

精神沉郁，食欲减退，不愿走动。

2. 临床症状

粪便呈水样，体温降低，心跳加快。

(二)重点检查项目评估

犬冠状-犬轮状病毒快速检测试纸卡可以帮助兽医及宠物主人在10 min内鉴别犬是否感染犬冠状病毒和犬轮状病毒。

实验室检查，可采用电镜及免疫电镜、补体结合、免疫荧光、反向免疫电泳、乳胶凝集等，近年来主要采用ELISA。

相关知识

轮状病毒病(canine rotavirus infection)是新生儿、幼龄动物腹泻的重要原因之一，但临床上引起犬发病或腹泻的分离株似乎较少。

病原

轮状病毒在分类上属于呼肠孤病毒科轮状病毒属。病毒粒子有内外衣壳，直径约70 nm，基因组为11个节段的双股RNA。轮状病毒分为不同的群(A～F)、血清型和毒株，其血清学特点、基因组RNA电泳型及核酸序列不同。

流行病学

世界各地的多种动物都不同程度地存在轮状病毒感染。成年动物可持续感染。被感染的动物可通过粪便排出大量的病毒。血清学调查发现正常犬抗轮状病毒抗体阳性率高达79%，表明大多数犬感染过轮状病毒而未表现临床症状。

本病主要经粪—口途径感染。

症状

成年犬轮状病毒感染主要表现为亚临床型。幼龄犬感染后出现急性肠炎症状。主要表现为水样或黏液性腹泻，但一般为自限性，持续时间短。也有因脱水导致死亡的报道。

2日龄初生犬人工感染轮状病毒后可引起腹泻，不喂初乳症状更为严重。6月龄以上的

犬人工感染轮状病毒，几乎不出现任何症状。

病理变化

轮状病毒感染的动物，在剖检时可见肠内容物稀薄，肠黏膜发炎、出血。部分感染犬肠黏膜无肉眼变化。

组织学检查可见小肠绒毛萎缩、隐窝细胞增生等。

二维码9　犬轮状病毒病的临床症状

诊断

在轮状病毒感染期间，可采用商品化酶联免疫试剂盒、电子显微镜技术检查粪便中的病毒，或者进行病毒的分离。

预防

要保证幼犬能摄食足量的初乳而使其获得免疫保护，也可试用皮下注射成年犬血清。目前尚无疫苗可用。

二、按医嘱进行治疗

（一）治疗原则

加强饲养管理，补液，防脱水、脱盐，防止细菌继发感染。

（二）药物治疗

对于轮状病毒性肠炎，与其他类型的急性腹泻一样，主要强调采用输液治疗和限制饲喂等支持性疗法。大多数感染犬稍加治疗即可顺利康复。

用葡萄糖甘氨酸溶液（葡萄糖 45 g，氯化钙 8.5 g，甘氨酸 6 g，柠檬酸 0.5 g，枸橼酸钾 0.13 g，磷酸二氢钾 4.3 g，水 200 mL）或葡萄糖氨基酸溶液给病犬自由饮用。也可注射葡萄糖盐水和 5%碳酸氢钠溶液，以防脱水、脱盐。防止细菌继发感染，可加入抗生素、免疫增强剂等。

三、宠物出院指导

（一）护理指导

病犬应立即隔离到清洁、干燥、温暖的场所，停止喂奶。

（二）预后

幼犬，尤其是仅出生 1 周左右的幼犬常发生严重腹泻，机体迅速消瘦，常因脱水衰竭而死亡。

Project 6

犬病毒性乳头状瘤病的防治技术

学习目标

掌握犬病毒性乳头状瘤病的病原特性、发病原因及临床特征；

了解疾病的发生机理；

熟悉犬病毒性乳头状瘤病发生发展的基本规律及转归；

掌握犬病毒性乳头状瘤病的防控措施。

【案例导入】

某公司陈先生饲养的麦町犬，雄性，6 月龄，体重 23 kg。据主人介绍，该犬 3 个月前从犬市购得，最近两周寄养在朋友家的小仓库内，与其他成年工作犬合养在一起，回来后发现犬唇上有异样突起，而其他犬均未发病。临床检查，动物一般状况良好，口腔检查可见唇、颊、腭等处分布有多量直径 0.1 cm、高 0.5～1 cm 的细长突起。经诊断为犬口腔乳头状瘤。

【项目描述】

一、宠物入院症状、诊断评估与记录

(一)一般检查项目评估

1. 问诊

患有免疫抑制性疾病或使用免疫抑制药物，特别对于成年犬，是造成口腔乳头状瘤的诱因。

2. 临床症状

该病常发生于青年犬。

口腔乳头状瘤：从数个到大量不等的乳头状瘤生长于口腔黏膜、唇、腭、咽、会厌和/或舌部。直径从数毫米到 1 cm 不等。开始时肿瘤呈白色平滑小结节，这种小结节经常形成灰色、菜花状肿瘤。肿瘤在发生皱缩前一般要持续生长 1～5 个月，常呈不对称分布。大量或巨大的口腔肿瘤可引起口臭、流涎、咽下困难或其他口腔不适症状。

眼部乳头状瘤：肿瘤可生长于结膜、角膜或睑缘。

皮肤乳头状瘤：单一的肿瘤、斑或角化物可生长于身体的任何部位，但多见于四肢末端、指(趾)间或脚垫。

(二)重点检查项目评估

1. 活组织检查

排除恶性肿瘤。

2. 皮肤组织病理学

乳头状瘤表皮角化过度且增生，并出现巨大的角质透明蛋白粒和中空细胞(巨大、苍白空泡样角化细胞)。在角化细胞内可见嗜碱性核内包涵体。

3. 免疫组化(活检样品)

在上层角化细胞内可发现核内乳头瘤病毒抗原。

相关知识

犬病毒性乳头状瘤病是由犬口腔乳头状瘤病毒(COPV)和犬皮肤乳头状瘤病毒(CCPV)引起的，以口腔或皮肤出现乳头状瘤为特征的病毒性传染病。

病原

犬口腔乳头状瘤病毒(COPV)是感染犬唯一的大 DNA 病毒。犬口腔乳头状瘤病毒具有高度的宿主、组织特异性，只能在其自然宿主体内的特定组织中引起肿瘤。犬口腔乳头状

瘤病毒感染 1 岁以内幼犬的口、咽黏膜，引起口腔乳头状瘤；犬皮肤乳头状瘤病毒感染老年犬，引起皮肤乳头状瘤。

症状

人工感染表明，潜伏期为 4～6 周。该病最易感染青年犬，最易侵袭的组织为嘴唇边缘和舌部，不易受侵害的部位有上腭、会厌和食道。个别犬在单侧或双侧眼睑边缘会出现多发性乳头状瘤。口腔乳头状瘤在头部、口腔和眼睑出现良性可转移的肿瘤，2 岁或更小的犬更易感。多发性乳头状瘤极少发生癌变。

口腔乳头状瘤常先发生在唇部，随后蔓延至颊、舌和咽部等黏膜，大多在 4～21 周内自行消散，极少恶性变。

在犬感染犬口腔乳头状瘤病毒后的一段时间，局部口腔黏膜上皮增厚隆起，开始形成乳头状凸，随着病程的发展，乳头状凸成熟转变成菜花状瘤体。肿瘤在发生皱缩前一般要持续生长 1～5 个月。其他症状还有口臭，唾液过多，受感染组织的轻微出血和不适。脚趾和牙齿的抓伤咬伤促使肿瘤在口腔内和周围扩散。之后会出现继发性口腔溃疡和感染。长有密集肿瘤或大型肿瘤的病犬会有疼痛或进食困难，之后则会营养不良。

眼部乳头状瘤可生长于结膜、角膜或眼睑边缘处。

皮肤乳头状瘤常呈单一性生长、斑或角化物，可生长于身体的任何部位，但多见于四肢末端、指(趾)间或脚垫处。(图 4-1)

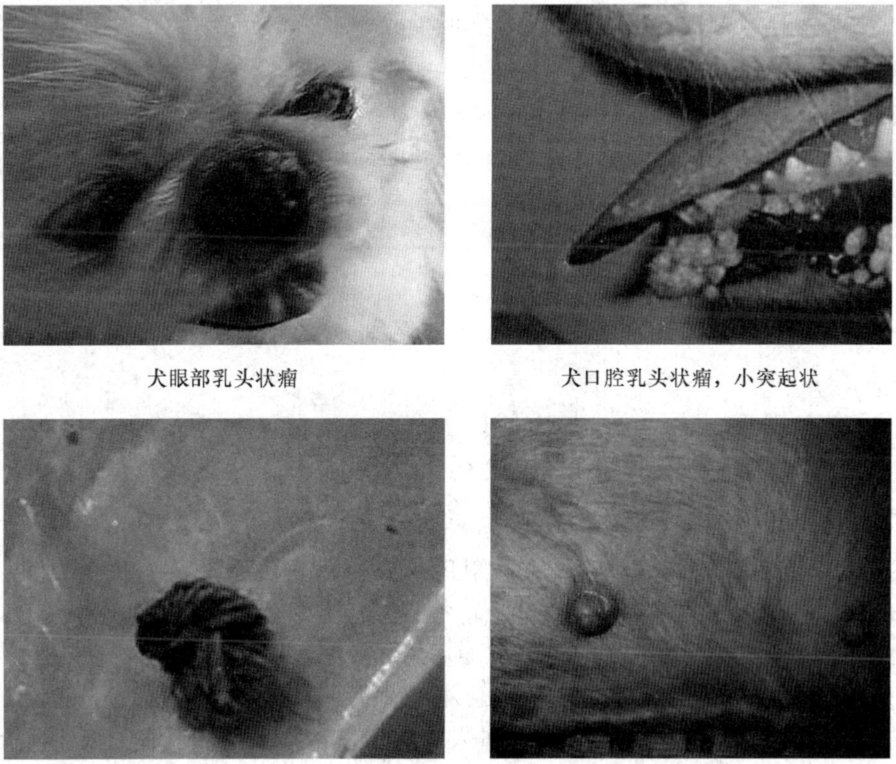

犬眼部乳头状瘤　　犬口腔乳头状瘤，小突起状

瘤体　　犬皮肤乳头状瘤

图 4-1　犬病毒性乳头状瘤病的临床症状

康复犬具有免疫性，血清中出现中和抗体，但循环抗体不能使肿瘤消退，机体体液免疫机能下降不能增强机体对乳头状瘤病毒感染的敏感性，肿瘤的自行消退主要是细胞免疫的作用。

病理变化

犬口腔乳头状瘤病毒、犬皮肤乳头状瘤病毒感染会出现良性皮肤及黏膜肿瘤。在口腔周围长有大的多发性乳头状瘤(或称为疣)。COPV 引起的肿瘤导致棘层肥厚和角化过度。感染后的潜伏期为 4～8 周。肿瘤可持续存在 1～5 个月，之后可以自行消退。

诊断

诊断建立在身体检查和临床病史的基础上。对良性肿瘤的活组织切片检查和肿瘤的肥大程度可确诊该病。

皮肤组织病理学检查，皮肤乳头状瘤表皮角化过度且增生，并出现巨大的角质透明蛋白粒和中空细胞。在角化细胞内可见嗜碱性核内包涵体。

对活检病料做免疫组化检查，在上层角化细胞内可发现核内乳头瘤病毒抗原。

该病应和良性及恶性肿瘤区别，如齿龈瘤、纤维瘤、血管瘤、血管外皮细胞瘤及组织细胞瘤，这些肿瘤发病缓慢，没有传染性。

治疗

在大多数病例，该病的肿瘤无须治疗，肿瘤出现 1～5 个月后可自行消退。现在还不太清楚这些肿瘤为什么会自己消退及它们是如何扩散的。手术切除、冷冻手术、电手术可用于切除大的口腔肿瘤。

预防

目前没有批准的生物制剂可用于犬病毒性乳头状瘤病的预防。对于发病动物进行隔离。自身肿瘤疫苗通常无效。

二、按医嘱进行治疗

(一)治疗原则

可采取外科手术治疗，也可采用保守疗法。

(二)药物治疗

治疗方案 1：环磷酰胺 20～100 mg，注射用水 10 mL，一次静脉滴注，按 3 mg/kg 体重用药，每日 1 次，连用 9 ～14 d。

治疗方案 2：以刀形小烙铁切除乳头状瘤后用冰硼散适量喷撒创面。

治疗方案 3：手术治疗。手术前肌肉注射止血敏 0.5 g，预防出血。麻醉，犬眠宝按 0.1 mL/kg 体重，肌肉注射 1.3 mL，待犬进入麻醉状态，将 2%盐酸利多卡因注射液滴在肿瘤根部，进行表面麻醉。肿瘤根部消毒后进行手术切除。

术式：用止血钳钳夹肿瘤根部(齿龈和舌系带下不容易钳夹止血的，可充分暴露肿瘤，直接用组织剪或手术刀剥离)，进行常规切除后，用纱布擦去表面血液，用电烙铁或烧热的刀柄直接进行烧烙止血。

三、宠物出院指导

(一)护理指导

切除肿瘤后,在创面上撒布结晶磺胺,防止继发细菌感染。

(二)预后

乳头状瘤多为良性,预后良好。在肿瘤生长阶段,烧烙可导致复发和刺激生长。患犬康复后可终身免疫。

Project 7

猫传染性腹膜炎的防治技术

学习目标

掌握猫传染性腹膜炎的病原特性、发病原因及临床特征；
了解疾病的发生机理；
熟悉猫传染性腹膜炎发生发展的基本规律及转归；
掌握猫传染性腹膜炎的防控措施。

【案例导入】

加菲猫,7 月龄,雌性,正常免疫,正常驱虫,饲喂猫粮。近一个月食欲逐渐下降,肚子逐渐变大。体格检查:体重 2.5 kg,BCS(体况得分)3/9,直肠温度 39.4℃。精神沉郁。双耳内黑色油性分泌物,流眼泪,可视黏膜粉色。触诊颈部无明显异常。听诊心率、呼吸音均无明显异常,心率 210 次/min。腹部膨大,波动感。经过大夫诊断,该猫得了传染性腹膜炎。

【项目描述】

一、宠物入院症状、诊断评估与记录

(一)一般检查项目评估

1. 问诊

食欲减退,精神沉郁,体重减轻,持续高热。

2. 视诊、触诊

大量腹水积聚。

3. 临床症状

猫体温升高,呕吐频繁。弓腰,呼吸浅表,呈胸式呼吸,脉搏快而弱。

(二)重点检查项目评估

典型猫传染性腹膜炎生化及血常规指标中,胆红素增高,γ-球蛋白增高,总蛋白增高,白蛋白与球蛋白比值小于 0.81。

眼科检查患猫左右瞳孔大小不一。

有些病例 B 超检查有腹水,有些病例 X 光检查有胸腔积液、心包积液。

有积液的病例,积液离心后涂片染色镜检,再做荧光抗体染色法检测巨噬细胞内抗体来确诊;无积液的病例,做组织内的免疫组化试验来确诊。

(三)并发症评估

有些病例不出现腹水症状,主要表现为眼、中枢神经、肝脏和肾损害。眼角膜水肿,虹膜睫状体发炎,眼房液变红,眼前房中有纤维蛋白凝块;中枢神经症状为后躯运动障碍,背部感觉过敏、痉挛;肝脏受损时出现黄疸;肾功能衰竭,腹部触诊可及肿大肾脏。

相关知识

猫传染性腹膜炎(feline infectious peritonitis,FIP)是由猫传染性腹膜炎病毒(FIPV)引起的进行性、致死性全身免疫介导性疾病,其病变不仅局限于腹膜。本病分为渗出型和非渗出型。

病原

猫传染性腹膜炎病毒属冠状病毒科冠状病毒属的抗原Ⅰ群。病毒粒子直径约 100 nm,有囊膜,从囊膜中伸出许多长约 15 nm 的纤突。与本病毒密切相关的冠状病毒(包括猫肠道

冠状病毒、犬冠状病毒、猪传染性胃肠炎病毒)也可感染猫,但不引起全身性感染或传染性腹膜炎。感染诱导产生的抗体可与猫传染性腹膜炎病毒发生交叉反应,采用常规的血清学方法难于区分。仔猪实验感染猫传染腹膜炎病毒引起的病变,与猪传染性胃肠炎病毒类似。乳鼠对猫传染性腹膜炎病毒易感,病毒主要在脑内繁殖。猫器官培养、细胞系及单核细胞可用于病毒的增殖。

流行病学

病毒的主要贮主是持续性感染猫。被感染猫的口腔和呼吸道的分泌物、粪便,可能还包括尿液,均可排毒。病毒在干燥的环境中可存活数日,通过摄食和呼吸途径均可感染。妊娠诱导的免疫抑制,可激活潜伏感染的病毒,从而导致胎儿垂直感染。新生猫产后通过摄食感染病毒,可能是自然感染的重要途径。

各种年龄的猫均可感染,但以 6 月龄到 5 岁的猫较为常见。纯种猫发病率似乎偏高。另外,群养猫白血病病毒或猫免疫缺陷病病毒感染可增加感染机会。

发病机理

猫传染性腹膜炎的发病机理比较复杂,目前还不完全清楚。病毒首先侵害上呼吸道或肠道上皮和局部淋巴结,然后随吞噬细胞扩散到各个靶器官。病毒可侵害巨噬细胞系统,引起严重的广泛性免疫复合物介导的脉管炎,并伴有坏死和脓性肉芽肿性炎症。猫传染性腹膜炎病毒和相关的猫肠道冠状病毒抗体,可增加猫对传染性腹膜炎的敏感性,体液抗体在病理发生中起重要作用。

症状与病理变化

病猫首先表现出一些非特异性症状,主要有发热、厌食、不愿活动、消瘦、呕吐、腹泻、脱水和苍白(贫血)。本病早期最常见的症状是长时间的波浪热,抗生素治疗无效。随着病程的发展非特异性症状加剧,临床症状主要表现为以体腔渗出为主的湿型和非渗出性器官特异性病变型或干型,部分病例表现出两个型的特点。

自然感染病例的潜伏期差异较大,从几日到几周不等,有些甚至可持续数月。其临床症状一般不知不觉地加剧(隐袭性),但也有突然迅速加剧的,特别是幼猫。一旦病毒扩散并出现临床症状,疾病即呈进行性发展并最终致死。典型的临床病例一般在 3～6 周死亡,但也有持续时间超过 6 个月的病例,在此期间疾病呈间歇性反复。渗出型传染性腹膜炎临床过程一般为急性,非渗出型一般较缓慢,呈隐袭性。

1. 渗出型(湿型)　在渗出型猫传染性腹膜炎病例中,85% 腹腔有炎性渗出物,35% 胸腔有渗出液。

(1)腹腔渗出(腹膜炎)　腹腔渐渐地胀满液体(图 4-2),叩诊或触诊可检测到渗出液。触诊一般无痛感。因腹腔渗出液进入睾丸被膜而引起公猫阴囊肿胀。腹腔炎性渗出物殃及胃肠道(引起呕吐、腹泻)、肝胆系统(引起黄疸)、胰腺(胰腺炎引起呕吐)。触诊腹腔,因肠系膜和腹膜粘连形成不规则的坚硬的团块。通过 X 光检查、腹腔穿刺及液体分析,可以对腹腔渗出进行确诊。

(2)胸腔渗出(胸膜炎)　由于胸腔的液体的压力限制了肺的舒张而出现呼吸困难,病猫呈坐式以利于呼吸,运动后呼吸紊乱加剧。听诊时心音和呼吸音被遮盖,胸部叩诊声音沉闷。胸膜炎型猫传染性腹膜炎可伴有心包渗出(纤维素性心包炎),可用超声心动图进行检查。

2. 非渗出型(干型)　非渗出型猫传染性腹膜炎的特征是各脏器[包括腹部(肝脏、脾脏、肾脏)]、眼、中枢神经系统和肺脏脓性肉芽肿性炎症和坏死性脉管炎。受侵害的实质脏器表面和内部可见有多个大小不等的灰白色结节。所侵害的器官的种类及严重程度不同,其临床表现也不相同。

(1)脓性肉芽肿性肾炎　肾肿大、变硬,表面散布有肉芽肿,肾脏外观变得不规则。肾脏损伤程度较深时,出现肾衰(多尿、烦渴)和氮血尿[血尿素氮(BUN)和血清肌酸酐升高]。

肾型猫传染性腹膜炎实验室检查最为一致的指标是蛋白尿。其他型的渗出型和非渗出型猫传染性腹膜炎都可能出现免疫复合物性肾小球肾炎,但一般为亚临床型。

图 4-2　患猫腹部膨大

(2)脓性肉芽肿性肝炎　肝脏肿大、黄疸及其他与肝病相关的非特异性症状。实验室检查最为一致的指标是胆红素尿和高胆红素血症;血清丙氨酸转氨酶(ALT)、碱性磷酸酶(ALP)和血清胆酸轻度或中度升高。

(3)其他腹腔器官肉芽肿　触诊可发现内脏淋巴结和脾脏肿大,肠壁和腹膜增厚。胰腺病变虽然较少见,但可引起糖尿病。

(4)眼部病变　往往为双侧性,主要侵害血管膜或眼色素层,表现为前眼色素层炎(虹膜睫状体炎)等。病变有可能不影响视力。

(5)神经系统　猫传染性腹膜炎可引起多灶性、脓性肉芽肿性脑膜脑炎。临床表现与病灶的神经解剖分布有关。最常见的症状是后躯麻痹、运动失调、颤抖、抽搐等。

(6)肉芽肿性肺炎　一般在临床上无表现,只有在剖检时才能发现,偶尔出现持续性咳嗽。

(7)生殖系统　猫传染性腹膜炎病毒感染,可能与不育、胎儿重吸收、流产、死胎、生殖道畸形以及产弱胎等繁殖障碍有关。

诊断

猫传染性腹膜炎的诊断要根据临床症状,并进行一系列的实验室检查,包括血液学、血清化学、细胞学和血清学指标及放射检查和活体穿刺等。由于临床症状和各项指标均为非特异性的,因此必须加以综合评价,然后进行诊断。

大多数病例血象和血清蛋白电泳分析结果异常,反映了机体的炎性和免疫反应。

血清和尿液检查,可见丙氨酸转氨酶、碱性磷酸酶、胆酸和胆红素升高,血尿素氮和肌酸酐升高,对于非渗出型猫传染性腹膜炎的诊断具有一定的意义。

在大多数情况下,对体腔中的渗出液、器官肿大及器官浸润等可以通过放射检查加以确认。腹腔器官还可应用超声波显影技术进行造影。

胸腔和腹腔的渗出液分析对于诊断猫传染性腹膜炎具有重要意义。液体呈淡黄色或金黄色,由于细胞数量较少(有核细胞 1 000～20 000 个/μL) 因而几乎透明,有一定的黏性并可能含有纤维丝或纤维性团块。液体中蛋白含量高,一般为 4～10 g/100 mL,而有核细胞数相对其他类型的渗出液则非常低,这也是猫传染性腹膜炎的特点之一。对本病的渗出液电泳分析,γ-球蛋白含量占液体总蛋白的 32% 以上,白蛋白则低于 48%,白蛋白与球蛋白的比值(A/G)小于0.81。细胞学检查以非败血性渗出为特征,以中性粒细胞和巨噬细胞为主,也包括数量不等的浆细胞和淋巴细胞。

检查血清中冠状病毒抗体可以作为一个指征。由于猫传染性腹膜炎病毒与多种冠状病毒有交叉反应,常规的血清学方法又不能区分开,因此结果分析存在一定的困难,不能作为确诊的指标。

治疗

目前所能采用的治疗措施只能治标,不能治本。少数猫传染性腹膜炎病例经过化学治疗和精心护理,可能会出现短暂的(一般为几周)症状消退期。进行治疗的猫必须体况较好,仍然能够采食,无严重的贫血表现,未出现神经症状,其他器官也未出现明显的功能紊乱及没有并发感染猫白血病病毒。

1.化学疗法　疗效较好的治疗措施是联合使用高剂量的皮质甾类(按2～4 mg/kg体重口服强的松龙)、细胞毒性药物(每周间隔1 d按2 mg/kg体重连续口服4次环磷酰胺)、广谱抗生素(如按20 mg/kg体重口服氨苄青霉素,每日3次),同时保证营养物质的摄入及体液和电解质平衡。

应注意,皮质甾类和细胞毒性药物对病毒本身不起作用,主要是控制继发的免疫介导炎性反应,因为炎性反应在致病过程中起重要作用。另外,这两类药物对T淋巴细胞和巨噬细胞介导的细胞免疫反应有不利的影响,很可能促进病毒感染。细胞毒性药物的主要副作用是引起厌食和抑制骨髓,因此应定期进行血象检测。

无论采取什么化学治疗措施,如果在头2～4周内没有显示任何疗效,就应该考虑更改治疗方法或不再继续治疗。如果出现好转,治疗至少要持续3个月或更长的时间。

2.支持性疗法　主要是改善猫的生活质量,尽可能延长其生命。主要措施包括:间歇性的体腔引流,输液,通过鼻胃管或胃导管补充营养,输血,抗生素治疗等。

有证据表明,直接作用于猫传染性腹膜炎病毒的抗病毒药物及能刺激T细胞和激活巨噬细胞的免疫调节剂(如干扰素等),在猫传染性腹膜炎的早期有一定的效果。

预防

国外有滴鼻用的猫传染性腹膜炎病毒温度敏感弱毒疫苗上市。由于该疫苗具有温度敏感特性,只在咽喉局部繁殖,可刺激鼻腔和胃肠道黏膜产生免疫力和细胞免疫。因为该疫苗激发的体液免疫反应较小,所以不会增加动物对猫传染性腹膜炎的敏感性。

疫苗的免疫方法是对16周龄或更大的猫每间隔3～4周经鼻内接种两次疫苗,每次0.5 mL,之后每年再免疫一次。对于高危猫群,间隔6～9个月可能就需要免疫一次。

应消灭吸血昆虫(如虱、蚊、蝇等)及老鼠,防止病毒传播。病猫和带毒猫是本病传染源,健康猫应力避与之接触。

二、按医嘱进行治疗

(一)治疗原则

输液以防止脱水,使用维生素和激素补充剂以调整激素分泌,应用抗生素防止继发性感染。

(二)药物治疗

使用支持治疗和皮质类固醇进行抗炎治疗一些猫临床症状暂时得到改善。

抗炎治疗可用糖皮质激素配合环磷酰胺或苯基丙氨酸氮芥;用抗菌药物,可选用青霉素3万IU/kg体重、链霉素80 mg/kg体重,每日两次;10%葡萄糖酸钙溶液20 mL,静脉注射;50%的葡萄糖30 mL,维生素C 0.5 g,40%乌洛托品5 mL,每日1次静脉注射。

三、宠物出院指导

(一)护理指导

为猫保暖,勤喂水。

(二)预后

病毒除了感染腹膜外,还会侵袭包括肝、肾和大脑在内的多种器官。对轻度感染或仅仅侵害眼部的病例,偶尔有自行康复的情况。但对于猫传染性腹膜炎病例,一旦出现临床症状,不管采取什么治疗措施,绝大多数在几周或几个月之内死亡。

Project 8

猫白血病的防治技术

学习目标

掌握猫白血病的病原特性、发病原因及临床特征；
了解疾病的发生机理；
熟悉猫白血病发生发展的基本规律及转归；
掌握猫白血病的防控措施。

【案例导入】

主诉:病猫为波斯猫品种,大约 1 岁,未进行过任何免疫注射。该猫经常与家周围野猫玩耍,1 周前发病,主要症状为食欲减退,体重减轻,黏膜苍白,贫血,有时呕吐和腹泻。自诊为消化道感染,连续给猫服用消炎药,未见效果,症状反而更加严重。经诊断为猫白血病。

【项目描述】

一、宠物入院症状、诊断评估与记录

(一)一般检查项目评估

1. 问诊

食欲减退,体重减轻,黏膜苍白,贫血,有时呕吐和腹泻。

2. 临床症状

患猫常表现为消瘦,精神沉郁等一般症状,临床上出现间歇热,被毛粗乱,黏膜苍白,贫血,黏膜和皮肤上出现出血点,有时出现呕吐和腹泻。呼吸和吞咽比较困难,加重病猫的虚脱。触摸动物腹部时,见肝脏及脾脏肿大,全身多处淋巴结肿大,浅表的病变淋巴结可以用手触摸到。

3. 快速诊断

爱德士猫三合一、二合一检验套组中猫免疫缺陷病病毒/猫白血病病毒(SNAP™ FIV/FeLV 组合)快速检测试剂检测。

SNAP™ 猫免疫缺陷病病毒/猫白血病病毒测试是用猫的血浆、血清或抗凝全血来检测猫免疫缺陷病病毒和猫白血病病毒的酶免疫分析法(图 4-3)。

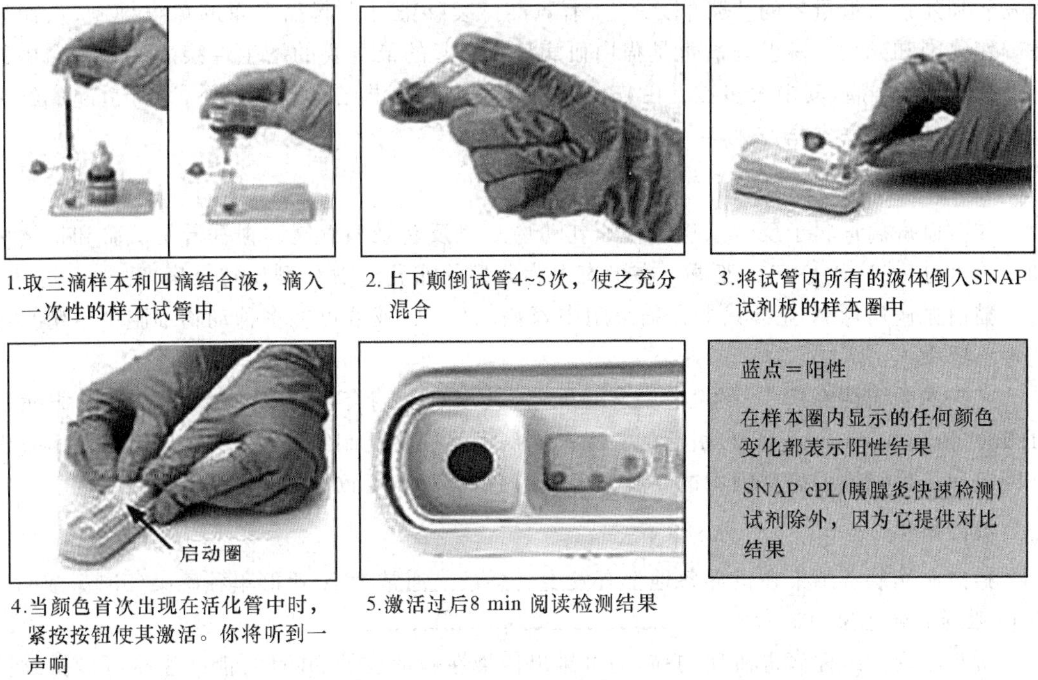

1.取三滴样本和四滴结合液，滴入一次性的样本试管中

2.上下颠倒试管4~5次，使之充分混合

3.将试管内所有的液体倒入SNAP试剂板的样本圈中

4.当颜色首次出现在活化管中时，紧按按钮使其激活。你将听到一声响

5.激活过后8 min 阅读检测结果

图 4-3　使用 SNAP™ FIV/FeLV 组合快速检测试剂检测猫白血病

样本信息：进行检测流程之前，样本需在室内温度（15～30℃）中保存。

血清、血浆或抗凝（如乙二胺四乙酸、肝素）全血是新鲜的，保存在 2～8℃温度中不超过一周者，也可以使用。

更长期的保存，血清或血浆可冷冻（－20°C 或更低的温度），使用前将其离心。

溶血或脂血的样本不会影响结果。

解读结果：见图 4-4。

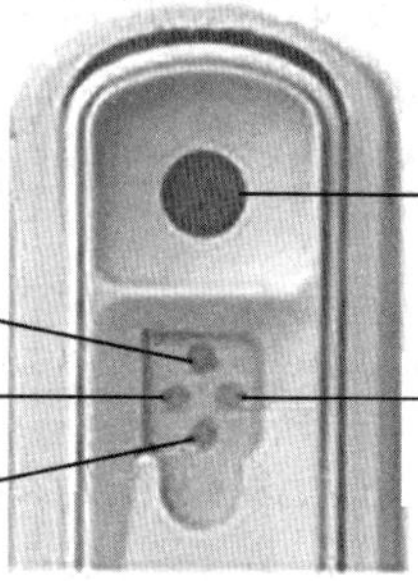

图 4-4　检测卡

（二）重点检查项目评估

取病猫的血液，推制血玻片进行染色，然后使用免疫荧光抗体法进行检测，结果诊断试验为阳性。

对病猫进行血常规检验，可见血液红细胞减少，红细胞平均血红蛋白浓度（MCHC）下降，白细胞增多，循环血液中未成熟的淋巴细胞增多，以及类似泛白细胞减少症样的表现。

（三）并发症评估

猫白血病约 50％会发展为癌症，这些癌症大部分是侵袭淋巴组织（如淋巴结），形成实质肿瘤（淋巴肉瘤）。有些猫白血病病毒可致再生障碍性贫血、骨髓增生病、肾功能不全等。

相关知识

猫白血病（feline leukemia）是由猫白血病病毒（feline leukemia virus，FeLV）感染引起猫发病和死亡的最重要的传染病之一。本病毒持续感染可引起猫严重的免疫抑制，从而导致继发感染和死亡。淋巴肉瘤也是猫白血病病毒引起的最重要的增生性疾病。猫肿瘤中约 1/3 为造血器官瘤，其中大多数是由猫白血病病毒引起的淋巴肉瘤。另外，还可引起成红细胞和成髓细胞性增生病。

病原

猫白血病病毒属于反转录病毒科哺乳动物 C 型反转录病毒属。根据干扰试验和抗体中和试验可分为 A、B、C 三个亚群。在形态上为典型的哺乳动物 C 型反转录病毒。

猫白血病病毒 A 亚群只能在猫细胞中繁殖，而 B、C 亚群可在多种动物细胞中增殖。本病毒不感染人。

在猫的肿瘤性疾病中，约 10％ 为纤维瘤，其中部分青年猫的纤维瘤是由猫肉瘤病毒（feline sarcoma virus，FeSV）引起的。猫肉瘤病毒是一种复制缺陷型病毒，与猫白血病病毒基因组和几种细胞致癌基因中的一种发生重组后，具有高度致癌性。

流行病学

猫白血病病毒感染在世界各地都有发生。感染猫通常为 A 亚群单独感染（50％）或与 B 或 C 亚群混合感染。

所有出现持续性病毒血症的猫，均可排出传染性病毒粒子，并且可能终生排毒。持续性感染猫主要经唾液排毒，唾液中含有高浓度的病毒。呼吸道分泌液、血液、乳汁、粪便和尿液均含有数量不等的病毒。本病在猫群中主要是水平传播。经口、鼻接触具有传染性的唾液，打斗，输血，吸吮感染母猫的乳汁均可能发生感染。除水平传播外，病毒还可以经胎盘发生垂直感染。

症状

所有的临床表现与白血病病毒的致瘤作用、细胞损伤作用和免疫抑制作用有关。

猫白血病病毒可引起淋巴性或骨髓性肿瘤，也可引起多种细胞变性和病理损伤，包括骨髓细胞受损（导致贫血、中性粒细胞减少和血小板减少）、淋巴细胞受损（导致T细胞缺失、淋巴组织萎缩或淋巴组织增生）、肠细胞受损（肠炎），并侵害胎儿和胎盘（导致流产和死胎）。免疫抑制的结果是引起严重的免疫缺陷，增加了对条件性感染的敏感性。另外，免疫功能紊乱可引起免疫介导性疾病和自身免疫病。

1.淋巴增生性肿瘤　淋巴瘤和淋巴白血病均与猫白血病病毒感染有关。根据肿瘤发生的部位，其临床表现有所不同：

（1）纵隔淋巴瘤　多见于年龄较小的猫。心前纵隔淋巴组织肿瘤团块压迫气管和食管，引起吞咽障碍和呼吸困难。另外，可引起胸腔积液，积液中含有大量的恶性淋巴细胞，可作为一项诊断指标。

（2）消化道淋巴瘤　相对较少，主要见于年龄较大的猫（平均8岁）。肿瘤主要发生于肠系膜淋巴结或者腹腔内实质脏器，呈局灶性或弥散性分布。临床表现为消瘦、发热、失蛋白性肠病、呕吐等，也可能出现肠道堵塞。回盲瓣是病变常发部位。

（3）白血病　相对来说较为常见。主要起源于骨髓，外周循环中可见到数量不等的、异常的淋巴细胞，其他部位也可能出现肿瘤。临床上表现为严重的贫血（红细胞压积小于15%）、倦怠和厌食。

（4）其他　还包括皮肤、鼻腔、眼、肝脏和中枢神经系统的肿瘤。这些部位的肿瘤也可能与其他疾病并发。

2.骨髓增生病　主要特征是骨髓中一个或几个细胞系增生，而其他细胞则被排斥，在外周血和骨髓中可见到这些异常的细胞，并可作为这类疾病的诊断指标。这一类疾病按照异常细胞的源细胞进行分类。组织学上可分为骨髓性（粒细胞性）、红细胞性、巨核细胞性或混合型。临床上表现为厌食、精神沉郁、消瘦、进行性贫血和血小板减少及继发感染。因髓外造血导致弥散性肝、脾肿大。

红细胞性骨髓组织增生是这类疾病中最常见的一种，可引起骨髓中红细胞前体增生。外周血红细胞压积低，出现有核红细胞等。

3.感染性贫血　猫白血病病毒感染可能仅表现为贫血，同时伴发其他相关疾病。这主要是因为骨髓中红细胞被抑制和破坏，或者发育异常，也可能因免疫介导性溶血、血小板减少性出血或骨髓肿瘤及骨髓发育不良等引起。临床上表现为精神沉郁、虚弱、黏膜苍白、脾脏肿大、视网膜出血等。实验室检查可见严重的再生障碍性贫血（红细胞压积小于10%），大红细胞症，白细胞或血小板减少。

4.中性粒细胞病　在出现病毒血症时，中性粒细胞和髓细胞前体细胞常常被感染。病毒感染后可出现一过性（骨髓感染后头3～5周）、持续性或周期性（10～14 d）中性粒细胞减少。中性粒细胞减少是肿瘤的前期病变，最终发展为骨髓增生病。成髓细胞减少（类泛白细胞减少症）主要特征是严重的泛白细胞减少（WBC＝300～3 000个/μL）及急性肠炎、发热、呕吐及血性腹泻。肠道上皮细胞被病毒严重感染。

5.血小板病　在出现病毒血症时，血小板和巨核细胞常常被感染，引起血小板减少和出现巨血小板（血小板个体异常大，形态怪异）。

6.免疫缺陷　猫白血病病毒可引起淋巴组织严重萎缩，对猫的免疫系统造成抑制，增加动物的易感性，尤其是慢性感染和继发感染。常继发猫传染性腹膜炎，疱疹病毒感染，以及曲霉菌、念珠菌、立克次体、弓形虫、隐孢子虫感染等。

7.特异性的外周淋巴结增生　表现为外周和内脏淋巴结对称性肿大（特别是颌下淋巴结），可达到正常大小的3倍。主要发生于6月龄到2岁的猫，其中约有50％表现发热、厌食和精神沉郁，其余的可能不表现任何症状。部分猫经2～4周康复，另一部分经过几个月或几年后发展为淋巴瘤。

8.免疫介导性疾病　猫白血病病毒感染可引起免疫复合物性肾小球肾炎、慢性进行性多关节炎、免疫介导性溶血性贫血、免疫介导性血小板减少症、溃疡性皮肤黏膜病和全身性类红斑狼疮综合征。

9.不育、死胎、流产及弱胎　猫白血病病毒感染母猫后可引起不育、胎儿重吸收、流产、死胎、弱胎综合征（病毒血症小猫）或经乳汁传染给哺乳的小猫。

病理变化

由于本病的病型比较多，病理变化也较为复杂。淋巴组织肿瘤较多见，大部分猫的淋巴肉瘤为T细胞性肿瘤，只有少数病例是以纯粹的外周血淋巴细胞增多为特征的真性淋巴白血病。

诊断

猫白血病病毒的检测，主要用于诊断与该病毒相关的疾病，检疫和筛选亚临床感染猫。

常用于诊断猫白血病病毒感染的方法，有间接免疫荧光抗体技术（IFA）和酶联免疫吸附试验（ELISA）。两种方法都是检查病毒特异性的核心抗原（p27）。前者检查外周血或骨髓触片，需要在专业实验室进行；后者可以应用商品试剂盒检查血液、唾液或眼泪等。除了以上方法之外，有些实验室还从体液或组织中分离病毒作进一步的确诊，但病毒分离工作不适合于临床诊断。

预防

免疫接种增加机体抵抗力；适当限制猫在户外自由活动，以减少感染机会；采取措施控制病毒在猫舍的传播。

国外有猫白血病病毒亚单位和全病毒灭活疫苗。这些疫苗大部分包括A、B和C三个亚群，有些仅为A亚群。一般在9周龄左右或之后进行首免，3～4周后进行二免，然后每年进行一次加强免疫。

二、按医嘱进行治疗

（一）治疗原则

目前尚无针对猫白血病有效的治疗方法，应用各种免疫调节剂和抗病毒药治疗。

（二）药物治疗

采用支持疗法，如使用抗生素防止继发感染，输液及补充营养等，可以延长病猫的寿命。患淋巴瘤的猫不经治疗，一般在 1～2 个月内死亡，但进行抗癌化疗后，部分猫肿瘤消退。

三、宠物出院指导

（一）护理指导

经常观察患猫的口腔，注意溃疡面的愈合情况。同时留意患猫身体状况的变化，避免引起并发症的出现。

（二）预后

患淋巴瘤的猫死亡率高，有些病例虽然输血可能延长猫的存活时间，但由白血病病毒所致的再生障碍性贫血和骨髓增生病预后不良。

Project 9

猫免疫缺陷病的防治技术

学习目标

掌握猫免疫缺陷病的病原特性、发病原因及临床特征；
了解疾病的发生机理；
熟悉猫免疫缺陷病发生发展的基本规律及转归；
掌握猫免疫缺陷病的防控措施。

【案例导入】

张先生的猫近期患有严重的慢性牙龈炎，牙龈、舌面、咽部大面积溃疡、充血，并有大量的脓性分泌物，宠物医生为张先生的猫进行了血液猫免疫缺陷病病毒筛查，结果呈阳性。

【项目描述】

一、宠物入院症状、诊断评估与记录

(一)一般检查项目评估

1. 问诊

是否为流浪猫或自由出入家居的猫，猫是否外出与其他猫打斗。

2. 临床症状

牙龈、舌面、咽部大面积溃疡、充血，并有大量的脓性分泌物。

3. 快速诊断

爱德士猫三合一、二合一检验套组中猫免疫缺陷病病毒/猫白血病病毒(SNAP™ FIV/FeLV 组合)快速检测试剂检测。

(二)重点检查项目评估

1. 血液生化及血常规检查

白细胞减少(特别是淋巴细胞及中性粒细胞)、贫血、高 γ-球蛋白血症。

2. 血液检查

用检验套组，只需要 3 滴血、2～3 min，即可检测出抗体阳性的猫，可及早隔离与治疗。

3. 当猫感染猫免疫缺陷病病毒后

数年内可能都没有任何病征。但在染病的 4～6 周开始，白细胞数量开始下降，部分猫会出现淋巴结肿胀。此外，有些猫在染病初期便出现体温升高、贫血、腹泻、慢性口炎、齿龈炎、消瘦、慢性鼻炎、结膜炎、上呼吸道感染等多种慢性病症状，在病例上，甚少有急性死亡的案例。

(三)并发症评估

患猫体温升高、贫血、腹泻、慢性口炎及肺炎、皮肤病、眼疾、中枢神经系统受损。

相关知识

猫免疫缺陷病(feline immunodeficiency)又称为猫艾滋病(FAIDS)，是由猫免疫缺陷病病毒(feline immunodeficiency virus，FIV)引起的危害猫类的慢性接触性传染病。该病毒主要感染并逐渐破坏特定的 T 淋巴细胞，经过长时间或数年的无症状潜伏期后，T 淋巴细胞慢慢丧失而引发免疫缺陷综合征。本病的主要特征是出现慢性感染或反复感染，而且感染为终生性并最终死亡。

猫免疫缺陷病病毒感染的特征，与人的艾滋病有许多相似之处，因此是人艾滋病研究的

重要的动物模型，但猫免疫缺陷病病毒与人的疾病无关。

病原

猫免疫缺陷病病毒属于反转录病毒科慢病毒属，与其他已知的慢病毒无密切相关性。形态学和物理学特征与其他慢病毒相似。

猫免疫缺陷病病毒分离株，可以在用有丝分裂原和白细胞介素-2（IL-2）刺激分裂的猫单核细胞培养中增殖，有些分离株在猫的细胞系中可以复制。

适当浓度的含氯制剂、季铵盐类及酚类化合物等消毒药物均可杀灭病毒。

流行病学

本病呈世界性分布。能够在户外自由活动或能与自由活动猫接触的宠物猫，群养或者经常引进新猫的猫群，属于高危和高发病率群。户内单独饲养的宠物猫，封闭饲养、环境控制良好的猫群发病率低。纯种猫发病率低。各种年龄的猫均可能被感染(2 月龄到 18 岁的猫均有感染的报道)。随着猫年龄的增长，发病率有所增加，在 5 岁或更大的猫中流行率最高。

猫免疫缺陷病病毒感染猫可经唾液排毒，主要是打斗过程中咬伤直接传染，因此公猫的感染率比母猫高 2～3 倍。输血污染也可以引起传染。通过粪便、交配、子宫或泌乳等途径感染者较少见。偶尔也发生接触传染，但感染途径及机理还不清楚。

虎、狮和豹等动物对本病易感。与其他慢病毒类似，猫免疫缺陷病病毒具有很强的宿主特异性，似乎只能在猫科动物细胞中生长。与感染猫接触的畜主、兽医、饲养员及研究人员的血清中 FIV 抗体均为阴性。

症状

1.急性感染期　这一阶段一般从接触病毒后 4～6 周开始，其影响为一过性而且往往不易觉察，表现为一过性发热(约有 1/3 的感染猫出现，持续 3～14 d)，中性粒细胞减少(持续 1～9 周)。全身性淋巴结病变(所有感染猫均发生，持续 2～9 个月)表现为滤泡增生，浆细胞浸润。偶尔发生并发感染，如败血症、蜂窝质炎、化脓性皮炎、贫血和腹泻等。

2.无症状潜伏感染期　在出现免疫缺陷病症状之前，有一段很长的潜伏期，持续时间可长达数年不等。

3.终末慢性感染期　这一阶段的主要特征是获得性免疫缺陷综合征，出现慢性和条件性感染，病情经数月到数年逐渐恶化，有下述一种或多种临床表现：

(1)全身性表现　表现为进行性消瘦(慢性消耗病)。反复发生慢性细菌感染，抗生素治疗可部分康复，但易复发。经常出现不明原因的发热。全身性淋巴结病。持续性或复发性贫血或白细胞减少症(中性粒细胞减少、淋巴细胞减少)。

(2)慢性或复发性细菌感染　是猫免疫缺陷病病毒感染最一致的症状：50% 以上的病例出现口腔感染，表现为口炎、牙龈炎和化脓性或浆细胞牙周炎；约 30% 的病例出现化脓性鼻炎、肺炎、结膜炎；约 20% 的病例由于严重的小肠结肠炎而出现急性或慢性腹泻；约 15% 的病例出现化脓性皮炎、脓肿、化脓性耳炎；反复发生泌尿系统感染，如膀胱炎、肾盂肾炎等。

大多数临床发病的猫检查口腔、眼睑、鼻、耳、皮肤时，可发现异常，如口炎、眼鼻分泌物、外耳炎及皮炎等。

(3)脑病　可能是猫免疫缺陷病病毒直接作用于中枢神经系统的结果。临床上出现行为异常、痴呆、运动失调、脸部痉挛、抽搐等。

(4)肿瘤　由于机体的免疫监视功能受损伤，猫免疫缺陷病病毒感染猫肿瘤发生率明显升高，其中淋巴瘤和骨髓增生性肿瘤发生较多，其他肿瘤为散发。

病理变化

猫免疫缺陷病病毒感染无特定的肉眼或组织学变化。病毒首先在局部淋巴结增殖，然后扩散到全身淋巴结，引起全身性淋巴结病，最后渐渐消退。多数被感染猫病情不再发展，但有些猫出现淋巴缺失和免疫抑制，病理变化与继发感染密切相关。

猫免疫缺陷病病毒感染 CD4＋、CD8＋及巨噬细胞，引起 CD4＋和 CD8＋细胞数减少和 CD4/CD8 比例反转。

诊断

猫免疫缺陷病病毒感染的诊断主要是采用酶联免疫吸附试验、免疫荧光抗体技术或免疫印迹技术，检测血清中抗猫免疫缺陷病病毒抗体。也可采用免疫荧光抗体技术检测病毒抗原，但此法还不太稳定。病毒的分离主要用于研究，不适合临床使用。

酶联免疫吸附试验方法可用于抗猫免疫缺陷病病毒血清抗体的筛选，准确率高于 99%，可作为高危猫群检测的首选方法。猫一般在感染后 2～4 周血清学转为阳性。国外已有商品化试剂盒供应。

免疫荧光抗体技术检测抗体所用试剂在部分实验室也可购买到，其准确率可与酶联免疫吸附试验相媲美。

免疫印迹主要检测抗病毒特异性蛋白的抗体，被认为是验证酶联免疫吸附试验阳性结果的“金标准”。

抗体阳性表明此前接触或感染过猫免疫缺陷病病毒，而猫免疫缺陷病病毒感染为终生性，所以抗体阳性表明猫带毒并持续终生。

预防

国外已研制出猫免疫缺陷病病毒疫苗。由于此病由血液或唾液传播，所以应避免让家中的猫接触到外来猫。要注意种猫应该进行筛检，避免经由交配传染或胎盘垂直感染；母代猫或父代猫没有检验过的小猫，均应接受检验；避免家猫外出与野猫接触，可以实行节育手术，降低猫出外游玩的动机。

二、按医嘱进行治疗

(一)治疗原则

猫免疫缺陷病病毒感染目前尚无特异性治疗措施。专门针对病毒治疗的药物不多，多数的抗病毒药物均有副作用，亦会影响到本身的细胞，故建议以支持疗法、对症疗法及预防二次性感染，作为现阶段治疗的主要目标，若有其他病原的合并、继发感染，则更要小心治疗。

(二)药物治疗

在出现临床症状之前，无症状猫可存活数年；出现症状之后，如果选用适当的抗生素结合支持性治疗，仍可以存活数月。

一般的支持性治疗措施包括：

(1)应用广谱抗生素，以控制细菌的二次性感染；

(2)某些感染猫的慢性口炎及严重的齿龈炎可以外科的方式暂时缓解；

(3)根据动物的状态进行输液和补充营养；

(4)由于抵抗力下降，应防止感染其他传染病；

(5)应做好其他疾病的免疫接种，最好选用灭活疫苗(在早期，猫免疫缺陷病病毒阳性猫仍可以产生免疫应答)。

在猫免疫缺陷病病毒感染末期，随着持续性贫血或白细胞减少、严重消瘦及神经症状的出现，治疗效果较差。

另外，对猫免疫缺陷病病毒血清学阳性猫应避免使用灰黄霉素，因为可能出现灰黄霉素引起的中性粒细胞减少。

三、宠物出院指导

(一)护理指导

猫主人则应该尽可能保持猫只健康，抵抗疾病及免受伤害；最佳方法是让受感染的猫留在室内，这样既可以预防猫接触病原，更可以防止病毒散播。

(二)预后

此病无法治愈。感染猫也可能生存相当长时间。只要有良好的保健，及早确定及治疗猫免疫缺陷病病毒引致的问题，感染猫仍可以好好享受生活。

Project 10

猫瘟的防治技术

学习目标

掌握猫瘟的病原特性、发病原因及临床特征；
了解疾病的发生机理；
熟悉猫瘟发生发展的基本规律及转归；
掌握猫瘟的防控措施。

【案例导入】

赵先生家养的猫生病了。起初猫表现精神沉郁，食欲下降，眼睛和鼻子有浆液性分泌物。过了几日身上开始起红色的小疙瘩。赵先生很着急，便带宠物去医院看病，医生打了3日针。病情并没有好转，于是转院找到另家大型宠物医院，医生详细检查了病猫的情况后确诊为猫痘。

【项目描述】

一、宠物入院症状、诊断评估与记录

（一）一般检查项目评估

1. 问诊

猫皮肤上出现结节。

2. 临床症状

患猫表现不适，发热，食欲减退，皮肤丘疹继而发展为水疱并破裂，留下溃疡面或结痂。丘疹或结节最常见于头颈部和四肢，也可发生于机体任何部位。

（二）并发症评估

严重者伴有肺部疾病。

相关知识

病原

猫痘是由牛痘病毒或类牛痘病毒引起的一种传染病。

症状

猫痘主要症状为皮肤病灶，皮肤损伤多为圆形，通常发生部位为头部、颈部、前肢。大约20%会出现口腔病变（口腔溃疡）。原发性病变部位通常出现丘疹、斑块、结节、溃疡或蜂窝组织炎和囊肿。20%病例会出现厌食、嗜睡、呕吐、腹泻、结膜炎、肺炎。

诊断

借助组织学或病毒分离。

预防

避免猫和野生贮存宿主接触，尚无特异性疫苗应用。

二、按医嘱进行治疗

（一）治疗原则

本病尚无特效治疗药物，只能采取支持治疗，并防止继发感染。

(二)药物治疗

大多数痘病毒感染猫,在1～2个月内对症治疗可以恢复。很多情况下因为延迟治疗继发细菌性皮肤感染使病情加重,因此针对病患主要采取支持疗法与液体疗法,使用抗生素控制细菌继发感染,调节机体的电解质平衡。病患佩戴伊丽莎白圈防止自我过度舔伤。绝对禁忌免疫抑制剂如糖皮质激素的使用,避免引起全身性致命反应。

三、宠物出院指导

(一)护理指导

不可以使用类固醇,会让病情更加恶化,并且让伤口扩大。

(二)预后

多数轻微皮肤痘病变的患猫可在4～6周内康复,但皮肤广泛性损害和免疫损伤的猫常以死亡告终。

Project 11

猫星状病毒感染的防治技术

学习目标

掌握猫星状病毒感染的病原特性、发病原因及临床特征；
了解疾病的发生机理；
熟悉猫星状病毒感染发生发展的基本规律及转归；
掌握猫星状病毒感染的防控措施。

【案例导入】

一猫近期厌食，持续性水样腹泻，体重减轻，经诊断为猫星状病毒感染。

【项目描述】

一、宠物入院症状、诊断评估与记录

1. 问诊

持续性水样腹泻，体重减轻，厌食。

2. 临床症状

食欲丧失或减退，体温升高，腹泻，触诊皮肤下陷或凹下去的地方回复迟钝。

3. 病原检查

粪便样品直接电镜检查。

相关知识

本病是由猫星状病毒感染而引起的一种病毒性传染病。以持续性水样腹泻为主要特征。

病原

猫星状病毒是一种能引起猫腹泻的单链小 RNA 病毒。其生物学特征目前资料还不够全面。星状病毒的名称来源于希腊字“astron”（意思为“星”），其特征是病毒呈“星”样的轮廓，故得名为星状病毒(astrovirus)。1995 年建立星状病毒科，本科只有星状病毒一属一种。

1987 年，Harbour 等在腹泻的猫等多种动物体内分离到星状病毒。星状病毒虽然不引起严重疾病，但为人畜共患，且具有一定的流行性。

流行病学

本病主要通过病猫消化道排泄病毒传染。病猫和隐性带毒猫是主要的传染源，通过直接接触传染。健康猫通过消化道感染。

症状

自然感染猫发生持续性水样腹泻，并伴有体重减轻、厌食和极度虚弱。但大多数猫感染星状病毒后表现为隐性、温和型或自限性感染。

诊断

1. 电镜检查　由于星状病毒在细胞培养中增殖困难，所以粪便样品的直接电镜检查是星状病毒感染诊断的常用方法。将粪便用蒸馏水稀释成 20%悬液，离心后取上清液，用 1%磷钨酸钾液(pH 7.0)染色后，电镜检查。如果粪便中有星状病毒存在，根据其特有的星状结构及直径(28～30 nm)等特征较易检出，必要时可将粪便浓缩处理后再做电镜检查。

2. 分离病毒　由于星状病毒在细胞培养物中的培养比较困难，而且多数星状病毒在细胞培养物中不产生细胞病变，所以给病毒分离工作带来了难度。人、牛、猪和猫的星状病毒能在某些特定的人胚肾、牛胚肾、猪胚肾及猫胚细胞中培养，但溶液中必须不存在血清而添加胰蛋白酶。对细胞培养物中分离到的病毒，可用电镜及免疫荧光试验等方法进行鉴定。

3.免疫荧光技术　对细胞培养物或组织切片中的星状病毒可用免疫荧光试验检查。对肠道，可取活体或尸体的小肠制作冰冻切片，再用免疫荧光试验检查肠上皮中的星状病毒。

4.RT-PCR　取腹泻的粪便直接分离星状病毒 RNA：采用 RT-PCR 扩增病毒 RNA，该方法特异、敏感，并可用于不同血清型的鉴定和序列分析。

预防

目前尚无有效疫苗，本病的预防主要依靠一般的消毒和隔离措施。

二、按医嘱进行治疗

(一)治疗原则

本病尚无特效的抗病毒药物，对症或支持治疗。

(二)药物治疗

可用生理盐水及时补充失去的水分和电解质，并给予多种维生素。为防止继发感染，应给予广谱抗生素。

三、宠物出院指导

(一)护理指导

腹泻较严重的患猫，须禁食、禁饮水，并注意保暖、补液。

(二)预后

患猫胃肠炎症状轻微，病程自限，预后良好。

Project 12

猫海绵状脑病的防治技术

学习目标

掌握猫海绵状脑病的病原特性、发病原因及临床特征；
了解疾病的发生机理；
熟悉猫海绵状脑病发生发展的基本规律及转归；
掌握猫海绵状脑病的防控措施。

【案例导入】

《国际流行病学传染病学杂志》1999 年第 03 期文章《一名意大利男性与其猫同时发生海绵状脑病》报道一名意大利男性与其猫同时发生散发性海绵状脑病。患者为 60 岁男性，无异常饮食习惯，因构语障碍、小脑共济失调和肌阵挛入院。脑电图示弥漫性乐 a 波活跃，脑磁共振影像无明显异常。10 d 后，患者失语，仅能在简单指令下学话。再次脑电图检查示周期性三相复合波。入院 2 周后，病人成为哑人，不能运动，也不能吞咽，后来死亡。患者喂养的猫在其发病同时出现严重狂躁、抽搐和感觉过敏。主人通常用罐头食品喂猫，并让猫睡在自己床上，该猫从未咬人。随后数日，病猫出现共济失调，双侧后腿运动障碍。继之共济失调转剧，并有广泛性肌阵挛，于 1994 年 1 月中旬将其安乐死。

【项目描述】

一、宠物入院症状、诊断评估与记录

1. 问诊

用罐头食品喂猫。

2. 临床症状

猫狂躁、抽搐和感觉过敏，共济失调，双侧后腿运动障碍，广泛性肌阵挛。

3. 将采集的猫脑组织做组织病理学检查

脑灰质部产生空洞状退化；神经元细胞坏死及数目减少，星状胶质细胞增多，使脑组织呈现海绵样变性。出现上述变化，则判定为阳性。

相关知识

猫海绵状脑病（feline spongiform encephalopathy，FSE）又称狂猫病，是传染性海绵状脑病的一种，以神经症状为特征，类似于疯牛病。最早于 1990 年出现在英国的家猫身上。1990—1997 年英国报道 77 例，大型猫科动物（美洲狮 3 例、猎豹 4 例、老虎 1 例、豹猫 2 例）也有记载。随后，在其他国家也出现相关病例。

“传染性海绵状脑病”是一类可侵犯人类和动物中枢神经系统的致死性疾病，潜伏期长，病程短，死亡率 100%。目前已知的动物的海绵状脑病有 6 种，包括羊瘙痒病、传染性水貂脑病、马骡和麋鹿的慢性消耗病、猫海绵状脑病、捕获的野生反刍动物海绵状脑病和牛海绵状脑病。其中牛海绵状脑病就是通常所说的疯牛病。

疯牛病主要发生在欧洲，包括英国、爱尔兰、瑞士、法国、比利时、卢森堡、荷兰、德国、葡萄牙、丹麦、意大利、西班牙、列支敦士登等国，以英国最多。美国、日本等国也有发生。

病原

引起传染性海绵状脑病的病原是一种叫朊毒体（又称朊蛋白、朊病毒、朊粒、prion 蛋白等）的一种分子量很小的、有感染性的蛋白质颗粒，是一种不含核酸仅有蛋白质的蛋白感染因子，是非细胞型微生物，具有独特的性质，主要成分是一种蛋白酶抗性蛋白（PrP）。一般使核酸

灭活的物理方法如煮沸、紫外线照射、电离辐射等均对其无影响,但胰蛋白酶能使其灭活。

朊蛋白与任何已知的蛋白质都没有同源性,虽然其不含核酸,但具有多样性,不同的株型形成不同的疾病。不同的株型,因其构型不同感染人和动物的潜伏期长短存在差异;由于沉积在大脑的不同神经细胞内,其导致的病理改变及临床表现也不一样。

猫海绵状脑病被认为是食用感染病原体的牛羊尸体粉渣特别是神经器官所致。

流行病学

据报道,猫患本病是因饲喂含未完全加工易感染疯牛病病毒的肉和骨的饲料所致。

症状

病猫呈进行性神经症状,运动与感觉反应受到严重影响,大部分感染猫行为异常。

诊断

猫海绵状脑病的诊断可通过组织病理学检查进行,病猫呈现典型海绵状脑病病变,脑内出现原纤维和修饰的 PrP(图 4-5),神经纤维网两侧对称性的空泡化、神经元空泡变性(图 4-6)。通常好发于脑中的基底核、大脑皮层、丘脑。

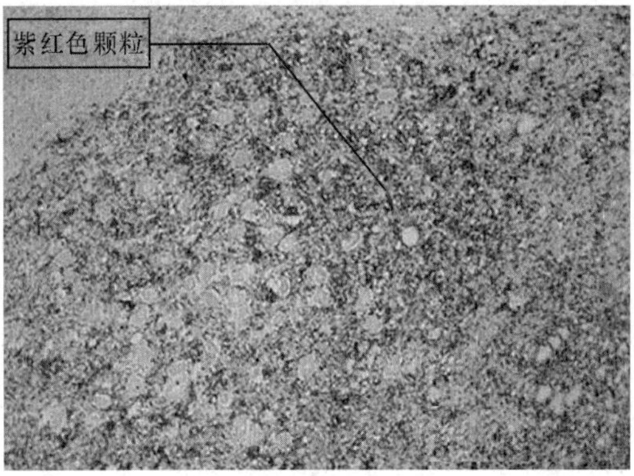

图 4-5 免疫组织化学染色法,脑组织在光镜下可见紫红色的 PrP 阳性反应物

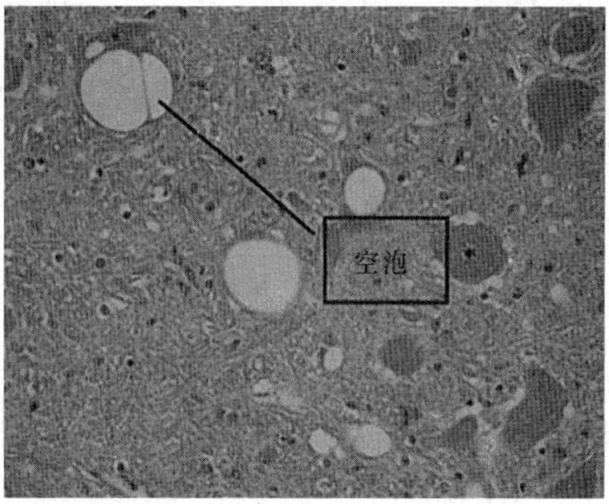

图 4-6 组织病理 HE 染色,神经元空泡变性

预防

疯牛病的致病因子仅存在于牛的脑、脊髓和小肠内,因此,避免猫摄入以上疯牛病感染组织,就可有效防止本病发生。按照疯牛病的根除计划,改变饲料加工程序就可消除该病在宠物中的流行。

二、按医嘱进行治疗

至今尚无有效疗法。感染猫常以死亡告终。如生前怀疑患猫为海绵状脑病,可实施安乐死术。

Project 13

猫呼肠孤病毒感染的防治技术

学习目标

掌握猫呼肠孤病毒感染的病原特性、发病原因及临床特征；

了解疾病的发生机理；

熟悉猫呼肠孤病毒感染发生发展的基本规律及转归；

掌握猫呼肠孤病毒感染的防控措施。

【案例导入】

一患猫出现流泪、怕光现象，经诊断为猫呼肠孤病毒感染。

【项目描述】

一、宠物入院症状、诊断评估与记录

(一)一般检查项目评估

1. 问诊

怕光羞明，眼有少量浆液性分泌物。

2. 临床症状

表现结膜炎和鼻炎、咽炎等上呼吸道症状。

(二)重点检查项目评估

可用吖啶染料染色接种病料的细胞培养物，检查绿色包涵体；呼肠孤病毒能引起猫肾细胞和牛胎肾细胞产生典型的细胞病变(CPE)，故可做 CPE 检查。血清学检查可用中和试验、血凝(HA)和血凝抑制(HI)试验检查。

相关知识

猫呼肠孤病毒(feline reovirus)感染主要表现结膜炎和鼻炎、咽炎等上呼吸道症状。最早报道是 1970 年，该病至今还有许多不清楚的地方。

病原

用从猫分离的呼肠孤病毒进行实验性感染，可引起上呼吸道的临床症状。这种病毒是 RNA 病毒，对热耐受，此病毒是否就是引起临床呼吸道症状的直接原因尚不明确，但病毒传染性很强。

本病毒对热、胰凝乳蛋白酶、二甲亚砜(DMSO)和十二烷基硫酸钠(SDS)有强大抵抗力。于 pH 3.0 稳定，对去氧胆酸盐、乙醚、氯仿、1% H_2O_2、3%福尔马林、5%来苏儿和 1%石炭酸有抵抗力。过碘酸盐可迅速杀死本病毒。

流行病学

本病毒有 3 个血清型，它们之间有交叉反应。国外血清学调查表明，美国以血清 1 和 3 型病毒感染为主。欧洲则以 3 型病毒感染为主，并且病毒感染比较普遍，存在猫和人相互传染的可能。本病毒能在易感猫之间迅速传染。病程 1～26 d 不等。

症状

本病潜伏期为 4～20 d，以上呼吸道感染、鼻炎、结膜炎和咽炎为主要症状，尚有齿龈炎发生。自然感染猫可引起腹泻和较轻的上呼吸道症状，并表现瞬膜前突，怕光羞明，眼有少量浆液性分泌物等现象。

病理变化

呼肠孤病毒感染的病例，有上呼吸道炎症、结膜炎及齿龈炎的病变发生。

诊断

本病确诊可进行病毒分离和鉴定。采取病猫上呼吸道病料接种猫肾细胞，盲传几代产生 CPE。感染细胞用 pH 4.95 的 0.01% 吖啶橙液染色，胞浆呈橘红色，胞浆内有大而不规则呈苹果绿色的包涵体。

预防

目前对本病无有效的预防措施，只能依靠综合性防治措施预防本病。

二、按医嘱进行治疗

本病通常不需要治疗，短期即可自愈，若病情需要可进行对症治疗。

三、宠物出院指导

(一)护理指导

定期进行活动场地消毒，保持一个良好的饲养环境。

(二)预后

若无并发症不会死亡。

Project 14

猫合胞体病毒感染的防治技术

学习目标

掌握猫合胞体病毒感染的病原特性、发病原因及临床特征；

掌握猫合胞体病毒感染的防控措施。

【案例导入】

一患猫出现关节肿大，步态僵硬现象，经诊断为猫合胞体病毒感染。

【项目描述】

一、宠物入院症状、诊断评估与记录

(一)一般检查项目评估

1. 问诊

关节肿大，步态僵硬。

2. 临床症状

猫多见慢性渐进性多发性关节炎。

3. 检查病猫关节液

可发现中性粒细胞和大单核细胞数量增多。

(二)重点检查项目评估

抗体及血清检查包括琼脂凝胶免疫扩散和 IFA(间接免疫荧光试验)技术。

对取自于幼猫外周血液的淡黄表层细胞进行培养可用来检测猫合胞体病毒。

相关知识

猫合胞体病毒感染是由猫合胞体病毒引起的猫的渐进性多发性关节炎。

病原

猫合胞体病毒(feline syncytium-forming virus，FeSFV)又叫泡沫病毒(foamy virus)，属反转录病毒科泡沫病毒属成员，可在灵长类、猫和牛体内引起持久和无症状的感染。

猫合胞体病毒主要通过咬伤传播，流浪猫和散养的猫比在室内养的猫传染概率要高。病毒也可通过胎盘传播。

症状

多数感染猫临床症状不明显，1.5～5 岁公猫多见慢性渐进性多发性关节炎，表现为关节肿大，步态僵硬，并且有外周淋巴结病变。

诊断

确诊需要进行血清学检查和病原学检查。

预防

在养猫的地方将已感染猫淘汰。

二、按医嘱进行治疗

本病尚无治疗方法，但对免疫抑制治疗有短暂的反应。

Project 15

猫轮状病毒感染的防治技术

学习目标

掌握猫轮状病毒感染的病原特性、发病原因及临床特征；
了解疾病的发生机理；
熟悉猫轮状病毒感染发生发展的基本规律及转归；
掌握猫轮状病毒感染的防控措施。

【案例导入】

一患猫出现急性腹泻,经诊断为猫轮状病毒感染。

【项目描述】

一、宠物入院症状、诊断评估与记录

1. 问诊

猫 3 d 前曾寄养在乡下卫生条件稍差的家庭。

2. 临床症状

急性腹泻。

3. 病原检测

取猫肠道内容物,进行 PCR 测定。

相关知识

本病是由猫轮状病毒感染引起的一种病毒性传染病,以急性腹泻为主要特征。

病原

猫轮状病毒(feline rotavirus)是一类能够导致多种动物腹泻、相互间高度关联,具有囊膜的 RNA 病毒。

流行病学

猫的轮状病毒感染十分普遍,健康猫和腹泻猫的粪便中均可分离到病毒。不同年龄、品种和性别的猫均对本病毒敏感,但一般成年猫发病率不高。缺乏明显的症状。本病多发生于寒冷季节。卫生条件不良常可诱发本病。幼猫发生本病往往与断乳、运输、气温突变、饲养管理条件恶化等应激因素和混合感染有关。

症状

目前缺乏对自然感染猫临床症状的系统描述。实验性感染,一般病猫呈现隐性、温和型和自限性腹泻。幼猫常发生严重腹泻,排水样至黏液样粪便。但食欲和体温无大变化。

诊断

通常根据流行特点和临床症状,可做出初步诊断。确诊要靠电子显微镜检查。酶联免疫吸附试验也是目前常用的一种诊断方法。

预防

目前还没有有效的疫苗。病猫应隔离,防止相互传染。同时加强环境卫生的消毒工作。

二、按医嘱进行治疗

(一)治疗原则

本病尚无特效的抗病毒药物,对症或支持治疗。

(二)药物治疗

对腹泻主要采取补液疗法,可以静脉补给液体和电解质。同时采取支持疗法。应用各种维生素、能量制剂等,补充机体所需。对于有混合感染者,应针对感染的细菌种类,选用敏感药物进行抗菌治疗。

三、宠物出院指导

(一)护理指导

定期进行活动场地消毒,保持一个良好的饲养环境。

(二)预后

无混合感染状况,预后多良好。

Project 16

猫波纳病毒病的防治技术

学习目标

掌握猫波纳病毒病的病原特性、发病原因及临床特征；
了解疾病的发生机理；
掌握猫波纳病毒病的防控措施。

【案例导入】

一患猫近期出现数日不愿活动、体温升高、肌肉痉挛、后躯轻瘫症状，经诊断为由猫波纳病毒引起的脑脊髓炎。

【项目描述】

一、宠物入院症状、诊断评估与记录

1. 问诊

病史。

2. 临床症状

后躯轻瘫。

3. 猫脑脊髓液分析

呈现非化脓性炎症特征。

4. 病原检测

RT-PCR 检测结膜或鼻腔分泌物可确诊。

相关知识

猫的波纳病毒病是由波纳病毒科波纳病毒属中的波纳病毒引起的一种以非化脓性脑膜脑脊髓炎为特征的传染病。

1895 年在德国萨克森州的波纳镇发现马的一种传染病，以神经症状为主，定名为波纳病(Borna disease)，1925 年确定病原为病毒，1999 年为该病毒新建波纳病毒科。近年来的研究表明，该病毒的感染谱很广；血清学检测及分子流行病学研究表明，病毒分布可能遍及全世界。

病原

波纳病毒(Borna disease virus，BDV)是波纳病毒属唯一的成员。病毒颗粒球形，有囊膜，直径约 90 nm，芯髓 50～60 nm。基因组为单分子单股负链 RNA，含 6 个主要阅读框，编码 6 个蛋白质。病毒在细胞核内复制，产生核内包涵体。病毒对热、酸、脂溶剂及普通消毒剂敏感。

流行病学

波纳病毒可能是一种昆虫媒介病毒，蜱是可能的传播媒介，飞沫传染及经饲料饮水传播也可能存在。

症状

急性感染时，临床症状包括步态摆晃、后肢运动失调、轻瘫，多数病例临床上表现正常，但血清呈阳性。

病理变化

表现为非化脓性脑膜脑脊髓炎，包括血管周围淋巴细胞性浸润(血管套)、神经节细胞变

性以及神经胶质细胞增生等。

诊断

根据临床症状和躯体运动表现，可对本病做出初步诊断，对脑脊髓液进行分析，应呈现非化脓性炎症特征。可通过检测血清或脑脊液中的抗体，进一步确诊，常规操作是用病毒感染的犬肾上皮连续细胞系，加待检血清等。抗体的滴度一般较低，仅 1∶10～1∶64。在专门的实验室也可用敏感的细胞做病毒分离培养，再做直接荧光或 ELISA 检测。用本病毒的标准引物做 RT-PCR 可直接检测结膜或鼻腔分泌物以及唾液中的病毒。免疫组化法可用于剖检脑组织的抗原检测。

预防

目前还没有有效的疫苗。主要通过防止与病猫接触，严格消毒，保持环境卫生等综合性防治措施来进行预防。

二、按医嘱进行治疗

本病目前尚无特异性治疗方法，急性感染猫可自然康复。对病情严重的病猫，治疗时，可根据临床症状进行一些对症治疗，以减轻病猫痛苦。

三、宠物出院指导

(一)护理指导

定期进行活动场地消毒，保持一个良好的饲养环境。

(二)预后

多数病例预后不良。

Project 17

猫麻疹病毒感染的防治技术

学习目标

掌握猫麻疹病毒感染的病原特性、发病原因及临床特征；了解疾病的发生机理。

相关知识

中国香港的研究人员在猫的身上发现了新病毒，其被称为“猫科动物麻疹病毒(FmoPV)”。该病毒与导致人类感染麻疹和腮腺炎的病毒存在关联，在犬类中则表现为犬瘟热。该科学家小组认为新病毒导致猫出现间质性肾炎。到目前为止，间质性肾炎是猫科动物中有时候会出现的致命性肾脏疾病。

研究结果显示，新发现的病毒与此前大家所熟知的猫科动物肾脏疾病之间存在明确的联系。肾小管间质性肾炎是肾小管间存在发炎的症状，而肾小管的功能是为肾的正常工作提供流液，该病毒的致命机理则是通过发炎挤压肾小管并阻止之间的液体流动，如果情况严重便会导致死亡。虽然对该疾病在人体上的作用机理和原因已经有了充分的了解，但其在猫科动物体内的发病原因仍然是个谜。

由于类似的病毒在人类和犬类动物体内发现，因此香港的研究人员推测其也可能存在于猫的体内。为了使测试样本具有普遍性，研究人员开始在香港和内地流浪猫中寻找与人和犬身上发现病毒相似的DNA片段。在对457只猫进行测试中发现有56只对猫科动物麻疹病毒显示为阳性。其中28%的样本中出现了病毒的抗体，这说明这些猫在过去的某个时候感染过该病毒。

猫科动物麻疹病毒分离于CRFK(猫肾细胞)，导致了细胞病变效应，如形态上变大、脱落、溶解，并形成多核体。

研究小组对27只流浪猫的尸体进行了解剖，发现其中12只猫的检测数据表明这些猫的麻疹病毒测试结果呈阳性，而7只死于肾小管间质性肾炎。剩余的样本中有两只猫被发现存在肾脏损伤的证据。该研究小组认为，这些发现表明猫科动物麻疹病毒(FmoPV)和肾小管间质性肾炎之间有着明确联系。如论文所述，“实验测试了457只流浪猫的尿液、直肠拭片、血液样本，通过RT-PCR检测法对该病毒进行完整的基因组测序……电子显微镜显示，病毒呈现典型的‘人字形’螺旋列外观，FmoPV和肾小管间质性肾炎之间有着明显关联。”研究小组指出新发现的猫科动物麻疹病毒在目前看来不会传染给人类，长期的话还有待研究考察。

学习情境五

犬猫细菌性传染病的防治技术

Project 1

犬猫布鲁氏菌病的防治技术

学习目标

掌握犬猫布鲁氏菌病的病原特性、发病原因及临床特征；
了解疾病的发生机理；
熟悉犬猫布鲁氏菌病发生发展的基本规律及转归；
掌握犬猫布鲁氏菌病的防控措施。

【案例导入】

犬 1.5 岁,3 月 31 日流产,来医院准备做 B 超看看有没有还没流尽的胎儿。犬猫产科主治医师接诊后,在做了病史调查后建议做布鲁氏菌病抗体检查(犬布鲁氏菌抗体快速检测试纸),结果为阳性。确诊该犬是布鲁氏菌病感染。流产也是布鲁氏菌病导致。

有一犬毛色蓬乱,消瘦,淋巴结肿胀。经向主人了解,该犬以前有过流产史,且食欲不振,经采血离心后,血清作犬布鲁氏菌病试管凝集试验,结果呈阳性。

【项目描述】

一、宠物入院症状、诊断评估与记录

(一)一般检查项目评估

1. 问诊

引发犬猫不明原因流产和睾丸肿大。

2. 临床症状

母犬不育、产死胎,胎膜出现炎症。

3. 快速诊断

应用犬布鲁氏菌抗体快速检测试纸为可疑病犬进行检测。

(二)重点检查项目评估

公犬可能发生单侧性或双侧性睾丸炎、睾丸萎缩、附睾炎、前列腺炎及淋巴结炎,妊娠母犬于妊娠 40～50 d 流产,其阴道排出绿褐色恶露。

患犬还可出现多发性关节炎、腱鞘炎,跛行。

布鲁氏菌病玻片或虎红平板凝集反应阳性或可疑。

(三)并发症评估

妊娠母犬通常在妊娠后期发生无任何前驱症状的流产,流产的胎儿大多为死胎,也有活的,但往往数小时或数日内死亡,感染的胎儿可见肺炎、心内膜炎和肝炎。

相关知识

布鲁氏菌病(brucellosis)是由布鲁氏菌引起的人兽共患性传染病,家畜中牛、羊、猪最常发生,且可以传播给人和其他家畜。以生殖器官及胎膜的炎症,引起流产、不育和多种组织的局部病灶为其特征。犬可感染布鲁氏菌病,但多呈隐性感染,少数可表现出临床症状。

病原

布鲁氏菌属有 6 个种,有的种还分为不同的生物型。革兰氏染色阴性,为球状、球杆状或短杆状,大小(0.5～0.7) μm×(0.6～1.5) μm。无运动性,不产生芽孢和荚膜。犬布鲁氏菌病主要由犬布鲁氏菌(*Brucella canis*)引起。犬亦可感染流产布鲁氏菌(牛布鲁氏菌,*B. abortus*)、马耳他布鲁氏菌(羊布鲁氏菌,*B. melitensis*)、猪布鲁氏菌(*B. suis*)。1990 年

以来我国从人、畜分离到的220株菌中，羊种菌占79.1%，牛种菌占12.27%，猪种菌占0.45%，犬种菌占2.21%，未定种菌占5.51%。

流行病学

犬是犬布鲁氏菌的主要宿主，另外也是羊、牛和猪布鲁氏菌的机械携带者或生物学携带者。监测结果发现我国犬布鲁氏菌病阳性率为1.68%～13.4%。

自然条件下，犬布鲁氏菌主要经患病及带菌动物传播。流产后母犬的阴道分泌物、流产胎儿及胎盘组织均带菌，母犬排菌可达6周以上。患病母犬的乳汁常成为新生犬的传染源，但这部分母犬的新生幼犬多已在胎盘内发生垂直感染。感染犬的精液及尿液亦可成为犬布鲁氏菌病的传染来源。某些犬在感染后两年内仍可通过交配散播疾病。

本病的主要传播途径是消化道，即通过摄食被病原体污染的饲料和饮水而感染。口腔黏膜、结膜和阴道黏膜为最常见的布鲁氏菌侵入门户。此外，黏膜、皮肤创伤亦可使病原侵入体内造成感染。

症状

犬猫的布鲁氏菌感染，一般多为隐性或仅表现为淋巴结炎，亦可经2周甚至长达半年的潜伏期后表现出全身症状。怀孕母犬常在怀孕40～50 d时发生流产，流产前1～6周病犬一般体温不高，阴唇和阴道黏膜红肿，阴道内流出淡褐色或灰绿色分泌物。流产胎儿常发生部分组织自溶，皮下水肿、淤血和腹部皮下出血。部分母犬感染后并不发生流产，而是怀孕早期(配种后10～20 d)胚胎死亡并被母体吸收。流产母犬可能发生子宫炎，以后往往屡配不孕。公犬可能发生睾丸炎、附睾炎、前列腺炎及包皮炎等。另外，患病犬除发生生殖系统症状外，还可能发生关节炎、腱鞘炎，有时出现跛行。

病理变化

隐性感染病犬一般无明显的肉眼及病理组织学变化，或仅见淋巴结炎。临床症状较明显的患犬，剖检时可见关节炎、腱鞘炎、骨髓炎、乳腺炎、睾丸炎、淋巴结炎变化。

怀孕母犬流产的胎盘及胎儿常发生部分溶解，由于纤维素性及化脓性炎症或坏死性炎症，常使流产物呈污秽的颜色。

布鲁氏菌除定居于生殖道组织器官，还可随血流到达其他组织器官而引起相应的病变，如随血流到达椎间盘部位而引起椎间盘炎，有时导致眼前房炎、脑脊髓炎等。

诊断

怀孕母犬发生流产或母犬不育及公犬出现睾丸炎或附睾炎时即应怀疑本病。确诊应结合流行病学资料、临床症状、细菌学检验及血清学反应进行综合判断。

1.流行病学及临床诊断　犬群中出现大批怀孕母犬流产及屡配不孕现象，公犬发生睾丸炎、附睾炎、包皮炎及配种能力降低时，应怀疑有本病存在。有时在公犬精液涂片中可见大量肿大的异形细胞。

2.血清学诊断　包括试管凝集试验、补体结合反应、琼脂凝胶扩散试验。国外还有一种玻片凝集快速诊断盒出售。值得注意的是，上述血清学方法及其判定目前尚缺乏统一的标准，且易于出现假阳性反应，对某些滴度不高的抗体反应难于解释。这几种血清学方法可以用作对可疑病例进行筛选，以便做进一步的诊断。

3.细菌学检验　犬感染犬布鲁氏菌后，其菌血症可持续数月到数年，因此取血液进行细菌培养是确诊的最佳方法。无菌采取血液样本接种于营养肉汤，在有氧条件下培养 3～5 d，然后取样接种到固体培养基上进行鉴定。犬布鲁氏菌生长比较缓慢，需要 48～96 h 才能形成肉眼可见的菌落。也可取流产胎衣、胎儿胃内容物或有病变的肝、脾、淋巴结等组织材料，制成涂片，以鉴别染色法(Ziehl-Neelsen 氏法)染色镜检，见到红色细菌即可确诊。

也可将病料接种于豚鼠，腹腔、皮下、肌肉注射均可，接种 3～6 周后剖杀，可从脏器分离培养病原，部分豚鼠还可出现肉眼变化。同时采取豚鼠血液进行血凝试验，抗体滴度达 1∶5 以上时判为阳性。

预防

每年对宠物进行 1～2 次实验室检查。淘汰患病宠物，并且不能做种用。对流产犬更应加倍注意，流产胎儿及流产物、染菌物料应彻底销毁，环境要进行严格消毒。

二、按医嘱进行治疗

(一)治疗原则

布鲁氏菌病的防治主要在于早期预防。

(二)药物治疗

由于布鲁氏菌寄生于细胞内，抗生素对其较难发挥作用，对于雄性动物药物难于通过血-睾屏障，因此治疗比较困难。治疗期间必须反复进行血液培养以检验疗效，停药后几个月感染还可能反复。抗菌治疗费用较高，早期可口服米诺环素(25 mg/kg 体重，每日 2 次，持续 3 周以上)，并配合肌肉注射双氢链霉素(10 mg/kg 体重，每日 2 次，持续 1 周)。也可用庆大霉素替代双氢链霉素。用强力霉素、四环素等配合双氢链霉素使用效果稍差。采用抗生素治疗的同时应用维生素 C、维生素 B_1 等则效果更好。

Project 2

犬猫结核病的防治技术

学习目标

掌握犬猫结核病的病原特性、发病原因及临床特征；
了解疾病的发生机理；
掌握犬猫结核病的防控措施。

【案例导入】

主诉:10 月中旬,犬食欲不振,容易疲劳,并伴有咳嗽的症状。曾使用青霉素进行了一个多星期的治疗,症状还是不见好转,反而病情愈加严重。

临床症状:病犬精神沉郁,体躯瘦弱,体温 37.5℃,有干咳。用提纯的结核菌素于病犬大腿内侧皮内注射 0.1 mL,经 48 h 后,发现病犬注射部位有明显的肿胀,中央有坏死,呈阳性反应。

【项目描述】

一、宠物入院症状、诊断评估与记录

(一)一般检查项目评估

1. 问诊

犬出现低热,逐渐消瘦,体躯衰弱,易疲劳,咳嗽(干咳或有脓痰),食欲明显降低。

2. 临床特征

结核病犬常缺乏明显的临床表现和特征性的症状。皮肤结核可发生皮肤溃疡。有时还可看到杵状趾的现象,特别是足端的骨骼常两侧对称性增大。

3. 用结核菌素进行皮内试验

试验时,可用提纯结核菌素,于大腿内侧或肩胛上部皮内注射 0.1 mL(结核菌素 250 IU),经 48～72 h 后,观察注射部位是否发生明显肿胀。

(二)重点检查项目评估

1. 影像学检查

肺部结核可通过 X 射线透视或照相检查。可见有钙化病灶或空洞影。

2. 镜检

用鼻腔分泌物、痰液、乳汁及其他病灶进行涂片,抗酸染色后进行镜检,可以直接看到结核杆菌。

3. 病理剖检特征

肺脏的病变为钙化的肥肉状磁白色的坚韧结节,甚至将肺包膜突破,然后发生胸膜炎。扁桃体和上颌淋巴结也经常发生结核病变,甚至破溃而突破皮肤,形成瘘管。结核病灶扩大蔓延时,还可发生多发性结核性支气管炎和支气管周围肺炎,支气管周围被结核性肉芽组织呈袖套状包围。肠黏膜上的结核病灶为带堤状边缘的溃疡。

(三)并发症评估

肺部结核,常以支气管肺炎症状出现,伴有干咳、呼吸喘促,听诊肺部有啰音,体重下降,食欲减退。胃肠道结核,以消化道症状出现,伴有呕吐、消化不良、腹泻、营养不良、贫血,腹部触压可触到腹腔脏器有大小不同的肿块。骨结核,可表现运动障碍、跛行,并易出现骨折。

相关知识

结核病(tuberculosis)是由结核分枝杆菌引起的人、畜和禽类共患的慢性传染性疾病,偶尔也可能出现急性型,病程发展很快。其特征是在机体多种组织器官形成肉芽肿和干酪样或钙化病灶。

病原

结核分枝杆菌(*Mycobacterium tuberculosis*)简称结核杆菌,主要可分为牛型、人型和禽型三型。本菌一般呈杆状,稍弯曲,大小为(1～4) μm×(0.3～0.6) μm,牛型较人型短而粗。组织内菌体较体外培养物细而长,生长中可出现分枝。菌体有时呈球形、丝状或碎片等多种形态。不产生芽孢和荚膜,无鞭毛。革兰氏染色呈阳性,但不易染色,常用 Ziehl-Neelsen 抗酸染色。本菌对外界环境和常用消毒剂有相当强的抵抗能力。犬主要对人型及牛型结核杆菌敏感,在机体多种组织内形成肉芽肿和干酪样钙化灶为特征。猫对牛型结核似乎更易感。

流行病学

结核病呈世界性分布,尤其在人口稠密、卫生和营养条件较差的地区人群患病率更高,再加上结核病患畜(禽)构成了本病的传染源,尤其开放性结核患者和患畜(禽),能通过多种途径向外界散播病原。一般认为,犬和猫结核菌感染由人传播而来,迄今尚未见到由犬和猫传染给人的报道。

本病主要通过呼吸道和消化道感染。结核病患者和患畜(禽)可通过痰液排出大量结核杆菌,咳嗽形成的气溶胶或被这种痰液污染的尘埃就成为主要的传播媒介。据介绍,直径小于 3～5 μm 的尘埃微粒方能通过上呼吸道而达肺泡造成感染,体积较大的尘埃颗粒则易于沉降在地面,危害性相对较小。由于结核杆菌的侵袭力和感染性不如其他细菌性病原强烈,长期、经常性和较多量细菌感染方能引起易感动物发病。实验证实,猫感染牛型结核杆菌的概率远大于感染人型结核杆菌的概率,这可能与猫饮食结核病牛的乳汁或肉等机会较多有关。临床上猫、犬感染禽型结核杆菌则极少。

发病机理

结核杆菌多通过呼吸道或消化道黏膜进入人体或动物体内,在侵入部位局部及附近淋巴结引起炎性反应,但有时也可能不出现这种炎性变化。进入体内的结核杆菌与吞噬细胞相遇,易被吞噬并在吞噬细胞内继续存活和繁殖,而使机体体液免疫对此无能为力。

大多数情况下,结核杆菌可摧毁机体的防御能力而引起进行性疾病。原发性病灶内的结核杆菌可长期存活,一旦机体抵抗力下降或遇有应激因素作用,即可向邻近组织及全身扩散,在多处形成继发病灶,甚至形成全身性结核。

结核杆菌是细胞内寄生细菌,据认为机体对结核病的免疫力主要依靠其细胞免疫功能,这种免疫的特点是对外源性重复感染有一定的抵抗力,但对内源感染抵抗力甚微。结核免疫的另一特点是传染性免疫和传染性变态反应同时存在,因此可应用变态反应试验来检验机体对结核杆菌有无免疫力或有无感染与带菌。

症状

犬和猫结核病多为亚临床感染，有时则在病原侵入部位引起原发性病灶。室内犬比室外犬发病率高。本病潜伏期长短不一，与犬的年龄、体质、营养和管理情况有关。犬患结核病的慢性感染，表现为低热、消瘦、咳嗽、贫血、呕吐并伴有腹泻症状出现。病初易疲劳、虚弱，后出现进行性消瘦，被毛欠光泽，多数犬下午低热。以胸部型最常见，也就是肺结核，慢性干咳，咯血，呼吸困难。病变部听诊有支气管肺泡呼吸音和湿啰音。出现肺空洞时，可听到拍水音。病犬呼出的气体有臭味。犬、猫的原发性肠道病灶，可引起呕吐、腹泻等消化道症状及贫血。肠系膜淋巴结常肿大，有时在腹部体表就能触摸到。某些病例腹腔渗出液增多。

结核病灶蔓延至胸膜和心包膜时，可引起胸膜、心包膜渗出物增多，临床上表现为呼吸困难、发绀和右心衰竭。猫的肝、脾等脏器和皮肤也常见结节及溃疡。皮肤结核多发于喉部和颈部，病灶边缘呈不规则的肉芽组织溃疡。骨结核时可见跛行及自发性骨折。有的患畜还出现血尿及黄疸等症状。

病理变化

剖检时可见患结核病的犬及猫极度消瘦，在许多器官出现多发性的灰白色至黄色有包囊的结节性病灶。犬常可在肺及气管、淋巴结，猫则常在回肠、盲肠淋巴结见到原发性病灶。

犬的继发性病灶一般较猫多见，多分布于胸膜、心包膜、肝、心肌、肠壁和中枢神经系统。猫的继发性病灶则常见于肠系膜淋巴结、脾脏和皮肤。一般来说，继发性结核结节较小(1～3 mm)，但在许多器官亦可见到较大的融合性病灶。有的结核病灶中心积有脓汁，外周由包囊围绕，包囊破溃后脓汁排出，形成空洞。

肺结核时，常以渗出性炎症为主，初期表现为小叶性支气管肺炎，进一步发展则可使局部干酪化，多个病灶相互融合后则出现较大范围病变，这种病变组织切面常灰黄与灰白色交错，形成斑纹状结构。随着病程进一步发展，干酪样坏死组织还能够进一步钙化。

组织学上，可见到结核病灶中央发生坏死，并被炎性浆细胞及巨噬细胞浸润。病灶周围常有组织细胞及成纤维细胞形成的包膜，有时中央部分发生钙化。在包囊组织的组织细胞及上皮样细胞内常可见到短链状或串珠状具抗酸染色性的结核杆菌。

诊断

结核病的临床症状一般为非特征性，怀疑为本病时采用以下方法进行确诊：

1. 血液、生化及透视检验　患结核病的动物常伴有中等程度的白细胞增多和贫血，血清白蛋白含量偏低及球蛋白血症。肺结核时，X 线透视检验可见气管支气管淋巴结炎和间质性肺炎的变化。疾病后期亦可见肺硬化、结节形成及肺钙化灶。继发性结核出现时，亦可见肝、脾、肠系膜淋巴结及骨器官组织的相似病变。

2. 皮内试验　犬、猫结核菌素皮内试验结果不容易判定。据报道，对于犬，接种卡介苗试验结果更敏感可靠。皮内接种 0.1～0.2 mL 卡介苗，阳性犬 48～72 h 后出现红斑和硬结。因为被感染犬可能出现急性超敏反应，所以试验有一定的风险。由于猫对结核菌素反应微弱，故一般此法不应用于猫。

3. 血清学检验　包括血凝及补体结合反应，它们常作为皮内试验的补充，尤其补体结合反应的阳性检出符合率可达50%～80%，具较大的诊断价值。

4. 细菌分离 用于细菌分离的病料常用4%氢氧化钠处理30 min，再用0.3%新洁尔灭处理以去除杂菌。病原性分枝杆菌通常需要较为丰富的培养基，且须培养较长时间。初次分离结核杆菌时，常用Lowenstenin-Jensen氏培养基，根据细菌菌落生长状况及生化特性来鉴定分离物。也可将可疑病料，如淋巴结、脾脏和肉芽肿通过腹腔接种于豚鼠、兔、小鼠和仓鼠，以鉴定分枝杆菌的种别。

有时直接采取病料，如痰液、尿液、乳汁、淋巴结及结核病灶做成抹片或涂片，抗酸染色后镜检，可直接检到细菌。近年来，用荧光抗体法检验病料中的结核杆菌，也收到了满意的效果。

治疗

犬结核病已有治愈的报道。但对犬、猫结核病而言，首先应考虑其对公共卫生构成的威胁。在治疗过程中，患病犬、猫(尤其开放性结核患畜)可能将结核病传染给人或其他动物，因此建议施以安乐死并进行消毒处理。确有治疗价值的，可选用异烟肼，4～8 mg/kg体重，每日2～3次；利福平，10～20 mg/kg体重，分2～3次内服；链霉素，10 mg/kg体重，每8 h肌肉注射一次(猫对链霉素较敏感，故不宜采用)。

应该强调的是，化学药物治疗结核病在于促进病灶愈合，停止向体外排菌，防止复发，而不能真正杀死体内的结核杆菌。

出现全身症状时，可对症治疗。体温升高者可应用解热药；继发感染时应选用适当的抗菌药物治疗；咳嗽严重者可用镇咳药，如咳必清25 mg，复方樟脑酊2～3 mL，或可待因15 mg，每日3次内服。

治疗过程中，应给动物以营养丰富的食物，增强机体自身的抗病能力。冬季应注意保暖。

预防

对犬、猫定期进行结核病检疫，可疑及患病动物尽早隔离。发现开放性结核病犬或猫，应立即淘汰。结核菌素阳性犬或猫，除少数名贵品种外，也应及时淘汰，绝不能再与健康犬猫混群饲养。需要治疗的犬或猫，应在隔离条件下，应用抗结核药物治疗。

平时不用未消毒牛奶及生杂碎饲喂犬猫。对犬舍及犬经常活动的地方要进行严格的消毒。严禁结核病人饲喂和管理犬。

二、按医嘱进行治疗

(一)治疗原则

抗结核药物治疗对结核病的控制起着决定性的作用，其治疗原则是早期、适量、联合、规律、全程。

(二)药物治疗

对于有治疗价值的，可选用下列药物进行治疗：链霉素，10 mg/kg体重，肌肉注射，每日

3 次。利福平，10～20 mg/kg 体重，肌肉注射，每日 3 次。利福平，10～20 mg/kg 体重，每日分 2～3 次内服。异烟肼，4～8 mg/kg 体重，每日 2～3 次口服。

出现全身症状的应进行对症治疗，如发热可给予解热镇痛药如安痛定，食欲废绝的可静脉给予高渗糖、氨基酸、白蛋白等，出现胸腹积液的可进行穿刺，有咳嗽症状的，可给予镇咳药如咳必清、复方樟脑酊、复方甘草片或可待因等，有继发感染的应选用适当的抗菌类药物治疗。

在治疗过程中，要坚持长期交替用药，同时应加强护理，提高营养，增强机体自身的抗病能力，不做剧烈运动等。

三、宠物出院指导

（一）护理指导

给予高热量、高蛋白、高维生素、富含钙质的食物，保持室内空气新鲜、阳光充足。避免受凉。

（二）预后

多数病例预后不良。

Project 3

支气管败血博代氏杆菌病的防治技术

学习目标

掌握支气管败血博代氏杆菌病的病原特性、发病原因及临床特征；

了解疾病的发生机理；

熟悉支气管败血博代氏杆菌病发生发展的基本规律及转归；

掌握支气管败血博代氏杆菌病的防控措施。

【案例导入】

两只患犬，品种分别为花可卡和雪那瑞，均为 3 月龄。临床症状：两只患犬体温分别为 38.6℃和 38.9℃，食欲均稍差，有浆液黏液性鼻汁自鼻孔流出，咳嗽剧烈、气喘，人工诱咳阳性，尤其按压喉头气管可引发连续剧烈的咳嗽。听诊气管、肺呼吸音粗厉。曾在一家宠物诊所按犬瘟热进行静脉滴注用药治疗 5 d，不见效果，后经确诊为支气管败血博代氏杆菌病。

【项目描述】

一、宠物入院症状、诊断评估与记录

(一)一般检查项目评估

1. 问诊

病史。

2. 临床症状

连续剧烈的咳嗽，鼻孔有浆液黏液性鼻汁流出。体温一般趋于正常，精神、食欲少有变化，血液和血液生化指标无特征性变化。

3. 涂片染色镜检

用灭菌拭子于鼻腔深部采取分泌物作为被检病料，取被检病料直接涂片，革兰氏染色镜检，检出了革兰氏阴性杆状及球杆状小杆菌，散在并呈两极染色。

(二)重点检查项目评估

进行细菌培养和菌种鉴定。用灭菌拭子于鼻腔深部采取分泌物作为被检病料，取被检病料直接涂于 1%葡萄糖麦康凯培养基上，37℃培养 48 h 后，挑取不发酵糖、镜检为革兰氏阴性的可疑菌落进行纯培养，见有中等大小、圆形、光滑凸起、半透明状菌落长出。取菌落进行生化试验，结果 V-P 试验(20℃培养)、尿素酶试验及氧化酶试验均为阳性，葡萄糖、乳糖发酵试验阴性，能利用枸橼酸盐，不产生靛基质和硫化氢，不液化明胶，石蕊牛乳缓慢变碱，不凝固。检验结果与支气管败血博代氏杆菌相符。

(三)并发症评估

并发或继发感染的容易发展成持续性痉挛性干咳。当与犬副流感病毒、犬腺病毒、犬疱疹病毒、呼肠孤病毒、支原体和多杀性巴氏杆菌等混合感染或继发感染时，可导致犬呼吸道疾病综合征，患犬病情加重和恶化，有的呈现后肢麻痹、运动失调等神经症状，患犬往往以死亡转归。

相关知识

支气管败血博代氏杆菌病(bronchiseptis bordetellosis)是由支气管败血博代氏杆菌(*Bordetella bronchiseptica*)引起的一种呼吸道传染病。临床上以咳嗽、流鼻涕为主要特征。犬群中一旦发病，很快引起整窝幼犬发病、咳嗽，故被称为“犬窝咳”。

病原

支气管败血博代氏杆菌是一种无芽孢、单在或成对排列的革兰氏阴性球状杆菌，常呈两极着色，其大小为(0.2～0.5) μm×(1.5～2.0) μm。同时是一种严格需氧、非氧化、非发酵型细菌。其与人、犬、猪等多种动物的呼吸道感染有关。该菌是犬、猫常见的鼻腔和呼吸道正常菌群的一部分。

流行病学

本病在 1896 年由 Gallivalerio 首次报道，并从病犬肺脏中分离到支气管败血博代氏杆菌。至今世界不少国家和地区均有本病的报道。我国由于引进国外种犬等动物，将该病传入国内，加之犬的流动性较大，检疫工作不严，使该病在各地养犬场、宠物园和宠物医院的犬群中，有着不同程度的发生和流行。

不同品种、不同性别和不同年龄的犬都可感染，但以幼龄犬最为敏感、危害更为严重。患病动物是本病的重要传染源。本病多发于寒冷的春、秋季节，主要通过呼吸道感染，幼犬和幼猫容易发生接触感染。对 4～12 周龄的幼犬、幼猫可引起严重的呼吸道疾病，老龄者则病情较轻。

症状

本病自然感染潜伏期为 3～10 d。人工感染 1～2 d 即可显示症状(流鼻涕、咳嗽等)，并可从感染犬鼻液中分离到支气管败血博代氏杆菌。

本病患犬轻者经 1～2 周治疗后，治愈率可达 90%以上，但往往影响幼犬的生长发育。重者则需要较长时间(3～4 周)方可治愈，约有 5%的患犬可发展至支气管肺炎甚至久治难愈或引起死亡。

病犬临床呈现急性鼻咽炎、气管炎和支气管炎症状。临床表现程度存在明显的年龄相关性，犬年龄越小感染率越高，临床症状越明显，成年犬或老龄犬多呈亚临床型或无症状感染状态。

4～12 周龄幼犬发病率最高。在病的初期患犬两侧鼻孔流出水样分泌物，进而则见脓性鼻漏和间歇性、剧烈性干咳，当运动或兴奋时干咳加剧甚至干呕以图清除喉中的少量痰液，这往往被犬主误认为犬的喉咙被异物卡住。有的患犬呈现阵发性吸气性呼吸困难(逆转性喷嚏)。患犬有时表现不安、摇头、流泪等。轻微触诊喉头或气管易于诱发咳嗽。胸部听诊在气管和肺区常有粗厉的呼吸音和啰音。大部分患犬经适当的护理和治疗，可以康复，但幼犬的生长发育明显受阻(消瘦、体重减轻等)。有部分病例咳嗽可持续 3～4 周，甚至月余。

在病的后期，当患犬机体抵抗力进一步下降，病原菌进一步侵袭、扩散时，可导致犬支气管肺炎，患犬呈现体温升高(41～42℃)，气喘、呼吸困难、呼吸频率加快，精神沉郁，食欲不振或废绝等症状，使之久治难愈或引起死亡。

猫与犬不同，其感染后很少咳嗽。主要症状为发热、打喷嚏、脓性鼻涕和局部淋巴结病变。若肺炎不发展，则临床症状会在 10 d 内减轻。幼猫常常出现支气管肺炎，临床症状包括呼吸困难、发绀甚至死亡。幼猫咳嗽较成年猫多。

病理变化

本菌特别适合在呼吸道附植。系统感染很罕见。在宿主中，附植于气管和鼻腔纤毛呼吸上皮细胞中。内毒素、外毒素的释放以及其他的损伤导致呼吸道纤毛静止，从而明显阻碍黏膜纤毛的清除机制。

主要呈现鼻炎、气管炎和支气管炎病变。黏膜充血、出血、水肿，黏膜增厚，气管内有血样泡沫状分泌物。肺表面光滑、水肿，有暗红色实变灶，切开有少量液体流出，有的肺上有乳白色小脓疱，切开有乳白色脓液。有的肝肿大、质脆，切面流出暗红色液体；脾淤血，呈暗褐色；胃有食糜，底部黏膜脱落。其他脏器未发现明显病变。

组织学检查可见呼吸道黏膜上皮的微绒毛上黏附有大量支气管败血博代氏杆菌，黏膜上皮变性，中性粒细胞浸润，腔内也具有大量中性粒细胞浸出，浆液较少。感染后 15～30 d 进入恢复期，中性粒细胞减少，仅见单核细胞、嗜酸性粒细胞浸润，鼻黏膜上皮可见小泡。感染后期，腺体和纤维结缔组织增生，黏膜变肥厚，肺部可见脓性病灶。

支气管肺炎组织学检查，可见末梢支气管周围有肺炎病灶，肺泡内可见多量中性粒细胞和少数脱落上皮细胞，以及少量浆液性渗出物。感染后期，支气管炎症减退，渗出程度减轻，肺泡壁增厚，血管周围可见淋巴细胞大量聚集。病程较长而且肺炎病变溶解吸收不好的区域，可见巨噬细胞和成纤维细胞增多。混合感染或继发病例，可见支气管黏膜和肺部有出血和淤血点，有的呈现脑脊髓炎和脑积水等病变。

诊断

根据流行病学、临床症状和病理变化，即可做出初步诊断。为了进一步确诊，可进行实验室检测。

1. 涂片检查　用无菌棉拭子，取患犬鼻咽、呼吸道分泌物涂片镜检，如发现疑似细菌，再进行分离、培养。

2. 细菌分离、培养　患犬生前可将其呼吸道分泌物放入装有生理盐水或普通肉汤的试管中，送至实验室进行细菌分离培养，死后可用剖检病灶明显的分泌物进行细菌分离。初次分离可用麦康凯琼脂平板，置于 37℃ 培养 24～48 h，可见中等大小、圆形、淡灰色、半透明的菌落，并具有特殊的腐霉气味。然后进行涂片、染色、镜检，并做凝集和生化检查，做出鉴定。支气管败血博代氏杆菌有凝集绵羊红细胞的特性，可作为辅助诊断。

3. 血清学检查　犬在感染支气管败血博代氏杆菌后 14～28 d，血清中即可出现凝集性抗体。可采用试管凝集法，将待检血清作系列稀释，然后加入等量抗原，充分振荡，放置 37℃ 24 h 判断结果，1∶80 以上为阳性。此外，还可以采用酶联免疫吸附试验（ELISA）等做出诊断。

4. 动物接种试验　将菌液注射豚鼠，可于 1～2 d 死亡，剖检可见腹腔有小点出血，肝、脾及部分肠段有黏性半透明渗出物形成的假膜，细菌易自腹腔分离。将菌液接种家兔，于 1～3 d 死亡，将死兔肝、脾、肺进行细菌培养，结果长出菌落与自然发病死犬的菌落相同。经生化试验证明与注射接种的细菌培养物同属于一种细菌。将菌液接种犬，24 h 后流水样鼻液，48 h 开始流脓性鼻液，并呈现咳嗽等一系列临床症状，从鼻涕中分离到接种菌。

预防

为减少发病，要尽力避免健康犬与病犬接触。种犬场应加强种犬的管理，要选择无鼻炎症状或采取鼻腔分泌物经连续 3 次细菌学检查阴性者作为种犬。新引进犬应隔离饲养 1 个月并经细菌学检查确认为阴性后方可入群。对患病后临床治愈的犬应与健康犬隔离饲养，切忌混群，以免传染。支气管败血博代氏杆菌疫苗是一种无毒死菌苗，免疫保护的持续时间较短。因此,支气管败血博代氏杆菌的疫苗免疫,应当用于感染风险可能增加的犬或长期处于高风险的犬(表演犬、经常旅行的犬)。应至少每 6 个月进行一次疫苗免疫。处于高风险的犬,先进行一次滴鼻免疫,2 周后再进行一次注射免疫,可获得最佳保护。使用滴鼻疫苗免疫后,可能会立即出现打喷嚏和流鼻涕的症状,且可能持续数日。如果该症状持续存在超过 3～4 d,则可能在滴鼻免疫之前已经遭受了感染。

二、按医嘱进行治疗

(一)治疗原则

以抗菌消炎为主,并结合对症治疗。

(二)药物治疗

以抗革兰氏阴性菌为主的抗生素注射,同时配合口服广谱抗生素和平喘止咳药如愈酚待因,用药 5 d 后两患犬症状消失,又巩固治疗 2 d,痊愈。

三、宠物出院指导

(一)护理指导

加强保暖,防止继发感染。

(二)预后

本病的主要症状为剧烈咳嗽,如能及时发现并采取相应措施,防止合并感染,一般可临床治愈。

Project 4

犬猫弯曲菌病的防治技术

学习目标

掌握犬猫弯曲菌病的病原特性、发病原因及临床特征；
了解疾病的发生机理；
熟悉犬猫弯曲菌病发生发展的基本规律及转归；
掌握犬猫弯曲菌病的防控措施。

【案例导入】

某市特种动物养殖场发生一起以肉犬腹泻为主要临床表现的病例，由于发病突然，而且大都发生在4月龄以下的幼犬，发病率和致死率高，造成较大的经济损失。

发病情况：犬场技术员介绍，5月3日从外地引入120只幼犬，饲喂了从当地一肉类加工厂购入的肉鸡内脏（主要是肝脏）后，5月9日发现新引入的3只幼犬首先发病，排黏液样粪便，以后迅速增多，约2周后几乎蔓延至全群。

临床表现：大部分病犬首先表现腹泻，排黏液样粪便；有的开始体温升高，继而发生腹泻；粪便呈黄白色，黏液状，部分带有血液，还有10余例发生直肠脱出现象；患病幼犬脱水、迅速消瘦，尾部及臀部被粪便污染；有的在发病后期出现呼吸困难现象；病情严重者特别是日龄较小者如不及时救治，3～7 d内死亡。

经确诊为幼犬空肠弯曲菌病。

【项目描述】

一、宠物入院症状、诊断评估与记录

（一）一般检查项目评估

1. 问诊

饲料情况。

2. 临床症状

食欲不振，精神沉郁，眼球下陷，皮肤无弹性，腹泻。

3. 直接镜检

取新鲜病死犬肠道刮取物抹片，自然干燥，革兰氏染色，显微镜下观察，发现有较多的革兰氏阴性菌，菌体呈多种形态，主要呈海鸥形、S形、弧形及螺旋形，其中以海鸥展翅排列的形状占优势。

（二）重点检查项目评估

1. 病菌分离培养

取濒死的典型病例剖杀，剖检并无菌取结肠、直肠内容物，划线法接种于鲜血琼脂培养基上，在10% CO_2 培养箱中42℃培养48 h，结果培养基表面长出不溶血、圆形、微突、光滑、无色透明、针尖大小的菌落。但同时有少量其他细菌生长。挑取上述可疑菌落，继续进行纯培养，将其接种于1%牛胆汁血液琼脂培养基上，在10% CO_2 培养箱中42℃培养48～96 h，得到细菌的纯培养物，并对得到的菌落进行涂片染色镜检，形态大小与直接镜检所见相同；用细菌的悬液滴于载玻片上，显微镜下暗视野观察，发现菌体呈螺旋状运动。

2. 细菌纯培养物生化试验

将细菌纯培养物置于低氧（5%）条件下进行生化反应，发现该菌不分解葡萄糖、果糖、蔗糖等碳水化合物；靛基质、V-P、MR（甲基红）、H_2S、尿素、枸橼酸盐、丙二酸盐、明胶等试验均为阴性；氧化酶、过氧化氢酶试验阳性；硝酸盐还原阳性。基本符合空肠弯曲菌的生化特性。

3.动物回归试验

取健康无病2月龄幼犬两只，口服上述的纯培养物悬液。结果两只幼犬第2日均出现腹泻，第4日排出黄白色黏液状粪便，第5日检查其粪便，排出大量的空肠弯曲菌。

(三)并发症评估

由于剧烈腹泻，常引发直肠脱。

相关知识

弯曲菌病(campylobacteriosis)是人和多种动物共患的腹泻性疾病之一，由空肠弯曲菌和大肠弯曲菌引起。其主要宿主有犬、猫、犊牛、羊、貂及多种实验动物和人。

病原

空肠弯曲菌(*Campylobacter jejuni*)通常与腹泻性疾病有关，而大肠弯曲菌(*C. coli*)也偶尔从腹泻动物中分离到。另外也从患腹泻的犬及无症状的犬中分离到U字形弯曲菌(*C. upsaliensis*)。

二维码10 弯曲菌

本菌菌体弯曲呈弧形、S形、螺旋形或海鸥展翅状(图5-1)，革兰氏染色阴性(图5-2)。大小为(0.2～0.5) μm × (0.5～5) μm，一端或两端具有单鞭毛，运动活泼。细菌对营养要求较高，需要加入血液、血清等物质后方能生长。分离时多采用选择性培养基，如Skirrow琼脂、Butzler培养基和Campy-BAP培养基。这些培养基均以血琼脂为基础，加入多种抗生素抑制肠道正常菌群而有利于本菌的分离。本菌微需氧，在含5%的氧、85%的氮、10%的二氧化碳气体环境中生长最佳。在一般实验室可以采用烛缸法进行分离传代。

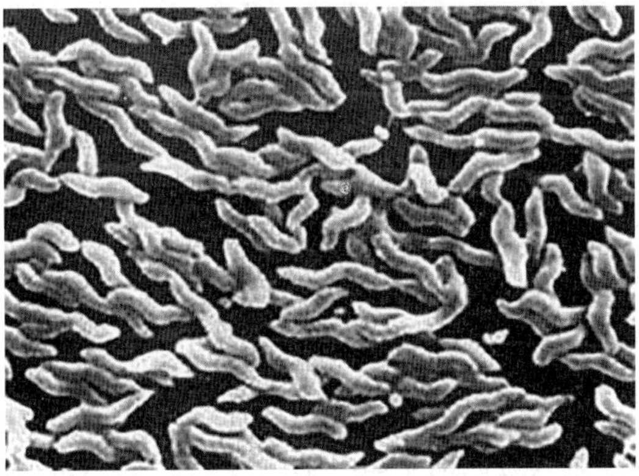

图5-1 空肠弯曲菌电镜图

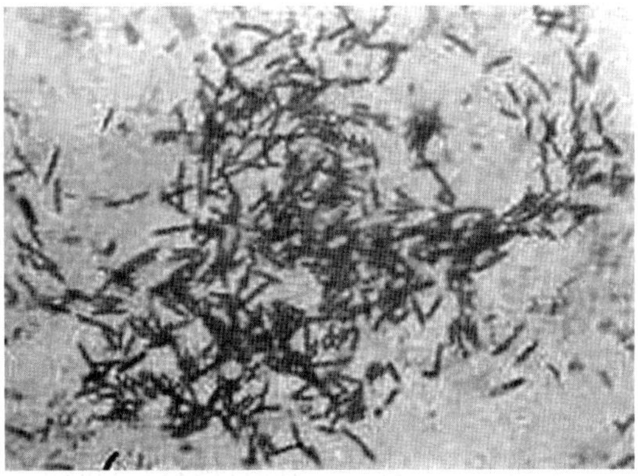

图5-2 空肠弯曲菌纯培养物革兰氏染色

流行病学

空肠弯曲菌广泛存在于鸡、鸭等各种家禽，犬、猫、猪等家畜，人及多种其他动物肠道中，这些动物即可成为本病病原体的主要贮存宿主和传染源。家禽的带菌率很高，可达50%～90%或以上，一般认为是最主要的传染源。猪的带菌率也很高。病原菌随粪便排出体外而污染食物、饮水、饲料及周围环境。也可随牛乳和其他分泌物排出散播传染。与大多数肠道病原相同，主要经粪—口传播，或经食物和饮水途径感染。苍蝇等节肢动物带菌率也很高，可能成为重要的传播者。犬、猫的一个重要感染途径，是摄食未经煮熟的家禽或其他动物制品。

症状

临床上犬、猫主要表现为排出带有多量黏液的水样、胆汁样粪便(可能带有血液或白细胞)，并持续 3～7 d。部分患病动物出现厌食，偶尔有呕吐，也可能出现发热及白细胞增多。个别犬可能表现为急性胃肠炎(此时应注意与犬细小病毒病相区别)。某些病例腹泻可能持续 2 周以上或间歇性腹泻。

病理变化

侵袭性弯曲菌感染可引起胃肠道充血、水肿和溃疡。通常可见结肠充血、水肿，偶尔可见小肠充血。组织学检查可见结肠黏膜上皮细胞高度变低，结肠和回肠杯状细胞减少等。

二维码 11　弯曲菌病的病理变化

诊断

1. 粪便直接检验　取新鲜粪便在相差或暗视野显微镜下观察弯曲菌的快速运动。特别是在疾病急性阶段，动物粪便中可排出大量病菌。另外，粪便中出现红细胞或白细胞也有助于诊断。

2. 细菌的分离鉴定　可选用专用选择性培养基对粪便进行培养，空肠弯曲菌在 42℃微需氧环境下培养可生长。然后进行生化鉴定。

3. 血清学方法　可采用特异性的抑菌试验来检测血清抗体滴度上升情况，也可用酶联免疫吸附试验(ELISA)方法检验感染情况。

在检验弯曲菌腹泻时，应排除其他的肠道病毒和细菌感染。

治疗

从粪便中分离到空肠弯曲菌并不意味着必须使用抗生素治疗。对严重感染的病例或者对人的公共卫生构成威胁时，才有使用抗生素的必要。从动物中分离的空肠弯杆菌与从人群中分离的菌株药敏谱相近。可使用庆大霉素、痢特灵、强力霉素或氯霉素治疗。四环素和卡那霉素体外试验有效，但很容易诱导耐药性。虽然经过抗生素治疗，但仍然可以继续排菌，遇此情况可考虑用另一种抗生素连续治疗。进行药物治疗的同时应考虑对其他并发疾病的防治。

预防

加强饲养管理，定期进行消毒，保持用具、屋舍以及食物的干净卫生。

二、按医嘱进行治疗

(一)治疗原则

抗菌消炎为主的治疗原则，辅以维生素制剂。

(二)药物治疗

①庆大霉素,按 3 mg/kg 体重,一次肌肉注射,每日 1～2 次,连用 5～7 d;②氯霉素,按 50 mg/kg 体重,一次肌肉注射,每日 1～2 次,连用 3～5 d;③红霉素,按 10 mg/kg 体重,一次肌肉注射,每日 2 次,连用 5～7 d。同时将适量电解多维添加于口服补液盐中,直到痊愈为止。

三、宠物出院指导

(一)护理指导

对患病犬、猫,特别是幼龄腹泻犬、猫,须注意补充体液和电解质,以利于治疗。

(二)预后

有的病例仅排泄软便,预后良好。有的病例有血样粪便,因严重腹泻造成脱水,最后衰竭而死亡。

Project 5

犬猫沙门氏菌病的防治技术

学习目标

掌握犬猫沙门氏菌病的病原特性、发病原因及临床特征；
了解疾病的发生机理；
熟悉犬猫沙门氏菌病发生发展的基本规律及转归；
掌握犬猫沙门氏菌病的防控措施。

【案例导入】

主诉：前1周，家附近有1头仔猪死亡，临死前耳尖、胸前、腹下及四肢末梢有紫红色斑点、寒战，病死猪随便扔在田边。后来发现被自家的3只犬舔食，之后相继发病。

病犬食欲不振，精神沉郁，被毛粗乱。体温升高（39.5℃），呼吸困难，咳嗽，打喷嚏，眼有黏性分泌物，角膜浑浊。呕吐，腹泻，粪便淡黄色，带血，恶臭，机体脱水，消瘦。死亡1只，剖检肝变性，表面有灰黄色坏死小点，脾肿大。肠系膜淋巴结及大肠淋巴结肿大。肠黏膜上覆盖一层弥漫性坏死性糠麸样物质，大肠黏膜肿胀，肠壁肥厚，大肠坏死性肠炎。肺干酪样坏死，其他无明显异常。

根据流行病学、临床症状及剖检变化初步诊断为沙门氏菌病。

【项目描述】

一、宠物入院症状、诊断评估与记录

(一)一般检查项目评估

1. 问诊

饲料情况。

2. 临床症状

病犬病初表现精神沉郁，食欲减退乃至废绝，体温升高，呕吐，腹痛及剧烈腹泻，排出带有黏膜的血样稀粪，有恶臭味，严重脱水，有的甚至出现休克或抽搐等神经症状，有的还出现呼吸困难等肺炎症状。

3. 涂片染色镜检

取病死犬的肝、脾等病料涂片(抹片)，革兰氏染色后镜检，可见革兰氏阴性直杆菌。

(二)重点检查项目评估

1. 细菌分离、鉴定

在无菌操作下采取刚病死犬或濒死期犬的肝、脾、肺、淋巴结、血液(或心血)、肠内容物等病料，直接接种于SS琼脂、麦康凯琼脂或血液琼脂培养基，在37℃温箱中培养18～24 h后，可见在SS琼脂和麦康凯琼脂培养基上生长出细小、无色透明、圆整、光滑、扁平的菌落，在血液琼脂培养基上生长出光滑、灰白色、不透明的菌落。挑取菌落涂片后革兰氏染色镜检，呈革兰氏阴性直杆菌。生化鉴定，分离出的菌株发酵葡萄糖、麦芽糖、鼠李糖、甘露醇、卫矛醇、木糖、阿拉伯糖、肌醇；不发酵乳糖、蔗糖；靛基质阴性；硫化氢阳性。基本符合沙门氏菌生化特性。

2. 血清学鉴定

取一洁净玻片，滴生理盐水一小滴，将培养基上的菌苔挑取少许与玻片上的盐水混匀成菌液，然后用毛细吸管吸取沙门氏菌多价诊断血清一滴，滴于玻片上的菌液内，再行混匀并侧动玻片，则于1～2 min内有凝集现象出现。

相关知识

沙门氏菌病(salmonellosis)是由沙门氏菌属细菌引起的人和动物共患性疾病的总称,临床上可表现为肠炎和败血症。犬和猫沙门氏菌病不常见,但健康犬和猫却可以携带多种血清型的沙门氏菌。

病原

能引起犬和猫发病的主要有鼠伤寒沙门氏菌(*Salmonella typhimurium*)、肠炎沙门氏菌(*S. enteritidis*)、亚利桑那沙门氏菌(*S. arizonae*)及猪霍乱沙门氏菌(*S. choleraesuis*)。部分沙门氏菌感染宿主范围比较广(图 5-3)。

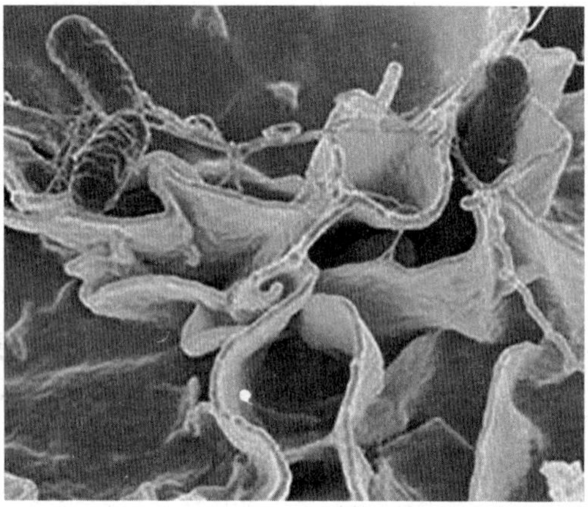

图 5-3 电子显微镜下沙门氏菌

流行病学

鼠伤寒沙门氏菌在自然界分布较广,易在动物、人和环境间传播。传染源主要为患病动物,污染的饲料、饮水和其他污染物,空气中含沙门氏菌的尘埃等亦可以成为传染媒介。传播途径主要经消化道及呼吸道。圈养犬和猫往往因采食未彻底煮熟的或生的肉品而感染;散养犬和猫在自由觅食时吃到腐肉或粪便而感染。饲养员、装食的容器、医院的笼具、内窥镜及其他污染物亦可成为传染媒介。

症状

患犬及患猫症状严重程度取决于年龄、营养状况、免疫状态和是否受应激因素作用等。感染细菌的数量、有无并发症等也是影响症状明显与否的因素。临床上,可将其分为如下三种类型:

1. 胃肠炎型　潜伏期(或受到应激因素作用后)3～5 d 开始出现症状,往往幼龄及老龄动物较为严重。开始表现为发热(40～41.1℃)、萎靡、食欲下降,而后呕吐、腹痛和剧烈腹泻。腹泻开始时粪便稀薄如水,继之转为黏液性,严重者因胃肠道出血而使粪便带有血迹。猫还可见流涎。数日后出现严重脱水,表现为体重减轻、黏膜苍白、虚弱、休克、黄疸,可发生死亡。有神经症状者表现为机体应激性增强,后肢瘫痪,失明,抽搐。部分病例也可出现肺炎症状,咳嗽、呼吸困难和鼻腔出血。

2. 菌血症和内毒素血症　这种类型一般为胃肠炎过程前期症状,有时表现不明显,但幼犬、幼猫及免疫力较低的动物,其症状较为明显。患病动物表现极度沉郁,虚弱,体温下降及毛细血管充盈不良,可能出现也可能没有胃肠道症状。

3. 亚临床感染　感染少量沙门氏菌或抵抗力较强的动物,可能仅出现一过性症状或不显任何临床症状。

另外,显性感染或隐性感染而处于菌血症期的动物,病原可定居于某些受损或坏死的器官组织而存活多年,应激因素作用或机体抵抗力下降,即可出现明显的临床症状。子宫内发生感染的犬和猫,还可引起流产、死产或产弱仔。

最急性病犬、猫可未发现病症便突然死亡(少于10%)。急性和慢性病犬,表现精神沉郁、食欲减退或废绝、体温升高、呕吐和腹泻;重症犬血便、黏膜苍白、毛细血管充盈不良、发生休克,死前出现黄疸;粪便有腐败臭味,含有黏膜和黏液;由于呕吐和腹泻发生水、电解质紊乱,引起瘫痪、抽搐;有的出现呼吸道炎症;妊娠母犬可发生流产或死胎。大部分3~4周后恢复,少部分继续出现慢性或间歇性腹泻。康复和临床健康动物往往可携带沙门氏菌6周以上。

病理变化

出现临床症状者,肉眼可见的病理变化为黏膜苍白,脱水,并伴有较大面积黏液性至出血性肠炎。肠黏膜的变化由卡他性炎症到较大面积的坏死脱落。病变明显的部位往往在小肠后段、盲肠和结肠。肠系膜及周围淋巴结肿大并出血。由于局部血栓形成和组织坏死,可在大多数组织器官(肝、脾、肾)表面出现密布的出血点(斑)和坏死灶。肺脏常有水肿及硬化。

组织学检验,病变以纤维素性及纤维素性化脓性肺炎、坏死性肝炎、化脓性脑膜炎及出血性溃疡性胃肠炎为主,并可在许多器官(包括骨髓)、脾及淋巴结内发现细菌。

诊断

本病的典型症状(胃肠道变化)易与犬细小病毒病或冠状病毒感染及猫泛白细胞减少症混淆。通过下列一项或几项检验可做出确诊:

1.血液学和生化检验　严重感染及内毒素血症患犬和猫,可见非再生障碍性贫血,淋巴细胞、血小板和中性粒细胞减少。重症脓毒症患犬或患猫,可在白细胞内见到沙门氏菌菌体。感染局限于某一特定器官时,可见中性粒细胞增多。生化反应异常多见于严重患病的动物,包括低蛋白血症(尤其白蛋白减少)、低血糖和中度肾外性氮血症。

2.细菌分离与鉴定　这是确诊最可靠的方法。在疾病急性期,从分泌物、血、尿、滑液、脑脊液及骨髓中发现沙门氏菌,可确诊为全身感染。剖检时,应从肝、脾、肺、肠系膜淋巴结和肠道采取病料,接种于普通培养基或麦康凯培养基上。但必须注意,即使培养结果阴性也不能排除沙门氏菌感染的可能性,因为在其他细菌共存的条件下,很难培养出沙门氏菌。为此,肠道及口腔所取病料应接种在选择性培养基或增菌培养基(如四硫磺酸盐增菌液、亚硒酸盐增菌液、氯化镁-孔雀绿增菌液),24 h后,再在选择性培养基(如SS琼脂、HE琼脂、麦康凯琼脂等)上传代。获得纯培养后,再进一步鉴定。

3.血清学检验　人医临床上有用凝集反应及间接血凝试验(IHA)诊断沙门氏菌感染者,但用于亚临床感染及处于带菌状态的动物,其特异性则较低。血清学试验与细菌分离鉴定诊断方法相比,以后者更为便捷且较准确。

4.粪便细胞学检验　通过检验粪便中白细胞数量的多少,可以判断肠道病变情况。粪便中有大量白细胞出现,是沙门氏菌性肠炎及其他引起肠黏膜大面积破溃的疾病的特征。如粪中缺乏白细胞,则应怀疑病毒性疾患或不需特别治疗的轻度胃肠道炎症。

治疗

发现病猫或病犬应立即隔离,加强管理,给予易消化的流质饲料。为了缓解脱水症状,可经非消化道途径补充等渗盐水。呕吐不太严重者,亦可经口灌服。采用抗菌药物是较常用的治疗方法。氯霉素剂量为20 mg/kg体重,内服,每日4次,连用4~6 d,肌肉注射量减半。呋喃唑酮，10 mg/kg 体重，分两次内服，连用 1 周。也可用磺胺类药物内服。

心脏功能衰竭者，肌肉注射 0.5%强尔心 1～2 mL(幼犬减半)；有肠道出血症者，可内服安络血，每次 5～10 mg，每日 2～3 次；清肠止酵，保护肠黏膜，亦可用 0.1%高锰酸钾液，或活性炭和次硝酸铋混悬液作深部灌肠。

预防

消除病原体的来源，禁喂具有传染性的肉蛋乳类食品；严格隔离病犬，对病犬污染的食具、环境用 5%氨水、3%火碱溶液进行消毒，注意灭鼠灭蝇；死亡的病犬要深埋或烧毁，防止将本病传染给人，注意个人的卫生保护。

二、按医嘱进行治疗

(一)治疗原则

补液防止休克，抗菌消炎，对症治疗。

(二)药物治疗

抗生素是常用的治疗药物。氯霉素 0.02 g/kg 体重，内服，每日 4 次，连用 4～6 d；肌肉注射量减半。呋喃唑酮，0.01 g/kg 体重，分两次内服，连用 5～7 d。磺胺甲基异噁唑或磺胺嘧啶，0.02～0.04 g/kg 体重，甲氧苄氨嘧啶，4～8 mg/kg 体重，分两次内服，连用 1 周。也可用大蒜 5～25 g 捣成蒜泥内服，或制成大蒜酊内服，每日 3 次，连服 3～4 d。

为维持心脏功能，用 0.5%强尔心注射液 1～2 mL(幼犬 0.5～1 mL)进行肌肉注射，每日两次。为防止脱水，可静脉注射糖盐水或复方氯化钠注射液。为防止出血，可内服安络血，每次 5～10 mg，每日 4 次。为清肠制酵、保护胃肠黏膜，可用 0.1%高锰酸钾液，或活性炭和次硝酸铋的混悬液，进行深部灌肠。

三、宠物出院指导

(一)护理指导

加强饲养管理，给以易消化的流质饲料。

(二)预后

严重病例多数预后不良。

Project 6

犬猫大肠杆菌病的防治技术

学习目标

掌握犬猫大肠杆菌病的病原特性、发病原因及临床特征；
了解疾病的发生机理；
熟悉犬猫大肠杆菌病发生发展的基本规律及转归；
掌握犬猫大肠杆菌病的防控措施。

【案例导入】

某镇一犬场存养 103 只犬，发病 4 ，死亡 1 只。病犬表现精神沉郁，厌食，弓背，步态不稳，持续性排淡黄色稀便，并混有黏液、泡沫，后期严重腹泻，粪便呈灰白色，有轻微呕吐等症状。怀疑是犬瘟热。用犬瘟热高免血清治疗 3 d 后无效。将病死犬剖检发现肺部苍白有出血点，胃底部弥漫性出血，小肠有出血性炎症，肠系膜淋巴结肿大、充血出血，脾肿大，肾脏质地柔软，心肌有出血点等病变。细菌培养大肠杆菌超标。

【项目描述】

一、宠物入院症状、诊断评估与记录

(一)一般检查项目评估

1. 问诊

病史。

2. 临床症状

病犬表现精神沉郁，体质衰弱，食欲不振，发热，呕吐，腹泻，排黄白色、黏稠度不均、带腥臭味的粪便，并混有未消化的凝乳块和气泡，肛门周围及尾部常被粪便所污染。

3. 剖检变化

尸检发现胸腔大量淡黄色积液，肺部有部分坏死灶，局部穿孔。肠壁菲薄，有较多溃疡灶，肠道黏膜有大面积出血点。

(二)重点检查项目评估

1. 涂片染色镜检

无菌取病犬新鲜粪便涂片、固定，革兰氏染色后镜检，可见大量革兰氏阴性粗短杆菌。

2. 细菌分离、鉴定

及时采集病犬排出且未接触地面被污染的粪便或死亡后由肠道直接采集的粪便。将病料接种于麦康凯、普通琼脂、普通肉汤培养基上 37℃ 培养 24 h，结果麦康凯琼脂上可见到红色、圆形、隆起的菌落，普通琼脂上菌落呈半透明露珠状，普通肉汤中呈现均匀浑浊状态。

生化反应，该分离菌能发酵乳糖、葡萄糖、麦芽糖，不产生 H_2S，MR(甲基红)试验、V-P、柠檬酸盐阴性。基本符合大肠杆菌特性。

相关知识

犬猫大肠杆菌病是由不同血清型的致病性大肠埃希氏菌所引起的，以腹泻、败血症为主要特征的一种急性肠道传染病。

病原

大肠杆菌病由致病性大肠埃希氏菌的某些血清型引起。本菌为革兰氏阴性小杆菌，两端钝圆，有的近似球杆状，不形成芽孢，有鞭毛，运动或不运动，多数菌株有荚膜，有些菌株表

面有一种具有毒力因子的黏附性纤毛。属兼性厌氧菌，在普通培养基上生长良好，在液体培养基内呈均匀浑浊，管底常有絮状沉淀，有特殊粪臭味；在营养琼脂上长成光滑型(S)菌落——光滑、微隆起、灰白色、湿润状，菌落易分散于盐水中；在血液琼脂上一些菌株产生β型溶血；在麦康凯琼脂上呈红色菌落。

本菌的生化特性为：氧化酶阳性反应，能发酵利用多种碳水化合物，靛基质、MR反应阴性，不产生尿素酶，不利用丙二酸钠，不液化明胶。

本菌抗原由O(菌体)、K(荚膜)和H(鞭毛)三部分组成，O抗原存在于细胞壁，主要由脂多糖、黏多糖和O抗原多糖侧链组成，具有抗原特异性，迄今大肠杆菌O抗原血清型菌株已超过170个；K抗原存在于荚膜中，是一种对热不稳定的多糖抗原，有一定的免疫活性；H抗原属鞭毛抗原，是一种蛋白质，不耐热，具有良好的抗原性。

大肠埃希氏菌是一些疾病的特定病原菌，也可引起机会性感染。根据其致病机理的不同可分为肠致病性大肠埃希氏菌、侵袭性大肠埃希氏菌、肠毒素性大肠埃希氏菌等，其中后者是人畜腹泻的主要病原菌，且已发现有定居因子、内毒素和外毒素等3种致病因子。

本菌对外界环境因素的抵抗力中等，对物理和化学因素较敏感，55℃ 1 h或60℃ 20 min可杀死。在犬舍内，大肠杆菌在污水、粪便和尘埃中可存活数周至数月。本菌对石炭酸和甲醛高度敏感。

流行病学

本病主要侵害仔幼犬和猫，成年犬和成年猫很少发生。在我国的南方地区发病率与死亡率要比北方地区高。几乎无明显的季节性和品种上的差别，但与气温、卫生条件密切相关。病犬与带菌犬自粪便排菌，广泛地污染了环境(犬舍、场地、用具和空气)、饲料、饮水和垫料，从而通过消化道、呼吸道传染，仔犬主要经污染的产房(室、窝)传染发病，且多呈窝发。

本病的发生、流行的另一个重要因素就是各种应激因素的干扰，这对仔幼犬、猫的致病作用更大。诸如潮湿、污秽、粪尿蓄积、卫生状况低下及饲养管理不善导致抗病力下降等都是诱发本病的重要因素。实践表明，在产仔季节的新生仔发病多，新引进的仔幼犬、猫和初产仔最为严重。

症状

新生仔犬猫潜伏期短的10多个小时，一般为1～2 d。幼龄病犬、猫多突然发病死亡，有的出现体温升高到40℃以上，精神萎靡，吮乳停止，排出黄白色混有气泡的稀粪，有腥臭气味，很快昏迷死亡(图5-4)。幼犬病例的潜伏期长短不一(3～4 d)。主要表现为精神沉郁，厌食乃至食欲废绝，体温升高到40～41℃，出现呕吐，随后发生剧烈腹泻(图5-5)，粪便初呈黄绿色、污灰色乃至混有气泡，最后混有血液甚至呈水样。有的病例发生抽搐、痉挛等神经症状。至后期，病犬出现脱水症状，可视黏膜发绀，两后肢无力，行走摇晃，皮肤缺乏弹力。死前体温降至常温以下。

成年犬、猫精神沉郁，体温40℃左右，粪便稀软，后期呈现水样腹泻，粪便带有黏液及血液，间歇出现神经症状。

病理变化

尸体污秽不洁，消瘦。实质器官主要出现出血性败血症变化，肝脏充血、肿大，有的有出血点；脾脏肿大、出血；特征性的病变是胃肠道卡他性炎症和出血性肠炎变化，尤以大肠为重，肠管菲薄，膨满似红肠，肠内容物混有血液呈血水样，肠黏膜脱落，肠系膜淋巴结出血、肿胀。

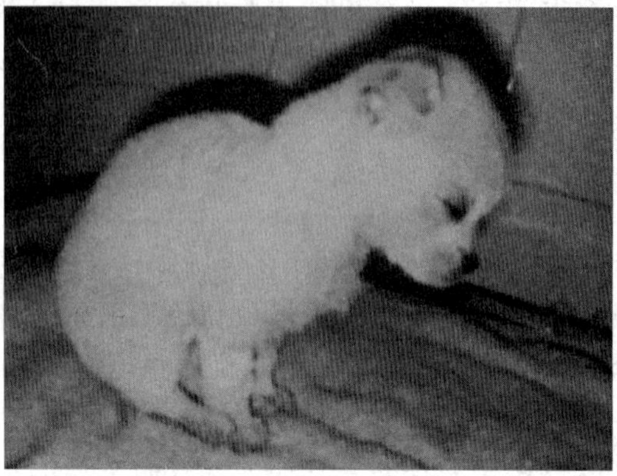

图 5-4　大肠杆菌病患犬精神沉郁，腹痛明显

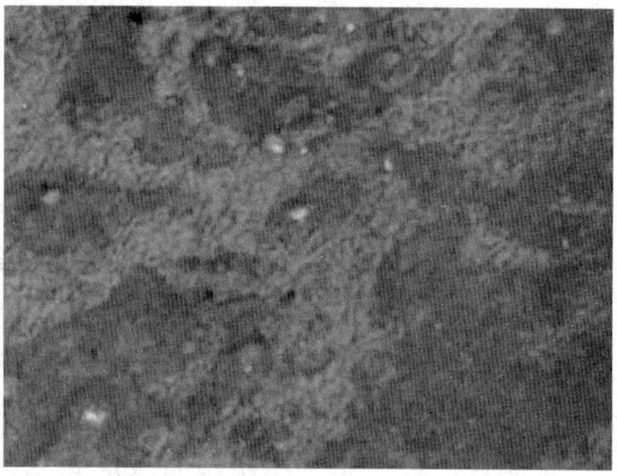

图 5-5　大肠杆菌病患犬排出黄色，黏稠度不均的粪便

诊断

根据流行病学特点、临床症状和剖检特征只能做出初步诊断，必须进行实验室检查方能确诊。常用的实验室检查方法如下：

1. 病料采取　采取未经任何治疗的、急性或亚急性型濒死或刚死不久病犬的肠内容物、肝、脾、血液等病料，病料采取应无菌操作。

2. 涂片镜检　取病料组织或培养物涂片，做革兰氏染色后镜检，可见到阴性短小杆菌。

3. 分离培养　取病料接种麦康凯琼脂、普通肉汤和普通琼脂，37℃培养后可见到在麦康凯琼脂上呈红色、在普通琼脂上呈半透明露珠状菌落，在普通肉汤中呈均匀浑浊。有些菌株在血液琼脂上形成溶血圈。

4. 生化试验　常用微量生化管进行，本菌能发酵乳糖、葡萄糖，产酸产气；不分解蔗糖，不液化明胶，不产生硫化氢，V-P 与 MR 阴性。

5. 动物接种　取培养 24 h 的纯培养物接种小鼠、家兔，发病死亡，可做进一步的涂片镜检以判定分离菌株的致病性。

6. 血清型定型　取分离菌株菌液与大肠杆菌标准定型血清做玻片凝集试验，以鉴定血清型。

治疗

有效的治疗方法是分离菌株做药敏试验，选择最敏感药物进行治疗。常用的治疗方法有：①取异源（牛、羊）抗病血清 200 mL，加入新霉素 50 万 IU、维生素 B_{12} 2 000 μg，维生素 B_1 30～40 mg 和青霉素 50 万 IU 制成合剂，必要时隔 1 周重复数次；②庆大霉素，皮下注射 20 mg，每日 2 次，连用 3～5 d。

预防

平时加强饲养管理，做好日常的防疫卫生工作，尽早使新生犬吃到初乳。母犬临产前，应将产房彻底清扫、消毒，母犬的乳房要经常予以清洗。犬食要卫生、新鲜，严禁饲喂腐败变质的食物。

二、按医嘱进行治疗

(一)治疗原则

根据病情,应用敏感的抗生素,补液,强心,适量补充高糖。

(二)药物治疗

很多药物对大肠杆菌都有较好的疗效,通过药敏试验选择有效的药物。常用的药物有磺胺类药物、新霉素、庆大霉素、氯霉素、大蒜酊,以及其他消炎止泻的药物,如止痢灵(2~4 kg 体重服 1~2 片,5~10 kg 体重服 2~3 片,每日 1~2 次)。对重症病例,可静脉或腹腔注射葡萄糖生理盐水和碳酸氢钠溶液,并保证足够的清洁饮用水,预防脱水。

三、宠物出院指导

(一)护理指导

定期进行活动场地消毒,保持一个良好的饲养环境。

(二)预后

新生犬、猫多预后不良,成年者多预后良好。

Project 7

犬猫巴氏杆菌病的防治技术

学习目标

掌握犬猫巴氏杆菌病的病原特性、发病原因及临床特征；
了解疾病的发生机理；
熟悉犬猫巴氏杆菌病发生发展的基本规律及转归；
掌握犬猫巴氏杆菌病的防控措施。

【案例导入】

某犬养殖场从外地购入种犬 4 只，进场后，未采取任何防疫措施，直接与本场饲养的犬放入同个饲养场中饲养，6 月初相继发病。部分犬突然发生以呕吐、腹泻、呼吸困难为主要特征的疾病。发病犬不分年龄大小，但以幼犬为甚。

兽医确诊为犬巴氏杆菌病。

【项目描述】

一、宠物入院症状、诊断评估与记录

(一)一般检查项目评估

1. 问诊

病史。

2. 临床症状

病犬表现为突然发病，精神极度沉郁，体温升高，食欲减少或废绝，饮欲增加，可视黏膜发绀，呕吐，排出淡黄色或黄白相间的稀粪，咳嗽，呼吸困难，口鼻流出泡沫样液体。

(二)重点检查项目评估

1. 涂片染色镜检

取病死犬肝、肺、脾组织涂片，瑞氏染色镜检，见有多个散在或成双排列，形态一致，呈明显两极浓染，两端钝圆的短杆菌，革兰氏染色呈阴性的球杆菌。

2. 进行细菌培养和菌种鉴定

无菌采取病死犬肝、肺、脾组织，接种于血液琼脂平板、普通琼脂平板、麦康凯斜面、肉汤培养基。在血液琼脂平板上生长出灰白色、边缘整齐、光滑湿润的圆形菌落，菌落周围无溶血现象。在普通琼脂平板上生长出透明露滴状小菌落。肉汤中生长良好，呈均匀浑浊，管底生长有黏稠沉淀物。麦康凯斜面未见细菌生长。取纯培养物涂片染色镜检，其菌体形态与病死犬肝、肺、脾组织涂片相同。取分离的纯培养物做生化试验，能分解葡萄糖、果糖、蔗糖、甘露醇，产酸不产气，不分解麦芽糖、木糖、乳糖、鼠李糖、山梨醇和甘露醇，生成靛基质，甲基红试验和 V-P 试验均为阴性，过氧化物酶和氧化酶均为阳性。基本符合巴氏杆菌生化特性。

相关知识

巴氏杆菌病是由巴氏杆菌属细菌引起的急性人畜共患的传染病。世界各地都存在，犬、猫也有发生。

病原

本病由巴氏杆菌(*Pasteurella*)引起(图 5-6)，巴氏杆菌属迄今已发现有 19 个种，其中多杀性巴氏杆菌有 3 个亚种，与兽医有关的种主要有：多杀性巴氏杆菌杀禽亚种、多杀性巴氏杆菌多杀亚种和多杀性巴氏杆菌败血亚种，溶血性巴氏杆菌，犬巴氏杆菌，鸡巴氏杆菌，淋巴

管炎巴氏杆菌，梅尔巴氏杆菌和海藻糖巴氏杆菌。犬、猫巴氏杆菌病的病原主要是犬巴氏杆菌和嗜肺性巴氏杆菌。

巴氏杆菌为小型、不具运动性的革兰氏阴性短杆菌，瑞氏染色镜检可见特殊双极性的染色特性，血液琼脂培养基上可见圆形、灰白色、具光泽、黏液样、不具溶血性的菌落。大部分具致病性的巴氏杆菌无法在麦康凯琼脂上生长。巴氏杆菌为动物上呼吸道黏膜常在菌，在环境中存活的时间相当短暂。

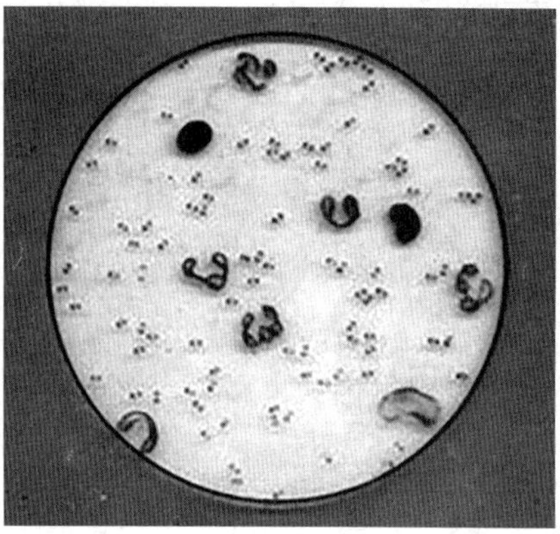

图 5-6　巴氏杆菌

流行病学

本病原菌属于犬（猫）口腔常在菌，在各种应激因素的作用下，或者在感染其他病原时或抵抗力降低时，就会引发疾病，并在群体中成为致病菌，引起流行，在犬、猫场易发生，在散养情况中不多见。幼龄犬、猫多发。

带菌犬、猫从分泌物、排泄物排菌污染环境、饲料、饮水等。病菌可以通过呼吸道和消化道感染，也可由于争斗损伤、咬伤而由伤口感染。人多由犬、猫咬伤、抓伤经伤口感染。

症状

一般多与犬瘟热、猫泛白细胞减少症等疾病混合发生或继发。幼犬病例症状明显，成犬单独发病的不多。主要表现体温升高到 40℃以上，精神沉郁，食欲减退或拒食，渴欲猛增，呼吸促迫乃至困难，流出红色鼻液，咳嗽，气喘或张口呼吸。眼结膜充血潮红，有多量分泌物。有的出现腹泻。有的病犬在后期出现似犬瘟热的神经症状，如痉挛、抽搐、后肢麻痹等。急性病例在 3～5 d 后死亡。

病理变化

气管黏膜充血、出血。肺呈暗红色，有实变。胸膜、心内外膜上有出血点，胸腔液增量并有渗出物。肝脏肿大，有出血点。胃肠黏膜有卡他性炎症变化。淋巴结肿胀出血，呈棕红色。肾脏充血变软，呈土黄色，皮质有出血点和灰白色小坏死灶。

诊断

结合临床症状、剖检变化不能做出诊断，必须进行实验室检查才可确诊。

1. 涂片染色镜检　生前采取发热期血液、鼻腔和咽喉分泌物，死后采取心血、胸腔渗出物和气管、肺、肝、脾、淋巴结等病料，以及血清做涂（触）片，用瑞氏染色后镜检，可见两极浓染的杆菌；革兰氏染色呈阴性菌；墨汁染色，菌体为红色，荚膜呈在菌体周围的亮圈，背景为黑色特征。

2. 分离培养　取病料接种血液琼脂平板，37℃培养，可根据菌落形态和在 45°折光下观察到的荧光性等特征做出判定。必要时，也可对纯分离菌株进行生化特性检查。最后进行血清定型。

3. 动物接种　取肺、肝、渗出物等病料制成的匀浆悬液或分离培养物皮下或腹腔接种小鼠、家兔，在 72 h 内发病死亡。也可在剖检后取病料做涂片镜检，进一步鉴定。

二维码 12　巴氏杆菌病的诊断

4. 血清学检查　常用的是平板凝集法，血清凝集价在1∶40以上判为阳性。琼脂扩散法可检出感染动物，一般在感染后10～17 d即可检出抗体，血清抗体可持续数月以上。

治疗

广谱抗生素和磺胺类药物都有一定的疗效。常用的药物有：青霉素30 000 IU/kg体重与链霉素1.5 mg/kg体重混合肌肉注射，每日2次，连用3 d；四环素，每日50～110 mg/kg体重，分2～3次口服，连服4～5 d；阿米卡星，5～10 mg/kg体重，每日2次，肌肉注射；磺胺二甲基嘧啶，每日150～300 mg/kg体重，分3次口服，连服3～5 d。

预防

重点在于加强饲养管理、卫生防疫和减少应激因素、提高抗病力等综合性措施。目前，尚无有效的疫苗用于免疫预防。此外，在常发地区（场、群）可用土霉素等加入饲料内喂用1周，进行间断性地药物预防，如能与其他抗生素或磺胺类药物交替使用则更妥。发病后应及时采取隔离、消毒等有效防治措施。

二、按医嘱进行治疗

（一）治疗原则

根据病情，应用敏感的抗生素，补液，强心，适量补充高糖。

（二）药物治疗

立即将发病犬和饲养笼中健康犬隔离，青霉素30 000 IU/kg体重，链霉素1.5 mg/kg体重，混合肌肉注射，每日2次，连用3 d。同时饮用口服补液盐、维生素C片，增加营养，调整电解质平衡，有利于病犬恢复。

三、宠物出院指导

（一）护理指导

在日粮中增加维生素C片等能提高机体抗病能力，且能控制本病。

（二）预后

多数病例预后良好。

Project 8

犬猫破伤风的防治技术

学习目标

掌握犬猫破伤风的病原特性、发病原因及临床特征；
了解疾病的发生机理；
熟悉犬猫破伤风发生发展的基本规律及转归；
掌握犬猫破伤风的防控措施。

【案例导入】

某小区王先生家的犬不知什么原因突然抽搐起来，口中不停地吐出白沫。王先生不知道是怎么回事，赶紧带犬去宠物医院看病。来到医院后，主治医师详细检查了病情。确诊为犬的破伤风发作。

医生问王先生，犬是不是在几日前受过伤，王先生回忆说 6 d 前犬在一个垃圾堆里面玩耍，后来不知怎么了就嗷嗷直叫。王先生也没有太在意。医生怀疑尖锐物体扎伤犬趾，感染了破伤风梭菌。

【项目描述】

一、宠物入院症状、诊断评估与记录

(一)一般检查项目评估

1. 问诊

患犬有深部创伤。

2. 临床症状

抽搐，口中不停地吐出白沫。

3. 涂片镜检

取深部坏死组织涂片，镜下看到革兰氏阳性杆菌，多单在，有的呈短链状，有芽孢，位于菌体一端，状如鼓槌，周身鞭毛，无荚膜。

(二)重点检查项目评估

结合临床症状，凡存在深部外伤(创口)和患犬对外界反应性增高、骨骼肌强直性痉挛等即可以判定为本病。

取创内坏死组织接种于细菌培养基，于严格厌氧条件下 37℃培养 12 d，生化试验鉴定分离物。基本符合破伤风梭菌生化特性。

(三)并发症评估

主要为肺炎、肺水肿。其他可有脊椎压缩性骨折，肌肉持续收缩而致的运动功能障碍。

相关知识

梭菌性疾病(clostridial diseases)是由梭菌引起的。梭菌主要存在于土壤中，并且是动物肠道正常菌群的组成成分之一。本类菌为革兰氏阳性，厌氧，可形成芽孢，芽孢对消毒剂和环境具有极强的抵抗力。部分梭菌可产生致病力很强的毒素。犬和猫对梭菌毒素的抵抗力相对较强。犬偶尔发生破伤风、肉毒中毒、梭菌性肠炎及气性坏疽，猫则极少发生破伤风和肉毒中毒。猫梭菌病的症状与犬基本相似。

破伤风(tetanus)是由破伤风梭菌(*Clostridium tetani*)产生的特异性嗜神经型毒素所致的人兽共患性传染病。以患病动物运动神经中枢应激性增高，肌肉持续痉挛收缩为特征。本

病发生于世界各地。各种家畜对破伤风均有易感性，犬、猫亦可感染，但较其他家畜易感性低。

病原

本病病原为破伤风梭菌(图 5-7)。破伤风梭菌菌体细长，长 4～8 μm，宽 0.3～0.5 μm，周身鞭毛，芽孢呈圆形，位于菌体顶端，直径比菌体宽大，似鼓槌状，是本菌形态上的特征。繁殖体为革兰氏阳性，带上芽孢的菌体易转为革兰氏阴性。破伤风梭菌为专性厌氧菌，最适生长温度为 37℃，最适 pH 7.0～7.5，营养要求不高，在普通琼脂平板上培养 24～48 h 后，可形成直径 1 mm 以上不规则的菌落，中心紧密，周边疏松，似羽毛状，易在培养基表面迁徙扩散。在血液琼脂平板上有明显溶血环，在庖肉培养基中培养，肉汤浑浊，肉渣部分被消化，微变黑，产生气体，生成甲基硫醇(有腐败臭味)及硫化氢。一般不发酵糖类，能液化明胶，产生硫化氢，形成吲哚，不能还原硝酸盐为亚硝酸盐。对蛋白质有微弱消化作用。本菌繁殖体抵抗力与其他细菌相似，但芽孢抵抗力强大。在土壤中可存活数十年，能耐煮沸 40～50 min。

图 5-7　破伤风梭菌

流行病学

由于本病是创伤感染后产生的毒素所致，因而不能通过直接接触传播，故常表现为散发。钉伤、刺伤、脐带伤、阉割伤等可引起感染。本病季节性不太明显，不同品种、年龄、性别的易感动物均可发病，幼龄动物较老年动物易感。

发病机理

由于破伤风梭菌及其芽孢在自然界中分布甚广，极易通过伤口途径侵入体内，并在适当的环境中繁殖，产生毒素，引起疾病。小而深的创伤，或创口过早被血凝块、痂皮、粪便及土壤等覆盖，或创伤内组织发生坏死及与需氧菌混合感染的情况下，破伤风梭菌能在创伤内形成的厌氧环境中繁殖。其所产生的破伤风毒素可经神经末梢吸收，沿神经纤维上行达中枢神经系统；亦可经淋巴管吸收，经血液循环而达中枢。毒素对中枢神经系统具有高度亲和力，主要作用于脊髓和延脑的运动神经细胞，使机体对刺激的应激性增高，进而使肌肉发生痉挛，并出现破伤风的其他特征症状。

症状

破伤风梭菌侵入伤口，并在伤口内生长繁殖分泌毒素，造成机能紊乱。临床上主要表现为运动神经系统应激性增高，全身肌肉持续性痉挛收缩的特征。

本病潜伏期 5～10 d，有时可长达 3 周。受伤部位越靠近中枢，发病越迅速，病情也越严重。由于犬和猫对破伤风毒素抵抗力较强，故临床上局部性强直较常见，表现为靠近受伤部位的肢体发生强直和痉挛。有时仅表现为暂时的牙关紧闭。部分病例可能出现全身强直性痉挛，除兴奋性和应激性增高外，病犬可呈典型木马样姿势，脊柱僵直或向下弯曲，口角向后，耳朵僵硬竖起，瞬膜突出外露。有时患病动物因呼吸肌痉挛而发生呼吸困难，因咬肌痉挛而使咀嚼和吞咽困难。但疾病过程中一般病犬或病猫神志清醒，体温一般不高，有饮食欲。

临床上，破伤风的症状、病程和严重程度差异很大。严重病例有的在 2～3 d 内死亡，有的缓慢发生并不严重。若为全身性强直病例，由于患病动物饮食困难，常迅速衰竭，大多在出现症状后 3～10 d 死亡。康复期可能持续很长时间，有时 4～6 周后仍可观察到运动不灵活及肌肉僵硬的症状。

病理变化

因患破伤风死亡的动物，剖检一般无明显变化，仅可在浆膜、黏膜及脊膜等处发现小出血点，四肢和躯干肌肉结缔组织发生浆液性浸润。因窒息死亡者血液凝固不良，呈黑紫色；肺充血、水肿，有的可见异物性肺炎变化。

诊断

根据病犬和病猫的特殊临床症状，如骨骼肌强直性痉挛和应激性增高，神志清醒，一般体温正常及多有创伤史等，即可怀疑为本病。临床上，脑炎、狂犬病等有时也有牙关紧闭、角弓反张、肌肉痉挛等症状，但瞬膜不突出，且意识紊乱或昏迷，并有麻痹现象，虽应激性增高，但受轻微刺激时远端肌肉并不发生强直，故可区分开。

从伤口分离细菌不太容易。必要时，可将病料（创伤分泌物或创内坏死组织）接种于细菌培养基，于严格厌氧条件下 37℃培养 12 d，以生化试验鉴定分离物。在厌氧条件下，普通培养基上长成稍凸、略透明的小菌落，似小蝌蚪状。在血液葡萄糖琼脂平板上长成露珠状、光滑、透明的菌落。也可将病料接种于肝片肉汤，经 4～7 d 培养后以滤液接种小鼠，或将病料制成乳剂注于小鼠尾根部。若上述滤液或病料中含有破伤风外毒素，2～3 d 后则实验小鼠表现出强直病状。

治疗

1. 加强护理　将病犬或病猫置于干净及光线幽暗的环境中，冬季应注意保暖。要保持环境安静，以减少各种刺激因素。采食困难者，给以易消化、营养丰富的食物和足够的饮水。

2. 消除病原　破伤风梭菌主要存在于感染创中，故对病犬、病猫应仔细检查，发现创伤处应及时进行清创和扩创术，清理创伤中的脓汁、异物和坏死组织，以消除感染，减少毒素的产生。可用 3%双氧水、1%高锰酸钾或 5%～10% 碘酊进行消毒，再撒布碘仿硼酸合剂，并结合青霉素、链霉素作创伤周围组织分点注射，肌肉注射 200 万～300 万 IU，每日 2 次，连用 5 d 为一个疗程，同时用 2.5%的盐酸氯丙嗪注射液 4～6 mL，两侧咬肌分点注射。

3. 中和毒素　这是特异性治疗破伤风的方法。一般犬、猫破伤风抗毒素的推荐用量为 100～1 000 IU/kg 体重，可分点注射于创伤周围组织，亦可静脉注射。静脉注射破伤风抗血清 3 万～5 万 IU，全量血清以百会穴分 3 d 注射，注射时为防止发生过敏反应，患病动物可预先注射糖皮质激素或抗组胺药。

4. 镇静解痉与其他对症疗法　患病犬、猫出现强烈兴奋和强直性痉挛时，可使用镇静解痉药物，如用苯巴比妥 6 mg/kg 体重肌肉注射，或用氯丙嗪肌肉注射。采食和饮水困难者，应每日进行补液、补糖。酸中毒时，可静脉注射 5% 碳酸氢钠以缓解症状。喉头痉挛造成严重呼吸困难者，可施行气管切开术。体温升高有肺炎症状时，可用抗生素和磺胺类药治疗。

预防

消除各种不利诱因，加强饲养管理，是减少破伤风发病的重要手段。

(1)首推做好预防接种。皮下或肌肉注射破伤风类毒素 0.5～1 mL,有助于预防本病。方法:第一次注射时应注射两次,间隔期 20 d,可获得一年的保护期,以后每年注射 1 次即可。

(2)破伤风梭菌在自然界分布很广。当犬在户外活动造成创伤后均有可能感染本病。所以在户外创伤后均应到兽医部门立即注射破伤风抗毒素或类毒素,以增加机体的被动和主动免疫力。

(3)做各种手术时,要严格遵循无菌操作技术;必要时,可肌肉注射破伤风抗毒素,犬和猫去势时,可注射破伤风抗毒素预防。

(4)拴养犬要采取保护措施,防止铁制拴狗链或舍栏等划伤,造成感染。犬舍环境、用具宜用 5%石炭酸或 3%福尔马林消毒,5～10 d 消毒 1 次,可减少环境中活性致病原。

二、按医嘱进行治疗

(一)治疗原则

加强护理,消除病原,中和毒素,镇静解痉,抗菌消炎。

(二)药物治疗

找出伤口扩创,用 3%双氧水冲洗伤口,然后用 5%～10%碘酊局部处理伤口,创口内撒布碘仿磺胺粉,伤口暴露、忌包扎;肌肉或静脉注射破伤风抗血清 3 万～5 万 IU/次,1 次/d,连用 3 d;抗菌消炎,青霉素 5 万 IU/kg 体重,2～3 次/d,连续注射一周;镇静解痉,氯丙嗪 1～2 mg/kg 体重。

三、宠物出院指导

(一)护理指导

犬破伤风特别是预后不良的重症,必须及时处理伤口、紧急用药物治疗、加强综合护理才能取得理想疗效。

(1)患犬宜在安静、通风良好、温度适宜的舍内静养。治疗期第 1～2 天要密切观察患犬的呼吸、心搏、排尿情况。保持平直躺卧,以利呼吸通畅;抗心衰使用安钠咖;患犬病初一般不能采食,静脉滴注糖盐水、氨基酸以利尿、排毒、防脱水、补充体能等。

(2)密切观察伤口情况,凡发现有异物、肿胀等病理表现,即使伤口愈合仍要立即切开患部,用 3%双氧水冲洗,保持引流、畅通,直至强直性痉挛、局部肌痉挛收缩、反射性兴奋等典型症状消除为止。

(3)治疗期间每日灌服 1 剂补液盐 50～150 mL 很必要,以控制自体酸中毒及维持体内电解质平衡,有助于提高治愈率。

(4)推荐高效中药方剂:枣树皮 50 g,苍耳子 60 g,防风 30 g,天麻 30 g,天南星 30 g,牛黄 1 份,诸药混合煎汤,待温凉后取滤液灌服,2～4 mL/kg 体重,2～3 剂/d,连用 3～7 d。

(二)预后

及早发现及早治疗才有治愈希望,否则预后不良。

Project 9

犬猫肉毒梭菌病的防治技术

学习目标

掌握犬猫肉毒梭菌病的病原特性、发病原因及临床特征；
了解疾病的发生机理；
熟悉犬猫肉毒梭菌病发生发展的基本规律及转归；
掌握犬猫肉毒梭菌病的防控措施。

【案例导入】

5 月 24 日上午，某市某种犬场饲养的 47 只种犬，有 6 只突然精神沉郁，四肢软瘫，其中 2 只较重。经了解，该场 23 日晚从宰鸡场取回鸡内脏（稍有异味），24 日晨经简单冲洗后，放在锅中尚未煮沸就取出，喂这 6 只犬，过 3～4 h 后这几只出现症状。经兽医诊断为犬肉毒梭菌引发的中毒病。

【项目描述】

一、宠物入院症状、诊断评估与记录

（一）一般检查项目评估

1. 问诊

犬食入腐败变质的饲料（尤其是动物性饲料）而发病。

2. 临床症状

犬群精神不佳，症状轻重不一，有的站立不稳，有的躺卧不起，对外界反应迟钝，已失去往日见人嚎叫、跳跃的现象，病初两后肢软散无力，很快由后躯向前躯延伸，对称性麻痹，继而四肢瘫痪，触之无反抗。病犬体温不高，未见胃肠道症状，神志清楚，见家人摆动尾巴。有的流涎，吞咽困难，双耳下垂，便秘，尿闭，叫声低沉。重者食欲废绝，瞳孔散大，两眼有脓性分泌物，心律不齐，视觉障碍，腹部膨大。

3. 涂片染色镜检

取怀疑肉毒梭菌污染的饲料和死亡动物组织、血清等，直接涂片进行革兰氏染色镜检。

（二）重点检查项目评估

对 2 只死亡病犬进行病理剖检。胃肠黏膜有卡他性炎症和点状出血。心内膜及心外膜有点状出血。

取尸体组织、胃肠内容物和血清，做动物毒素实验。

相关知识

肉毒梭菌病主要是因为摄取腐败动物尸体或饲粮中肉毒梭菌（*Clostridium botulinum*）产生的神经毒素——肉毒梭菌毒素而发生的一种中毒性疾病。临诊上以出现运动中枢神经麻痹和延脑麻痹的症状为特征，死亡率很高。

病原

病因为肉毒梭菌（*Clostridium botulinum*）产生的毒素。肉毒梭菌又称肉毒杆菌（图 5-8），革兰氏阳性梭状杆菌，大小为 1 μm×5 μm，有芽孢，呈椭圆形，位于近极端，使细菌呈网球拍状。无荚膜，但有鞭毛。专性厌氧。肉毒梭菌属中温菌，生长最适温度 25～37℃，产毒最适温度为 20～25℃，最适 pH 6.6～8.2。当 pH＜4.4 或 pH＞9.0 时，或环境温度低于 15℃或高于 55℃时，肉毒梭菌不能繁殖，也不产生毒素。本菌经厌氧培养在琼脂平板上形成不规则

菌落；在血平板上有 β 型溶血；在肉渣汤培养基中消化肉渣而变黑并有恶臭。生化反应随毒素型不同而有所不同。在病原性梭菌中，本菌的特征是发酵蔗糖，不发酵乳糖，各型均液化明胶。产生 H_2S，但不产生吲哚。

二维码 13　肉毒梭菌

芽孢抗热性强，耐煮沸数小时而不被杀死。高压蒸汽灭菌（120℃）30 min 才能杀灭。肉毒毒素煮沸 1 min 或 80℃ 10 min 以上即可失去毒性。但在酸性条件下较稳定，胃液中 24 h 内不被破坏，故可被胃肠道吸收而致病。

在适宜条件（无氧、发酵、适宜的营养基质、18～30℃）下肉毒梭菌可迅速生长，大量繁殖，同时产生一种可溶性剧毒的肉毒毒素。肉毒毒素是一种强烈的神经毒素，毒性比氰化钾强 1 万倍。肉毒梭菌食物中毒不仅是由于食入肉毒毒素污染的食物引起的，而且随同食物摄入的芽孢（或繁殖细胞）在肠道内发芽、繁殖也可产生毒素引起中毒。

图 5-8　肉毒梭菌

流行病学

肉毒梭菌广泛分布于土壤，海洋和湖泊的沉积物，哺乳动物、鸟类和鱼的肠道，饲料以及食品中。肉毒毒素能耐受胃酸、胃蛋白酶和胰蛋白酶的作用，因此在消化道内不被破坏，人畜食入含此毒素的食品、饲料或其他物品，即可中毒。

犬对该毒素有相当的抵抗力，较少发病，猫则极少见。本病主要是由毒素引起，存在于动物消化道内的肉毒梭菌及其芽孢一般对动物没有危害性，但在特定的条件下也可能产生毒素。

犬猫自然发病主要因犬猫摄食了含有毒素的食物，引起中毒的食物有腐肉、腊肠、火腿、鱼及鱼制品和罐头食品等。摄食 18～36 h 后发病为典型病症。采食含毒素饲料后在肠道吸收而出现症状，症状出现的速度与含毒素数量及采食饲料量几乎成正比，有时几小时或数日后出现症状。健康易感动物与患病动物直接接触不会受到传染。

症状

肉毒梭菌毒素中毒症状与严重程度取决于摄入体内毒素量的多少及动物的敏感性。潜伏期数小时至数日，一般症状出现越早，说明中毒越严重。犬的初期症状为发生进行性、对称性肢体麻痹，一般从后肢向前延伸，进而引起四肢瘫痪，但此时尾巴仍可摆动。患犬反射机能下降，肌肉张力降低，呈明显的运动神经机能病的表现。发生肉毒梭菌毒素中毒的病犬体温一般不高，神志清醒。由于下颌肌张力减弱，可引起下颌下垂，吞咽困难，流涎。严重者则两耳下垂，眼睑反射较差，视觉障碍，瞳孔散大，有时可见结膜炎和溃疡性角膜炎。严重中毒的犬，由于腹肌及膈肌张力降低，出现呼吸困难，心率快而紊乱，并有便秘及尿潴留。发生肉毒梭菌毒素中毒的犬死亡率较高，若能恢复，一般也需要较长时间。

病理变化

肉毒梭菌毒素主要作用于神经-肌肉结合点，动物死后剖检一般无特征性病理变化，有时在胃内可发现木石、骨片等异物，说明生前可能发生异嗜。咽喉及会厌部黏膜有灰黄色黏液性覆盖物，黏膜上有出血点。胃肠黏膜有时有卡他性炎症和点状出血。心内膜及心外膜也可能有点状出血。有时肺充血、淤血、水肿。中枢和外周神经系统一般无肉眼可见病变。

诊断

根据疾病的临床特征，如典型的麻痹，体温、意识正常，死后剖检无明显变化等，结合流行病学特点，可怀疑为本病。

确诊可做动物毒素试验与血清学试验，在可疑饲料、病死动物尸体、动物血清及肠内容物内查到肉毒梭菌毒素。

动物毒素试验：取可疑饲料、病死动物尸体组织、胃肠内容物和血清，加入倍量明胶磷酸盐缓冲液（或灭菌生理盐水）研制成悬液，置室温 1 ～ 2 h 后以 2 000 r/min 离心 10 min。取上清液三份，一份 100℃加热 30 min 作对照，一份不做任何处理，另一份上清液，调 pH 6.2，每 9 份加 10%胰酶（活力 1∶250）水溶液一份，混匀，经常搅动，37℃作用 60 min。各取 0.5 mL 腹腔注射小鼠，每组 2 只，观察 4 d。注射不做任何处理和加 10%胰酶的 5 min 后开始出现呼吸加深加快，肷部凹陷，弓背，精神沉郁，四肢瘫软，头下垂，大小便失禁，翻正反射消失，3～4 h 后死亡，则说明滤液中含有毒素。小鼠剖检变化：头部、四肢皮肤呈现蓝紫色，腹腔有淡黄色渗出物，胃底腺浆膜呈黄色，胃肠黏膜有点状出血。心脏冠状沟有出血点。肝脏肿大，大部分坏死出血，质地脆软，呈现紫黑色。脾脏大部分坏死，坏死部分肿大和出血。肾脏严重水肿，肾皮质有点状出血，切开肾髓质有清亮液体流出。肺表面有出血，为肉毒梭菌特征性病变。

血清学试验：为加快确诊，另取三份悬液与动物试验同时进行试验。一份加等量多型混合肉毒梭菌抗毒诊断血清，混匀，37℃作用 30 min；一份加等量明胶磷酸盐缓冲液，混匀，煮沸 10 min；一份加等量明胶磷酸盐缓冲液，混匀即可，不做其他处理。三份混合液分别腹腔注射小鼠，每组 2 只，每只 0.5 mL，观察 4 d。注射后 3 只都出现精神沉郁症状，30 min 后注射多型混合肉毒梭菌抗毒诊断血清与煮沸加热 10 min 的两份混合液的小鼠均获保护存活，而唯有注射未加任何处理的混合液的小鼠以呼吸加深加快，肷部凹陷，弓背，精神沉郁，四肢瘫软，头下垂，大小便失禁，翻正反射消失等症状死亡，由此说明滤液中含有毒素。

由于肉毒梭菌广泛分布于自然界，故从可疑饲料和动物尸体内分离出肉毒梭菌也不具备太大的诊断意义。

治疗

主要靠中和体内的游离毒素，为此可应用多价抗毒素。但对犬而言，因迄今为止的肉毒梭菌毒素中毒病例皆由 C 型毒素引起，故可应用 C 型抗毒素治疗。亦可肌肉注射或静脉注射 5 mL 多价抗毒素。若毒素已进入神经末梢，再应用抗毒素已无解毒作用。因为抗毒素仅能中和肠道中未被吸收或已进入血液循环但仍未与神经末梢结合的毒素，因此病初应用抗毒素治疗，效果较好。

对于因食用可疑饲料而中毒的犬，应促进胃肠道内容物的排出，减少毒素的吸收，为此可采用洗胃、灌肠和服用泻剂等方法。心脏衰弱的动物应用强心剂。出现脱水时应尽快补液。盐酸胍可促进神经末梢胆碱酯酶的释放,必要时可用此药增强肌肉张力,缓解瘫痪症状。

预防

要注意饲料保管,注意清洁卫生,防止腐败,不给犬饲喂腐败变质的饲料;并加强饲料调制,保证钙、磷平衡,防止犬舔食污水、尸骨等。肉毒梭菌毒素加热至 80℃ 30 min 或 100℃ 10 min 就可失去活性,故饲喂犬、猫的食物应尽量煮沸;不要让犬、猫接近腐肉等。

二、按医嘱进行治疗

(一)治疗原则

对症治疗,灌肠清理消化道。

(二)药物治疗

穿刺放出腹水,青霉素 160 万 IU,链霉素 100 万 IU,向腹腔注射。阿扑吗啡 2 mg,肌肉注射。阿托品 2 mL,肌肉注射。应用多价抗毒素治疗,每只犬可肌肉或静脉注射 3~5 mL。

先锋霉素 0.5 g,维生素 B_1 50 mg,维生素 C 1 g,10%安钠咖 5 mL,生理盐水 250 mL,混合后一次静脉滴注。轻者连用 2 d,重者连用 4 d。

三、宠物出院指导

(一)护理指导

密切关注病犬的意识状态,采取对症处理。

(二)预后

发病速度快,病程短,致死率高。

Project 10

犬猫魏氏梭菌病的防治技术

学习目标

掌握犬猫魏氏梭菌病的病原特性、发病原因及临床特征；
了解疾病的发生机理；
熟悉犬猫魏氏梭菌病发生发展的基本规律及转归；
掌握犬猫魏氏梭菌病的防控措施。

【案例导入】

某宠物店所养的1只3岁哈士奇突然发病死亡，从发病到死亡仅2 h。员工给犬喂过玉米面拌变质的牛肉，2 h后该犬突然行为异常，表现兴奋、狂叫、呕吐，而后转圈、喘气，从鼻孔呼出大量白色泡沫，倒地、呻吟，四肢呈游泳状划动，呼吸困难，鼻孔呼出带血的泡沫，肌肉震颤抽搐，腹部胀大，腹壁紧绷，可视黏膜发绀，最后该犬舌头外伸呈紫黑色，腹如鼓，眼球怒睁而死亡。经采取病料检验，诊断为犬感染魏氏梭菌导致猝死。

某地一狼犬饲养场在2周内连续出现腹泻犬，该饲养场共有12只1岁的狼犬。1月5日中午11时左右，发现有一只雌性狼犬食欲不振，走路摇晃，喜卧，叫声无力，排黑色稀便，不久，整群狼犬出现食欲下降，个别甚至废绝，活动量明显减少。根据临床症状和实验室检查诊断为魏氏梭菌感染。

【项目描述】

一、宠物入院症状、诊断评估与记录

（一）一般检查项目评估

1. 问诊

病史。

2. 临床症状

食欲废绝，排黑色稀便，四肢站立不稳，叫声无力。

3. 直接镜检

取死亡狼犬肝组织和胃内容物涂片，革兰氏染色后显微镜下观察，可见大量菌体较大、两端钝圆，单个或成双排列的革兰氏阳性杆菌。取肝脏和回肠内容物进行细菌分离培养，在葡萄糖血琼脂上，菌落圆形、光滑、隆起，多次传代后，菌落周围有棕色溶血区；接种牛乳培养基8 h后，牛乳被酸凝，同时产生大量气体使凝块变成多孔的海绵状，并被冲成数段。据此鉴定该菌为魏氏梭菌。

（二）并发症评估

本病的发生可导致动物机体抵抗力迅速下降，进而继发其他细菌和病毒的感染。

相关知识

魏氏梭菌病是由魏氏梭菌引起的犬猫的急性败血症，以犬猫的多器官出血、水肿、急性病变和猝死为特征。

病原

魏氏梭菌又称产气荚膜梭（杆）菌（图5-9），属于梭状芽孢杆菌属。为厌氧革兰氏染色阳性粗大芽孢杆菌，常单独、成双或短链状排列，芽孢常位于次极端；在体内形成荚膜，无鞭毛，

不活动。芽孢体外抵抗力极强，能在110℃存活1～4 h，能分泌毒性强烈的外毒素，依毒素性质可分六型(A、B、C、D、E、F)，其中A型能够感染人，形成气肿疽。B、C、D型与动物的肠道感染关系密切。感染犬的主要为A、C型。

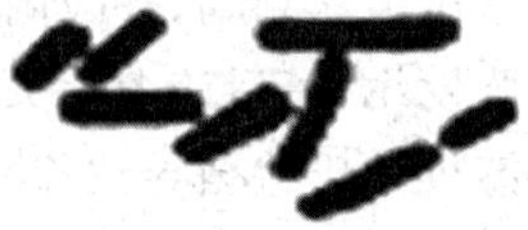

图 5-9 魏氏梭菌

流行病学

魏氏梭菌广泛存在于土壤、粪便、水和尘埃中，属典型的条件性致病菌。由消化道或创伤侵入机体内，由其所产生的毒素而致病。本病多数在秋末冬初气候变化异常、阴雨潮湿的条件下流行。本病不分年龄、性别、品种均可发病。

症状

病犬腹部膨胀明显，耳尖、可视黏膜发绀，精神沉郁。表现突然乱冲乱撞，转圈，倒地，全身肌肉颤抖，抽搐，四肢划动。怪叫，呻吟。口流白沫或红色泡沫，呼吸困难。犬可能有体温升高，发病后一般在几分钟、几十分钟或几小时内死亡。也有不具任何先兆症状的犬突然死亡。

诊断

1. 镜检　肝等实质脏器直接涂片瑞氏染色，可见大量两端钝圆的粗大杆菌，单在或成双排列，短链状较少，无鞭毛，不能运动，在动物机体里或含血液的培养基中可形成荚膜，无芽孢，革兰氏阳性。有的菌体中央或近端有芽孢，芽孢小于菌体横径。

2. 细菌分离与鉴定　在葡萄糖血琼脂上形成圆形、光滑、隆起、淡黄色、直径2～4 mm的菌落，有的菌落呈圆盘形，边缘呈锯齿状。多次传代后，菌落周围有棕色溶血区，呈辐射状条纹，如同勋章样。

3. 生化反应　发酵葡萄糖、麦芽糖、蔗糖、乳糖、果糖，均产酸产气，不能发酵甘露醇。

4. PCR 检测　应用PCR检测方法鉴定和毒素分型，较细菌检测方法快速，更易确诊。

预防

由于魏氏梭菌病无特效疗法，所以严格控制动物饲料的卫生、加强环境卫生的消毒工作成为预防本病的重要手段。犬舍进行彻底清扫，选用合格消毒药物进行喷雾消毒，或采取其他方法，做到严格消毒。魏氏梭菌是不严格厌氧菌，会产生荚膜和芽孢。含氯含碘制剂及酚类、碱类消毒药均能很快将其杀灭。具体如下：将病犬隔离，全场用0.2%过氧乙酸、0.5%百毒杀交替带犬喷雾消毒，2次/d，搞好环境卫生，每日用水冲洗地板，地面、墙壁用2%烧碱消毒，对病死犬作无害化处理，如深埋、焚烧等。

二、按医嘱进行治疗

(一)治疗原则

抗菌消炎，止泻，防止机体脱水。对临床分离的病原菌进行药敏试验，筛选敏感药物是最好的选择。同时用葡萄糖生理盐水补液。

(二)药物治疗

由于该病病程短,症状不明显,治疗很困难。对于慢性或症状较轻的犬,静脉注射 0.2% 甲硝唑葡萄糖注射液 1 000 mL;滴注 5% 葡萄糖氯化钠注射液 1 000 mL 加入辅酶 A 1 000 U,三磷酸腺苷二钠 200 mg。待其能自行采食后在饲料中添加泰乐菌素 150 g/t、优质电解多维 500 g/t,肌肉注射环丙沙星 2.5 mg/kg 体重,2 次/d。

三、宠物出院指导

(一)护理指导

密切关注病犬的意识状态,采取对症处理。

(二)预后

发病速度快,病程短,致死率高。

Project 11

犬猫鼠疫的防治技术

学习目标

掌握犬猫鼠疫的病原特性、发病原因及临床特征；
了解疾病的发生机理；
熟悉犬猫鼠疫发生发展的基本规律及转归；
掌握犬猫鼠疫的防控措施。

【案例导入】

《地方病议丛》,1993 年第 14 卷第 4 期,文章《119 例猫鼠疫的临床、临床病理和病理特征》中指出,新墨西哥州 1977 年 11 月至 1985 年 12 月 31 日期间报道了 119 例家猫鼠疫的特征。临床所见,大多数病例(63 例,53%)是腺型,无败血型或肺炎的证据。12 例(10%)为肺型,其中 4 例为腺型继发,与此相加腺型病例数增为 67 例,余 8 例肺型病例无明显的原发病灶。

【项目描述】

一、宠物入院症状、诊断评估与记录

(一)一般检查项目评估

1. 问诊

跳蚤、鼠类接触史。

2. 临床症状

腺型,猫头及颈部淋巴结肿胀、破裂,流出脓汁。肺型鼠疫,猫出现咳嗽、呼吸困难,咳出稀薄泡沫血痰。

3. 血液检查

白细胞增加,核左移。血液生化检查高胆红素血症。

(二)重点检查项目评估

取组织病料可分离到鼠疫杆菌。

使用酶联免疫吸附试验检出鼠疫抗原。

相关知识

鼠疫(plague)是由鼠疫杆菌引起的一种烈性人畜共患传染病。呈世界性分布。临床特征为高热、淋巴结肿痛、出血倾向、肺部特殊炎症等。

病原

鼠疫杆菌(*Yersinia pestis*)属于肠杆菌科耶尔森氏菌属,为两极浓染的革兰氏阴性短粗杆菌。大小为(0.5～1.0) μm×(1.0～2.0) μm。一般分散存在,偶尔成双或呈短链排列。无鞭毛,不形成芽孢。在慢性病灶、陈旧培养物或 3%～4%食盐琼脂培养基中呈明显多形态,可见大小不一的球形、杆形、酵母形和哑铃形等。在宿主体内形成类似荚膜的表面黏液层,具有抗吞噬作用。生长温度以 25～30℃最佳。适宜 pH 为 6.9～7.2。在普通培养基上培养 48 h 后,长出中心厚而致密、周围薄、边缘不整齐的无色透明、细小、圆形、粗糙型菌落。在肉汤培养基中 48 h 后形成菌膜,菌膜下悬垂黏性棉絮状生长物,此特征具有鉴定价值。抗原组成复杂,有 20 种以上。本菌至少含有内毒素和鼠毒素。鼠疫在人群流行之前,常在鼠类中先流行。

流行病学

本病主要经跳蚤叮咬传播。保毒动物包括啮齿类、草原犬、山猫类及郊狼等。犬和猫接触这些动物或是猫吃了老鼠后发病。大部分的犬有抵抗性，但猫对鼠疫杆菌具有易感性。跳蚤体内的病原菌可以保持感染性长达数月之久。世界各地都有病情报道。

发病机理

鼠疫杆菌经由皮肤的淋巴结快速移动至局部的淋巴结，可以在吞噬细胞内存活并在淋巴结内繁殖，最后使吞噬细胞破裂。感染后出现体温升高及疼痛的淋巴结病（淋巴结肿），暂时性菌血症，淋巴结可能破裂，可能出现败血症。

症状

鼠疫有三个型：淋巴结肿型的鼠疫，当被跳蚤咬到感染时，附近的淋巴结会肿大疼痛并且会流脓；败血型的鼠疫，细菌进入血液感染体内多个器官；细菌也可以感染肺脏，称肺型鼠疫。

犬对本病通常有抵抗力；受传染以后一般只引起淋巴结肿大（淋巴结病变），但很少有其他的征兆。野猫和家猫感染以后可能演变成淋巴结肿型、败血型和肺型。半数感染的猫发病后会死亡。

猫的淋巴结肿型，潜伏期 2～7 d，病程不一。淋巴结肿出现于头及颈部，出血、坏死与水肿，接下来可能淋巴结脓疡、破裂，流出脓汁。其他症状有体温升高、抑郁、呕吐或腹泻、脱水、扁桃体肿大、厌食、眼睛分泌物、体重减轻、运动失调、昏迷、口腔溃疡等。

猫的败血型则较为罕见，患猫出现败血症，但没有淋巴结病变或脓疡发生，其他症状与淋巴结肿型一样。

诊断

鼠疫可以由采取的组织标本或者流出的液体做细菌培养，以及应用免疫荧光抗体试验来确诊。血清测试需要间隔 10～14 d 以后再做第二次。如果怀疑是鼠疫，在等候结果的同时，要先做治疗。在人或动物一旦诊断出是鼠疫，要向地方及中央卫生单位报告。

实验室检查：血清学检查，显示高度凝集反应。凝血时间延长。血液生化检查：白细胞增加，并伴随有核左移及中毒反应现象。血小板减少。肝指数上升及高胆红素血症。影像学检查：仅限于检出肺型病变。

用抗犬血清 IgM 抗体包被反应板，捕获犬血清样本中的 IgM，并用酶联免疫吸附试验夹心法同步检测犬血清中鼠疫 F1 抗体。

预防

应将猫养在室内，并且禁止其外出猎食。要尽量控制跳蚤和啮齿动物。对可能接触病原微生物的动物，要根据给出的恩诺沙星剂量连续用药 7 d。

二、按医嘱进行治疗

（一）治疗原则

采取隔离治疗的措施，抗生素治疗，以早期、足量、总量控制为原则。同时，加用强心和利尿剂。

(二)药物治疗

对怀疑有猫鼠疫的治疗,包括除跳蚤、冲洗脓肿、淋巴结排液,以及用杀菌剂治疗至少3周,所有处理疑似有病的猫的人员,都应戴手套、穿白大褂和戴口罩,有肺炎症状的猫,在处理时应更加小心。由于多种抗菌剂对猫鼠疫都起作用,抗药性越来越常见,建议使用恩诺沙星(最少21 d,5 mg/kg,口服,每日1次)。另一抗生素选择是氯霉素(21 d),接触过猫鼠疫的猫,应以四环素作预防性治疗。

三、宠物出院指导

(一)护理指导

护理人员要注意个人防护,必须穿着防鼠疫服,严格遵守操作规程和消毒制度,以防受到污染。必要时,可口服抗生素预防。

(二)预后

有临床病症的猫,预后较差,50%以上的猫急性死亡。

Project 12

犬猫小肠结肠炎耶尔森菌病的防治技术

学习目标

掌握犬猫小肠结肠炎耶尔森菌病的病原特性、发病原因及临床特征；

掌握犬猫小肠结肠炎耶尔森菌病的防控措施。

【案例导入】

近期王先生的爱犬食欲下降，持续腹泻，粪便带有血液，经兽医诊断为小肠结肠炎耶尔森菌病。

【项目描述】

一、宠物入院症状、诊断评估与记录

（一）一般检查项目评估

1. 问诊

犬食用过熟食店的生猪肉。

2. 临床症状

持续腹泻，粪便带有血液。

（二）重点检查项目评估

取新鲜粪便分离到小肠结肠炎耶尔森菌。

实时定量 PCR 快速检测腹泻粪便中的小肠结肠炎耶尔森菌更具有确诊意义。

相关知识

小肠结肠炎耶尔森菌病（yersiniosis）是由小肠结肠炎耶尔森菌引起的多种动物和人共患的传染病。主要表现为小肠结肠炎、胃肠炎或全身性症状等。

病原

小肠结肠炎耶尔森菌（*Yersinia enterocolitica*，Y. e）属于肠杆菌科耶尔森菌属，为兼性厌氧革兰氏阴性球杆菌，偶尔可见两极浓染，不形成芽孢和荚膜。根据菌体抗原可分为 50 多个血清型，但仅有少数血清型与致病有关。对营养要求不高，能在麦康凯琼脂上生长，但较其他肠道杆菌生长缓慢，培养的最适宜温度为 28℃，最适 pH 为 7～8，初次培养菌落为光滑型，通过传代接种后菌落可能呈粗糙型。

本菌具有"嗜冷性"，在水中和低温下（4℃）能生长，为肠道中能在 4℃生长繁殖的少数细菌之一。因此，食品冷藏保存时，应防止被该菌污染。

本菌可产生耐热肠毒素，121℃ 30 min 不被破坏，对酸碱稳定，pH 1～11 不失活。肠毒素产生迅速，在 25℃下培养 12 h，培养基上清液中即有肠毒素产生，24～48 h 达高峰。肠毒素是引起腹泻的主要因素。毒力型菌株均有 VW 抗原（蛋白脂蛋白复合物），为毒力的重要因子，与侵袭力有关，侵袭力可能是耶尔森菌感染肠道表现的病理基础。

流行病学

小肠结肠炎耶尔森菌为动物肠道寄生菌，广泛存在于动物体内。本菌在外界环境（河水、井水、蒸馏水）中不仅可长期生存，而且可以繁殖。猪是主要的贮存宿主，猪、犬、猫等都可呈健康带菌状态。主要是通过饮水和食物经消化道感染，或因接触感染动物粪便、污染饲

料及周围环境而感染，或与屠宰工人、饲养管理人员的间接接触而感染。

症状

病犬表现为食欲下降、厌食或食欲废绝。多数病犬有腹泻症状，表现为持续腹泻，粪便带有血液或黏液。急性病例可能有腹痛、呕吐，表现精神沉郁，收腹，但大多数感染的犬、猫呈亚临床经过。

诊断

细菌分离鉴定，可以从粪便、血液、肠淋巴结中分离到该菌，部分健康动物体内携带本菌，仅从粪便中分离出细菌不能确诊。典型小肠结肠炎耶尔森菌主要的生化反应情况：脲酶阳性、硫化氢阴性、V-P 25℃阳性、鸟氨酸脱羧酶阳性。发酵葡萄糖、蔗糖，产酸不产气，不发酵蜜二糖和鼠李糖。

可用免疫荧光法检测活检标本中的耶尔森菌抗原，用 PCR 方法、PCR-探针相结合方法、巢式 PCR 方法检测小肠结肠炎耶尔森菌。

预防

加强饲养管理，粪便及排泄物要消毒，以免疾病传播。

二、按医嘱进行治疗

(一)治疗原则

症状较轻时，本病多为自限性，无须抗菌治疗。脱水时补液，以纠正水、电解质、酸碱紊乱。严重病例给予抗菌治疗。本菌对所有氨基糖苷类抗生素、多黏菌素、复方新诺明、四环素、呋喃唑酮和喹诺酮类等均敏感。

(二)药物治疗

胃肠道感染一般为自限性，可不用抗菌药物治疗，需对症处理。严重病例，应予以抗菌药物治疗，首选氟喹诺酮类药物，如氧氟沙星、环丙沙星。

三、宠物出院指导

(一)护理指导

定期进行活动场地消毒，保持一个良好的饲养环境。

(二)预后

多数病例预后良好。

Project 13

犬猫放线菌病的防治技术

学习目标

掌握犬猫放线菌病的病原特性、发病原因及临床特征；
了解疾病的发生机理；
熟悉犬猫放线菌病发生发展的基本规律及转归；
掌握犬猫放线菌病的防控措施。

【案例导入】

雄性松狮犬，3 岁，体重 25 kg，就诊。主诉：该犬喜爱户外运动，每年定期免疫，无肝炎、肺炎、流行性感冒等其他病史，1 个月前下颌出现肿大，柔软，1 周前在某宠物医院穿刺排出黄色清亮的液体 30 mL。

症状：右耳细菌感染，恶臭，精神尚佳，体温 39.9℃，心率 80 次/min，呼吸 42 次/min。颌下有鹅蛋大小的肿块，局部增温，触诊肿块中部和两侧有增生性硬结，其他部位柔软有波动感。经柔软部位穿刺排出黄红色液体，混有灰白色的如别针大小的黄白色絮状物，外观似硫黄颗粒，无恶臭味。穿刺液离心涂片镜检见大量放射状菌丝形成的聚合物，最终确诊为放线菌感染。

【项目描述】

一、宠物入院症状、诊断评估与记录

(一)一般检查项目评估

1. 问诊

犬喜爱户外活动。

2. 临床症状

颌下有鹅蛋大小的肿块，局部增温，触诊肿块中部和两侧有增生性硬结，其他部位柔软有波动感。

3. 血液检查

在前肢静脉采血，血常规检查显示，白细胞增多，核左移，杆状白细胞增多，单核细胞增多，淋巴细胞略有增多。血清电解质、生化试验均在正常值内。

(二)重点检查项目评估

穿刺液中的黄白色絮状物，用水冲洗，置载玻片上，加 1 滴 15% 氢氧化钾溶液，覆以盖玻片用力挤压，置低倍显微镜下检查，可见大量放射状菌丝形成的聚合物。将穿刺液涂片固定，革兰氏染色呈阳性，用复红染色可见多形性的小短杆菌。

穿刺液涂片染色可见大量的红细胞，变性的白细胞，其中杆状中性粒细胞多见，还可见巨噬细胞、单核细胞及组织上皮细胞。仔细观察可见在中性粒细胞内有丝状分枝的革兰氏阳性杆菌，符合放线菌形态特征。

相关知识

放线菌病是由放线菌引起的一种人畜共患慢性传染病，其特征为组织增生和慢性化脓性肉芽肿性病灶。

病原

放线菌因在固体培养基上呈辐射状生长而得名。大多数放线菌为腐生菌。放线菌属与

诺卡氏菌属同属放线菌目，此两个菌属为原核细胞型微生物，均为裂殖增殖，且大多为非致病菌，仅少数为机会性致病菌，其在致病性方面也有很多相似之处。

放线菌为革兰氏阳性、无荚膜和鞭毛的丝状菌(直径为 0.5～0.8 μm)，需厌氧或微需氧培养，多为犬猫口腔等外通腔道中正常菌群成员。

症状

放线菌感染表现为慢性脓肿及形成瘘管，向外排出的黄色黏稠的脓液中，肉眼可见黄色米粒大小颗粒，称作硫黄样颗粒，为放线菌病的指征。

犬放线菌病主要发生于体表皮肤及皮下组织、胸腔、椎体，其次为腹腔和口腔。并可从病变部位通过血液循环扩散到脑和其他组织器官。皮肤放线菌病多发于四肢、后腹部和尾巴。发病的皮肤出现蜂窝织炎、脓肿，破溃后可形成窦道，向外不断排出黄色或棕红色分泌物并有恶臭气味。

胸部放线菌感染，可使肺部和胸腔同时发病，临床上出现肺炎和胸膜炎症状，体温升高、咳嗽、胸腔积水，叩、压胸部敏感疼痛、呼吸困难，胸透视检查可见胸水及肺部有不同程度的阴影出现。

骨髓炎性放线菌感染，多发生于第 2 和第 3 腰椎及其邻近的椎骨。有骨增生、骨膜炎、髓腔炎。由于骨质增生、压迫骨髓，临床上多见后躯运动障碍，重者可导致后躯瘫痪。炎症随脊髓上行感染，可导致脑脊髓炎及脑膜炎，出现全身性神经症状。

腹腔放线菌感染，放线菌由肠道进入腹腔，引起腹膜炎、肠系膜炎、肠系膜淋巴结炎，临床上可见有体温升高、腹水、消瘦等症状。

诊断

本病一般很难确诊，和诺卡氏菌鉴别比较困难。放线菌革兰氏染色阳性、无抗酸性，具有分枝菌丝，无氧条件下可生长繁殖；诺卡氏菌通常具有部分抗酸性，在有氧条件下才能生长繁殖。除上述特点外，可取脓液中的硫黄颗粒放置玻片上，盖上玻片，放置显微镜下观察，见有放射状排列，周围具有菌鞘的放射菌丝，即可确诊。

治疗

放线菌对青霉素、链霉素、四环素及磺胺类药物比较敏感。可采用上述抗生素及磺胺类药物长期性治疗，直至症状消除为止。青霉素和链霉素的用量较其他疾病的用量要加大，青霉素 10 万 IU/kg 体重、链霉素 20 mg/kg 体重混合肌肉注射，2 次/d。

对于脓肿破溃的部位结合外科处理进行治疗，用青霉素、链霉素生理盐水冲洗创伤，然后创腔内敷入磺胺粉。

预防

宠物拔牙、化脓性细菌感染时，积极做好灭菌工作，避免放线菌侵入组织。

二、按医嘱进行治疗

在肿块的最低点用套管穿刺针穿刺，放出囊中液体。待液体流尽后注入 5% 碘酊 80 mL，在囊中滞留 3～5 min 后排出，然后注入 5%碘酊 60 mL，滞留 2～3 min 后放出

40 mL，留 20 mL 继续发挥治疗作用，连续 6 d，每日 1 次。

采用氨苄西林钠 2.5 g，链霉素 50 万 IU 肌肉注射，每日 1 次，连用 6 d。

第 7 日改用 10%碘化钾溶液 20 mL 分点注射在肿块部位，抗生素换为头孢唑啉钠和林可霉素肌肉注射，每日 1 次，连用 5 d。

第 12 日后只用林可霉素肌肉注射，每日 1 次，连用 5 d。

第 12 日至第 16 日，创口逐渐缩小，最终闭合而痊愈。

三、宠物出院指导

(一)护理指导

脓肿破溃的部位注意消毒，防止继发感染。

(二)预后

病程较长，一般预后良好。

Project 14

犬猫诺卡氏菌病的防治技术

学习目标

掌握犬猫诺卡氏菌病的病原特性、发病原因及临床特征；

掌握犬猫诺卡氏菌病的防控措施。

【案例导入】

《广东畜牧兽医科技》，1993 年第 4 期，文章《从荷兰到中国表演的 1 只狗发生诺卡氏菌病》中指出，1 只 7 岁雄性犬，从荷兰到达深圳 4 d 后，出现体温升高，精神沉郁，行动缓慢无力，厌食，口渴，小便不畅，经口服和注射抗生素后，病情有所缓和。后在广州停留期间，出现腹部肿大，排尿困难，人工压迫腹部才挤出尿液。呼吸困难，食欲不振，几日没有大便，消瘦。经补液和注射抗生素后，症状稍有缓解。但在运输途中突然死亡。根据临床表现、病理剖检和实验室检查，认为该犬是感染诺卡氏菌致死。

【项目描述】

一、宠物入院症状、诊断评估与记录

(一)一般检查项目评估

1. 问诊

病史。

2. 临床症状

体温升高，精神沉郁，行动缓慢无力，厌食，口渴，排尿不畅。

3. 病理剖检

胸腔中有脓性渗出物，胸膜有纤维蛋白沉着，皮下有脓性物。腹腔有渗出液。胸腔淋巴结、肾有小结节。

(二)重点检查项目评估

取脓汁、痰或病变部组织涂片，革兰氏染色镜检，可见到呈串珠状的革兰氏阳性菌，菌体直径 1 μm，呈分枝丝状体。

取病料组织接种于血琼脂培养基，在 28～30℃中培养需要 4～10 d，菌落呈干奶酪样，生化试验鉴定分离物为诺卡氏菌。

X 线透视查看胸膜、肺部病变情况。

血常规检查，血液中出现中性粒细胞和巨噬细胞增多现象。

(三)并发症评估

病菌侵害胸腔和腹腔时可出现胸膜炎和腹膜炎症状，胸腔积血和腹腔积水。

相关知识

诺卡氏菌病(nocardiasis)是由诺卡氏菌引起的一种人畜共患慢性传染病。诺卡氏菌病主要发生在长有带锐刺草的地区，本病主要通过皮肤创伤和呼吸道而感染。主要以皮肤、浆膜、内脏中形成脓肿为特征。本病广泛分布于世界各地。

病原

犬、猫诺卡氏菌病大多由星形诺卡氏菌引起，其次为巴西诺卡氏菌、豚鼠诺卡氏菌。本

菌为细长分枝状和丝状菌，能长出菌丝，粗 0.2～1 μm，长 250 μm。革兰氏染色阳性，不形成荚膜和芽孢，无运动性，有较弱的抗酸性，为需氧菌。培养温度为 28～30℃，在血琼脂培养基和沙氏琼脂培养基上生长良好，形成隆起、堆积、重叠的颗粒状菌落，边缘不整齐，能产生黄棕色的色素。本菌能发酵葡萄糖、果糖、糊精、甘露醇产酸，能还原硝酸盐，产生尿素酶。过氧化氢试验阳性，氧化酶反应阴性。

流行病学

传播途径是呼吸道和伤口感染。犬猫主要通过异物刺伤黏膜或皮肤的伤口而感染。犬的发病率比猫高，散养的比笼养的发病率高，工作犬比宠物犬的发病率高。免疫功能降低的犬、猫易发生感染。各种年龄、品种、性别的犬、猫都可发病，但动物之间不会互相传染。

症状

病原菌在犬、猫体内广泛扩散，引起体温升高，食欲减少或废绝，肌肉疼痛，四肢和颈部皮下出现波动性脓肿或跛行。随时间延长，脓肿破溃形成瘘管，排出淡红色的分泌物。体表淋巴结肿大化脓。病菌侵害胸腔和腹腔时可出现胸膜炎和腹膜炎症状，胸腔积血和腹腔积水，可表现咳嗽，呼吸困难，听诊肺部有啰音。

体表脓肿破溃后经几日愈合，但常在病变部位周围或其他部位出现新的脓肿。该病菌可随血液转移到其他组织器官，出现相应组织器官的功能障碍。

病犬的症状类似犬瘟热。主要表现高热、厌食、咳嗽、呼吸困难和神经症状。当病变发生在胸部时，除上述症状外，胸膜炎症状明显，脓胸，有多量黄红色的胸膜渗出液，病犬呼吸困难症状更明显。作 X 线透视时，可见肺门淋巴结肿大，有胸水，胸膜肉芽肿，肺实质和间质有结节性实变。

犬、猫还有发生在四肢的皮肤型病例，表现损伤部的蜂窝织炎、脓肿、结节性溃疡和由数个窦道流出与胸腔渗出液相似的分泌物。

病理变化

特征性病理变化是皮肤损伤的局部、肝、肺、胸膜、腹膜、脾、肾出现脓肿、蜂窝织炎、溃疡或瘘管，脓胸，胸腔中有大量的灰红色的脓性分泌物，胸膜有纤维蛋白沉着，呈绒毛状。肺有粟粒大至豌豆大的灰黄色或灰红色的小结节，或有斑点状的实变病灶。胸腔淋巴结、心肌、肝、肾也可能有这种小结节。关节囊、皮下有脓性物。腹腔有渗出液。

诊断

依据流行病学、症状可初步诊断。对胸腔穿刺液或其他部位的脓液进行涂片和染色、分离培养、动物接种可确诊本病。

治疗

1. 去除病灶和排出脓液　对于皮肤和器官的脓肿，用手术方法切除，排出脓腔中的脓液，冲洗和清除里面的异物。对于脓胸，采用胸导管插入和洗涤。

2. 抗生素治疗　抗生素治疗最少需要 1 个月的时间，磺胺类药物是治疗本病的首选药，剂量应足够，疗程宜长。磺胺嘧啶的用量为每次 40 mg/kg 体重，每日 3 次内服；磺胺二甲氧嘧啶，每次 24 mg/kg 体重，每日 3 次内服。也可用磺胺增效剂或磺胺和青霉素联用，青霉素初次剂量为 10 万～20 万 IU/kg 体重；氨苄青霉素每日 150 mg/kg 体重。还可用红霉素和二甲胺四环素。治疗一般需 6 个月以上。

预防

防止犬、猫发生外伤及不让犬到有锐刺草丛的地区去，是预防本病的重要措施，一旦犬、猫发生外伤，要及时进行伤口处理，涂擦碘酊或紫药水。本病尚无疫苗。

二、按医嘱进行治疗

(一)治疗原则

用广谱抗生素和磺胺类药物治疗对本病有一定的作用。对脓肿的部位给以切开排脓，做外科处理。

(二)药物治疗

磺胺五甲氧嘧啶 10 mg/kg 体重，口服 2 次/d；四环素 10 mg/kg 体重，静脉注射，2 次/d；或口服土霉素 25 mg/kg 体重，2～3 次/d。

三、宠物出院指导

(一)护理指导

对于脓胸的患病犬猫在护理上要特别注意其预后，一般治疗的时间需要几个月。伤口处理是长期护理工作。

(二)预后

本病治疗较困难，大多以死亡为转归。

Project 15

犬猫链球菌病的防治技术

学习目标

了解犬猫链球菌病的病原特性、发病原因及临床特征；

掌握犬猫链球菌病的防控措施。

【案例导入】

王某饲养的圣伯纳母犬剖腹产出 12 只仔犬，产后第 2 日起相继有 7 只发病，吮乳无力、可视黏膜苍白、呼吸促迫、腹部膨胀，后期四肢无力、共济失调，死亡 4 只，经临床症状、剖检变化及实验室检验，确诊为仔犬链球菌病。

【项目描述】

一、宠物入院症状、诊断评估与记录

(一)一般检查项目评估

1. 问诊

母犬病史。

2. 临床症状

吮乳无力、可视黏膜苍白、呼吸促迫、腹部膨胀，后期四肢无力、共济失调。

3. 剖检死亡犬

轻者肝肿大，质脆；肾轻度肿大，有出血点。严重者腹腔积液，肝脏有化脓性坏死灶；肾肿大，严重出血，呈花斑状；胸腔积液为纤维性和脓性；肺化脓性坏死，心内膜有出血斑点。所有病犬中，全身淋巴结和脾脏未见任何病变。

(二)重点检查项目评估

1. 血常规检查

白细胞计数增高。

2. 直接镜检

无菌采取肝实质涂片、染色、镜检，可见单个、成双或呈短链状排列的革兰氏阳性球菌。

3. 细菌纯培养物生化试验

无菌采取病料，接种血液琼脂培养基，37℃培养 24～48 h，长出黄色透明的小菌落，周围有透明的溶血环；生化反应，该菌可发酵葡萄糖、蔗糖、山梨醇，不分解甘露醇，基本符合链球菌生化特性。

(三)并发症评估

高致病力菌株能引起脑膜炎、关节炎、心内膜炎、脓胸、败血症、肺炎、蜂窝织炎、休克、坏死性筋膜炎和突然死亡等。

相关知识

链球菌病(streptococcosis)是由一大类致病性链球菌引起的人畜共患传染病的总称，犬猫主要以败血症、关节炎、脓肿等为特征。

病原

链球菌(*Streptococcus*)为革兰氏染色阳性球菌(图 5-10)，呈圆形或卵圆形，不形成芽孢

和鞭毛。在病变组织涂片时常见到短链或中等长链排列。大多数菌株为兼性厌氧，最适生长温度为37℃，pH 7.4～7.6。致病菌对培养基营养要求较高，在普通培养基上生长不良，需要补充血液、血清、葡萄糖等成分。在血液琼脂平板上形成直径0.5～0.75 mm、边缘整齐、表面光滑的灰白色小菌落。多数致病菌株具有溶血能力。

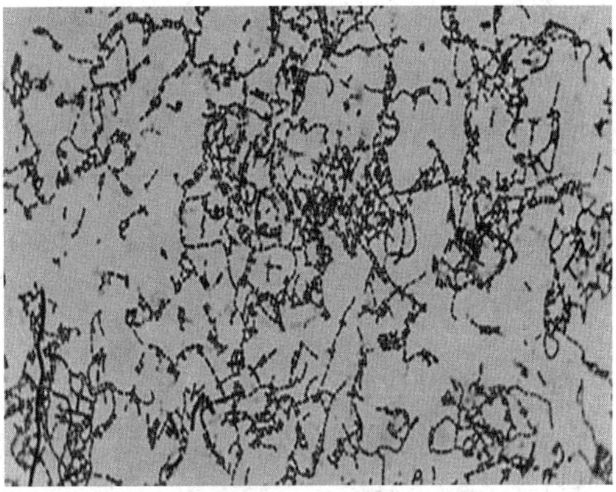

图 5-10 链球菌

据链球菌对氧的需求可分为需氧、兼性厌氧和厌氧3类。根据链球菌溶解红细胞的能力可分为不完全溶血型、完全溶血型和不溶血型3类。根据C抗原(血清学)不同可分为A、B、C、D、E、F、G、H、K、L、M、N、O、P、Q、R、S、T、U、V等20个群。大部分犬、猫链球菌病是由G群链球菌引起，A群次之，其他群也可以引起发病。

流行病学

链球菌分布广泛，世界各地都存在，也是犬猫体表、眼、耳、口腔、上呼吸道、泌尿生殖道后段的常在菌群，大多数为条件性致病菌。主要通过呼吸道，其次是皮肤伤口感染，新生动物主要经母畜阴道、脐带而感染，发生败血症。对犬主要危害仔幼犬，成犬多为局部化脓性病灶。

症状

仔犬发病初期表现吸吮无力、空嚼，可视黏膜苍白、黄染，舌苍白，呼吸促迫，随后表现腹部膨胀，体温下降，四肢无力，一般在发病后1～3 d死亡。

成犬多数突然发病，主要表现为瘫痪，卧地不起，体温41℃。食欲废绝，精神沉郁，不时嗷嗷叫，全身颤抖，四肢划动作游泳状，从口流出白色黏稠泡沫，如不及时治疗很快死亡，死前角弓反张。

病理变化

由于感染的链球菌的血清群和毒力不同，其临床病理变化也有一定差异。剖检主要表现为脑膜充血、出血。喉头、气管充血，气管、支气管内有大量白色泡沫，肺充血、水肿。呈现败血症、关节炎、脓肿。脾脏肿大，质脆。感染部位筋膜有大量渗出液积聚，筋膜和脂肪组织坏死。全身淋巴结有不同程度的充血、出血，切面发暗。

诊断

本病的诊断主要依靠病原学和血清学方法。

1.涂片染色镜检　无菌取坏死组织、脓汁涂片，革兰氏染色，镜检，发现革兰氏阳性呈链状排列的球菌。

2.分离培养鉴定　脓汁或棉拭直接划线接种在血琼脂平板上，37℃培养24～48 h后观察有无链球菌菌落。本菌可发酵葡萄糖、蔗糖、山梨醇，不分解甘露醇。

3.血清学方法　包括协同凝集试验、荚膜反应试验、平板凝集试验、荚膜多糖的免疫印迹分析等。

预防

加强饲养管理，增强机体的抵抗力；加强卫生消毒，消除各种诱发因素；对发病的犬、猫进行隔离，对其污染的环境进行彻底消毒。

二、按医嘱进行治疗

(一)治疗原则

采取隔离治疗的措施，抗菌消炎，以早期、足量、总量控制为原则。

(二)药物治疗

一般母犬分娩后应进行全身抗感染治疗，可用青霉素、链霉素等。青霉素 160 万 IU，链霉素 1 g，一次混合肌肉注射，每日 2 次，连用 4 d。仔犬若出现临床症状应结合药敏实验结果，选择敏感抗生素。同时做好保温护理工作。严重病犬可通过皮下或腹腔补液纠正水、电解质平衡。

三、宠物出院指导

(一)护理指导

为控制本病的发生，应在母犬、猫分娩前后注意环境卫生消毒和母犬猫的卫生保洁，热敷乳房，清洗阴门，断脐消毒彻底。

(二)预后

该病发病急，进展快，重症病例多数死亡。

Project 16

犬猫土拉杆菌病的防治技术

学习目标

掌握犬猫土拉杆菌病的病原特性、发病原因及临床特征；

掌握犬猫土拉杆菌病的防控措施。

【案例导入】

某市王先生家的猫近期发热、腹泻、步态不稳、喜卧、流脓性鼻汁，出现黄疸现象。经病原分离、动物接种和血清学试验等，确诊为猫土拉杆菌病。

【项目描述】

一、宠物入院症状、诊断评估与记录

(一)一般检查项目评估

1. 问诊

吸血昆虫叮咬、食用野兔等病史。

2. 临床症状

发热、精神沉郁、厌食、黄疸。

3. 分离培养与涂片镜检

取口腔分泌物，接种于含有半胱氨酸、卵黄等的血琼脂平板上，37℃培养 24 h，挑取菌落做涂片，可见到大小为(0.3～0.5) μm×0.2 μm，不运动、无荚膜、无芽孢呈球杆状的菌体。

(二)重点检查项目评估

1. 变态反应　用灭活的土拉杆菌或其内毒素，皮下注射 0.1 mL 或 0.2 mL 后 12～24 h 观察结果。局部发红、肿胀、发硬、疼痛为阳性。

2. 血清学诊断，检测土拉杆菌抗体　用标准菌株制备凝集原，将被检血清稀释，测定效价。

(三)并发症评估

常有化脓性结膜炎、淋巴结肿大、皮肤溃疡。

相关知识

土拉杆菌病(tularenmia)又称野兔热，本病原来发生于野兔等野生啮齿类动物，后来由野兔等传染给犬、猫，是一种由扁虱或苍蝇传播的啮齿动物的急性传染病。土拉杆菌可以被用作生物战中的致病病菌，感染者主要表现体温升高、淋巴结肿大、脾和其他内脏的坏死变化。

病原

土拉杆菌病病原是土拉弗朗西斯氏菌(*Francisella tularensis*)，1912 年发现于美国加利福尼亚州的土拉县，故命名为土拉杆菌。土拉弗朗西斯氏菌为革兰氏阴性球杆菌，菌体大小为(0.3～0.5) μm×0.2 μm，培养物涂片，菌体呈小球形；动物组织涂片，菌体呈球杆状。不运动、无荚膜、无芽孢。从脏器或菌落制备的涂片做革兰氏染色，可以看到大量的黏液连成一片呈红色，菌体为玫瑰色，此点为本菌形态学的重要特征。

本菌在许多动物体上均能生存，在土壤、水、皮毛、肉中可存活数十日，在尸体中可存活百余日。对低温具有特殊的耐受力，在 0℃以下的水中可存活 9 个月，在 20～25℃水中可存

活 1～2 个月，而且毒力不发生改变。本菌对热和化学消毒剂抵抗力较弱，60℃以上的温度以及常用消毒药能很快将其杀死。

流行病学

土拉弗朗西斯氏菌的储存宿主主要是家兔和野兔以及其他啮齿动物。主要传染源是患病的野兔和其他啮齿类动物污染的饮水、食物、场地等，蚊、蝇、虻、蜱及其他外寄生虫是本病的传染媒介。犬、猫吃患病动物肉、内脏及污染物，经消化道感染发病。犬极少有感染的报道，但猫对土拉杆菌病易感，经吸血昆虫叮咬、捕食兔或啮齿动物而被感染，甚至被已感染猫咬伤等途径均可感染。人因接触野生动物或病畜而感染。本病出现季节性发病高峰与媒介昆虫的活动有关，但秋冬季也可发生水源感染。

症状

土拉弗朗西斯氏菌通过黏膜或昆虫叮咬侵入临近组织后引起炎症病变反应，在巨噬细胞内寄生并扩散到全身淋巴和组织器官，引起淋巴结坏死和肝脏、脾脏脓肿。

急性型患犬病后症状类似于犬瘟热，体温升高达 41℃，食欲废绝，精神委顿，呼吸困难，结膜发绀，后躯不灵活，行动迟缓。体表淋巴结肿大，不久卧地死亡。慢性型的患犬，精神沉郁，食欲减退，不愿活动。粪中混有黏液或血液，经治疗多能康复。

猫感染后，临床上表现为发热、精神沉郁、厌食、黄疸，最终死亡。

病理变化

急性型脾肿大，肝、脾有黄白色坏死灶，肺有出血点和炎症变化。慢性型，淋巴结肿大甚至化脓。

诊断

根据症状、病理变化难以做出诊断。确诊须作细菌分离培养或动物接种后，涂片镜检。

1. 分离培养与涂片镜检　取脓液、血液、肝、脾等病变部位，接种于含有半胱氨酸、卵黄等的血琼脂平板上，37℃培养 24 h，挑取菌落做涂片，可见到大小为(0.3～0.5) μm×0.2 μm，不运动、无荚膜、无芽孢呈球杆状的菌体。

2. 动物试验　将病料接种于小鼠和豚鼠，于接种 2～15 d 死亡。动物常呈特征性变化，并能分离到细菌。

3. 血清学诊断　有凝集反应和荧光抗体法等。其中凝集反应较常用。检测抗原时，将分离到的被检菌株与标准抗血清作玻片凝集反应。检测抗体时，用标准菌株制备凝集原，将被检血清稀释，测定效价。如果采取发病初期和后期的双份血清作凝集反应，后期血清滴度升高的可诊断为本病。

4. 变态反应　用灭活的土拉杆菌或其内毒素，皮下注射 0.1 mL 或 0.2 mL 后 12～24 h 观察结果。局部发红、肿胀、发硬、疼痛为阳性，反应不显著或仅有不明显水肿为可疑，无任何变化者为阴性。

预防

已发生本病的犬场要及时进行消毒。对死兔肉一定要经过高温处理方可喂犬、猫。驱除野生动物和吸血昆虫。

二、按医嘱进行治疗

(一)治疗原则

立即隔离治疗,早期用药效果好。

(二)药物治疗

治疗主要用链霉素,20～50 mg/kg 体重,肌肉注射,每日 2～3 次,连用数日。此外可用卡那霉素、庆大霉素、先锋霉素等。对症治疗,出血用止血药,发热时可适当注射解热药。

三、宠物出院指导

(一)护理指导

采样时应采取适当的防护措施,避免直接接触患病宠物的口腔分泌物和渗出液。

(二)预后

本病传染快,患猫死亡率高。犬经及时治疗多数能康复。

Project 17

犬猫坏死杆菌病的防治技术

学习目标

了解犬猫坏死杆菌病的病原特性、发病原因及临床特征；

掌握犬猫坏死杆菌病的防控措施。

【案例导入】

某农户一只家犬的脚趾部散发恶臭气味，伴有脓肿，经兽医诊断为坏死杆菌感染。

【项目描述】

一、宠物入院症状、诊断评估与记录

（一）一般检查项目评估

1. 问诊

是否该犬多在低洼潮湿地奔跑。

2. 临床症状

脚趾部散发恶臭气味，伴有脓肿。

3. 涂片镜检

从脓肿处取病料涂片镜检，可发现着色不均匀的细长丝状坏死杆菌。

（二）并发症评估

可引发坏死性肺炎、化脓性肝炎和心包炎。

相关知识

坏死杆菌病是由坏死杆菌引起的一种慢性传染病。一般多由皮肤、黏膜外伤感染，主要侵害动物的脚趾部，其次是口腔黏膜和皮肤，有时在内脏形成转移性坏死灶。

病原

坏死杆菌是革兰氏阴性多态细菌，小者呈球杆状，大小为（0.5～1.5）μm×1.5 μm；大者呈长丝状，大小为（0.75～1.5）μm×（10～30）μm，且多见于病灶及幼龄培养物中。不形成芽孢和荚膜。厌氧菌。普通苯胺染料可以着色，用稀释石炭酸复红液或碱性美蓝加温染色时，则出现浓淡不均的着色。

流行病学

该病侵害各种哺乳动物和禽类，偶尔也感染人。该菌广泛存在于自然界，在土壤中能生存30 d，粪便中50 d，尿液中15 d。犬不分年龄、性别均可感染发病。常多发于多雨、潮湿和炎热季节，以5～10月份最为多见。特别是在饲养管理不良，圈舍潮湿，犬营养缺乏时，最易发病。

症状

病变主要发生在犬的四肢，特别是脚趾部，表现为局部化脓、溃疡及坏死。初期创口下附有少量脓汁，逐步发展为坏死，坏死灶中心凹陷，周围组织比较整齐，并向周围深部健康组织蔓延。重症病例若治疗不及时，往往在内脏器官形成转移性坏死灶而死亡。

病理变化

病理变化因个体差异而不同，但死亡的犬剖检检查都可以在实质器官发现坏死灶，可引起坏死性肺炎、化脓性肝炎和心包炎，有的在胃肠黏膜有纤维素坏死性炎症。

诊断

临床检查所见各部位的特征性表现、坏死部病理变化(患病肢体病灶有恶臭气味的脓液流出)、特殊臭味和相应的机能障碍,结合流行病学特征,可初步做出疑似诊断。确诊需进行病原学检查。

1.直接涂片镜检　从坏死病灶的病、健组织交界处采取病料涂片,用石炭酸复红或碱性美蓝染色,镜检。可发现着色不均、细长丝状坏死杆菌。

2.细菌分离培养　将采取的病料,立即置厌氧条件下进行接种培养。为防止杂菌污染,最好将病料通过易感动物,获得纯培养后,再做进一步鉴定。或者初次分离时,用含0.02%结晶紫、0.01%孔雀和苯乙基乙醇的卵黄培养基,以抑制杂菌的生长;也有选用新霉素、万古霉素、链霉素作为抑菌剂的。病料接种后马上放在含有10% CO_2、80% N_2、10% H_2 和以冷钯为催化剂的厌氧缸内培养,培养48~72 h后,可见长出一种带蓝色的菌落,中央不透明,边缘有一圈亮的光带。选出可疑菌落,再进一步做纯培养和进行生化特性鉴定。

3.动物试验　由于病料常有污染,可将病料用生理盐水或肉汤制成悬液,取0.5~1.0 mL接种家兔耳外侧皮下,或0.2~0.4 mL接种于小鼠尾部皮下。接种后2~3 d,实验动物接种局部发炎、坏死和脓肿,逐渐消瘦,局部坏死,8~12 d死亡。取死亡动物肝、脾、肺和心脏等组织分离出坏死杆菌,便可做出诊断。

预防

加强饲养管理,搞好环境卫生,避免皮肤和黏膜损伤。防止动物互相咬斗。

二、按医嘱进行治疗

(一)治疗原则

早发现,早抗菌治疗,防止引发内脏坏死灶。

(二)药物治疗

局部治疗:对患部剪毛,清洗消毒,清除坏死组织、异物等,用3%双氧水或5%碘酊按1∶20的比例制成的混合液冲洗创面,然后涂上碘酊,撒上硼酸粉或用提毒散或生肌散,然后用绷带包扎,每隔2~3 d换药一次。病情严重者,可用0.25%普鲁卡因10 mL,链霉素80 mg/kg体重进行局部封闭疗法。

全身治疗:可用10%葡萄糖注射液250 mL,配以头孢拉定2~3 g,地塞米松100 mg静脉注射,5~7 d为一个疗程,重症两个疗程基本痊愈。

三、宠物出院指导

(一)护理指导

患部要定期清洗消毒,防止继发感染。

(二)预后

局部感染及时治疗,多预后良好。

Project 18

犬猫炭疽的防治技术

学习目标

了解犬猫炭疽的病原特性、发病原因及临床特征；
掌握犬猫炭疽的防控措施。

【案例导入】

荷兰创办的 *Tijdschrift voordiergeneeskunde*(《兽医学》),1977 年第 102 第 9 期,文章 *A case of anthrax in a dog*(一例犬的炭疽病例)中描述了一例犬炭疽病例及其传染源,对其临床症状和死后病理变化进行了讨论。在犬胃的内壁、肠系膜淋巴结、血液、肝脏和肾脏中发现炭疽杆菌。

【项目描述】

一、宠物入院症状、诊断评估与记录

(一)一般检查项目评估

1. 问诊

病史。

2. 临床症状

天然孔出血,死后尸僵不全,血凝不良,皮下及浆膜组织呈出血性浸润,脾脏肿大。

3. 上报

应就地隔离,上报后等待兽医部门采集病料送指定实验室进行诊断。

(二)重点检查项目评估

1. 病料涂片镜检

皮肤损伤的分泌物,痰、呕吐物、排泄物,或血液、脑脊液等病料,显微镜检查发现炭疽芽孢杆菌。

2. 细菌分离培养

培养物涂片镜检。

3. 血清学检查

血清抗炭疽特异性抗体滴度出现 4 倍或 4 倍以上升高。

(三)并发症评估

炭疽病的并发症有下面几种:皮肤炭疽、肺炭疽、肠炭疽、脑膜型炭疽、败血型炭疽。

相关知识

炭疽(anthrax)是由炭疽杆菌(*Bacillus anthracis*)引起的动物源性急性传染病,为人畜共患传染病。在临诊上表现为急性、热性、败血性症状。

病原

炭疽杆菌(图 5-11)属于需氧芽孢杆菌属。炭疽杆菌菌体粗大,两端平切或凹陷,是致病菌中最大的细菌。呈竹节状长链,无鞭毛,无运动力,革兰氏染色阳性。在人和动物体外氧气充足,温度适宜(25～30℃)的条件下易形成芽孢。芽孢呈椭圆形,位于菌体中央,其宽度小于菌体的宽度。在人和动物体内能形成荚膜,在含血清和碳酸氢钠的培养基中,孵育于 CO_2

环境下，也能形成荚膜。形成荚膜是毒性特征。

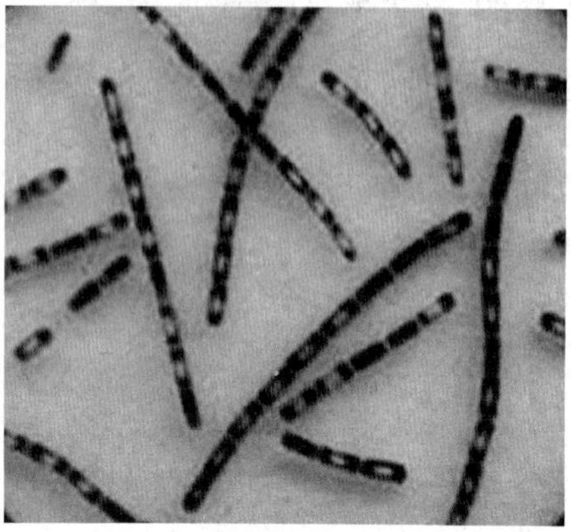

图 5-11　炭疽杆菌

本菌专性需氧，在普通培养基中易培养，易繁殖。在培养过程中，最适温度为 25～30℃，最适 pH 为 7.2～7.4，在琼脂平板培养 24 h，长成直径 2～4 mm 的粗糙菌落。菌落呈毛玻璃状，边缘不整齐，呈卷发状，有一个或数个小尾突起，这是本菌向外延伸繁殖所致。在 5%～10%绵羊血液琼脂平板上，菌落周围无明显的溶血环，但培养较久后可出现轻度溶血。菌落特征出现最佳时间为 12～15 h。菌落有黏性，用接种针钩取可拉成丝，称为“拉丝”现象。在普通肉汤培养 18～24 h，管底有絮状沉淀生长，无菌膜，菌液清亮。有毒株在碳酸氢钠平板，20% CO_2 培养下，形成黏液状菌落（有荚膜），而无毒株则为粗糙状。大量的炭疽杆菌繁殖在一起可以形成炭疽杆菌菌落。

繁殖体抵抗力不强，易被一般消毒剂杀灭，而芽孢抵抗力强，在干燥的室温环境中可存活 20 年以上，在皮毛中可存活数年。牧场一旦被污染，芽孢可存活 20～30 年。经直射日光曝晒 100 h、煮沸 40 min、140℃干热 3 min、110℃高压蒸汽 60 min 以及浸泡于 10%甲醛溶液 15 min、新配 5%苯酚溶液和 20%含氯石灰溶液数日以上，才能将芽孢杀灭。炭疽芽孢对碘特别敏感，对青霉素、先锋霉素、链霉素、卡那霉素等高度敏感。

流行病学

炭疽的传染源主要是牛、马、羊、驴等食草动物，其次是猪、犬、猫等，人是次要的传染源。炭疽病畜及死后的畜体、血液、脏器组织及其分泌物、排泄物等含有大量炭疽杆菌，如果处理不当则可散布传染。对于市民饲养宠物，在没有接触病畜和病兽情况下，无须恐慌。

炭疽杆菌主要通过消化道感染，因采食被炭疽杆菌污染的饲料（宠物粮），或饮用被污染的水，以及在污染牧地受到感染；还可通过皮肤感染，主要是由带有炭疽杆菌的吸血昆虫叮咬及创伤而感染；通过呼吸道也可感染，由于吸入混有炭疽芽孢的灰尘，经过呼吸道黏膜侵入血液而发病。

症状

潜伏期一般为 1～5 d，最长的可达 14 d。按其表现不一，可分为以下四种类型：

最急性型：犬猫外表健康，突然倒地，全身战栗，摇摆，昏迷，磨牙，呼吸极度困难，可视黏膜发绀，天然孔流出带泡沫的暗色血液，常于数分钟内死亡。

急性型：犬猫表现兴奋不安，虚弱，食欲减少，呼吸困难，腹泻带血，妊娠宠物多迅速流产，一般 1～2 d 死亡。

亚急性型：与上述急性型相似，常在颈部、喉部、胸部、腹下等部皮肤或口腔黏膜等处发生炭疽痈，初期硬固有热痛，以后热痛消失，可发生坏死或溃疡，病程可长达 1 周。

慢性型：多不表现临床症状，多在死后剖检发现淋巴结、肠系膜及肺有病变。

人感染炭疽分为皮肤炭疽、肺炭疽、肠炭疽和炭疽败血症等临床类型，其中皮肤炭疽最为多见，约占 98%。皮肤炭疽多见于面、颈、肩、手和脚等裸露部位皮肤，初起为炎性红色丘疹或皮下硬结，轻痒不痛，不久变为大水疱，周围组织水肿发硬。第3～4日疱疹破溃，中心区坏死、出血，其后病变周围出现较密集的小水疱，并出现水肿，水肿区直径可达10～20 cm。第5～7日，坏死区自行破溃并形成浅溃疡，结成稍凹陷的炭末样黑色干痂，炭疽也因此而得名。黑痂于1～2周后脱落，痂下的肉芽组织愈合而形成瘢痕。

诊断

对于原因不明而突然死亡，或临诊上出现体温升高、腹痛、痈肿、血便，死后天然孔出血等病状时，首先要怀疑为炭疽病。

1.细菌学诊断　取血液涂片，用姬姆萨或瑞氏染色液染色，镜检，可以看到单个或短链状有荚膜的两端平切竹节状大杆菌，即可确诊。

2.动物感染试验　将病料用无菌生理盐水稀释5～10倍，对小鼠皮下注射0.1～0.2 mL，经2～3 d死亡。死亡小鼠的脏器、血液等抹片，经瑞氏染色镜检，可见多量有荚膜的呈短链的炭疽杆菌。

也可用病料进行培养及炭疽沉淀反应检查。

预防

就地隔离，受污染的物品要全部焚毁，污染的环境用有效的方法消毒。

二、按医嘱进行治疗

(一)治疗原则

放弃治疗，对尸体进行严格消毒处理。

(二)药物治疗

特殊情况需要治疗，青霉素是治疗炭疽的首选药物。

Project 19

犬猫葡萄球菌病的防治技术

学习目标

了解犬猫葡萄球菌病的病原特性、发病原因及临床特征；
掌握犬猫葡萄球菌病的防控措施。

【案例导入】

金毛犬，公，3 岁，体温 38.5℃，宠物医院皮肤科就诊，已进行免疫和驱虫，持续半个月时间皮肤上有红色的肿块。打开犬口腔，可见口腔内充满脓性黏稠分泌物，奇臭无比，且舌面严重溃疡，舌乳头已分辨不清。取病犬口腔病料进行细菌培养，分离出葡萄球菌。

【项目描述】

一、宠物入院症状、诊断评估与记录

(一)一般检查项目评估

1. 问诊

犬食量减少，后完全不食。

2. 临床症状

精神沉郁，活动减少，喜坐少叫，口腔奇臭，皮肤上有红色的肿块。

3. 镜检

从皮肤处取脓汁采样涂片，革兰氏染色镜检，有单个或成串的革兰氏阳性球菌。

(二)重点检查项目评估

将脓汁接种在血琼脂平板上，经 37℃培养 24 h，可见直径 2～3 mm、圆形、不透明、光滑带色泽的菌落。涂片革兰氏染色镜检，可见单个、成串的无荚膜、鞭毛和芽孢的球菌。

对葡萄球菌有鉴定意义的生化反应。

(三)并发症评估

一般引发化脓性皮肤病。

相关知识

葡萄球菌病是由金色葡萄球菌或其他葡萄球菌引起的人畜共患病。犬易发病，猫很少发生。

病原

葡萄球菌为革兰氏阳性，无鞭毛，不运动，为需氧及兼性厌氧菌。致病性葡萄球菌产生的毒素和酶主要有：葡萄球菌溶血素、杀白细胞素、肠毒素、凝固酶、溶纤维蛋白酶、透明质酸或称扩散因子、脱氧核糖核酸酶等，有的细胞还产生蛋白酶、磷酸酶、卵磷脂酶、溶解酶及脂酶等。

流行病学

葡萄球菌以鼻腔繁殖为主，故鼻腔带菌为主要传染源。多经破损的皮肤和黏膜感染。夏秋季节显著高于冬春季节，进口良种比国产犬发病率高。德国牧羊犬、大麦町、沙皮、大丹犬、腊肠犬发病率高。

症状

大多为皮肤化脓性炎症。临床上表现为皮肤脓疱疹、毛囊炎、皮肤皲裂和干性脓皮病。表现局部瘙痒，患部被毛中绒毛脱落，皮肤表面出现点状丘疹。由于患部极度瘙痒，病犬不安，用力蹭擦，使患部皮肤破损，产生黄色的渗出物，病灶疼痛，溃疡难以自愈，周围形成光滑的堤状疤痕，长时间长不出被毛。皮下淋巴结也有肿胀。

诊断

一般根据皮肤的症状即可做出初步诊断。选未经用药物治疗的病变皮肤，剥掉痂皮，轻轻刮取创面分泌物，做成涂片，经革兰氏染色后，可看到单个或成串的革兰氏阳性球菌。在培养基中常有双球或短链状排列的革兰氏阳性菌。只有通过培养，分离到葡萄球菌，经生化鉴定才可最后确诊。

生化鉴定：挑取分离株纯培养物接种于精氨酸水解酶(+)、磷酸酶(-)、果糖(+)、半乳糖(+)等生化管内，37℃培养，12 h后观察结果，随后持续观察1周。凝固酶试验：取未稀释的兔血浆及生理盐水各1滴，分别放于玻片上，挑取待检菌株的单个菌落，分别混于血浆和生理盐水中，立即观察结果。如果与血浆混合后凝集成块，而与对照生理盐水混合后没有任何变化者，则判断为阳性。过氧化氢酶试验：将待检菌落置于干净的玻片上，把浓度为3%的过氧化氢滴到菌落上，如有气泡产生者则为阳性。

治疗

根据细菌培养和药敏实验结果选择局部外用抗菌药和全身用抗生素。一般可外涂红霉素、甲硝唑、庆大霉素液、百多邦药膏等，同时可全身注射抗生素，如林可霉素、拜有利、头孢菌素等，或口服头孢氨苄、克拉维酸-阿莫西林等。

预防

注意环境卫生，保持犬舍及用具的清洁，并定期消毒；发病后及时隔离病犬。

二、按医嘱进行治疗

(一)治疗原则

经药敏试验，选择敏感药物治疗。

(二)药物治疗

全身疗法：应选用异噁唑青霉素10～15 mg/kg体重，肌肉注射；乙氧萘青霉素钠10～15 mg/kg体重，肌肉注射；羧苄青霉素5 mg/kg体重，肌肉注射等。严重的病犬可合用庆大霉素1～2 mg/kg体重，肌肉注射，或卡那霉素5～10 mg/kg体重，肌肉注射，也可选用林可霉素、氯洁霉素、麦迪霉素、丁胺卡那霉素、头孢霉素等。

局部治疗：患部用双氧水处理后，用75%酒精消毒，涂以红汞复合擦剂(含红汞25%、95%乙醇25%、乳剂鱼肝油50%)，每日1次，连用5～7 d，多数可痊愈。

三、宠物出院指导

(一)护理指导

加强营养,特别应补充B族维生素,提高抗病力。

(二)预后

预后良好。

学习情境六

犬猫钩端螺旋体病的防治技术

项目　犬猫钩端螺旋体病的防治技术

Project

犬猫钩端螺旋体病的防治技术

学习目标

掌握犬猫钩端螺旋体病的病原特性、发病原因及临床特征；
了解疾病的发生机理；
熟悉犬猫钩端螺旋体病发生发展的基本规律及转归；
掌握犬猫钩端螺旋体病的防控措施。

【案例导入】

某县李某一只 3 岁 15 kg 的黄色土狗就诊。主诉:该犬不食、呕吐 1 周,近日不愿站立,口吐黏液。检查:精神沉郁,体温 40.3℃,体温表上粘有血便,口腔黏膜溃烂,挂有黏稠液体,两后肢肌肉紧张僵硬,站立不稳,触诊颌下淋巴结肿大,触压腰部敏感,眼结膜中度发绀,心跳 140 次/min。采集病犬尿液置于暗视野显微镜下观察,看到似问号样的钩端螺旋体。

王女士的爱犬体重 25 kg,10 月龄,雄性,发病来医院治疗。发病第一日上午食欲减退,精神沉郁,下午食欲废绝,饮水量增加、尿液增多。第二日出现呕吐、腹泻、腹痛,但体温正常,不爱走动,走起路来有弓背的现象(肌肉或肾脏疼痛的关系)。以后病情加重,呕吐暗红色水样液体、黏性液体、脓痰样黏液或泡沫。下泻血色黏膜或水样液体;粪便带血,恶臭,有时呈胶样,黏性很强;尿黄。第 5 日发生黄疸,眼及口腔黏膜、巩膜黄染严重。发生黄疸后第 4 日上午,病犬痛苦呻吟,呼吸困难死亡。整个病程为 9 d。采集病犬尿液置于暗视野显微镜下观察,看到似问号样的钩端螺旋体。

某镇某犬场由外地引进土种肉用种犬 20 余只。从 2011 年 9 月初开始陆续有 6 只产后母犬发病,症状基本相同,以发热、不食、茶色尿及全身性黄疸为主要症状,经多方治疗无效。随后的数月中又有几家犬场发生类似症状的病犬,均为近期由外地引进种犬。

临床症状:病犬突然发病,体温升高至 39.5~40℃不等,精神沉郁,食欲不振,呕吐,腹泻。粪便中带有血样液。几日后,可视黏膜出现黄染,皮肤表面也有黄疸症状出现。呼吸促迫,体表淋巴结肿胀,少尿,尿液呈豆油状黏稠且浑浊,机体逐渐脱水,肢体有痛感,不愿运动,之后卧地不起,病程不等,3~7 d 死亡。

尸体剖检:死亡病犬全身皮肤出现黄染,眼结膜、口腔黏膜黄染,口腔黏膜溃疡,口中发出类似尿液的恶臭气味,胃肠黏膜肿胀,夹杂有出血,脾脏、肝脏肿张,而且全部呈黄棕色,淋巴结出血,肾脏肿大,表面有黑紫色斑块,皮质部有灰白色硬块。

采集病犬血液置于暗视野显微镜下观察,看到发亮的钩端螺旋体在液滴中游动。

【项目描述】

一、宠物入院症状、诊断评估与记录

(一)一般检查项目评估

1. 问诊

病史。

2. 临床症状

本病的临床症状依感染形式的不同而有变化。

最急性感染:病犬最初可见发热(39.5~40℃)、嗜睡、呕吐及脱水,接着可能继发休克、出血而后死亡。

急性感染:此型感染常见的症状包括发热、呕吐、急速的脱水、厌食、剧渴,黏膜淤血,并

发出血点和出血斑，少尿或无尿，腹部疼痛造成病犬不愿移动，黄疸，前房性葡萄膜炎。病犬在感染发病后的2～3周内会渐渐恢复正常，但广泛性的损伤会造成黄疸和慢性肝炎。

慢性感染：本病大多数的病例属于这种，其临床症状包括发热、不可逆性的肾脏和肝脏的损害，导致慢性肾衰竭和肝衰竭的发生。感染后如果肝、肾的损害不是很严重，则在感染后的7～8 d开始恢复。小于6月龄的幼犬，不论感染哪一型的钩端螺旋体，都容易有肝病。

3. 分离培养镜检

钩端螺旋体的分离培养不易。如欲迅速诊断，可以采集病犬尿液、组织及血液置于暗视野显微镜下观察，直接检查钩端螺旋体的存在与否。可取患犬尿液(发病早期可取血液，中后期可取尿液)以1 500 r/min的速度离心5 min，取沉淀物在低倍显微镜下暗视野观察，若看到似问号样的钩端螺旋体便可确诊；用10%枸橼酸钠液1 mL抗凝，采病犬发热期的血液10 mL，先以1 000 r/min离心约10 min，吸出上层血浆，再以4 000 r/min离心约90 min弃上清液，取沉淀制成悬滴液，在400～600倍显微镜下暗视野观察，看到发亮的钩端螺旋体在液滴中游动便可确诊。

4. 影像检查

胸部X线片可见肺部变化，如轻度至严重不透射线的网状结节和局部的肺泡浸润。腹部超声波可见肾皮质回声增强、肾盂扩张和肾周存在游离液体。

(二)重点检查项目评估

1. 血常规检查

初期可见白细胞减少，随病程的演进白细胞的数量增加而有白细胞增多症。

PCV因脱水而上升，少数因溶血使PCV下降。

2. 血清生化检查

因肝脏和肾脏的功能受损，肝肾指数尿素氮(BUN)、肌酐(Creatinine)、谷丙转氨酶(ALT)、谷草转氨酶(AST)、碱性磷酸酶(ALP)、胆红素(Bilirubin)和血磷浓度升高。此外，因肾功能和胃肠道功能的受损，造成电解离子的失衡，可能出现低血钠、低血氯、低血钾(肾衰竭则出现高血钾)、高血磷及低白蛋白血症。代谢性酸中毒是肾衰和脱水的结果。

3. 尿液分析

包括糖尿、胆红素尿、蛋白尿、颗粒管型、活性尿沉渣、血尿及低尿比重。

4. 凝血功能检查

严重感染的病犬因其血小板减少症和纤维分解产物的增加，而导致病犬凝血功能的异常。

5. 免疫血清学诊断

显微镜凝集试验(microscopic agglutination test，MAT)，应用活标准钩端螺旋体菌株作抗原，与可疑患犬血清混合，在显微镜下观察结果；酶联免疫吸附试验(ELISA)，在感染的前10 d，血液中抗体的效价可能还没有上升，因此还需要第二次抽血检验，刚打过疫苗的犬，抗体也可能升高，要列入考虑。

6. 鉴别诊断

须与其他造成急性肾衰竭、前葡萄膜炎和肝病的疾病做鉴别。

(三)并发症评估

当出现凝血异常时，可能会因出血或弥散性血管内凝血而出现继发性再生性贫血。

相关知识

钩端螺旋体病(leptospirosis)是犬、猫和其他动物的急性传染病。本病的特征为短期发热、黄疸、血红蛋白尿、母畜流产和出血性素质等。本病为全世界流行,尤其以热带、亚热带多发。我国也有发生。

病原

钩端螺旋体可分为多种血清型(图 6-1)。临床上,犬钩端螺旋体病(canine leptospirosis)的病原主要有五种血清型,即犬型(*Leptospira canicola*)、黄疸出血型(*L. icterohaemorrhagica*)、流感伤寒型(*L. grippotyphosa*)、波摩那型(*L. pomona*)及巴达维亚型(*L. bratislava*)等。其他血清型如 *L. australis*、*L. autumnalis*、*L. ballum*、*L. braviae*、*L. harjo* 及 *L. tarassovi* 等虽然也会感染犬,但所造成的影响并不严重。*L. canicola* 主要影响肾功能,进而因肾衰竭而导致尿毒症,症状包括呕吐、腹泻、口腔溃疡、蛋白尿及神经症状等。*L. icterohaemorrhagica* 主要侵害肝细胞与血管内皮细胞,造成高热、全身性黄疸,以及内脏、黏膜、浆膜的点状出血。*L. grippotyphosa* 主要影响肝、肾功能而产生胃肠道症状及肾衰竭。*L. pomona* 亦可造成肾衰竭。

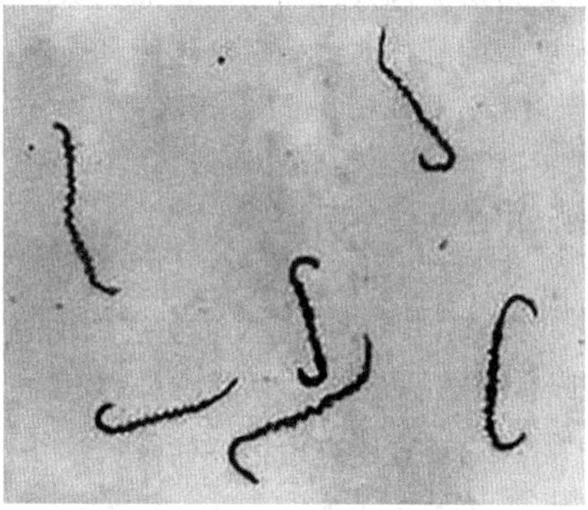

图 6-1 致病性钩端螺旋体

钩端螺旋体的运动方式有纤细轴方向滚动式和横向屈曲式。用暗视野或相差显微镜观察活体菌效果最好。本菌严格需氧,生长时需要长链脂肪酸、维生素 B_1 和维生素 B_{12},人工培养通常用科索夫培养基和切尔斯培养基,在 28～30℃培养 1～2 周。本菌生化反应不活泼,不能发酵糖类。菌体抗原有 S 抗原,位于菌体的中央,菌体被破坏时表现出凝集原和抗原活性。菌体的表面为 P 抗原,属于脂多糖,有群和型的特异性。本菌对自然界的抵抗力较强,在污染的河水、池水和湿土中可以存活数月,在尿中可以存活 1～2 个月,对光、热、酸碱很敏感,一般的消毒药均能够杀死本菌。对许多抗生素也很敏感。

流行病学

钩端螺旋体通常是由携带者扩散的,但其本身通常无临床症状。细菌主要是存在于携带者的近端肾小管数月或终身,并在尿中排泄,这导致直接或间接传染给其他动物和人。每种血清型都有一个或多个主要的宿主。最常见的携带宿主是鼠类,多以健康带菌的形式传播本病,并形成疫源地。犬是 *L. canicola* 的主要携带宿主,但这种血清型的感染很少被诊断,因为它通常只引起轻度症状或无临床症状。钩端螺旋体在环境选择压力下,会改变它的特异性和毒力。

钩端螺旋体在环境中的存活能力是不定的,取决于水、土壤、温度和湿度。死水可为它提供合适的存活环境,可保持感染力超过 6 个月以上。

本病的传播主要通过污染的水、饲料经黏膜和皮肤感染，吸血昆虫是本病的重要传播媒介；患病动物相互交配、打斗咬伤等也可引起感染。犬猫感染钩端螺旋体后，病菌定居在肾脏，不论发病与否，均能向外界排出大量钩端螺旋体，主要通过尿液排出。因此，患病动物的活动区域均能被病菌广泛污染。即使体内存在抗体时也能间歇性地随尿液向外界排出病菌。有报道可以排菌数年以上。

本病具有明显的季节性，在犬猫的发情季节、春秋季节发病率高。钩端螺旋体病的流行性与降雨有关。在美国和加拿大，钩端螺旋体病与降水量呈明显的正相关。

公犬（4～7 岁）和幼龄仔犬的发病率比老龄犬和母犬的发病率高，但无品种倾向。猎犬似乎更易受感染，这可能与它更常接触到野生动物有关。猫较不易被感染。猫钩端螺旋体病的临床报告是罕见的。感染猫会产生一个快速的免疫反应，并清除病原，但一些猫可能会出现临床症状。室外猫似乎更易受感染。猫最常感染的血清型是 *L. canicola*、*L. australis* 和黄疸出血型。

钩端螺旋体病是人畜共患病。几乎所有人类感染都直接或间接来自鼠类或家畜，包括犬。

发病机理

钩端螺旋体可直接从尿或间接从污染的水、土中进入易感染动物体内。性交、咬伤和胎盘传染也曾报告于犬。钩端螺旋体能穿过擦伤的皮肤和完整的黏膜，如口黏膜。一旦进入体内，钩端螺旋体就会快速扩散。钩端螺旋体经皮下、肌肉或腹腔内注射数分钟后，即可进入血流。钩端螺旋体血症可持续到发生临床症状后 10 d。它的活力可促进它在组织间的扩散。

钩端螺旋体血症后，钩端螺旋体定居于近端肾小管并从尿液中排出。持续时间和量取决于犬和血清型。*L. canicola* 感染犬的携带时间长，可达 2 年以上。而其他血清型感染犬后，携带时间要明显短得多。肝脏、妊娠子宫和脾也会受损伤，有时还会损伤中枢神经系统和眼。组织损伤的特征是少量病原引起明显的组织损伤，这暗示来自钩端螺旋体或宿主的毒性因素所致。病原因素据认为是其病原性引起的。钩端螺旋体的脂多糖可刺激中性粒细胞的黏附和激活血小板。毒性因素如神经磷脂酶、溶血素也会在感染时释放。这些毒素会引起严重的血管炎，伴有明显的内皮损伤。血管破坏的结果是出现水肿、出血性素质和弥散性血管内凝血。肾内病原聚集会引起肾功能不全和肾衰。肾组织肿胀会减少肾血流，引起肾小球滤过率下降、缺氧和急性肾衰。肝脏感染会引起黄疸、低白蛋白血症和高球蛋白血症及维生素 K 依赖的凝血因子生成减少。黄疸的程度通常与肝坏死的程度成正比。小于 6 月龄的犬特别易出现肝功能不全。

慢性肝炎和肾脏疾病也与钩端螺旋体感染有关。初始的肝细胞损伤和肝内病原的持续存在会引起肝内循环的改变，纤维化和免疫紊乱，它可加重慢性炎性反应。

黄疸出血型能引起严重的肝损伤。而 *L. canicola* 和 *L. grippotyphosa* 几乎不引起肝损伤。感染血清型与临床疾病间的关系目前仍不清楚。例如，*L. bratislava* 可引起亚临床疾病、急性肾衰或急性肾衰伴有肝衰。

症状

钩端螺旋体感染不总引起明显的临床症状。如果发生疾病，其严重程度是不定的，取决于几个因素，包括年龄、宿主免疫反应、环境因素和感染血清型的毒力。感染犬可出现最急性、急性、亚急性临床表现。潜伏期通常是 5～15 d。

在最急性期，存在钩端螺旋体血症，引起突然死亡。

急性钩端螺旋体病症状为患犬精神沉郁，体温升高到 39.5～40℃，食欲减退，眼结膜与口腔黏膜充血与溃疡，舌炎，呕吐，口腔内恶臭，皮肤出现淤斑，黄疸，血便，呕血，鼻出血，肾区压痛，肌肉僵硬与疼痛，主要表现为肌肉广泛性的触痛和肌肉震颤，四肢无力，心律不齐，气喘或呼吸急促。病犬严重脱水，出现少尿或无尿的症状。急性流感伤寒型、波摩那型钩端螺旋体常引起急性肾衰竭，发展为尿毒症的患犬出现呕吐、血便、无尿、脱水及身体有尿臭味。

亚急性钩端螺旋体病是最常见的，症状包括发热、厌食、呕吐、脱水和饮欲增加。其他常见的症状包括嗜睡、腹痛、肌痛和腹泻。胃肠紊乱易引起肠套叠。由于肝功能损伤和血管炎，凝血不良会引起出血斑和出血点。肝内胆汁淤积和肝坏死会引起无胆汁粪。最终会发生慢性肝炎，引起肝脑病、体重下降和黄疸。有时还会发生咳嗽和呼吸困难。一些犬还会出现结膜炎、鼻炎和扁桃体炎。由于肾功能渐进性恶化和肝功能不全，可能会出现多饮多尿。有些还可出现少尿或无尿。与人相比，中枢神经系统(僵直、辨向不清、后躯瘫痪)罕见于犬。

临床症状通常是非特异的，含有模糊的胃肠道症状、虚弱、多饮多尿和腹痛。在临床中，犬出现黄疸和急性肾衰症状时，在确诊前，必须怀疑钩端螺旋体病。

亚急性病例肝脏损害时出现黄疸、食欲废绝，尿液呈黄褐色。多在发病后 5～7 d 死亡。

猫感染钩端螺旋体病通常无症状，偶尔可见到肾炎、肝炎的症状。血清学检查可以检出相应的钩端螺旋体血清型。

血液学变化：发病初期，白细胞减少，在疾病后期白细胞增加，核左移，血小板减少及贫血。随着疾病的发展，可造成肾脏和肝脏的损伤，血清尿素氮及肌酸酐升高，谷丙转氨酶、碱性磷酸酶、血磷升高。

尿检沉渣中有红细胞、膀胱上皮和肾上皮细胞，偶尔有管型和脓细胞。

病理变化

病犬及病死犬可见黏膜、皮肤黄染，呈黄疸样变化，浆膜、黏膜和某些器官表面出血。舌及颊部可见局灶性溃疡，扁桃体常肿大，呼吸道水肿，肺充血、淤血及出血，胸膜面常见出血斑点。肺脏组织学变化包括微血管出血及纤维素性坏死等。肝肿大、色暗、质脆。肾肿大或萎缩，表面有灰白色坏死灶，皮质部散在高粱粒至米粒大的灰白色硬块，有时可见出血点。心脏呈淡红色，心肌脆弱，切面横纹消失，夹杂灰黄色条纹。胃肠黏膜水肿、出血，并有出血的斑块。全身淋巴结，尤其是肠系膜淋巴结肿大，呈浆液性卡他性以及增生性炎症。内脏黄染，胰腺出血(图 6-2)。

剖检病猫仅见肾和肝脏炎症。可见有出血性肠炎，口、鼻、胸腹膜及肾脏有点状出血，淋巴结出血，肝、脾充血肿大。

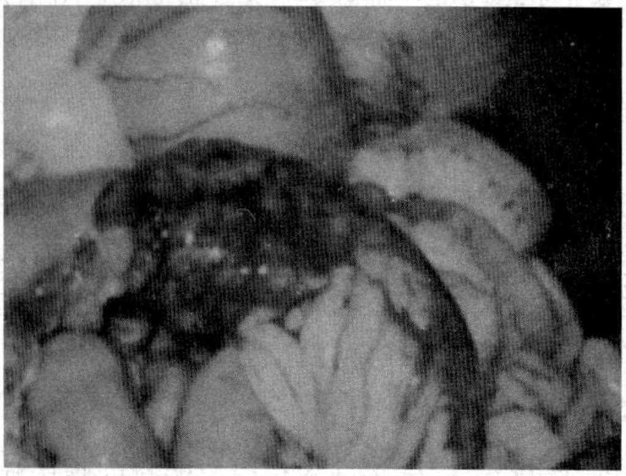

图 6-2　钩端螺旋体病患犬内脏黄染，胰腺出血

诊断

根据临床症状和病理变化，可以做出初步的诊断，确诊需要进行实验室检查。实验室检查通常包括病原体的直接检查、病料的分离培养、动物实验、血清学检查等方法。

1. 病原学检查　早期病犬血液和脊髓液中存在钩端螺旋体，可以采取发病1周左右病犬的血液和脊髓液，或发病数日或几日的尿液，或肝脏、肾脏活体穿刺物等作为检材。在洁净试管中加入1 mL 10%枸橼酸钠，采10 mL血液，1 000 r/min离心10 min，吸出上层血浆，再以4 000 r/min离心90 min，取沉淀镜检。其他检材先制成组织匀浆，低速离心后取沉淀做涂片进行暗视野镜检和染色镜检。

2. 分离培养　取活体检材（肾脏穿刺物、肝脏穿刺物、血液、尿液、脊髓液等）接种到科索夫或切尔斯培养基上，在28～30℃培养1～2周，每隔6 d用暗视野显微镜检查1次。

3. 动物接种　可将病料接种于14～18 d的地鼠、乳兔。腹腔注射，每日观察1次并进行体温的测定。3 d左右进行体重的测定。接种1周以后，隔日进行采血检查和分离培养。通常在接种的4～14 d出现体温升高、食欲减退、体重减轻、黄疸、天然孔出血等症状。将动物进行剖检，采取膀胱尿液、肾脏、肝脏组织进行镜检和分离培养。

4. 血清学检查　用ELISA可检测出动物感染钩端螺旋体的情况。已进行疫苗注射的宠物，IgG在体内的水平很高，而IgM很低。

预防

本病以预防为主，包括三方面：消除带菌排菌的各种动物；消毒和清理被污染的饮水、场地、用具，防止疾病传播；预防接种。

进口疫苗有英特威国际有限公司的双价"犬钩体灭活苗"，预防保护性强，而且能够防止犬从尿中排出病原污染环境。使用时建议幼犬至少于8周龄后（12～16周龄时）首免，间隔2～4周进行第2次免疫，以后每年加强免疫1次。

过去的10～20年，全世界最常见的钩端螺旋体血清型是黄疸出血型和犬型，因此，多数疫苗都是它们的灭活疫苗。最近，其他血清型在引起犬钩端螺旋体病中变得越来越重要，特别是流感伤寒型、巴达维亚型和波摩那型。由于这些血清型之间很少或没有交叉免疫，目前没有疫苗可对这些新的血清型提供保护。

凡患犬钩端螺旋体病的犬均对人和其他动物的健康构成威胁，应当隔离被感染犬，限制活动性，任何与其接触的人都应穿防护衣，并做好清洁卫生工作，控制啮齿类动物。实验室技术人员在处理患病动物的体液时应当特别小心。

二、按医嘱进行治疗

（一）治疗原则

控制感染，对症治疗各种并发症。

（二）药物治疗

钩端螺旋体病是一种严重的疾病，因此应住院治疗。本病的治疗包括抗生素的使用和支持疗法的进行。

(1)抗生素的使用主要是清除钩端螺旋体血症,接着清除钩端螺旋体尿症。高剂量青霉素、氨苄西林和阿莫西林可清除钩端螺旋体血症。早期治疗可抑制细菌的繁殖和减少器官的损伤,如肝脏和肾脏。多西霉素也对清除钩端螺旋体血症有效。为把钩端螺旋体从肾小管中清除,可使用四环素类、氨基糖苷类或大环内酯类抗生素。钩端螺旋体对磺胺类药物不敏感。氨基糖苷类不可用于肾损伤的病例。

杀灭体内病原体,青霉素是首选药物,以 20 000 U/kg 体重肌肉注射,每日 2 次,连用 5 d。但青霉素不能杀灭肾脏中的病原体,而链霉素可以杀灭肾脏内的病原体,剂量为 45 mg/kg 体重,肌肉注射,每日 2 次,连用 5 d。等到疾病被控制以后,再使用多西霉素来控制长期的潜伏病菌。

(2)当钩端螺旋体病引起急性肾衰少尿及无尿时先补充体液,后给予利尿剂。尿毒症时,应用 5%或 10%葡萄糖静脉点滴,同时应用速尿 2～4 mg/kg 体重,肌肉注射,每日 2 次。

(3)肝功能不良时,用维生素 B_1 100～200 mg、维生素 B_{12} 0.1～0.2 mg,肌肉注射;谷胱甘肽 100～300 mg,口服或静脉注射,每日 1 次;也可投给处方食品等。

(4)支持疗法,脱水及休克时补液,止吐,严重出血时输血。

三、宠物出院指导

(一)护理指导

监控及保温,给予适当低蛋白质的饮食,可以帮助改善肾衰竭的情形。

(二)预后

多预后不良。

学习情境七

犬猫皮肤真菌病的防治技术

Project

犬猫皮肤真菌病的防治技术

学习目标

掌握犬猫皮肤真菌病的病原特性、发病原因及临床特征；
了解疾病的发生机理；
熟悉犬猫皮肤真菌病发生发展的基本规律及转归；
掌握犬猫皮肤真菌病的防控措施。

【案例导入】

某市南二环徐某携一只3岁金毛来院就诊，该犬已经生病5 d。该犬耳部、躯干有椭圆形较大面积脱毛并呈红斑状隆起，犬主人在家自己摸索着用药，没去正规的宠物医院就诊，以至于使病情加重。经院医生诊断确诊该犬患有皮肤真菌感染(又称为癣)。

【项目描述】

一、宠物入院症状、诊断评估与记录

(一)一般检查项目评估

1.问诊

病史。

2.临床症状

主要在头、颈和四肢的皮肤上发生圆形断毛的秃斑或被毛断裂病灶，并向四周扩展，上面覆以灰色鳞屑并呈红斑状隆起，严重时，许多癣斑连成一片。

3.皮肤压片、刮片

采取病料，即自病健交界处用外科刀或镊子刮取一些毛根和鳞屑，做显微镜检查。

(二)重点检查项目评估

1.荧光性检查

取病料在暗室里用伍德氏灯照射检查，观察病料是否发光及发光的颜色。犬小孢子菌感染发出黄绿色的荧光；石膏样小孢子菌感染很少见到荧光；须毛癣菌感染则无荧光。

2.进行真菌培养和菌种鉴定

取被毛、皮屑、痂等，标本在分离前常先用75%的乙醇消毒。深部真菌的标本可根据情况取尿液、粪便、脓液、口腔或阴道分泌物、血液、脑脊液、各种穿刺液和活检组织，采集标本应注意无菌操作。标本接种于沙氏葡萄糖琼脂培养基，置于28℃恒温培养3周。菌种鉴定常根据菌落的形态及显微镜下形态判断。

3.执行活检

在病变部位活检做病理检查。为容易见到菌丝，可用PAS(高碘酸-希夫)染色，使菌丝及孢子表面染成红色，便于观察确定。

4.电镜检查

使用扫描电镜，观察真菌细微结构及产孢方式，从而鉴定菌种。

5.应用PCR真菌鉴定技术

可以分析少量的真菌细胞及单个真菌孢子，检测其DNA。

(三)并发症评估

常与细菌混合感染，引发严重皮肤病。

相关知识

犬猫的皮肤真菌病又称癣菌病，是比较常见的皮肤病，病情顽固，可以造成交叉感染。

病原微生物是嗜角质的真菌。本病广泛存在于全世界，但是各地的流行病学和发病表现，以及感染物种差异较大。温暖湿润的环境更适合癣菌感染。

病原

能够引起犬猫皮肤真菌病的病原菌主要是犬小孢子菌(*Microsporum canis*)、石膏样小孢子菌(*Microsporum gypseum*)和须毛癣菌(*Trichophyton mentagrophytes*)。随着犬猫等伴侣动物数量的增加，它们的皮肤真菌病给人类的公共健康事业带来的威胁也越来越大。

真菌感染毛囊和毛干是猫真菌病最常见的感染形式。在全世界，犬小孢子菌都是猫最主要的真菌病病因。实际上，"犬"小孢子菌的命名是一个错误，因为猫才是这种真菌的天然宿主，由于猫对犬小孢子菌很适应，很少出现宿主反应，所以猫(特别是波斯猫或其他长毛猫)经常是这种真菌的携带者，即使发病，炎性反应也比较微弱。

在沙氏培养基中，犬小孢子菌生长快速，于25℃培养下约7 d就可长成直径3～9 cm的菌落。菌落呈毛状或海绵状，平坦或有少许沟槽。颜色从正面看为白色至淡黄色，从反面看为深黄色至黄橙色。

犬小孢子菌的菌丝具有隔膜，可产生大分生孢子(macroconidia)与小分生孢子(microconidia)(图7-1)。大分生孢子是犬小孢子菌最明显的特征之一，为梭形，由6～15个细胞组成，其上有不均匀的小刺或瘤状物，外部呈粗糙状并有厚壁结构，大小为(35～110) μm×(12～25) μm。小分生孢子的数量则较少，为单细胞，棒状或梨形。

直接镜检犬小孢子菌

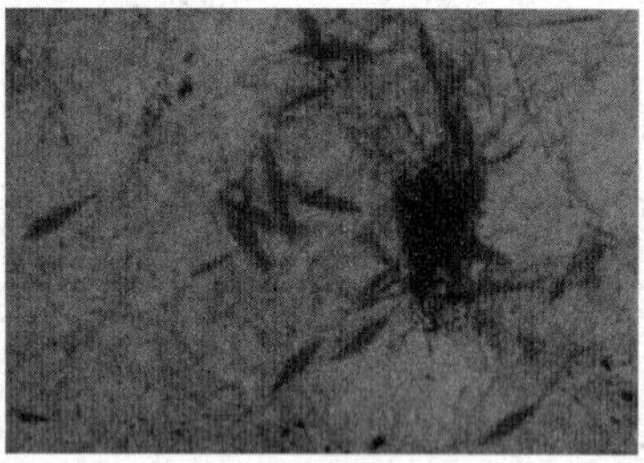

直接镜检犬小孢子菌

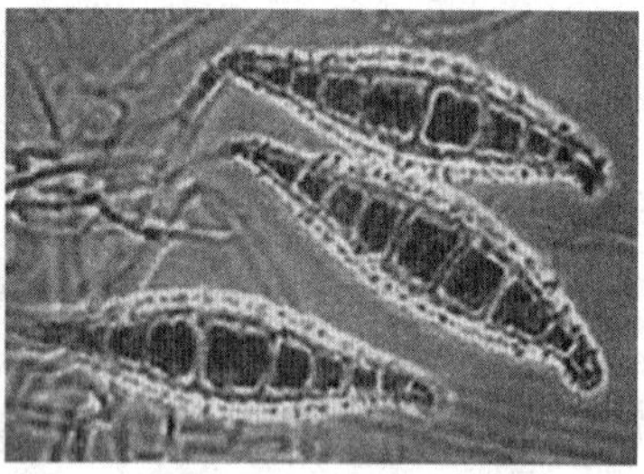

犬小孢子菌产生的大分生孢子

图7-1 犬小孢子菌

石膏样小孢子菌(图7-2和图7-3)在沙氏培养基上，25℃培养7 d，开始为白色菌丝，后呈棕黄色粉末状菌落，背面呈米黄色到红褐色。显微镜下大分生孢子丰富，椭圆形或梭形，对称，壁薄，粗糙，有棘状突起，有3～6个分隔。小分生孢子棒形，无柄性着生于菌丝的侧面。可见球拍菌丝、螺旋菌丝及结节菌丝。

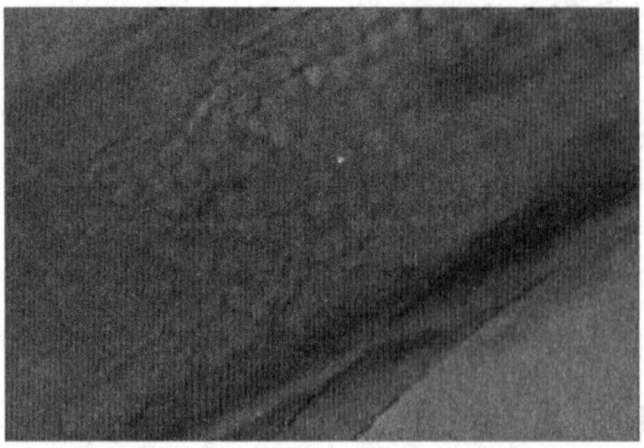

图7-2 皮损内石膏样小孢子菌

图7-3 毛内生长的石膏样小孢子菌

须毛癣菌的菌丝可以产生光滑直筒状的大分生孢子与许多小分生孢子。其中大分生孢子直接在菌丝侧向生长，呈棒状或纺锤状，大小约为(4～8) μm×(8～50) μm。小分生孢子呈圆形、梨形、棒状或不规则状，大小为(2～3) μm×(2～4) μm。

二维码 14　犬猫皮肤真菌病病原

流行病学

发病和携带犬小孢子菌的犬、猫是主要的传染源，传染方式是直接传播或通过皮屑及污染物间接传染，而真菌病是最常见的人畜共患传染病。当发生白血病或猫免疫缺陷病毒感染时，猫的免疫力低下更易表现为病情重、病程长和全身性的真菌病。石膏样小孢子菌主要存在于土壤中，感染多见于趾部的皮肤损伤。须毛癣菌是啮齿动物皮肤癣菌病的主要病原，啮齿动物、宠物是主要的传染源。

症状

患有皮肤真菌病的犬猫常常表现为剧痒，其外观多种多样，一般有不同程度的脱屑、脱毛和结痂(图 7-4 至图 7-11)。毛发变脆，毛干易断，毛根易脱。毛根萎缩，在显微镜下可见其呈高粱穗样，附有多量竹叶状小孢子，毛干呈管套状，毛干周围包裹着致密的孢子。严重的表现为大面积脱毛，皮肤上可见到红疹，脱毛区覆盖着油性结痂，刮去痂皮裸露潮红或溃烂的表皮。

猫真菌病临床表现最典型的是环形病变，圆形脱毛斑在向外扩散的同时，中心已经开始愈合，脱毛斑边缘可见结痂。毛囊脓疱即使存在也是转瞬即逝。毛囊丘疹经常出现。但不规则的脱毛斑经常是唯一可见的症状。感染毛发断裂，参差不齐，毛茬可能变粗。长毛猫感染真菌时，脱毛和及其他症状通常非常轻微。皮屑和结痂有时没有，有时很严重。

图 7-4　全身感染癣菌猫全身脱毛、色素过度沉着和苔藓化

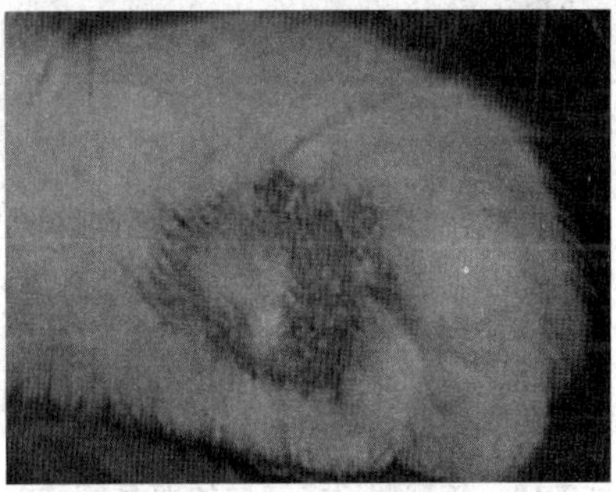

图 7-5　猫感染癣菌出现爪部脱毛、皮屑和皮肤发红。病灶向周围扩散，中心新的毛发开始生长

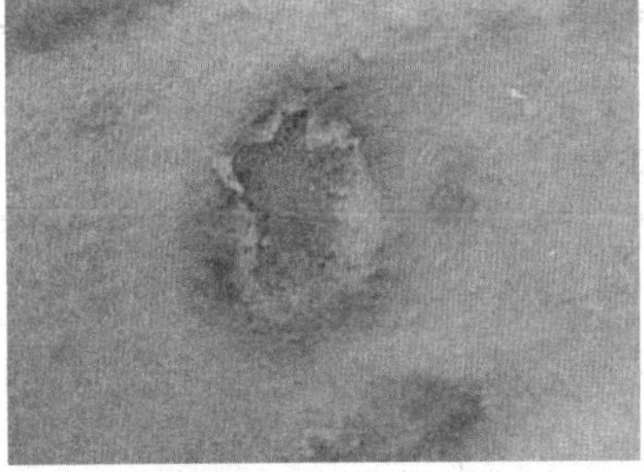

图 7-6　猫躯干向外扩散的癣菌病变，边缘皮肤发红，可见残存的结痂

图 7-7　长毛猫剃毛后才显现的脱毛斑

二维码 15　猫皮肤真菌病的临床症状

起始感染部位主要位于面部、耳朵和前肢，最后遍及全身。伴有少量脱毛的结痂性丘疹也是猫癣菌病的特征性症状之一，这种猫特殊的反应模式被称为“粟粒性皮炎”，不仅是癣菌感染，其他病因也会引起这种症状。癣菌性假足分支菌病和甲感染（甲癣）是猫很罕见的癣菌发病形式。瘙痒在猫癣菌病并不常见。长毛猫既是癣菌的隐性携带者，也是癣菌病的高发者。不论如何，幼猫和怀孕母猫（与应激有关）肯定是癣菌病最易感的群体。

图 7-8　幼猫面部结痂

图 7-9　波斯猫面部脱毛斑

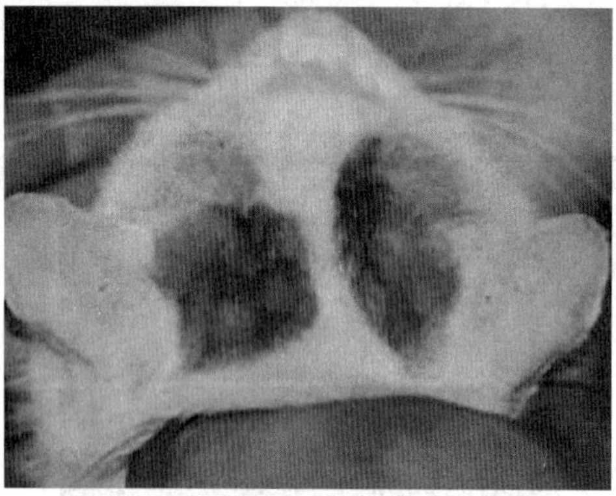

图 7-10　猫癣菌感染造成的双耳廓结痂

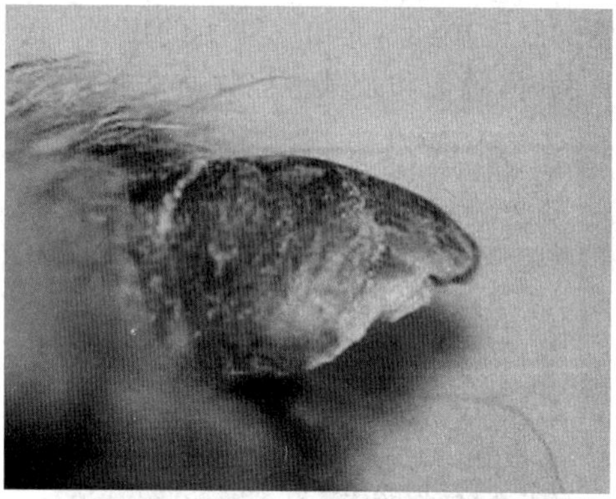

图 7-11　猫全身性癣菌同时也存在甲癣

病理变化

猫真菌病主要的病理变化为表皮轻度至中度的棘层松懈和过度角化。有些病例会出现浅表表皮脓疱为主的病变（浅表脓疱性真菌病）。皮肤表面的毛发或游离的浅表角蛋白被退变的中性粒细胞包围，形成结痂。毛囊和浅表血管被淋巴细胞、巨噬细胞和中性粒细胞围绕。中性粒细胞数量不等、分布不均，可能伴有少量嗜酸性粒细胞。中性粒细胞群结实地围绕在毛囊外，但是很少进入毛囊腔。如果发现猫毛囊炎，那么癣菌感染的可能性很大。毛囊脓疱含有中性粒细胞和少量嗜酸性粒细胞，破溃后称为疖，混合的巨噬细胞、中性粒细胞和嗜酸性粒细胞包围毛发片段。大量折光性或轻度嗜碱性癣菌孢子和菌丝，定植在皮肤表面以及毛囊内毛发上。

怀疑真菌感染时，通常需要特殊病理染色。一般病理学使用 HE（苏木精和伊红）染色，能将癣菌染色为有折光性的橙粉色。特殊染色包括 PAS(高碘酸-希夫)和 GMS(Gomori's methenamine silver,格莫瑞乌洛托品银),PAS 和 GMS 分别能将真菌染色成为鲜红色和黑色,使其在切片中鲜明显现,比 HE 染色更易被发现。有时为了帮助确诊,需要在更深的皮肤部位采样寻找真菌。有些猫真菌病,组织病理学只能看到表皮过度角化,真菌元素却很少,只有依靠特殊染色寻找。应该专门选择非炎性皮肤采样,尤其针对那些只有皮屑或脱毛的病例。

猫真菌病的另一特征是淋巴细胞浸润毛囊中段,形成毛囊壁炎。中性粒细胞紧密排列在毛囊外的炎性变化,以及脓疱性毛囊炎,都是猫真菌病的经典表现,强烈暗示真菌病的存在,即使没有发现真菌也应该做真菌培养来验证。

诊断

用牙刷在犬猫患部、病健结合部梳刷,梳刷时稍用力,其总体方向是从前到后,从上到下,直到牙刷上粘有被毛和皮肤碎屑。梳刷结束后,再用塑料外罩将牙刷封好,送至实验室检验。

1. 直接镜检　将病料放于一载玻片上,加 1 滴 10%KOH 制片,于显微镜下观察到菌丝和孢子,即可诊断为真菌病,对那些具有特殊形态的真菌可以确诊。

2. 培养、菌种鉴定　将标本接种于沙氏葡萄糖琼脂培养基,置于 28℃恒温培养 3 周。培养期内逐日观察,并钩取单个菌落接种于上述培养基的试管斜面上进行纯培养。在犬小孢子菌感染时,可见到培养基中心无气生菌丝,覆有白色或黄色气粉末,周围为白色羊毛状气生菌丝的菌落。在石膏样小孢子菌感染时,可见到中心隆起一小环,周围平坦,上覆有白色绒毛样气生菌丝,菌落初呈白色渐变为棕黄色粉末状,并凝成片。根据在培养基上的生长状况,菌落的性状、色泽,菌丝孢子与特殊器官等形态特征确定菌种,必要时用乳酸棉酚蓝染色液进行染色,制片镜检。如果使用以上方法不能诊断,可以使用鉴别培养基进行鉴别培养。常用的鉴别培养基有米饭培养基、马铃薯葡萄糖琼脂培养基、1%葡萄糖玉米粉琼脂培养基、尿素琼脂培养基。

3. 荧光性检查　取病料在暗室里用伍德氏灯(Wood's lamp)照射检查。开灯 5 min 得到稳定波长以后再使用,可见到犬小孢子菌感染发出黄绿色的荧光;石膏样小孢子菌感染很少见到荧光;须毛癣菌感染则无荧光。

4. 组织病理学检查　在病变部位活检做病理检查,是一种可靠的检查方法。为容易见到菌丝,可用 PAS 染色,使菌丝及孢子表面染成红色,便于观察确定。近年来,通过免疫组化及荧光抗体染色法进行诊断,使真菌病的组织学检查又向前推进了一步。

5. 电镜检查　有些用常规方法无法鉴定的菌种,可用电镜帮助鉴定。一般使用扫描电镜,观察真菌细微结构及产孢方式,从而鉴定菌种。

6. 分子生物学检测在真菌鉴定中的应用　PCR 技术,可以分析少量的真菌细胞及单个真菌孢子,检测其 DNA,对一些致病真菌已经设计出特定的引物来鉴定菌种;选择通用寡核苷酸及特异性引物检测核苷酸系列。分子生物学方法还处于研究阶段,尚不能作为常规方法使用,但其具有广大的发展前途。

治疗

1. 外用抗真菌药　20 世纪 70—80 年代研制出的联苯苄唑、酮康唑霜剂透皮性强,有一定的疗效。20 世纪 90 年代初研制的丙烯胺类药物，其 1% 霜剂或溶液剂，对皮肤真菌有较好的抑菌作用，疗效较前几种药物好。但应注意，单用外用药不易治愈，必须口服抗菌药物治疗。

2. 内用抗真菌药

(1)多烯类抗真菌药　如制霉菌素、两性霉素 B 脂质复合物，有一定的效果，但副作用较大。其中，两性霉素 B 在化疗后的抗真菌中效果较好，但是副作用较大、价格十分昂贵。

(2)灰黄霉素　此药的超微粒吸收良好，对皮肤真菌的效果较好。长期内服会损伤肝脏。使用时可按每日 30～40 mg/kg 体重，拌料，连用 4 周以上，妊娠动物忌用。

(3)酮康唑(广谱抗真菌药)　由于对肝脏有一定的毒性故不能长期服用。使用时，可按每日 10 mg/kg 体重，分 3 次口服，连用 2～8 周，服药期间忌喂牛奶与碱性食物，偶有过敏反应。

(4)氟康唑(三唑类抗真菌药)　既可以口服又可静脉给药，抗菌谱广。主要抑制真菌的羊毛固醇 C14 去甲基反应，使麦角固醇合成受阻，可抑制浅部真菌病，并且肝毒性较小。

(5)伊曲康唑(三唑类抗真菌药)　其作用机制主要是干扰麦角固醇的合成，作用于真菌细胞色素 P450 酶系统，使麦角固醇不能合成，使真菌的细胞膜的通透性增加及细胞壁的甲壳质合成受影响，造成真菌细胞内物质漏出或被宿主的细胞吞噬引起真菌细胞死亡。此药的毒性很低，对内分泌无影响。

(6)特比萘酚(第二代丙烯胺类抗真菌药)　其突出的优点在于它具有杀菌和抑菌的双重作用，主要通过抑制真菌角鲨烯环氧化酶，导致角鲨烯聚集，脂滴沉积于细胞壁及细胞浆内，引起细胞膜破裂达到杀菌的目的；其次可导致麦角固醇的缺乏，真菌细胞膜的生长受干扰，真菌停止生长，达到抑菌的目的。利福平可加速特比萘酚的代谢，而西咪替丁可抑制之，故合用时应调整剂量。

预防

搞好犬皮肤清洁卫生，经常检查被毛有无癣斑和鳞屑；加强对犬的管理，避免与病犬接触。

目前在美国已经有疫苗，但它不能完全预防真菌感染，只能减轻发病率和发病程度。在美国的养猫场和家庭饲养多只猫的情况下，由于治疗比较困难，一般采取注射真菌疫苗的方法预防和控制感染。

二、按医嘱进行治疗

(一)治疗原则

急性病例病程在 2～4 周，慢性病例数月甚至数年。需要反复治疗。

(二)药物治疗

发现病犬要及时隔离治疗。可用灰黄霉素、酮康唑、伊曲康唑、氟康唑、特比萘酚等药物，对本病有很好的疗效。在用全身疗法的同时，患部剪毛，涂制霉菌素或多聚醛制霉菌素钠软膏，可使患犬在 2～4 周内痊愈。

三、宠物出院指导

(一)护理指导

在治疗的同时,应特别注意犬舍器具、拴犬的桩柱等的消毒。2%～3%氢氧化钠溶液、5%～10%漂白粉溶液、1%过氧乙酸、0.5%洗必泰溶液等,都有很好的杀灭真菌的效果,可选用。

(二)预后

多预后良好。犬有了明显好转,红斑褪去,皮肤光滑,褪毛部位也有新毛长出。

学习情境八

犬猫莱姆病的防治技术

项目　犬猫莱姆病的防治技术

Project

犬猫莱姆病的防治技术

学习目标

了解犬猫莱姆病的发生过程；
掌握犬猫莱姆病的临床诊断流程；
掌握犬猫莱姆病的治疗方法；
掌握犬猫莱姆病的出院指导要点。

【案例导入】

首例犬莱姆病于1984年由美国的Lissman等报道，比利时P. Mckenna等报道了1992年在欧洲发现两例这种犬病，在犬的头和颈部发现传播媒介蜱，患病犬的四肢有非创伤性跛行，全身性虚脱，厌食，疲乏。其中一病犬的三叉神经、面神经、舌咽神经和迷走神经出现间歇性麻痹。另一例发烧，淋巴结肿大，关节肿胀、触痛，白细胞增多和急性炎症。

【项目描述】

一、宠物入院症状、诊断评估与记录

(一)一般检查项目评估

1. 问诊

是否接触过蜱。

2. 临床症状

发烧、厌食、疲乏、关节炎、跛行、淋巴结肿大。

3. 快速诊断

爱德士三合一检验套组(IDEXX SNAP 3Dx)、四合一检验套组(IDEXX SNAP 4Dx)都可以检测犬莱姆病(图8-1)。

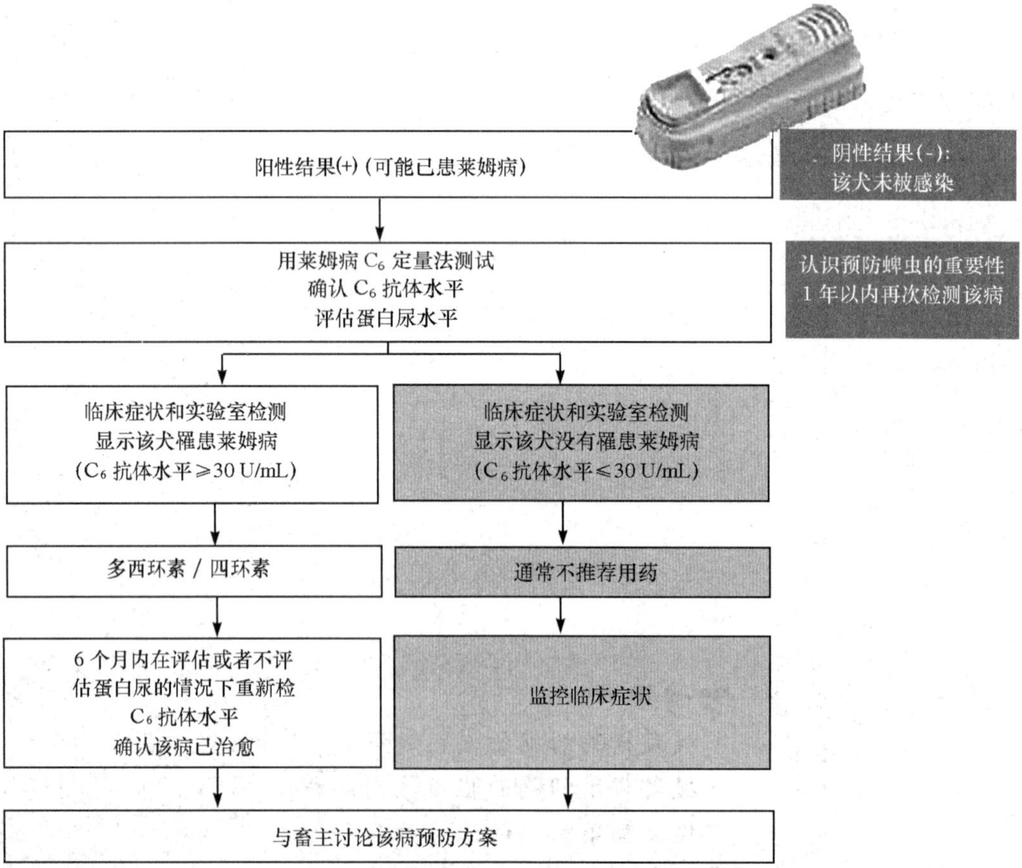

图8-1 莱姆病检测结果及处理流程

套组是用犬的血浆、血清或抗凝全血来检测犬莱姆病的酶免疫分析法。

(二)重点检查项目评估

1. 血常规检查

白细胞总数增多或正常。

2. X 光检查

受累关节周围出现软组织肿胀影。

3. 采集血、脑脊液及病变皮肤等病料

应用病原菌分离技术检出伯氏疏螺旋体。

(三)并发症评估

脑膜炎、脑神经炎、心肌炎、心包炎、关节炎。

相关知识

莱姆病(Lyme disease)又称疏螺旋体病(borreliosis),是由伯氏疏螺旋体引起的一种以动物关节肿胀、跛行、皮肤病变为特征的由蜱传播的自然疫源性人兽共患病。人的感染主要表现为游走性慢性红斑、儿童关节炎和慢性神经系统综合征。本病最早于 20 世纪 80 年代中期发现于美国康涅狄克州莱姆镇。我国于 1985 年在黑龙江省发现本病,至今已证实有 18 个省、自治区存在莱姆病自然疫源地。

病原

本病病原为螺旋体菌科疏螺旋菌属的伯氏疏螺旋体(*Borrelia burgdorferi*)。菌体形态似弯曲的螺旋,呈疏松的左手螺旋状,有数个大而疏的螺旋弯曲,末端渐尖,有多根鞭毛。长度 5～40 μm 不等,平均 30 μm,直径为 0.18～0.25 μm,能通过多种细菌滤器。革兰氏染色阴性,姬姆萨染色着色良好。微需氧,营养要求苛刻,但在一种增强型培养基 Barbour-Stoenner- KellyⅡ(BSK Ⅱ)上培养生长良好。最适培养温度为 33～35℃,培养 5 d 后即能传代,但在体外连续传 10～15 代可能丧失感染动物的能力。从蜱中较易分离到螺旋体,而从患病动物和人体中分离则较难。不同地区分离株在形态学、外膜蛋白、质粒及 DNA 同源性上可能有一定的差异。

流行病学

伯氏疏螺旋体的宿主范围很广,自然宿主包括人、牛、马、犬、猫、鹿、浣熊、狼、野兔、狐及多种小啮齿类动物。从多种节肢动物(包括鹿蝇、马蝇、蚊子、跳蚤)分离到伯氏疏螺旋体,但最主要是通过感染蜱的叮咬来传播。美国学者认为,莱姆病螺旋体从动物传播到人的主要生物媒介是蓖麻硬蜱种群,北美是鹿蜱(*Ixodes dammini*)、肩板硬蜱(*I. scapularis*)和太平洋硬蜱(*I. pacificus*),在欧洲主要是蓖麻硬蜱(*I. ricinus*)。

我国医学研究人员调查研究证明,莱姆病在我国分布范围广泛,东北林区、内蒙古林区和西北林区是莱姆病主要流行区。不同地区发病季节略有不同,东北林区为 4～8 月份,福建林区为 5～9 月份。从 10 种媒介蜱分离出伯氏疏螺旋体,其中全沟硬蜱(*I. persulcatus*)是我国北方莱姆病螺旋体的主要生物媒介,而在南方地区二棘血蜱(*Haemaphysalis bispinosis*)和粒形硬蜱(*I. granulatus*)可能是相当重要的生物媒介。从姬鼠到华南兔等 12 种小型啮齿类动物分离到伯氏疏螺旋体，其中姬鼠类可能是主要的贮存宿主。对大型动物血清学检验结果，犬感染率在38%～60%之间，牛在18%～32%之间，羊在17%～61%之间。这些大动物在维持媒介的种群数量上起着重要作用。

螺旋体存在于未采食感染蜱的中肠，在采食过程中螺旋体进行细胞分裂并逐渐进入到血腔中，几小时后侵入蜱的唾液腺并通过唾液进入叮咬部位。犬和人进入有感染蜱的流行区即可能被感染。另外伯氏疏螺旋体也可能通过黏膜、结膜及皮肤伤口感染。

目前没有证据表明，莱姆病可通过人与人之间传播或从宠物直接传染给人(尽管犬猫可以感染莱姆病)，也没有可靠的证据证实该病通过空气、食物、水源或蚊虫、苍蝇、跳蚤、虱子的叮咬进行传播。因此，正在接受抗生素治疗的莱姆病患者不应献血；而那些经抗生素治疗已痊愈的莱姆病患者则可以献血。

症状

犬莱姆病的临床症状可分为急性及慢性。急性感染病犬会出现体温升高，食欲减退，精神沉郁，嗜睡，跛行、关节肿胀，淋巴结肿大。慢性犬莱姆病初期可见到反复间歇性非糜烂型关节炎，且常波及两肢以上，一般常发生在肘部及腕部。蜱叮咬部有明显的脱毛和皮肤坏死。有的病例出现眼病和神经症状，但更多的病例发生肾功能损伤，如出现蛋白尿、氮质血症、血尿和脓尿等症状。

人莱姆病所表现的慢性游走性红斑，在犬中未见报道，但仍会有皮肤红斑及出血。

莱姆病阳性犬可能出现心功能障碍，病变表现为心肌变性、坏死和赘疣状心内膜炎。体表淋巴结肿大、出血。关节腔积液，有渗出物。有的犬有胸腹腔积液和纤维蛋白附着。在流行区，犬常出现脑膜炎和脑炎，与伯氏疏螺旋体的确切关系还未完全证实。

自然感染伯氏疏螺旋体犬可继发肾病-肾小球肾炎和肾小管损伤，出现氮血症、蛋白尿、血尿等。

猫感染伯氏疏螺旋体主要表现为发热、厌食、精神沉郁、疲劳、跛行或关节肿胀。

诊断

根据流行特点(如有蜱叮咬史、发病季节)、临床特征可以做出初步诊断，确诊则有赖于实验室检查做出。

莱姆病感染的症状一般只表现低热、关节炎和跛行等，常常容易与其他疾病相混淆，在诊断时应注意了解病史。首先，本病的发病高峰与当地蜱类活动的高峰季节相一致；其次，患病动物进入过林区或被蜱叮咬过(特别是猎犬)。

体检时可能发现一个或多个关节肿大，或者外表正常关节在触诊时有明显的疼痛表现。莱姆病可以从典型的临床症状和血液测试来诊断。但是应该注意的是，在莱姆病的早期，其血液测试仍可能呈现阴性反应，所以只有在病后期做血液测试才能得到可靠的阳性反应结果。

大部分流行地区的犬，经血清学检查皆呈阳性，提示先前曾受感染但并无症状出现，据估计，此无症状型中有30%～50%的犬将会出现临床疾病。

在流行地区的猫身上常见到幼蜱，尤其是在眼睑周围，然而与猫莱姆病相关病例的报告却很少，但血清检验阳性的猫若有发烧、关节疼痛及葡萄膜炎时，就应怀疑是否为莱姆病，特别是曾被蜱叮咬过的猫。

1. 免疫荧光抗体技术(IFA)和酶联免疫吸附试验(ELISA)　是较为精确的诊断技术。血清效价低于 1:128 判为阴性;1:128～1:512 为弱阳性;1:512 或更高为强阳性。有临床症状而血清学检验呈阴性时,应在 1 个月后再检验。血清效价高而未表现临床症状者,说明近期接触过伯氏疏螺旋体,1 个月后再检验,如果血清效价升高说明正被感染。检验关节液中的抗体有利于确诊。现已有医用 ELISA 试剂盒。免疫印迹技术从 20 世纪 90 年代应用于医学临床诊断,可以判断 IFA 和 ELISA 的真假阳性,可用于血清标本抗体检测。

2. 病原分离鉴定　分离伯氏疏螺旋体比较困难,但已有人成功地从野生动物、实验动物及血清学阳性犬的不同组织和体液中分离到该菌。应用 BSKⅡ培养基可以使病原分离工作进一步改善。

3. 聚合酶链反应(PCR)　是根据伯氏疏螺旋体独特的 5S～23S rRNA 基因结构设计的引物检验蜱和动物样本(包括尿液),不仅能检测出伯氏疏螺旋体,而且同时可以检测出感染菌株的基因种。

预防

国外已有犬莱姆病灭活菌苗上市。初次免疫后,间隔 2～3 周接种第二剂莱姆病疫苗,之后每年加强一次。

在不能完全依靠疫苗来进行预防的情况下,可以考虑减少犬被感染的机会,如:控制犬进入自然疫源地;应用驱蜱药物减少环境中蜱的数量;定期检查动物身上是否有蜱,如有,应及时清除以减少感染机会;给犬戴驱杀蜱项圈等。

二、按医嘱进行治疗

(一)治疗原则

清除病原体,尽早抗菌和对症治疗。

(二)药物治疗

感染动物用抗生素治疗后很快见效。如治疗有效,应在 1～3 个月之后再做一次血清学检验。如治疗效果不佳,应考虑选用另一种抗生素或做进一步诊断。

处方 1:四环素,犬:10～20 mg/kg,口服,每日 3 次,连用 28 d。

处方 2:强力霉素,急性病犬: 10 mg/kg,口服/静脉滴注,每日 2 次,连用 10～14 d。

处方 3:头孢氨苄,犬:22 mg/kg,静脉注射,每日 3 次,连用 5～7 d。

处方 4:氨苄西林,犬:10～20 mg/kg,肌肉注射/静脉滴注,每日 2～3 次,连用 5～7 d。

处方 5:红霉素,犬:10～20 mg/kg,口服,每日 3 次,连用 3～5 d。

三、宠物出院指导

(一)护理指导

主人要在犬户外活动后做例行性的检查,尤其犬在比较长的草丛或灌木丛中逗留较久的时间之后,更要详细检查。

要除去皮肤上的蜱虫时，可以使用小型的镊子尽量夹住靠近表皮上蜱虫的假头基，向外垂直拔出即可。再用消毒水涂抹叮咬处。将取得的蜱虫浸入酒精中杀灭保存并标示日期，因为以后如果有任何症状时，鉴定这些蜱虫将有助于确认病因。

(二)预后

本病如注意预防，能做到早期发现、及时抗病原治疗，预后一般良好。部分病例预后不良。

学习情境九

犬猫衣原体病的防治技术

项目　犬猫衣原体病的防治技术

Project

犬猫衣原体病的防治技术

学习目标

了解犬猫衣原体病的发生过程；
掌握犬猫衣原体病的临床诊断流程；
掌握犬猫衣原体病的治疗方法；
掌握犬猫衣原体病的出院指导要点。

【案例导入】

某企业老总饲养的德国牧羊犬呕吐，之后呼吸变得快而深，在某动物医院治疗时，前后20 h内，静脉输入乳酸林格氏液4 700 mL，另又加入氯化钾39 mmol。因治疗效果不佳，转到某诊所治疗，经兽医诊断为衣原体感染。

发病情况：该犬主人不但养犬还有养鸟的爱好，经常拎鸟遛犬。临床检查除有呕吐、呼吸快而深外，见口鼻有黏性分泌物，眼睛周围亦有干酪样分泌物，体温稍高。

某宠物医院里一位患病的猫咪，需要每日给它打干扰素、吃药、输液，强行灌水和营养膏，不再吃食，体温升高，眼和鼻流出脓性分泌物。

经过医生详细诊断，此猫得了衣原体性肺炎。是鹦鹉热衣原体引起的猫的一种高度接触性传染病。但是如果人和病猫过多接触，本病也可传染给人，引起滤泡性结膜炎，属于人猫共患病。

【项目描述】

一、宠物入院症状、诊断评估与记录

(一)一般检查项目评估

1. 问诊

是否有鸟粪接触史。

2. 临床症状

呼吸困难，体温升高。

3. 快速诊断

动物用衣原体抗体检测试剂盒可用于检测猫、犬、兔、小鼠血清中的特异性衣原体抗体。

检测原理：采用渗滤式免疫胶体金技术，利用金颗粒作为示踪剂，选择性捕捉标本中特异性抗体。斑点反应板上的固相衣原体抗原特异地与标本中的衣原体特异性抗体结合形成复合物，胶体金标记的二抗(IgG、IgM、IgA)再与复合物结合，形成肉眼可见的红色线条。

试剂及用品：金标反应板1套，金标试剂A液(洗涤液)1瓶，金标试剂B液(金标液)1瓶，使用说明书1份。

操作方法：在反应板孔中间加2滴洗涤液，待液体充分吸入；取100 μL标本血清加入反应孔中间，待液体充分吸入；小心揭掉红色滤盖，在反应孔中间加2滴洗涤液，待液体充分吸入；在反应孔中间加4滴金标液，待液体充分吸入；在反应孔中间加2滴洗涤液，待液体充分吸入，观察结果。

结果判断：反应板中央出现"十"字红线为阳性，只出现"一"字红线为阴性；横线与竖线均不出现或仅出现竖线为试剂失效或操作有误，应当重新测试。

(二)重点检查项目评估

出现严重呼吸困难症状，应拍胸部X线片，判定患犬、猫是否发生肺部和支气管感染。

猫衣原体感染可通过刮取眼结膜上皮细胞进行涂片，采用姬姆萨染色、镜检，如在细胞

内发现嗜碱性核内包涵体可诊断为衣原体感染。

(三)并发症评估

结膜炎、鼻炎和肺炎。

相关知识

衣原体是一类严格的细胞内寄生、具有特殊的发育周期、能通过细菌滤器的原核型微生物,可以引起哺乳动物、禽类及人发生共患传染病,尤其鸟类自然感染严重,成为重要的传染源。世界上对禽、猫和人衣原体病的报道较多,犬的衣原体病报道少见。

病原

鹦鹉热衣原体(*Chlamydia psittaci*),属衣原体目衣原体科衣原体属。圆形或椭圆形,直径约 0.3 μm,在细胞空泡中增殖,形成疏松包涵体,但不限于在包涵体内增殖,各阶段增殖形成的包涵体遍及宿主的细胞质。在形态上体小的原生小体,姬姆萨染色呈紫色、马基维罗氏染色呈红色,在体外有高度感染性;体大的始体,姬姆萨染色呈蓝色,马基维罗氏染色也呈蓝色,是细胞内的繁殖体,无感染性。本菌革兰氏染色呈阴性。

鹦鹉热衣原体在抗原性和致病性上有明显的株特异性。在网状内皮细胞和眼结膜、生殖器官、胃肠黏膜上皮细胞及胎儿、胎盘组织细胞内生长繁殖,产生病变或综合征,而且不同的毒株间有差异。猫型毒株对眼结膜和鼻、气管、细支气管黏膜上皮细胞有亲和性,并在细胞内繁殖致病。鹦鹉热衣原体能产生红细胞凝集素,是一种卵磷脂核蛋白复合体,能凝集小鼠和鸡的红细胞,一旦与红细胞结合,便不能分离下来。特殊性抗体和钙可抑制其凝集作用。

本菌的抵抗力不强,37℃ 48 h,56℃ 5 min 死亡,70%酒精和 3%过氧化氢很快就杀死,但通过试验证实,在感染鸡胚的卵黄囊中−20℃下可存活多年。

流行病学

鹦鹉热衣原体是自然性疫源,可在哺乳动物之间传播。鸟类多为隐性持续感染,甚至终生携带。当鸟长途飞行导致过度疲劳或营养不良等因素降低机体免疫力时,可感染发病或死亡。哺乳动物可通过垂直、蚊虫叮咬和粪口等途径传播。

猫对鹦鹉热衣原体猫染株十分易感,不同品种、年龄的猫都可感染。病猫、带毒猫是主要传染源,从眼及呼吸道分泌物大量排菌,扩散传播,污染的空气、尘埃、飞沫、饲料等经过黏膜感染。试验证明,在用含菌气溶胶感染后 7～10 d,即可在结膜、鼻腔、气管和细支气管上皮细胞内分离到菌。

症状

猫衣原体病表现为结膜炎、鼻炎、肺炎、繁殖障碍、流产、肛门红肿等。

猫衣原体感染最常与单侧或双侧结膜炎和结膜水肿相关。猫在感染 5～10 d 内出现临床症状,可引起结膜炎。病初出现斜视、眼睑痉挛充血、结膜浮肿、过度流泪,继而出现黏脓性分泌物,分泌物呈黄色或绿色,形成滤泡性结膜炎。新生猫可能发生眼炎,引起闭合的眼睑突出及脓性坏死性结膜炎。自然病例通常也可发生单侧性黏脓性结膜炎,潜伏期为 3～10 d,5～7 d 发展到对侧眼,双侧结膜炎,充血。发病后 9～13 d 症状特别明显,一般 2～3 周消退。有些猫可能会继发细菌感染、支原体感染、角膜炎、角膜翳和角膜溃疡。病猫食欲不振,不愿活动。

猫衣原体感染很少表现出呼吸道症状,偶见患猫出现鼻炎、局限性肺炎。鼻炎的病猫出现阵发性打喷嚏和流鼻液,病重的继发支气管炎和肺炎,出现呼吸困难、咳嗽、发热、流脓性鼻液、萎靡、倦怠等症状,鼻腔、口腔黏膜甚至出现溃疡灶。有些猫即使治疗,临床症状也要持续数周,极少数的猫会出现复发。

衣原体可散布于猫消化道和生殖道中,引起肛门红肿、繁殖障碍、流产。

犬的衣原体病例报道较少,但也可能引起结膜炎、肺炎、繁殖障碍、流产及脑炎综合征。

病理变化

病变多局限于上呼吸道、眼结膜、鼻腔、咽喉及气管。气管黏膜充血、潮红,其内有浓稠的黏液。肺尖叶常有淡红色至灰红色的实变区。支气管和肺泡内充满含有泡沫的浆液性渗出物。结膜发炎的反应突出,在疾病早期中性粒细胞、淋巴细胞、浆细胞和巨噬细胞浸润,这些细胞及结膜上皮细胞内含有衣原体。

诊断

依据临床症状,结膜刮取物或分泌物涂片染色,在结膜上皮细胞内会发现包涵体。

1.病原体分离　可采取血液或痰液。痰液宜加链霉素处理。注射至小鼠体腔,接种动物常于7～10 d内死亡。剖检后取脾、肺、肝等涂片涂色,查看有无衣原体及嗜碱性包涵体。结果阳性时,再进行血清学鉴定。

2.血清学试验　患本病后常可检出特异性抗体升高。补体结合抗体在体内维持时间较长,可在病初期及后期采取双份血清标本进行试验。如后期血清比初期血清抗体滴度高4倍或以上,则有诊断意义。此外,还可进行血凝抑制试验。

犬猫出现繁殖障碍或是不明原因流产的症状,可用棉拭子采集流产组织进行衣原体PCR的检测。

预防

主要以严格控制传染源,对观赏、比赛和食用的鸟类或禽类要加强管理,避免发生鹦鹉热衣原体的传播和流行。进口的禽类要检疫,尤其对隐性感染的一些禽类更应注意。加强环境的清洁卫生工作,使空气干燥、新鲜,并定期消毒,加强饲养管理,经常清洗、消毒食具,对患有本病的宠物要迅速治疗。

可以注射猫五合一疫苗,这种疫苗对这种疾病的保护率不高,但可以显著降低严重程度。猫五合一疫苗是包含猫瘟、猫卡里西病、猫鼻气管炎、猫白血病、猫衣原体肺炎病的联苗。

二、按医嘱进行治疗

(一)治疗原则

应用抗生素治疗。

（二）药物治疗

四环素类药品对本病的效果最好，由于衣原体是散布的，建议局部和系统同时治疗。口服四环素 15～22 mg/kg 体重，每日 2～3 次，连用 2～3 周。或口服强力霉素或阿奇霉素 5～10 mg/kg 体重，每日 2 次，连用 2 周。也可以采用氧气疗法，在肺炎早期通过面罩或氧气笼供给 100%或 40%～50%的氧气，及时供氧以解除缺氧状态。

对于结膜炎，四环素眼膏要比金霉素眼膏好。双眼每日 4 次，用药 7～10 d。同时用红霉素软膏涂到眼睑上。怀孕或有肾脏疾病的猫，用红霉素进行对症治疗。为了减少复发，在症状消失后，还应该治疗 7～10 d。

三、宠物出院指导

（一）护理指导

因本病可传染给人，所以在饲养、防治和剖检病犬猫过程中，必须增强个人防护意识，并防止污染环境。

（二）预后

此病如没有并发病毒如猫疱疹病毒感染，大都预后良好。

学习情境十

犬猫支原体病的防治技术

项目　犬猫支原体病的防治技术

Project

犬猫支原体病的防治技术

学习目标

了解犬猫支原体病的发生过程；
掌握犬猫支原体病的临床诊断流程；
掌握犬猫支原体病的治疗方法；
掌握犬猫支原体病的出院指导要点。

【案例导入】

美国创办的 *Journal of Clinical Microbiology*（临床微生物学）杂志 2005 年，第 43 卷第 7 期中文章 *Clinical Use of 16S rRNA Gene Sequencing to Identify Mycoplasma felis and M. gateae Associated with Feline Ulcerative Keratitis*（应用 16S rRNA 基因序列识别患有猫溃疡性角膜炎病中的猫支原体）。

报告中指出，支原体是猫结膜和上呼吸道正常菌群的一部分。然而，支原体与猫角膜炎相关。被检测的猫角膜碎屑病料中，猫支原体和猫溃疡性角膜炎病例有关。猫支原体可能是猫溃疡性角膜炎的病原体，被认为对猫的视力有显著威胁，这种感染可能始终表现为非典型疱疹性角膜炎。

【项目描述】

一、宠物入院症状、诊断评估与记录

(一)一般检查项目评估

1. 问诊

病史。

2. 临床症状

检查角膜病变。

3. 猫支原体的诊断

传统上依靠细菌培养的方法，但是猫支原体难以生长。分子诊断依靠敏感的定量 PCR 检测（支原体 PCR 检测试剂盒）。

(二)重点检查项目评估

泌尿生殖系统疾病需要筛查支原体病原，可以采用“动物用解脲支原体抗体检测试剂盒（新鲜血清）”进行检测。

1. 临床意义

解脲支原体（*Ureaplasma urealyticum*，Uu）是引起动物泌尿生殖道感染的主要病原体之一，它可导致宫内感染、早产、死产等后果。

2. 检测原理

采用渗滤式免疫胶体金技术，利用金颗粒作为示踪剂，选择性捕捉标本中特异性抗体。斑点反应板上的固相 Uu 抗原特异地与标本中的 Uu 特异性抗体结合形成复合物，胶体金标记的抗 IgG（或 IgM、IgA）抗体再与复合物结合，形成肉眼可见的红色线条。

3. 试剂及用品

金标反应板 1 套，金标试剂 A 液（洗涤液）1 瓶，金标试剂 B 液（金标液）1 瓶，使用说明书 1 份。

4. 操作方法

在反应板孔中间加 2 滴洗涤液，待液体充分吸入；取 100 μL 标本血清加入反应孔中间，待液体充分吸入；小心揭掉红色滤盖，在反应孔中间加 2 滴洗涤液，待液体充分吸入；在反应

孔中间加 4 滴金标液，待液体充分吸入；在反应孔中间加 2 滴洗涤液，待液体充分吸入，观察结果。

5. 结果判断

反应板中央出现“十”字红线为阳性，只出现“一”字红线为阴性（检测动物样本时，质控线可能不清晰，但不影响使用）。

（三）并发症评估

关节炎、脑膜脑炎、繁殖障碍、子宫内膜炎、流产。

相关知识

支原体（*Mycoplasma* spp.）又称霉形体，为目前发现的最小的最简单的原核生物。支原体细胞中唯一可见的细胞器是核糖体（支原体是原核细胞，原核细胞的细胞器只有核糖体）。它在自然界分布广泛，可感染人和动物。

病原

支原体由于缺乏细胞壁，菌体有一定可塑性，形态呈多形性变化。由于寄主细胞或体外培养条件不同，繁殖期不同，菌体大小和形态也各异。在体外适宜培养条件下，菌体通常呈细丝状、螺旋丝状或球菌状等。菌体大小、形态也与支原体种类等有密切关系。

发病机理

支原体不侵入机体组织与血液，而是在眼部、呼吸道或泌尿生殖道上皮细胞黏附并定居后，通过不同机制引起细胞损伤达到致病性，如获取细胞膜上的脂质与胆固醇造成膜的损伤，释放神经（外）毒素、磷酸酶及过氧化氢等。

症状

猫支原体是一个重要的致病性和共生生物体。尽管它可以从上呼吸道和正常猫结膜中分离出来，但它在下呼吸道的存在一直被认为是不正常的，与猫支气管疾病有关。此外，猫支原体可引起关节病（关节炎）以及脑膜脑炎。

猫支原体主要感染眼部、上呼吸道和泌尿生殖道，主要可引起猫结膜炎（结膜严重水肿）、打喷嚏、轻度鼻炎、肺炎、咳嗽、多发性关节炎、皮下脓肿和生殖系统疾病，如流产、不育。

猫支原体性角膜炎多发，可由异物、毛、结膜炎或鼻炎等因素引起，也可能是全身感染的局部表现。急性期以怕光、流泪为主，逐渐在角膜表面形成浑浊，并且增厚成白色不透明的翳；角膜表面（一般是在中央处）破损，形成溃疡，治疗不及时，可能出现穿孔，引起全眼球炎。角膜炎一般伴发充血性结膜炎。

猫支原体与呼吸道疾病（呼吸道支原体病）有关，为原发病因，并在猫之间传播。但 35% 的健康猫的咽喉中均能分离到支原体，所以支原体也可能是一种条件性致病菌，继发于其他病因引起的炎症。John C. Chandler 等在 1988—1999 年对 224 只下呼吸道疾病的病例进行了气管灌洗，其中 17 个病例（14 只犬和 3 只猫）的细菌分离培养结果只有支原体。主要的诊断包括肺炎（35%）、气管塌陷（35.3%）和支气管炎（29.4%）。14 个病例的回访调查中，8 例在使用抗支原体药物后痊愈或病情改善。这些病例中，支原体和呼吸道疾病的相关性可能是犬、猫的原发病因。

犬支原体病是由犬支原体和犬尿道支原体引起的，以犬表现肺炎、繁殖障碍、流产为特征的传染病。犬支原体主要引起犬肺炎，剖检可见病犬呈典型的间质性支气管肺炎变化，犬尿道支原体主要引起犬泌尿生殖器官疾病，主要表现为子宫内膜炎、阴道前庭炎、精子异常、膀胱炎等。支原体膀胱炎可能存在血尿、尿频、痛性尿淋漓、尿失禁、多饮多尿和发热等症状。

诊断

支原体性眼炎：检眼镜检眼，荧光素染色易发现溃疡处，能做细菌培养更好。

呼吸道支原体病：X线胸片表现为肺纹理增多，确诊必须进行病原体的分离和鉴定以及血清学检测。

犬猫出现繁殖障碍或是不明原因流产的症状，可用棉拭子采集流产组织进行支原体PCR的检测。

预防

本病没有特殊的预防方法，可使用敏感抗生素。

二、按医嘱进行治疗

(一)治疗原则

以抗感染为主要措施，辅以祛痰、化痰，以减轻咳嗽症状。

(二)药物治疗

(1)支原体性眼炎的治疗　2%～4%硼酸液洗眼，以清除角膜和结膜囊内的异物和分泌物，利于眼药吸收。

用氯霉素眼药水配合阿托品点眼；可的松眼药水只能在非细菌、非病毒性炎症时，与抗生素眼药水合用，在角膜不破溃时有助于消除角膜表面的浑浊。

猫的角膜溃疡主要是疱疹病毒引起的，应用疱疹净眼药水，每日4～6次，也可选用素高捷疗眼药膏，或吗啉胍眼药水。

(2)犬、猫呼吸道、泌尿生殖道支原体病的治疗　使用敏感抗生素，如林可霉素、强力霉素、红霉素、两性霉素等。

三、宠物出院指导

(一)护理指导

支原体肺炎需要住院监护与治疗，以防发生窒息及严重呼吸困难。保持空气流通，室温维持在20℃左右，湿度以60%为宜。给予足量的维生素和蛋白质，经常饮水及少量多次进食。

(二)预后

无混合感染，预后良好。

学习情境十一

犬猫立克次体病的防治技术

项目一　猫巴尔通体病的防治技术

项目二　犬埃里希氏体病的防治技术

项目三　落基山斑疹热的防治技术

项目四　Q 热的防治技术

项目五　嗜吞噬细胞无形体病的防治技术

Project 1

猫巴尔通体病的防治技术

学习目标

了解猫巴尔通体病的发生过程；
掌握猫巴尔通体病的临床诊断流程；
掌握猫巴尔通体病的治疗方法；
掌握猫巴尔通体病的出院指导要点。

【案例导入】

患猫1岁8个月，雄性，家养，但平时可在户外自由活动，就诊前1个月曾被野猫咬伤，未进行过体外驱虫。精神倦怠，食欲减损，鼻镜干燥，四肢乏力，喜卧嗜睡，眼睑肿胀，齿龈可见散在出血点，尿血，血常规检查可见贫血，PCR检测为巴尔通体病。

【项目描述】

一、宠物入院症状、诊断评估与记录

(一)一般检查项目评估

1. 问诊

是否被跳蚤叮咬过，是否被野猫咬伤，有无输血史。

2. 临床症状

周期性发热，嗜睡，对环境刺激无反应，轻微四肢倦怠等。

3. 血涂片镜检

取1滴血液做瑞氏染色。普通光学显微镜油镜下红细胞呈不规则形状，变形的细胞表面有数个紫染的巴尔通体，血浆中也含有游离小体。在猫科动物中，没有发现病原微生物是不能排除此病的。

(二)重点检查项目评估

1. 血常规检查

经常可见血细胞压积明显降低，网织红细胞数增多。

2. 尿液检查

可能出现血红蛋白尿。

(三)并发症评估

巴尔通体感染通常引起急性发热性贫血、慢性皮肤出疹。

相关知识

巴尔通体病是由巴尔通体引起的猫以免疫介导性红细胞损伤，导致动物贫血和脾肿大为特征的疾病。

病原

巴尔通体(*Bartonella*)是介于细菌和立克次体之间的一种微生物，嗜血性强，专性寄生于猫的红细胞内或紧贴于红细胞上或游离于血浆中，无固定形态。革兰氏染色呈阴性，没有细胞壁。姬姆萨染色呈紫色或蓝色，马基维罗氏染色呈红色，呈小杆状、球状或双球状等不定形态。用扫描电镜（放大5 000倍）观察，猫巴尔通体呈圆锥形或球形，直径大小约为0.5 μm，一般在红细胞表面，有时游离于血浆中。研究表明，猫抓病(cat scratch disease，CSD)主要由*B. henselae*和*B. clarridgeae*感染引起。该病散发，多数为2～14岁的儿童，

男性略多于女性，温暖季节较寒冷季节多见。病例呈家庭集中分布。猫特别是1岁以内的小猫为该病的主要传染源。

流行病学

猫和啮齿动物等许多家养和野生的动物都是多种巴尔通体慢性感染的储存宿主。蝇、跳蚤、虱子和白蛉等节肢动物也可以传播该病原。跳蚤在传播猫 *B. henselae* 和 *B. clarridgeae* 中发挥了重要的作用。1～3岁的猫易感，公猫比母猫多发，多数呈不显性感染（也是最危险的传染源），但在各种应激因素作用下可引起恶化乃至暴发流行。吸血的节肢动物（蚤、虱等）是重要的传播媒介，不仅是载体，而且能在其肠壁上皮细胞、唾液腺、生殖器等特定细胞内增殖而不引起死亡，成为自然宿主。有研究表明，用常规方法保存带有本病病原体的供体血液1个月后，将此血液输入到无本病病原体的猫，猫会获得猫血巴尔通体感染。实验证明，用小剂量的病猫血液经腹腔、静脉注射和口服等途径均能使健康猫感染发病。

猫蚤可以通过吸血的方式在猫之间传播巴尔通体；猫通过摄食携带有本病病原体的猫蚤（及其粪便、幼虫等）并不能获得感染。抓伤、咬伤可传染本病，也可通过子宫垂直感染。

巴尔通体从猫至人的传播主要通过人与猫的接触（抓伤、咬伤），小比例的猫抓病缺失猫暴露史，提示可能存在昆虫传播路径。本病具有地方流行性，污染地区猫群的发病率明显高于其他地区的猫群。

发病机理

猫巴尔通体感染对宿主红细胞具有较强的破坏作用。一方面，病原体的附着使宿主红细胞受损、生活周期变短；另一方面，黏附于红细胞的病原通过暴露隐藏的红细胞抗原或是引起宿主红细胞表面抗原的改变，导致机体免疫系统不能识别自身，从而产生抗红细胞的抗体，使动物出现更为严重的免疫介导性贫血。病猫可以表现出温和的感染、显著的贫血或是致死性贫血。本病发生的过程分为菌血症前期、急性发病期、恢复期三个时期。

1. 菌血症前期　这个过程包括病原体感染动物到动物机体首次出现较大范围的菌血症。在这一阶段，由于病原数量较少，通常不能用外周血液镜检的方法发现病原体。

2. 急性发病期　这个过程是指动物体首次到末次出现较大范围的菌血症的时期，可长达1个月甚至更久。在此阶段，动物机体的红细胞受到严重破坏，血细胞压积值快速降低，动物常出现严重的贫血，导致快速死亡。用血涂片镜检的方法观察，病原周期性地不连续地在血液中显现。病原体数量可以在1～5 d内达到一个峰值，接着又快速（可能在数小时内）同步地消失，然后经过几天间隔期，再显现出周期性的菌血症。在两次菌血症之间的间隔期，通常也很难用外周血液镜检的方法观察到病原体。周期性的菌血症的出现，是由于病原体在感染过程中出现了抗原变异（发生自身表型的转换）和黏附位相的转换（暂时与红细胞分离），从而快速同步地从宿主红细胞中消失并且周期性的重新显现，这样有利于躲避机体直接的免疫性损伤。新出现的菌血症表明一个新的感染周期又将开始。

3. 恢复期　如果动物体有足够的免疫力，红细胞的再生能力也较强（能够完全抵消受损伤的红细胞），最后一次菌血症结束后，患病动物将逐渐进入恢复期，动物的PCV也逐渐变得稳定，但药物并不能将病原从感染动物体内完全清除，感染的动物将长期保持带菌。在这个阶段，由于病原数量较少，通常不能用血液涂片镜检发现病原体。

猫巴尔通体与其他病原混合感染可增强其致病性，例如，与逆转录病毒（包括猫免疫缺陷病病毒、猫白血病病毒）混合感染，这些病毒的入侵破坏了动物机体的免疫器官，使之不能产生正常的免疫应答。在实验室条件下混合感染猫白血病病毒会发生更加严重的贫血。感染猫白血病病毒的猫继发感染巴尔通体将产生骨髓增生或导致血细胞的肿瘤化生。

症状

所有年龄段的猫都可以感染本病，其易感性、症状表现与猫的年龄、健康状况、感染病原的种类有关。感染猫不表现明显的临床症状，被描述为自身限制性疾病，但伴发免疫介导性疾病或者逆转录病毒感染时会暴发本病。猫巴尔通体可以引起猫发生温和性贫血，但当动物机体出现免疫抑制时会出现严重的贫血症状。

急性型体温升高到40～41℃，持续2～3 d，精神沉郁，心跳、呼吸加快。出现巨红细胞溶血性贫血的症状，可视黏膜黄染及血红蛋白尿，触诊脾脏肿大。

慢性型体温正常或稍低，精神沉郁，体况瘦弱，软弱无力，伴有嗜睡，对环境刺激无反应，轻微四肢反射消失，有的出现可视黏膜黄染、脾脏肿大，也有的病猫出现呼吸困难，且与贫血程度有关。

诊断

血液学检验：红细胞压积下降、血红蛋白减少有助于诊断。病猫血液白细胞总数及分类值均增高，多数病例单核细胞绝对增高并发生变形，单核细胞和巨噬细胞有吞噬红细胞现象。出现病状前病猫的PCV在10%以下。

外周血液光镜镜检是猫血巴尔通体常用的检测方法，但该方法只适合处于急性发病的严重菌血症时期病原的检测，其他时期通常不易检测到病原。可能出现假阳性。可连续数天采取血液做涂片染色镜检，可见到着色的猫血巴尔通体。取血液做涂片，用姬姆萨染色液染色，镜检可见寄生或附着于红细胞的紫蓝色菌体。

血清学检测是有意义的，但临床价值很有限。已建立的血清学检测方法包括补体结合试验、间接血凝试验及酶联免疫吸附试验。该病病原体在感染过程中通常要出现抗原变异等现象，并且温和感染的猫体内病原数量较少、产生的抗体的数量也较少，因此，用血清学的检测方法适合于进行流行病学调查，但不宜用于疾病的确诊。

目前的研究表明，PCR检测方法是诊断本病的有效方法，是一种快速而敏感的检测方法。

预防

目前，没有针对猫巴尔通体病的疫苗。主要预防措施有防止打斗、抓咬及消灭吸血昆虫，搞好环境卫生等。

二、按医嘱进行治疗

（一）治疗原则

预防为主，应用抗生素消除巴尔通体，严重贫血者，输血治疗。

(二)药物治疗

对出现严重贫血症状的猫,可以用输血的方式对其进行治疗,但输血前应对供体血液作本病病原体的检测,以防止该病通过血液传播。

四环素、土霉素、氯霉素、强力霉素等药物是控制本病的有效药物,但药物并不能将病原从感染动物体内完全清除;猫在发病过程中可能出现免疫介导性贫血,在用抗生素治疗的同时,也可以配合使用糖皮质激素(如氢化可的松等药物)对抗机体自身的免疫性损伤。

三、宠物出院指导

(一)护理指导

对于出现严重贫血的猫,输血的同时应供给氧气。

(二)预后

出现溶血性贫血的猫病程较长,单一感染预后良好。

Project 2

犬埃里希氏体病的防治技术

学习目标

了解犬埃里希氏体病的发生过程；
掌握犬埃里希氏体病的临床诊断流程；
掌握犬埃里希氏体病的治疗方法；
掌握犬埃里希氏体病的出院指导要点。

【案例导入】

博美犬,公,5 岁,体温 41.5℃,耳内侧有大量蜱虫,黏膜苍白,持续高烧,精神沉郁,嗜睡,仍然有饮食欲,四肢无力,运动障碍。

血常规检查:红细胞压积、血红蛋白、白细胞、淋巴细胞和血小板均降低,出现了网织红细胞。用犬埃里希氏体试纸进行血清检测,结果为阳性。

【项目描述】

一、宠物入院症状、诊断评估与记录

(一)一般检查项目评估

1. 问诊

蜱虫叮咬史。

2. 临床症状

体温升高,四肢无力,运动障碍。

3. 快速诊断

爱德士三合一检验套组(IDEXX SNAP 3Dx)、四合一检验套组(IDEXX SNAP 4Dx)都可以检测犬埃里希氏体,试纸进行血清检测,结果为阳性。

(二)重点检查项目评估

1. 血液涂片检查

可能见到大量异形、深染红细胞以及少量有核红细胞;大量分叶核白细胞、凋亡白细胞;血小板减少,大量血小板凝集。

2. 血液生化检查

没有明显的规律性,有些病例可能出现血清白蛋白降低,也可能出现碱性磷酸酶显著升高。

3. 影像学检查

可见肝脏、脾脏肿大。

(三)并发症评估

大部分病例会出现骨髓发育受阻,血小板减少,皮肤出现出血斑或出血点。

相关知识

犬埃里希氏体病(canine ehrlichiosis)是由犬埃里希氏体引起的,主要由蜱传播的一种犬败血性传染病,同时本病也是一种人兽共患自然疫源性疾病。特征性病变表现为呕吐、黄疸、进行性消瘦、非再生性贫血和脾脏肿大。

病原

犬埃里希氏体(*Ehrilichia canis*)属立克次体科埃里希氏体属,呈圆形、椭圆形或杆状,能通过细菌滤器,革兰氏阴性。以单个或多个形式寄生于单核细胞内和中性粒细胞的胞质内膜空泡内。光镜下包涵体呈桑葚状结构,此为埃里希氏体特征。

犬埃里希氏体感染犬科动物白细胞,既能通过蜱卵传播,也能通过蜱的发育阶段传播。

对理化因素抵抗力弱，对低温和干燥抵抗力强。一般消毒药在56℃ 10 min都可杀灭。广谱抗生素中的四环素、氯霉素、金霉素能抑制其繁殖，青霉素则无作用，磺胺类药物对某些种反而可促进其繁殖。

流行病学

家犬、野犬和啮齿类动物是本病的宿主。多种不同性别、年龄和品种的犬均可感染本病。

在我国，自1993年在云南犬与人群中证实以来，已先后在广东、广西、福建、新疆、内蒙古、大兴安岭等地出现，范围广泛应引起重视。犬科动物均易感，犬的易感性高。

本病一般夏末秋初发生，主要传染媒介为血红扇头蜱。幼蜱和若蜱叮咬病犬获得病原体，之后蜕皮发育为成蜱，在叮咬健康犬时将病原传播。在年龄与性别上无多大差别，仔幼犬死亡率高；在品种上，德国牧羊犬最易感，发病率最高，大丹犬、拉布拉多犬、金毛寻回犬和杂交藏獒犬也可感染发病，比格犬也可人工感染发病。

此外，输血也是造成病原传播的重要途径。本病的暴发流行，往往还与巴尔通体病、锥虫病、巴贝斯虫病等混合发生。

症状

潜伏期8～12 d。病犬周期性发热，食欲不振，流黏液脓液性鼻液和眼眵，贫血，体重减轻。重病犬呕吐，淋巴结肿大，口腔黏膜糜烂，四肢和阴囊水肿，有腹水、胸水及胃肠炎症状。有的病犬腋窝和鼠蹊部皮肤出现红斑，感觉敏感。德国牧羊犬多发生骨髓形成障碍和造血功能障碍，导致鼻出血、眼球内出血等全身性严重出血而死亡。病程一般经过急性期、亚临床期和慢性期三个阶段。

急性期：持续2～4周，主要表现为发热、食欲下降、嗜睡、口鼻流出黏液脓性分泌物、身体僵硬、不愿活动、四肢或下腹水肿，咳嗽或呼吸困难。患犬抗病力降低，全身淋巴结肿大、脾脏肿大，血小板减少。另外，在急性期病犬体表往往能找到寄生的蜱。

亚临床期：急性期病犬较少死亡，多数病犬临床症状逐渐消失而转入亚临床阶段，其体温和体重基本恢复正常。但血象指标异常，如血小板减少和高球蛋白血症。亚临床阶段可持续40～120 d，仍不能康复的犬则转入慢性期。

慢性期：病犬主要表现为恶性贫血和严重消瘦。临床症状包括脾脏显著肿大、肾小球肾炎、肾衰竭、间质性肺炎、前眼色素层炎、共济失调、感觉过敏或麻痹。长头型品种的犬，常见鼻出血。所有犬种可见血尿、黑粪症及皮肤和黏膜淤斑。血象严重异常，各类血细胞严重减少，血小板减少。本病与巴贝斯虫、巴尔通体等混合感染时，致死率高，幼犬较成年犬高。

有的患犬皮肤有圆形、椭圆形的脱毛或被毛断裂病灶，多处发生时可互相融合成片，具有细鳞屑或形成明显的痂皮。若无继发感染则不瘙痒。有局限性脱毛或丘疹，形成血痂样小痂皮。有的全身脱毛，皮肤明显增厚。

病理变化

犬埃里希氏体感染的典型特征是血液成分减少。犬埃里希氏体可引起急性、亚临床和慢性疾病。在急性期，病原体在循环中的单核细胞，以及肝脏、脾脏、淋巴结等的单核细胞中繁殖。感染的细胞通过血液运输到其他组织，特别是脑膜、肺和肾脏，在这些组织中，感染的细胞吸附在血管的内皮细胞上，从而导致血管炎和内皮细胞下组织感染。在这一阶段，血小板的消耗、堆积和破坏导致血小板减少。由于红细胞生成受到抑制，红细胞破坏加速很快导致贫血的发生。在亚临床阶段可见各种各样的持续性血小板减少，白细胞减少和贫血。慢性病发生于那些对病原体不能产生有效免疫力的犬。黏膜、浆膜有出血变化，脏器组织有贫血变化，如苍白、色淡等。肺水肿，肝脏、肾脏呈斑驳样，脾脏显著肿大，骨髓增生，胸腔积水，胃肠黏膜出血、有溃疡灶。

诊断

根据临床症状和剖检变化可怀疑本病，确诊依靠血液学检验、病原分离鉴定、血清学检查。

1. 血液涂片检查病原　取病犬初期或高热期血液涂片，姬姆萨染色，镜检，在单核细胞和嗜中性粒细胞中可见犬埃里希氏体和膜样包裹的包涵体。

2. 病原分离鉴定　取病犬急性期或发热期血液，分离白细胞，接种于犬单核细胞或犬巨噬细胞系细胞，培养后用电镜检查感染细胞胞质中的包涵体，或用免疫荧光抗体检查病原体。用PCR技术和核酸探针检测，敏感性和特异性更高。

3. 血清学检查　病犬感染后7 d产生抗体，2～3周达高峰。间接荧光抗体技术和ELISA法可用于检测该抗体。

4. 鉴别诊断　要注意与犬布鲁氏菌病、霉菌感染、淋巴肉瘤及免疫介导性疾病相区别，尤其是血小板减少症也可出现免疫介导性血小板减少性紫癜，应予鉴别。

预防

目前，对犬埃里希氏体病没有可用的疫苗。预防的措施包括对生活在流行区的犬口服四环素（每日6.6 mg/kg体重）。另外还应该灭蜱和跳蚤。

二、按医嘱进行治疗

（一）治疗原则

治疗的有效性取决于病情的严重程度和能否在感染过程的早期进行治疗。

（二）药物治疗

多西环素（强力霉素），5～10 mg/kg体重，口服，每12 h一次，是治疗急性感染比较好的药物。有意义的临床好转会在1～2 d内出现。治疗期可根据临床反应延长至6周。

（三）对症治疗

对脱水的动物和肾功能障碍的动物输液治疗；对严重贫血的动物输血治疗；对败血症的动物用广谱抗生素；注射多拉菌素等药物或药浴防治蜱，环境除蜱。

三、宠物出院指导

（一）护理指导

改善饮食，增加营养，提供高质量的犬粮。口服补血药，如倍补血等。

（二）预后

慢性埃里希氏体病非常难治疗，而且大都预后不良。

Project 3

落基山斑疹热的防治技术

学习目标

了解落基山斑疹热的发生过程；
掌握落基山斑疹热的临床诊断流程；
掌握落基山斑疹热的治疗方法；
掌握落基山斑疹热的出院指导要点。

【案例导入】

美国创办的 *Emerging Infectious Diseases*（新发传染病）2009 年第 15 卷第 3 期文章 *Rocky Mountain Spotted Fever in Dogs, Brazil*（巴西犬落基山斑疹热）中指出，巴西，10 岁雌性迷你雪纳瑞犬，厌食、嗜睡。经兽医检查，发热（40.2℃），呕吐，身体有蜱寄生，无神经症状，血小板减少，最终经 PCR 诊断为犬落基山斑疹热。

【项目描述】

一、宠物入院症状、诊断评估与记录

（一）一般检查项目评估

1. 问诊

蜱虫叮咬史。

2. 临床症状

厌食、发热、嗜睡，无神经症状。有病例出现腹泻、便血，出现神经症状共济失调、自发性眼震。

（二）重点检查项目评估

血常规检查有病例白细胞增多，血液生化检查有病例碱性磷酸酶升高。

血清学评价采用间接免疫荧光法（IFA）进行立克次体抗原的菌株判定。

（三）并发症评估

部分感染犬发生关节炎、心肌炎或脑膜炎。

相关知识

落基山斑疹热（Rocky mountain spotted fever）是蜱携带立克次体传播的一种感染犬和人的传染病。尽管它的名字是落基山斑疹热，但它发生于整个美国、加拿大西部的部分地区和墨西哥、中南美。目前，大多数犬和人感染此病的病例来自美国东部。

症状

临床疾病最有可能发生在 3 月和 10 月出生的幼犬（2 周岁内）。发现德国牧羊犬和西伯利亚的爱斯基摩犬有很高的发病率。

持续发热，厌食，精神沉郁，体重减轻和脱水，呼吸困难、咳嗽，呕吐或腹泻。由于关节和（或）肌肉疼痛而跛行，食欲下降是患落基山斑疹热病犬最常见的症状，而且它们通常有与蜱的接触史。广泛性的脉管炎包括嘴唇、阴囊和耳朵的水肿和充血会导致一些其他症状。对于雄性，可能会出现阴囊水肿和附睾肿胀。另外，深部范围的检查可能会看见黏膜上有斑点状和淤血状出血。严重感染的犬会发生自发出血。落基山斑疹热常见的症状包括大多数组织的斑点状和淤血性出血和出血性淋巴结肿大。对更严重的病例，可能会出现心血管、神经

和肾脏的损伤，这些都是导致死亡最常见的原因。但落基山斑疹热不常引起死亡。

发病机理

通过感染蜱叮咬将病原注入后，这种立克次体就在血管内皮细胞内繁殖并在小动脉和小静脉内产生脉管炎，引起凝集系统的变化，躯体浮肿，多种器官系统的功能失调或丧失。血浆等的渗出可能会导致脑、肺和皮肤的水肿。另外，小血管出血、血小板减少症和DIC也可能出现。感染会导致少数动物的休克和死亡。

诊断

本病的发生具有季节性，3～10月易发。血液学的变化，包括血小板减少，初期白细胞减少然后增多，贫血。生物化学异常变化包括：白蛋白减少，天冬氨酸转氨酶升高，血钙减少，低血钠，血氯过少，代谢酸增多，血胆红素过多，血清尿素氮、肌酐升高。

严重感染的动物可能会出现心脏症状，这些症状可能会导致心电图的异常：ST段和T波降低，心室收缩过早。

血清学实验中，落基山斑疹热抗体滴度直到后期感染的2～3周才会有显著的升高。

常规的组织学染色方法不能发现立克次体。

预防

目前，还没有可用于犬落基山斑疹热的疫苗。但是根据报道，由立克次体引发的自然免疫力会在感染后期持续达3年之久。防止蜱对犬的侵扰是最好的预防该病的方法。目前，灭螨也是预防该病最好的方法。

二、按医嘱进行治疗

(一)治疗原则

治疗的方法应该基于患犬的病史、生理状态和不太严重的血小板减少症的表现。

(二)药物治疗

四环素(22～30 mg/kg体重，口服，每日3次，用药7～14 d)或强力霉素(10～20 mg/kg体重，口服，每日2次，用药7～14 d)，可用来治疗落基山斑疹热。这两种药在幼犬(6月龄以内)上使用10 d或更长时间就会在牙上留下痕迹，所以对幼犬可以使用氯霉素(15～25 mg/kg体重，口服或皮下注射，每日3次，用药7～14 d)。

在使用抗生素治疗后24～72 h内，患犬会有显著的好转。对严重感染的犬，应对应激、自发出血、心脏或肾脏疾病症状进行支持性治疗。但是静脉输液治疗可能会加速肺和大脑的水肿，因为静脉输液会增加血管的通透性。对严重贫血的动物输血治疗。

三、宠物出院指导

(一)护理指导

病犬血管严重损伤时，输液应慎重，因静脉输液会增加血管的通透性，可能会加速肺和脑部水肿。

(二)预后

落基山斑疹热导致的死亡病例不常见。但诊断延迟或使用一些对立克次体无效的抗菌药物,可能使死亡率增加。

Project 4

Q 热的防治技术

学习目标

了解 Q 热的发生过程；

掌握 Q 热的临床诊断流程；

掌握 Q 热的治疗方法；

掌握 Q 热的出院指导要点。

【案例导入】

牛津大学创办的期刊 *The Journal of Infectious Diseases*（传染病杂志）1991 年第 164 卷第 1 期文章 *An Outbreak of Cat-Associated Q Fever in the United States*（猫相关的 Q 热在美国暴发）。报告中指出，产仔猫的 Q 热病传染给主人。家庭成员和产仔猫的血清标本中贝氏柯克斯体抗体效价大于或等于 1:64。

牛津大学创办的期刊 *Clinical Infectious Diseases*（临床感染性疾病）1996 年第 23 卷第 4 期文章 *A Dog-Related Outbreak of Q Fever* 中指出，一个家庭中的 3 个成员接触感染 Q 热（贝氏柯克斯体感染）的产仔犬 8～12 d 之后得了肺炎。产仔犬生了 4 个幼崽：3 个出生后不久死亡，第四个出生后 24 h 内死亡。

【项目描述】

一、宠物入院症状、诊断评估与记录

（一）一般检查项目评估

1. 问诊

母犬产下的 4 个幼崽，3 个出生后不久死亡，第四个出生后 24 h 内死亡。

2. 临床症状

感染后一般无症状。

3. 抗体检测

犬 Q 热 IgG 免疫荧光玻片试剂盒，用于检测人、犬血清中的犬 Q 热 IgG 抗体。

（二）并发症评估

常引起犬猫分娩死胎。

相关知识

Q 热（Q fever）是由贝氏柯克斯体（*Coxiella burnetii*，Cb）引起的急性自然疫源性疾病。临床以突然起病，发热，乏力，头痛，肌痛与间质性肺炎，无皮疹为特征。1935 年在澳大利亚屠宰场工人中首先被发现，因当时患者表现不明原因的热性病症状，故称该病为 Q 热（“Q”为英文 query 的第一个字母，即疑问之意）。目前除个别地区尚未发现 Q 热病例外，目前已报道的 Q 热疫区已遍及全球各大洲几乎所有国家，成为当前分布最广的人兽共患病之一。我国 10 多个省、自治区、直辖市均证实有此病。1982 年安徽省从山羊脾脏分离出本病病原。人的感染和暴发流行大多与接触家畜和畜产品有关。

病原

贝氏柯克斯体即 Q 热立克次体，属于立克次体科柯克斯体属，是专性细胞内寄生的微生物，多在宿主细胞吞噬溶酶体内繁殖，多为短杆状，偶呈球状、新月状、丝状等多种形态，一般

大小为(0.2～0.4) μm×(0.4～1) μm。无鞭毛，无荚膜。革兰氏染色阴性，但一般不易着染；姬姆萨染色呈紫色；马基维罗氏染色法染成红色。对理化因素抵抗力强。在干燥沙土中4～6℃可存活7～9个月，－56℃能存活数年，加热60～70℃ 30～60 min才能灭活。

贝氏柯克斯体与其他立克次体的区别在于其具有滤过性，不引起人的皮疹，能直接经气溶胶传播。

流行病学

牛、羊、马、骡、犬、猫为主要传染源，其次为禽(鸽、鹅、火鸡等)及爬虫类动物。有些地区家畜感染率为20%～80%，受感染动物外观健康，而分泌物、排泄物以及胎盘、羊水、乳汁、粪便中均含有Q热立克次体，成为重要传染源。蜱通过叮咬宿主血液获得病原，有的存活长达数年，甚至可以经过蜱的虫卵传代。

病原体主要存于动物乳腺、乳房上淋巴结、子宫以及胎盘。吸入含有病原的飞沫或尘埃(尤其是分娩、泌乳期间)等为主要传染途径，其次为皮肤擦伤的伤口、眼结膜等直接接触及消化道感染，病原可经由血液、乳汁、粪便、尿液、羊水、分泌物等传播。此外动物间可通过蜱传播。

症状

潜伏期变异大，9～28 d(平均18～21 d)。受感染的人及动物大多没有临床症状，少数急性感染期的人类会引致体温升高、非典型肺炎、肝炎或于慢性感染时并发心内膜炎等；在动物则偶尔引起怀孕末期的流产或其他繁殖障碍问题。

犬、猫可能带菌或呈抗体阳性，通常无症状，一旦怀孕时有时很容易造成流产或死胎。自然感染的犬可发生支气管肺炎和脾脏肿大。

诊断

病料可采集胎盘、子宫分泌物、乳汁及其他排泄物。

1.病原学检查　将病料涂片，用姬姆萨染色法或马基维罗氏染色法染色镜检，如能在细胞内发现大量染成紫色或红色的短杆状或球状颗粒，可做出初步诊断。

2.分离培养　可将病料经腹腔接种豚鼠或仓鼠，待其发热后，取脾脏涂片、染色镜检，观察胞浆内的贝氏柯克斯体。也可用鸡胚卵黄囊或细胞培养方法分离病原体。

3.血清学检查　可采集被检动物血清做补体结合试验或微量凝集试验，检查血清抗体做出诊断。此外，间接免疫荧光技术和酶联免疫吸附试验也可用于检测特异性抗体。

预防

有国家使用动物用疫苗，疫苗免疫可减少发病、减少排菌和预防流产，但无法防止感染。

二、按医嘱进行治疗

(一)治疗原则

早期应用抗生素治疗，用药应持续3～4周。

(二)药物治疗

发病早期可使用四环素、金霉素、土霉素、强力霉素和氯霉素等广谱抗生素进行治疗，有一定疗效。

三、宠物出院指导

(一)护理指导

本病是重要人畜共患传染病。在接触分娩犬猫时,尤其是流产、死产时应特别注意,流产的胎盘应以焚烧处理,污染区应彻底消毒。

(二)预后

受感染的幼龄犬猫死亡率高,成年犬猫死亡率低。

Project 5

嗜吞噬细胞无形体病的防治技术

学习目标

了解嗜吞噬细胞无形体病的发生过程；
掌握嗜吞噬细胞无形体病的临床诊断流程；
掌握嗜吞噬细胞无形体病的治疗方法；
掌握嗜吞噬细胞无形体病的出院指导要点。

【案例导入】

家犬,5 岁,公,未绝育,免疫完全,体重 4.5 kg。主人突然发现该犬全身淤血斑,精神沉郁。带去宠物医院打针,3 h 后出现呕吐,呕吐物为黄色液体状,内有黑色淤血块。无饮欲食欲。可视黏膜苍白,按压回血>0.5 s。使用爱德士四合一检验套组检测犬嗜吞噬细胞无形体阴性。治疗 3 d 后复查四合一测试板,结果为嗜吞噬细胞无形体阳性。

【项目描述】

一、宠物入院症状、诊断评估与记录

(一)一般检查项目评估

1. 问诊

蜱叮咬史。

2. 临床症状

病犬出现全身淤血斑,可视黏膜苍白。

3. 快速诊断

爱德士四合一检验套组(IDEXX SNAP 4Dx)可以检测犬嗜吞噬细胞无形体。

(二)重点检查项目评估

1. 血液常规检查与血液涂片检查

白细胞、血小板减少可作为早期诊断的重要线索。每日进行血液常规检查和血涂片检查,判定贫血,血小板减少、白细胞异常。

2. 血液生化检查

白蛋白的生成下降,并伴有氮质血症。

3. X 光检查

脾脏可能会出现肿大。

(三)并发症评估

常引发病犬贫血。

相关知识

嗜吞噬细胞无形体病为一种重要的世界性分布的人兽共患病,以发热伴白细胞、血小板减少和多脏器功能损害为主要特征。

病原

嗜吞噬细胞无形体(*Anaplasma phagocytophilum*,APH)属于立克次体目无形体科无形体属,是一种胞浆内球形病原体。该病原会影响哺乳动物骨髓的诱导分化,其中感染的细胞大部分是骨髓细胞内吞噬细胞,嗜吞噬细胞无形体会在这些细胞内完成复制增殖并形成一种类似于桑葚状的包涵体。该病原主要由硬蜱通过叮咬和吸血传播,可引起家畜如牛、马、羊及犬等急性感染。

症状

文献研究中表明，健康犬和血清呈阳性疑似患无形体病的犬的数量比例并没有太大的区别，与患临床疾病的犬相比较，大部分嗜吞噬细胞无形体自然感染的阳性犬仍然会保持健康，这就意味着临床症状不明显或是轻微疾病以及症状悄然消失都是十分正常的情况。

病犬嗜睡，食欲不佳、厌食，体温升高，不愿活动，跛行(关节病变)，腹部紧绷，呼吸急促，腹泻，呕吐，斑疹，淋巴结肿大，咳嗽，黏膜苍白，黑便，鼻出血以及喜侧卧。

诊断

临床诊断可用爱德士犬四合一检测板检测，并进行血液涂片包涵体检测。

1. 临床实验室检验　脾脏会出现轻微到中等程度的肿大。血小板减少症。贫血(溶血)。白细胞异常。因为无形体的致病特点，大多数的犬通常都是在急症阶段被诊断，诊断之前疾病的持续阶段都超过了 7 d。

2. 血清间接免疫荧光抗体(IFA)检测　嗜吞噬细胞无形体 IgG 抗体阳性。

3. 嗜吞噬细胞无形体核酸 PCR 检测　全血或血细胞标本 PCR 检测嗜吞噬细胞无形体特异性核酸阳性，且序列分析证实与嗜吞噬细胞无形体的同源性达 99%以上。

预防

蜱的叮咬是嗜吞噬细胞无形体病传播的重要途径。在蜱出没的季节(4～9 月份)，对生活在大量硬蜱的环境中的犬进行适当的预防治疗，可使大部分的犬免受嗜吞噬细胞无形体感染。

二、按医嘱进行治疗

(一)治疗原则

进行长期的治疗，及早使用抗生素，定期监测内脏功能，避免出现并发症。

(二)药物治疗

四环素类抗生素为首选药物，如果出现二次免疫介导性血小板减少症，需要同时使用四环素类及糖皮质激素进行治疗。在急症期需进行支持疗法。

对病情较重犬，应补充足够的液体和电解质，以保持水、电解质和酸碱平衡；体弱或营养不良、低蛋白血症可给予输血治疗，以改善全身机能状态、提高机体抵抗力。应慎用激素。

三、宠物出院指导

(一)护理指导

适量给予维生素，多饮水。治疗 2 周后仍需持续服药，做好体外驱虫管理，避免复发。并应定期进行体检。

(二)预后

及时处理，预后良好。

学习情境十二

观赏鱼常见传染病的防治技术

项目一　观赏鱼烂鳃病的防治技术

项目二　观赏鱼赤皮病的防治技术

项目三　观赏鱼竖鳞病的防治技术

Project 1

观赏鱼烂鳃病的防治技术

学习目标

了解观赏鱼烂鳃病的发生过程；
掌握观赏鱼烂鳃病的临床诊断流程；
掌握观赏鱼烂鳃病的症状；
掌握观赏鱼烂鳃病的防治要点。

【案例导入】

从水族店购买的锦鲤1周后出现行动缓慢、呼吸困难、浮出水面的现象。撬开鳃盖发现锦鲤鳃盖骨内充血，鳃盖中心骨坏死脱落。鳃丝由鲜红变成苍白，由外缘开始糜烂，脱落。鳃丝之间黏液增多。经病原分离培养鉴定后确诊为烂鳃病。

【项目描述】

一、宠物入院症状、诊断评估与记录

(一)一般检查项目评估

1. 问诊

鱼缸内生活环境、水质情况、鱼的购买情况等。

2. 临床症状

行动缓慢、呼吸困难、鱼头浮出水面。

3. 病理剖检

鳃盖骨内充血，鳃盖中心骨坏死脱落。鳃丝由鲜红变成苍白，由外缘开始糜烂，脱落。鳃丝之间黏液增多。

(二)并发症评估

常常并发肠炎，有时不出现任何症状鱼即死掉。

相关知识

病原

观赏鱼烂鳃病的病原体为鱼害黏球菌，一般是由鱼体与病原菌直接接触而引起，尤其是鱼的鳃部遭到机械损伤后更易感染。

流行病学

传染源主要是病鱼。金鱼、热带鱼都易得此病，不易根治。该病在水温20～35℃范围内均可发生，流行季节为4～11月份，6～9月份为发病高峰期。从种鱼到成鱼均可受害，水温越高越易暴发流行，常引起大量死亡。

症状

鱼患病后行动缓慢，食欲不振，头部变黑，体色减退，失去光泽，鳃上附有黏液和污物。随着病情恶化，鳃丝由鲜红变白至逐渐腐烂脱落，严重时鳃丝末端软骨外露，靠病变部位的鳃盖内侧的表皮常被腐蚀成一个圆形或不规则的透明小窗，俗称“开天窗”；严重时整个鳃盖腐烂，最后导致死亡。死亡率一般50%～60%，有时高达80%。

诊断

根据症状及流行情况进行初步诊断。确诊需分离、鉴定病原菌。

治疗

将病鱼及未患病的鱼同时捞至 3 mg/L 的呋喃西林溶液里，停喂 1～2 d，然后喂少量鲜活饵料，逐步恢复正常喂食，1 周左右可恢复正常；或将病鱼放入 15 mg/L 的鱼血清水溶液（络合碘类药物溶液）中，喂养 1 周左右即可恢复，原鱼缸用 3 mg/L 的高锰酸钾溶液浸泡消毒。

预防

彻底消毒鱼缸，杀灭病原体；经常往鱼缸内注入新水，控制水体透明度；高温季节开动增氧机，保持充足溶氧。

二、按医嘱进行治疗

(一)治疗原则

早期应用消毒防腐药治疗，用药应持续 1 周。

(二)药物治疗

发病早期可使用呋喃西林等进行治疗。

Project 2

观赏鱼赤皮病的防治技术

学习目标

了解观赏鱼赤皮病的发生过程；

掌握观赏鱼赤皮病的临床诊断流程；

掌握观赏鱼赤皮病的症状；

掌握观赏鱼赤皮病的防治要点。

【案例导入】

鱼缸内多条锦鲤食欲减退，行动缓慢，离群独自在水面游动。鱼体两侧及腹部出现发炎、出血、鳞片脱落、鳍条充血现象。经病原分离培养鉴定后确诊为赤皮病。

【项目描述】

一、宠物入院症状、诊断评估与记录

（一）一般检查项目评估

1. 问诊

鱼体受伤情况。

2. 临床症状

食欲减退，行动缓慢，离群独自在水面游动。鱼体两侧及腹部出现发炎、出血、鳞片脱落、鳍条充血现象。鳍的基部梢端烂去一段，鳍条呈扫帚状。

（二）并发症评估

常与肠炎病、烂鳃病同时发生，形成并发症。

相关知识

赤皮病又称出血性腐败病、赤皮瘟、擦皮瘟等。由荧光假单胞菌感染引起，鱼体两侧皮肤充血发炎、鳞片脱落。

病原

荧光假单胞菌呈短杆状，两端圆形，单个或两个相连，极端有 1～3 根鞭毛。无芽孢，革兰氏阴性。琼脂培养基上菌落呈灰白色，半透明，24 h 左右开始产生绿色或黄绿色的色素，弥漫于培养基。肉汤培养生长丰盛，均匀浑浊，微有絮状沉淀，表面有光滑柔软的层状菌膜，一摇即散，24 h 后，培养基表层产生色素。明胶穿刺 24 h 后杯状液化，72 h 后层面形液化，液化部分出现色素。马铃薯培养基中等生长，菌落呈绿色、微凸、光滑、湿润，培养基 2 d 后呈绿色。兔血琼脂 β 型溶血。

流行病学

传染源是被荧光假单胞菌污染的水体、工具及带菌鱼。鱼的体表完整无损时，病原菌无法侵入鱼的皮肤；只有当鱼因捕捞、运输、放养受到机械损伤，或冻伤，或体表被寄生虫寄生而受损时，病原菌才能乘虚而入，引起发病。在我国各养鱼地区，一年四季都有流行，尤其是在捕捞、运输后，及北方在越冬后，最易暴发流行。

症状

病鱼体表出血发炎，鳞片脱落，尤其是鱼体两侧及腹部最为明显；鳍的基部或整个鳍充血，梢端腐烂，常烂去一段，鳍条间的软组织也常被破坏，使鳍条呈扫帚状，称为“蛀鳍”；在体表病灶处常继发水霉感染。有时鱼的上、下颌及鳃盖也充血发炎，鳃盖内表面的皮肤常被腐

蚀成一个圆形或不规则形的透明小窗。

诊断

根据症状及流行情况进行初步诊断。确诊需分离、鉴定病原菌。

治疗

用 20 mg/L 的高锰酸钾溶液或 3 mg/L 的漂白粉溶液浸泡鱼、鱼缸及用具,可起到消毒杀菌作用,一般 2 周左右恢复正常。严重者,肌肉注射硫酸链霉素,20 mg/kg 体重;用磺胺噻唑拌饵投喂,50～100 mg/kg 体重,连喂 6 d。

预防

彻底清洗鱼缸。加强饲养管理,保持优良水质,严防鱼体受伤;在北方越冬池应加深水深,以防鱼体冻伤;投喂优质颗粒饲料,增强鱼体抵抗力。发现鱼体受伤后,应立即在鱼缸内遍洒 1～2 次消毒药。

二、按医嘱进行治疗

(一)治疗原则

早期应用消毒防腐药与抗生素治疗,用药应持续 2 周。

(二)药物治疗

发病早期可使用硫酸链霉素等进行治疗。

Project 3

观赏鱼竖鳞病的防治技术

学习目标

了解观赏鱼竖鳞病的发生过程；
掌握观赏鱼竖鳞病的临床诊断流程；
掌握观赏鱼竖鳞病的症状；
掌握观赏鱼竖鳞病的防治要点。

【案例导入】

锦鲤在搬运时，皮肤受到损伤，1 周后锦鲤游动缓慢，浮于水面，全身鳞片竖立，鱼鳞囊内积有含血的渗出液，手指轻压鳞片，则渗出液从鳞片下喷射出来。经病原分离培养鉴定后确诊为竖鳞病。

【项目描述】

一、宠物入院症状、诊断评估与记录

(一)一般检查项目评估

1. 问诊

在搬运时，鱼皮肤受到损伤。

2. 临床症状

游动缓慢，浮于水面，全身鳞片竖立。

3. 病理剖检

鱼鳞囊内积有含血的渗出液，腹腔内积有腹水。

(二)并发症评估

常常并发贫血，鱼内脏器官颜色均较淡。

相关知识

竖鳞病又称鳞立病、松球病、松鳞病，是鱼体受伤后感染细菌，引起鱼鳞囊内积聚液体、鳞片竖立的一种鱼病。

病原

病原为豚鼠气单胞菌，为革兰氏阴性短杆菌，近圆形，极端单鞭毛，运动活泼，无芽孢。注射、创伤涂抹及浸泡 3 种途径均能人工感染致病。

流行病学

当水质恶化、鱼体受伤时，经皮感染。我国的东北、华中、华东、华南、华北等养鱼地区常有发生。发病时间为初冬至春季，气温在 15℃以下，尤其在气温骤降时常暴发流行。死亡率一般为 10%～35%，最高可达 100%。

症状

病鱼体表粗糙，鳞片向外张开。疾病早期仅部分鳞片向外张开，主要为鱼体前部的鳞片，严重时则全身鳞片竖立。鱼鳞囊内积聚有半透明或含有血的渗出液，用手指轻压鳞片，渗出液就从鳞片下喷射出来，鳞片也随之脱落，有时伴有鳍基充血。鳍膜间有半透明液体。顺着与鳍条平行的方向稍用力摸，液体即喷射出来。皮肤轻度充血发炎，脱鳞处皮肤形成红色糜烂。眼球突出。腹部膨大，腹腔内积有腹水，腹水多时可占鱼体重的 20%左右。病鱼贫血，肝呈土黄色，鳃、脾脏、肾脏的颜色均较淡。严重时病鱼游动缓慢，呼吸困难而死。

诊断

根据症状及流行情况进行初步诊断。同时,用显微镜检查鱼鳞囊内渗出液,见有大量短杆菌即可做出诊断。

治疗

先将病鱼放养在0.5%的食盐水中,停食2 d,排空肠道,然后放回清水中,把磺胺嘧啶制成小颗粒,按每尾0.2 g剂量投喂,隔日1次,连续5次,一般4~5 d即可恢复。

混合剂浸洗法:选用2%食盐水、3%小苏打溶液、5%敌百虫溶液,配制成混合剂,浸洗病鱼10~15 min,效果较好。

抹擦体表:用稀释碘酒抹擦病鱼体表,或肌肉注射经稀释后低剂量的庆大霉素,用药数次后可获得明显效果。

预防

勿使鱼体受伤。加强饲养管理,发病初期冲注新水,可使病情停止蔓延。放养密度应适当,保持优良水质,投喂优质及适量的颗粒饲料,提高鱼体抗病力。在捕捞、搬运时应细心操作,尽量避免鱼体受伤。如发现鱼体已受伤,应及时外泼一次消毒药。

二、按医嘱进行治疗

(一)治疗原则

早期应用磺胺药或抗生素治疗,用药应持续5 d。

(二)药物治疗

发病早期可使用磺胺嘧啶等进行治疗。

一定要将竖起的鳞片下的泡挤破并推掉这些鳞片,这样做一是为了使药物更容易到达患处,二是为了便于观察病情。

增强光照,提高水温至25℃,进行饲养调理治疗,能使病症逐渐好转。

学习情境十三

宠物龟常见传染病的防治技术

Project 1

宠物龟腐皮腐甲病的防治技术

学习目标

了解宠物龟腐皮腐甲病的发生过程；
掌握宠物龟腐皮腐甲病的临床诊断流程；
掌握宠物龟腐皮腐甲病的治疗方法；
掌握宠物龟腐皮腐甲病的出院指导要点。

【案例导入】

主诉：中华草龟，甲壳和眼部皮肤出现溃烂，已有2个月，在一诊所进行过1个月的口服用药治疗，未见明显疗效，食欲正常。

经病原分离培养鉴定后确诊为龟腐皮腐甲病。

【项目描述】

一、宠物入院症状、诊断评估与记录

(一)一般检查项目评估

1. 问诊

甲壳受损或受挤压情况。

2. 临床症状

舌体发白，舌面红肿。全身皮肤带有蜡纸样分泌物，四肢的掌部皮肤弥漫性溃烂，腹甲盾片大面积坏死，已露出新鲜的甲下组织。

(二)并发症评估

进一步发展时，颈部肌肉及骨骼和四肢的骨骼外露，爪脱落。皮肤腐烂达到颈部骨骼外露的大多会死亡。

相关知识

宠物龟腐皮腐甲病十分常见，属于龟传染病之一。常见病原为嗜水气单胞菌、假单胞菌和无色杆菌。易感对象是稚龟、幼龟、成龟和亲龟等各种年龄的龟。腐皮腐甲病产生的过程如下：水质不良，水中存在嗜水气单胞菌、假单胞菌或者无色杆菌，宠物龟身上有细微伤口，细菌侵入，进而侵入部位皮肤、龟甲发炎、肿胀、溃烂、溃疡等，有些宠物龟胸盾、腹盾、股盾处有腐烂；有些宠物龟数块缘盾腐烂发红或者发黑，部分缘盾和腹甲盾片翘起，发出腐烂气味。严重的腐皮腐甲病可以导致宠物龟死亡。(图 13-1 至图 13-4)

图 13-1　中华草龟左眼眼皮腐皮

图 13-2　中华草龟右眼眼皮腐皮

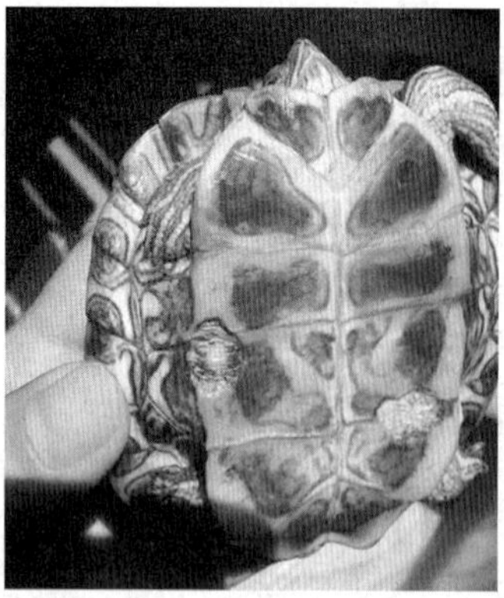

图 13-3　巴西龟腹甲正面，腹甲肱盾、胸盾发红，胸盾、腹盾、股盾处腐烂

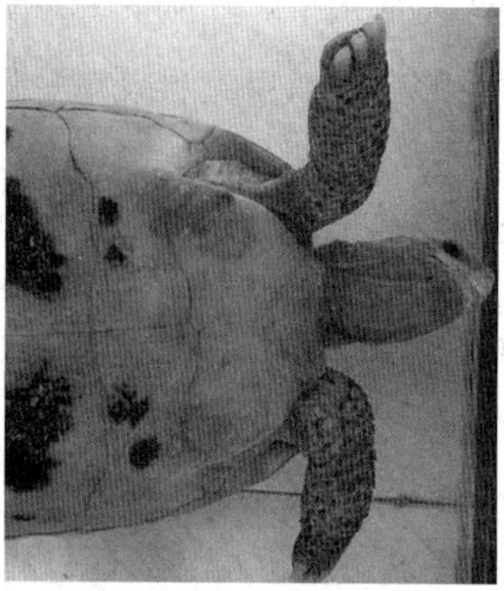

图 13-4　缅甸陆龟左右肱盾和胸盾连接处发黑

为预防本病龟缸应定期消毒，最好是两周一次，使用 10%食盐水即可，然后注意水质消毒，可以使用 0.05%的食盐水直接泼洒到养龟水里面消毒水和龟体，注意不是每日加盐，而是定期水体消毒或者是发现龟身上有伤口时进行，因为长期摄入盐分对龟是一种伤害。平时可以酌情使用维生素 E、维生素 C、维生素 B_6 和维生素 B_{12} 给龟提高免疫力。

二维码 16　宠物龟腐皮腐甲病的临床症状

二、按医嘱进行治疗

(一)治疗原则

环境消毒，龟体消毒，局部用药，全身性消炎。

(二)药物治疗

1. 环境消毒

将病龟隔离，对养龟环境进行消毒，可以使用 0.1%高锰酸钾或者 20 mg/L 的漂白粉浸泡 24 h，或者 10%食盐水浸泡 30 min。注意消毒的龟缸需要清水冲洗并晾晒后才能再次使用。

2. 龟体消毒

病龟放入清水中充分饮水，然后放入 5%的聚维酮碘液中浸泡消毒龟体。

聚维酮碘液除了有消毒的作用，还有去腐生肌的作用，使腐皮下部长出新的皮肤、腐甲下部长出新的角质层。

3. 局部用药

腐皮部位、浅表性腐甲：腐皮、腐甲部位使用 5%聚维酮碘液原液涂抹，然后上抗生素软膏(红霉素眼膏或者金霉素眼膏或者青霉素软膏或者链霉素软膏等)，每日 3～4 次，几天后可好转。

中重度腐甲：当甲片已经糜烂、穿孔、发出臭味，则先手术清创，即用消毒过的刀片、剪刀等刮、挖、剪等对糜烂部位进行清理，然后用3%双氧水冲洗清理的部位，再用5%聚维酮碘液消毒，然后涂抹上抗生素软膏(红霉素眼膏或者金霉素眼膏或者青霉素软膏或者链霉素软膏等)或者抗生素粉(氨苄西林或者氟苯尼考等)，每2 d换一次药物。接着对病龟采取全身性消炎措施。

4. 全身性抗菌消炎

口服抗生素(头孢类或者青霉素类)或者注射抗生素(头孢拉定、头孢曲松钠等)。

三、宠物出院指导

(一)护理指导

护理时需要忌水，即干养。干养不是完全不碰水，完全不碰水首先会导致病龟脱水，其次会导致皮肤皲裂等一系列问题。干养，指的是早晚泡水15 min或者半小时让病龟喝水或者进食，然后其他时间放在柔软的消毒的湿毛巾上。提供恒温28～30℃的饲养温度利于病龟恢复。

(二)预后

宠物龟腐皮腐甲病痊愈后龟外壳会留下坑洞，随着宠物龟的长大，不断蜕皮，龟壳还是会长好的。

Project 2

宠物龟水霉病的防治技术

学习目标

了解宠物龟水霉病的发生过程；
掌握宠物龟水霉病的临床诊断流程；
掌握宠物龟水霉病的治疗及预防方法。

【案例导入】

主诉:巴西龟,烦躁不安,食欲减退、消瘦。龟颈部、四肢、甲壳部位长出灰白色或褐色絮状物。经病原分离培养鉴定后确诊为龟水霉病。

【项目描述】

一、宠物入院症状、诊断评估与记录

(一)一般检查项目评估

1. 问诊

宠物龟每日晒太阳情况。

2. 临床症状

龟颈部、四肢、甲壳部位长出灰白色或褐色絮状物。

3. 病原检查

刮取龟甲壳灰白色或褐色絮状物,用显微镜进行病原检查。

(二)并发症评估

常引发体表及体内组织的溃烂性炎症。

相关知识

水霉病是由于宠物龟长期生活在水中或阴暗潮湿处,对水质不适应,存在于水体中的水霉、绵霉等真菌感染龟体表皮肤而引起。中华花龟、巴西彩龟、纳氏彩龟、锦龟易患此病。全年都有发生,但以秋冬春三季多见。

症状

感染初期不见任何异常,继而食欲减退、体质衰弱,或在冬眠中死亡。随着病的发展,头颈、四肢、尾部产生灰白色斑,俗称“生毛”,进而表皮肿胀、溃烂、坏死或脱落,很快死亡。

预防

平时要做好池水消毒工作,保持水质清新。多晒阳光可自然抑制真菌繁殖,在发病季节或个别龟开始发病时,每立方米水体用 1 g 孔雀石绿对池水消毒。

二、按医嘱进行治疗

用 1%磺胺药物软膏涂抹病灶处,1～2 min 后放入清水中漂洗去多余药物,再投入原池中饲养,3～4 d 后再重复用药 1 次。用 3%～5%的食盐水浸浴 10 min,或 20 mg/L 的高锰酸钾溶液浸泡 15 min 后晒太阳 30 min,每日 2 次,连续 3～5 d。同时在投喂的食物中拌入适量的抗生素,提高龟的抵抗力。

学习情境十四

宠物寄生虫病的防治技术

Project 1

宠物寄生虫病诊断基础

学习目标

掌握寄生虫病的诊断方法及防治措施；

了解寄生虫病的防治原则；

熟悉寄生虫病的流行病学调查方法。

宠物寄生虫病是临床常见病，而且有些寄生虫病是人畜共患病。需要掌握寄生虫病的流行病学特征、诊断方法、寄生虫的形态特征、传播媒介、免疫预防才能够更好地指导临床实践。

【寄生虫病基础】

一、常见寄生虫种类

所有的动物均属动物界。动物分类的最基本单位是种，相互关系密切的种同属于一个属，相互关系密切的属同属于一个科，依此类推，建立起目、纲、门等各分类阶元。在各阶元之间还有"中间"阶元，例如亚门、亚纲、亚目、亚科、亚属、亚种或变种等。寄生虫亦按此分类原则进行分类。

与动物医学有关的寄生虫主要隶属于扁形动物门绦虫纲、吸虫纲；线形动物门线虫纲；棘头动物门棘头虫纲；节肢动物门蛛形纲、昆虫纲；环节动物门蛭纲；还有原生动物亚界原生动物门等。

(一)绦虫纲

绦虫隶属于扁形动物门绦虫纲多节绦虫亚纲的圆叶目和假叶目。绦虫分布广泛，生活史复杂，需要1～2个中间宿主。成虫和中绦期虫体(绦虫蚴)能造成犬、猫等动物严重病害，有些还是重要的人兽共患病。绦虫成虫大多寄生在脊椎动物的消化道中，绦虫蚴寄生在宿主的肝、肺、脑、肌肉、肠系膜、心、肾、脾、骨或其他组织中。

1.外部形态

绦虫呈背腹扁平的带状，分节，多数白色或乳白色，体长数毫米至数米不等，因虫种而异。一条完整的绦虫由头节、颈节和体节(或称链体)三部分组成。

(1)头节　位于虫体最前端，为吸附和固着器官，较细小，呈球形或指状。头节一般分为三种类型：

吸盘型：圆叶目绦虫头节多为吸盘型，其膨大呈球形，上有4个圆形或椭圆形吸盘，对称排列在头节的四面。有的绦虫头节顶端中央有圆形突起称为顶突，其周围可有一圈或数圈棘状或矛状小钩。吸盘除有固着吸附作用外，也有使虫体移动的功能。

吸槽型：假叶目绦虫头节一般为吸槽型，呈指状，在头节的背腹面向内陷形成两条沟槽(或称吸沟)。沟槽是表面结构，无基膜，其附着能力较弱，主要功能是移动。

吸叶型：为长型吸附器官。在头节上有4个叶状、喇叭状的结构，对称附着在可弯曲的小柄上或直接长在头节上。吸叶富于肌纤维，伸缩活动能力很强。

(2)颈节　头节后是颈节，颈节纤细，不分节，具有生发细胞。颈节的功能是不断向后萌发出体节节片。颈节和头节、体节的分界不明显。

(3)体节　体节由相连的节片构成，这是虫体最显著的部分，节片有数个至数千个，节片之间界限明显。节片按其前后位置和生殖器官发育程度的不同，可分为未成熟节片、成熟节片和孕卵节片。

靠近颈部的节片较细小，其内的生殖器官尚未发育成熟，称为未成熟节片，简称幼节。

幼节往后至链体中部节片逐渐增大，其内逐渐发育成具有生殖能力的雌性和雄性生殖器官，称为成熟节片，简称成节。随着成节的继续发育，除子宫外，其他生殖器官逐渐退化，子宫内充满虫卵，称为孕卵节片，简称孕节，孕节的体积最大。

2.体壁结构

绦虫的体壁有两层，体表为皮层，各节片的皮层相连，其下为肌层，由皮下肌层和实质肌层组成。皮下肌层的外层为环肌，内层为纵肌。纵肌贯穿整个链体，在节片成熟后逐渐萎缩退化，使最后端节片能自动从链体脱落，新的节片又不断从颈节长出，这样就使绦虫保持一定的长度。皮层有吸收宿主营养、分泌以及抵抗宿主消化液的功能。

3.实质

绦虫无体腔，由体壁围成一个囊状结构，称为皮肤肌肉囊，囊内充满海绵样的实质，各器官均包埋在实质内。

4.神经系统

神经中枢在头节中，由此发出6根纵行的神经干，贯穿整个体节，直达虫体的末端，在头节和每个节片中还有横向的连接支。感觉末梢分布于皮层，有触觉感受器和化学感受器的作用。

5.排泄系统

排泄系统起始于焰细胞，由焰细胞发出的细管汇集成为较大的排泄管，再和两侧的纵排泄管相通，纵排泄管与每一体节后缘的横管相通，在最后体节后缘中部有一个总排泄孔通向体外。排泄系统不仅有排出代谢产物的功能，而且还可调节体液平衡。

6.生殖系统

绦虫多为雌雄同体，即每个成熟节片内均有雌雄生殖系统各一组或两组。

雄性生殖系统：具有一个至数百个睾丸，呈圆形或椭圆形滤泡状，散在分布于节片中，靠近背面。每个睾丸发出一个输出管，输出管互相连接成网状，在节片中央部附近汇合成输精管，输精管曲折向节片边缘，并有两个膨大部，一个在雄茎囊外，称为外贮精囊，另一个在雄茎囊内，称为内贮精囊。与输精管末端相连的为射精管和雄茎。雄茎可自生殖腔伸出体节边缘，生殖腔开口处为生殖孔。雄茎囊为椭圆形囊状物，内贮精囊、射精管、前列腺及雄茎的大部分均包在雄茎囊内。

雌性生殖系统：卵模在雌性生殖系统的中心区域，卵巢、卵黄腺、子宫、输卵管、卵黄管等均与之相连。卵巢一个，位于节片的后半部，大多分成左右两瓣，均由许多细胞组成，各细胞有小管，最后汇合成一支输卵管，与卵模相连。阴道膨大部分为受精囊，近端通入卵模，远端开口于生殖腔的雄茎下方。圆叶目绦虫卵黄腺分为两叶或为一叶，在卵巢附近；假叶目绦虫卵黄腺为众多滤泡状体，均匀分散在节片中，由卵黄管通向卵模。子宫一般为盲囊状，并且有带状分支，不向外开口，虫卵不能自动排出，只有孕节成熟破裂时，才散出虫卵。

7.生活史

绦虫的生活史复杂，除个别寄生在人类和啮齿动物的绦虫可以不需要中间宿主外，绝大多数绦虫的发育都需要一个或两个中间宿主，才能完成其整个生活史。绦虫在终末宿主体内的受精方式大多为同体节受精，也有异体节受精和异体受精。精子经阴道进入受精囊，在受精囊或输卵管内受精。

假叶目绦虫卵与吸虫卵相似，为椭圆形，卵壳较薄，一端有小盖，卵内含一个卵细胞和若干个卵黄细胞。圆叶目绦虫卵多呈圆球形，卵壳很薄，内有一很厚的胚膜，卵内是已发育的幼虫，具有3对小钩，称为六钩蚴。

(1)假叶目绦虫的发育　假叶目绦虫成虫寄生于脊椎动物的消化道中，虫卵自子宫孔排出或随孕节脱落而排出。在水中等适宜条件下孵出幼虫钩球蚴，体内有3对小钩，体外被有一层纤毛，能在水中游动，钩球蚴遇到中间宿主剑水蚤，即进入其体内发育为原尾蚴。含有原尾蚴的中间宿主被补充宿主鱼或蛙等脊椎动物吞食后，在其体内发育为裂头蚴，终末宿主吞食带有裂头蚴的补充宿主而感染，在肠道内发育为成虫。

(2)圆叶目绦虫的发育　圆叶目绦虫成虫寄生于终末宿主的小肠，孕卵节片随粪便排出体外，孕节被挤压或自身破裂后，虫卵散出，被中间宿主吞食后六钩蚴逸出，六钩蚴钻入宿主肠壁随血流到达组织内，发育为绦虫蚴期(即中绦期)。如果以哺乳动物作为中间宿主，在其体内发育为囊尾蚴、棘球蚴、多头蚴、泡球蚴等类型的幼虫；如果以节肢动物和软体动物等无脊椎动物作为中间宿主，则发育为似囊尾蚴。中绦期幼虫被各自的终末宿主吞食后在肠道内受胆汁的激活脱落或翻出头节，逐渐发育为成虫。成虫在终宿主体内存活的时间随种类而不同，有的仅能活几天到几周，而有的可长达几十年。

(二)吸虫纲

吸虫病是由扁形动物门吸虫纲的吸虫寄生于宿主体内所引起的疾病。吸虫种类繁多，形态各异，生活史复杂，基本结构和发育过程基本相同。

1. 外部形态

虫体两侧对称，多数呈背腹扁平的叶片状、长舌状，有的近似于圆形或圆柱状，一般为乳白色、淡红色或棕色。长短在0.3～75 mm之间。体表光滑或有小棘等。通常具有肌质发达的吸盘，在虫体前端围绕口孔的是口吸盘；腹面的腹吸盘位置不定，在后端的称为后吸盘。个别虫体无腹吸盘。

2. 体壁

吸虫无表皮，体壁由皮层和肌肉层构成，称为皮肌囊。囊内含有网状组织(实质)，消化、生殖、排泄、神经系统等分布于其中，缺体腔。皮层从外到内由外质膜、基质和基质膜组成。外质膜的成分为酸性黏多糖或糖蛋白，具有抗宿主消化酶及保护虫体的作用。皮层具有分泌与排泄功能，可进行二氧化碳和氧气的交换，还具有吸收营养的功能，其吸收的营养物质以葡萄糖为主，亦可吸收氨基酸。肌肉层是虫体收缩活动的组织。各种虫体及不同发育阶段的体壁不尽相同。

3. 内部构造

(1)消化系统　包括口、前咽、咽、食道和肠管。口位于虫体前端口吸盘的中央。前咽短小或缺。咽为肌质构造，呈球状。咽后接或长或短的食道，下连两条肠管，位于虫体两侧，直或弯曲，末端封闭称为盲肠，无肛门，废物经口排出体外。吸虫以宿主的上皮细胞、黏液、肝分泌物、血液、消化道内容物等为营养。

(2)排泄系统　排泄系统由焰细胞、毛细管、集合管、排泄总管、排泄囊和排泄孔组成。焰细胞胞浆内有一束纤毛，颤动似火焰，所收集的排泄物经毛细管、集合管、排泄总管到排泄囊，最后由末端的排泄孔排出体外。排泄物含有氨、尿素和尿酸等。排泄囊呈圆形、管形等形态。排泄囊的形态和焰细胞的数目与排列，在分类上有重要意义。

(3)生殖系统　生殖系统发达，除分体科的吸虫外都是雌雄同体，即同一虫体内具有雌、雄生殖系统。

雄性生殖系统包括睾丸、输出管、输精管、贮精囊、射精管、前列腺、雄茎、雄茎囊和生殖孔等。睾丸的数目、形态、大小和位置随吸虫种类的不同而异。睾丸通常有两个，呈圆形、椭圆形、树枝状或分叶状，左右排列或前后排列在腹吸盘后或虫体后方。每个睾丸各有一条输出管，汇合为输精管，其远端膨大及弯曲成为贮精囊，下接射精管，其末端为雄茎，开口于雄性生殖孔。贮精囊和雄茎之间有前列腺。贮精囊、射精管、前列腺和雄茎被包在雄茎囊内；贮精囊在雄茎囊内时称为内贮精囊，在其外时称为外贮精囊。雄茎可以伸缩，与雌性生殖器官交配。

雌性生殖系统由卵巢、输卵管、劳氏管、卵模、受精囊、梅氏腺、卵黄腺、子宫及生殖孔等组成。卵巢一个，其形态、大小及位置因种而异，常位于虫体一侧，呈块状、分叶状或分支状。卵巢发出输卵管与受精囊及卵黄总管相连。劳氏管一端连接受精囊或输卵管，另一端开口于虫体的背面，有时起阴道的作用。卵黄腺位于虫体的两侧，由左右两条卵黄管汇合为卵黄总管，其末端膨大形成卵黄囊。卵黄总管与输卵管汇合处的囊腔为卵模，其周围的腺体为梅氏腺。子宫为弯曲的管状，一端与卵模相连，另一端开口于雌性生殖孔，末端的子宫颈具有阴道的作用。精子经子宫进入受精囊并贮存于此。卵由卵巢排出后，与受精囊中的精子相遇受精，受精卵向前移入卵模，由卵黄腺分泌的卵黄颗粒经卵黄管进入卵模，再与梅氏腺的分泌物共同形成卵壳。之后虫卵进入子宫，成熟的虫卵经生殖孔排出体外。

吸虫的雄性生殖孔和雌性生殖孔均开口于一个共同的生殖腔内。生殖孔多位于两个吸盘之间的中线上。

(4)神经系统　在咽的两侧各有一神经节，相当于神经中枢。从两个神经节前、后各发出 3 对神经干，分布于虫体的背面、腹面、侧面，其神经末梢分布于口、咽、腹吸盘、生殖系统等器官及体壁外层感觉器。

有的吸虫还有淋巴系统，具有输送营养物质的功能。

4. 生活史

吸虫的生活史较为复杂，其主要特征是需要更换中间宿主和补充宿主。中间宿主为淡水螺或陆地螺，补充宿主多为鱼、蛙、螺或昆虫等。发育过程经历虫卵、毛蚴、胞蚴、雷蚴、尾蚴、囊蚴各期。

(1)虫卵　多呈椭圆形或卵圆形，颜色为灰白、淡黄至棕色。除分体吸虫外，都有卵盖。有些虫卵在排出时只含有胚细胞和卵黄细胞，有的则已发育有毛蚴。

(2)毛蚴　外形近似等边三角形，外被纤毛，运动活泼。前部宽，有头腺。消化道、神经与排泄系统开始分化。当卵在水中完成发育时，成熟的毛蚴即破盖而出，游于水中，遇到适宜的中间宿主，即利用头腺钻入体内，脱去纤毛，发育成胞蚴。

(3)胞蚴　呈包囊状，内含胚细胞、胚团及简单的排泄器。营无性繁殖，在体内生成多个雷蚴。

(4)雷蚴　呈包囊状。营无性繁殖，有咽、盲肠、胚细胞和排泄器，有的吸虫有一代雷蚴，有的母雷蚴中的胚团再分裂发育为多个子雷蚴。雷蚴逐渐发育为尾蚴。

(5)尾蚴　由体部和尾部组成。尾蚴能在水中活跃地运动，体表有棘，有 1～2 个吸盘。除原始的生殖器官外，其他器官均开始分化。尾蚴从中间宿主逸出，黏附在某些物体上形成囊蚴，终末宿主吃入后感染；或直接经皮肤钻入终末宿主体内，脱去尾部，移行到寄生部位，发育为成虫。但有些吸虫尾蚴需进入补充宿主体内，发育为囊蚴，再感染终末宿主。

(6)囊蚴　尾蚴脱去尾部形成包囊后发育成囊蚴，呈圆形或椭圆形。生殖系统的发育不尽相同，有的只有生殖原基细胞，有的有完整的雌、雄生殖器官。囊蚴进入终末宿主的消化道内，囊壁被消化溶解，幼虫即破囊而出，经移行到达寄生部位，发育为成虫。

(三)线虫纲

1.一般形态

线虫一般呈两侧对称的圆柱形或纺锤形，有的呈线状或毛发状。通常前端钝圆，后端较尖细，不分节，乳白色，吸血常带红色。线虫大小长度差别很大，有的长仅 1 mm 左右，有的则长达 1 m 以上。寄生性线虫均为雌雄异体。一般雄虫较小，雌虫较大。雄虫后端有交合伞或其他与生殖有关的辅助构造。线虫整个虫体可分为头部(端)、尾部(端)、腹面、背面和两侧。

线虫体表为透明的角皮，表面光滑或有横纹、纵纹、斜纹等。角皮还延续为口囊、食道、直肠、排泄孔。有由角皮参与形成的特殊构造，如头泡、颈翼、唇片、叶冠、尾翼、交合伞、乳突等，有附着、感觉和辅助交配等功能。这些构造的位置、形状和排列是线虫分类的主要依据。角皮下面有皮下层和肌层。皮下层为原生质层，在背面、腹面和两侧中央部的皮下组织增厚，形成四条纵索，分别称为背索、腹索和侧索，通常两侧索内有排泄管，背、腹索内有神经干。皮下层下面为肌层，肌纤维的收缩和舒张使虫体运动。

2.消化系统

从口到肛门为一直管，包括口腔、食道、肠、直肠。口孔通常位于虫体头部顶端，口周围有的有唇片围绕，有的唇片间还有间唇。无唇片的虫体，有的在该部位发育为叶冠、角质环，或有齿、板等构造。口通于口囊，其有无、大小和形状因种而异。有的线虫的口囊周围有唇片或叶冠，口囊内有齿、切板或矛等构造。

食道呈圆柱状、棍棒状或漏斗状，为肌质构造。有些线虫的食道后部膨大成球状称食道球。食道的形状在分类上有重要的意义。

肠位于食道后边，一般呈管状，其后端为直肠，很短，以肛门开口于尾部腹面。雌虫肛门单独开口，雄虫的直肠与射精管汇合成为泄殖腔，开口处附近常有乳突，其数目、形状和排列随虫体种类而不同。

3.排泄系统

有腺型和管型两类。腺型的由一个大的腺细胞构成，位于体腔内。管型排泄系统一般由左右 2 条排泄管构成，位于侧索内，形似“H”形，有的呈倒“U”形，也有的为不对称的单侧管。排泄孔通常位于食道部腹面正中线上。

4.神经系统

神经中枢是位于食道部的神经环，由许多神经纤维连接的神经节组成，由此向前后各发出若干神经，各神经干间有横联合。在虫体的其他部位还有单个的神经节。体表有许多乳突，如唇乳突、颈乳突、尾乳突或生殖乳突等，为感觉器官。在尾部有 1 对尾感器，其有无是划分纲的特征之一。

5.生殖系统

线虫雌雄生殖器官均为简单的弯曲的管状构造，各个器官彼此相连，形态上仅略有区别。雄性生殖系统为单管型，由睾丸、输精管、贮精囊和射精管组成，射精管开口于泄殖腔。

虫体尾端有辅助交配的器官，如交合刺、导刺带、副导刺带等，结构复杂多样。交合刺一般有2根，或有1根，包藏在交合刺鞘内，且能伸缩，在交配时有掀开雌虫阴门盖的功能。有些线虫有导刺带，有引导交合刺伸缩的功能，有的还有一个副导刺带。尾端常有排列对称或不对称的性乳突，其大小、数目和形状因种而异。有些雄虫的末端有交合伞，为对称的叶状膜，由肌质的肋支撑。交合刺、导刺带、副导刺带和交合伞有多种多样的形态，因而在分类上有重要意义。

雌性生殖器官多为双管型，少数为单管型。单管型由卵巢、输卵管、受精囊、子宫、阴道和阴门组成。双管型是指有两组生殖器，分别起自虫体的前部和后部，或同起于后部或前部，最后由两条子宫汇合成一条阴道。受精囊是贮存精液的器官。有些线虫在阴道与子宫之间还有肌质的排卵器。阴门是阴道的开口，其位置在前、中或后部，因种而异，均位于肛门之前。有些线虫的阴门被有表皮形成的阴门盖。

线虫没有呼吸器官和循环系统。

6.线虫的生活史

线虫雌雄虫在宿主体内交配受精，雌虫产出含胚细胞的虫卵（卵生），或含有幼虫的虫卵（卵胎生），或幼虫（胎生）。线虫的发育史都要经过五个幼虫期，四次蜕化，由第五期幼虫发育为成虫。蜕化是指幼虫新生一层新角皮，蜕去旧角皮。有的蜕化后的旧角皮仍包裹在身体表面，称为披鞘幼虫。披鞘幼虫对外界环境的抵抗力较强，也很活跃。

一般情况下，第三期幼虫具有感染性。如果感染性幼虫仍留在卵壳内而不孵出，称之为感染性虫卵；如果感染性幼虫从卵壳内孵出，生活于自然界，即称为感染性幼虫。

根据线虫在发育过程中是否需要中间宿主，可分为直接发育型线虫和间接发育型线虫。直接发育型线虫不需要中间宿主，幼虫在外界环境中，如粪便和土壤中直接发育到感染阶段，故又称土源性线虫；间接发育型线虫需在中间宿主如昆虫和软体动物等的体内方能发育到感染阶段，故又称生物源性线虫。

（1）直接发育型（土源性线虫）　雌虫产卵排出体外，在外界适宜的条件下发育为具有感染性的卵（卵内含有感染性幼虫）或幼虫，被终末宿主吞食后，幼虫在宿主体内逸出，在体内经过移行或不移行（因种而异），并进行2～3次蜕皮，发育为成虫。

（2）间接发育型（生物源性线虫）　雌虫产出虫卵或幼虫，被中间宿主吞食，在其体内发育为感染性幼虫，当终末宿主吞食带有感染性幼虫的中间宿主或遭其侵袭后而感染，幼虫在终末宿主体内经几次蜕皮后发育为成虫。线虫的中间宿主多为无脊椎动物。

线虫的种类繁杂，相当一部分寄生于无脊椎动物和植物，小部分寄生于人和脊椎动物。与动物有关的线形动物门（Nematoda）分为尾感器纲和无尾感器纲。

尾感器纲如寄生于动物消化道的杆形目类圆科，圆线目圆线科（寄生于哺乳动物）、钩口科（寄生于哺乳类消化道）、后圆科（寄生于哺乳类呼吸系统），蛔目蛔科（寄生于哺乳动物肠道）、弓首科（寄生于肉食动物肠道）、禽蛔科（寄生于鸟类），尖尾目尖尾科（寄生于动物肠道），丝虫目丝虫科等。无尾感器纲如毛尾目毛尾科（寄生于哺乳动物肠道）、毛细科（寄生于脊椎动物消化道或尿囊中）。

（四）节肢动物门蛛形纲和昆虫纲

节肢动物门是动物界中种类最多的一门，大多数营自由生活，只有少数危害动物而营寄生生活，或作为生物传播媒介传播疾病，主要是蛛形纲蜱螨目和昆虫纲的节肢动物。

1. 形态结构

虫体左右对称，躯体和附肢(如足、触角、触须等)既分节，又是对称结构。体表称为外骨骼。当虫体发育中体形变大时则必须蜕去旧表皮而产生新的表皮，这一过程称为蜕皮。

(1)蛛形纲　虫体圆形或椭圆形，分头胸和腹两部，或头、胸、腹完全融合。假头突出在躯体前或位于前端腹面，由口器和假头基组成，口器由1对螯肢、1对须肢、1个口下板组成。成虫有足4对。有的有单眼。在体表一定部位有几丁质硬化而形成的板或颗粒样结节。以气门或书肺呼吸。

(2)昆虫纲　主要特征是身体明显分头、胸、腹三部。头部有触角1对，胸部有足3对，腹部无附肢。

头部有眼、触角和口器。复眼1对，有的亦为单眼。触角在头部前面两侧。口器是采集器官，由于采集方式不同，形态构造亦不相同，主要有咀嚼式、刺吸式、刮舐式、舐吸式及刮吸式5种。

胸部分前胸、中胸和后胸，各胸节的腹面均有分节的足1对，称为前足、中足和后足。多数昆虫的中胸和后胸的背侧各有翅1对，称为前翅和后翅。有些昆虫翅则完全退化，如虱、蚤等。

腹部由8节组成，但有些昆虫由于腹节互相愈合，只有5～6节，如蝇类。腹部最后几节变为外生殖器。

内部体腔内充满血液，称为血腔，循环系统为开管式。多数用鳃、气门或书肺呼吸。具有触、味、嗅、听觉及平衡器官。具有消化和排泄系统。雌雄异体，有的为雌雄异形。

2. 节肢动物生活史

(1)蛛形纲　卵生，从卵孵出的幼虫，经若干次蜕皮变为若虫，再经过蜕皮变为成虫，其间在形态和生活习性上基本相似。若虫和成虫在形态上相同，只是体形小和性器官尚未成熟。

(2)昆虫纲　多为卵生，极少数为卵胎生。发育具有卵、幼虫、蛹、成虫四个形态与生活习性都不同的阶段，称为完全变态，发育无蛹期者，称为不完全变态。发育过程中都有变态和蜕皮现象。

3. 分类

节肢动物分类较为复杂，隶属于节肢动物门，主要是蛛形纲蜱螨目中的硬蜱科、软蜱科、疥螨科、痒螨科、皮刺螨科、肉食螨科；昆虫纲双翅目，虱目中的血虱科、毛虱科、短角羽虱科、长角羽虱科，蚤目中的蚤科。

(五)原生动物门

1. 外部形态

原虫微小，多数在1～30 μm。有圆形、卵圆形、柳叶形或不规则形等，其不同发育阶段可有不同的形态。原虫的基本构造包括胞膜、胞质和胞核三部分。

胞膜可保持原虫的完整性，并参与摄食、营养、排泄、运动、感觉等生理活动。有些寄生性原虫的胞膜带有多种受体、抗原、酶类，甚至毒素。

胞质也称胞浆。中央区的细胞质称为内质，周围区的称为外质。内质呈溶胶状态，含有细胞核、线粒体、高尔基体等。外质呈凝胶状态，具有维持虫体结构的作用。鞭毛、纤毛的基部均包埋于外质中。

胞核多数为囊泡状(纤毛虫除外)，染色质在核的周围或中央，有一个或多个核仁。

2.运动器官

原虫运动器官有鞭毛、纤毛、伪足和波动脊。

3.特殊细胞器

一些原虫有动基体和顶复合器等特殊的细胞器。

4.原虫的生殖

原虫的生殖有无性生殖和有性生殖两种方式。

(1)无性生殖

二分裂:分裂由毛基体开始,依次为动基体、核、细胞,形成两个大小相等的新个体。鞭毛虫为纵二分裂,纤毛虫为横二分裂。

裂殖生殖:亦称复分裂。细胞核先反复分裂,胞浆向核周围集中,产生大量子代细胞。其母体称为裂殖体,后代称为裂殖子。1个裂殖体内可含有数十个裂殖子。球虫常以此方式繁殖。

孢子生殖:是在有性生殖的配子生殖阶段形成合子后,合子所进行的复分裂。孢子体可形成多个子孢子。

出芽生殖:分为外出芽和内出芽两种形式。外出芽生殖是从母细胞边缘分裂出1个子个体,脱离母体后形成新的个体。内出芽生殖是在母细胞内形成两个子细胞,子细胞成熟后,母细胞破裂释放出两个新个体。

(2)有性生殖

接合生殖:两个虫体接合,进行核质交换,核重建后分离,成为两个含有新核的个体。多见于纤毛虫。

配子生殖:虫体在裂殖生殖过程中出现性分化,一部分裂殖体形成大配子体(雌性),一部分形成小配子体(雄性)。大、小配子体发育成熟后分别形成大、小配子,小配子进入大配子内结合形成合子。1个小配子体可产生若干小配子,而1个大配子体只产生1个大配子。

二、寄生虫病的检查诊断

正确诊断是有效治疗和预防疾病的前提,且必须采取综合性的诊断方法。寄生虫病的确诊是按照在流行病学调查和临床诊断的基础上,通过实验室检查,最后检查出病原体的基本原则而进行的。

(一)流行病学调查

流行病学调查可以为寄生虫的诊断提供重要的依据。如感染来源、感染途径、自然条件、地理分布、季节变化等。全面调查和掌握宠物的饲养环境条件、管理水平、发病和死亡等情况,中间宿主和传播媒介的分布情况,居民的饮食卫生习惯等,从而收集到有价值的资料。如温暖潮湿地区易发生吸虫病,夏季易发生血液原虫病。

(二)临床检查

仔细观察宠物的临诊表现、营养状况和疾病的严重程度,分析病因,寻找线索,通过临诊检查做出初步判断,如犬皮肤瘙痒、脓疱、水疱、脱毛可能是螨虫病。对于典型病例可以确诊,如粪便里发现蛔虫、绦虫的孕卵节片等,对于非典型者可以为下一步检查提供依据。

(三)实验室检查

实验室检查是寄生虫病诊断过程中必不可少的手段,为确诊提供重要的依据。实验室检查是在流行病学调查和临床检查的基础上进行的,通过一定的方法检出病原体,以达到确诊的目的。

寄生虫病的实验室检查方法很多,不同种类的寄生虫病其检查方法亦不同。如寄生于消化道的寄生虫,其虫卵、幼虫或卵囊主要随粪便排出,所以粪便检查是主要的方法。螨虫主要寄生于皮肤,则以皮肤刮取物检查为主要方法。另外,还有肌肉、血液、尿液检查等。必要时可以接种实验动物,然后从其体内检查到虫体或病变来建立诊断,如弓形虫病、锥虫病等。

1. 粪便检查法

被检粪便应该是新鲜而未被污染的,最好从动物直肠直接采取。小动物采集自然排出的新鲜粪便,从粪便的中间或上部采集。采集的粪便依次编号,并将其装入清洁的容器内。采集用具应每采一份,清洗一次,以防交叉污染。采集的粪便应尽快检查,不能立即检查的应放在阴暗处或冰箱内保存。需要长期保存的可将其浸入 50～60℃的 5%～10%福尔马林溶液中,使粪便中的虫卵失去生活能力,起固定作用,防止虫卵变形。

(1)漂浮法　该法的原理是应用比重较虫卵大的溶液作为检查用的漂浮液,使寄生虫卵、球虫卵囊等浮于液体表面,进行集中检查。漂浮法对大多数寄生虫,如某些线虫卵、绦虫和球虫卵囊有很好的检出效果,对吸虫卵和棘头虫卵效果较差。

最常用的漂浮液是饱和盐水溶液,其制法是将食盐加入沸水中,直至食盐不再溶解生成沉淀为止(1 L 水大约加入食盐 400 g),即为饱和盐水溶液。然后用 4 层纱布滤过,冷却备用。

①饱和盐水漂浮法　取 5～10 g 粪便置于 100～200 mL 烧杯(或塑料杯)中,加入少量漂浮液搅拌混合后,继续加入约 20 倍的漂浮液。然后将粪液用金属筛或纱布滤入另一杯中,舍去粪渣,静置滤液。经 40 min 左右,用直径 0.05～1.0 cm 的金属圈平着接触滤液面,提起后将黏着在金属圈上的液膜抖落于载玻片上,如此多次蘸取不同部位的液面后,加盖玻片镜检。

②试管浮聚法　取 2 g 粪便置于烧杯中或塑料杯中,加入约 15 倍的漂浮液搅匀,用纱布滤入另一杯中。将滤液倒入直立的平口试管中,直到液面接近管口为止,然后用滴管补加粪液,滴至液面凸出试管为止。静置 30 min 后,用清洁盖片轻轻接触液面,提起后放于载玻片上镜检。

(2)沉淀法　该法的原理是利用虫卵在常水中可自然沉于水底,便于集中检查。沉淀法多用于吸虫病和棘头虫病的诊断。

①彻底洗净法　取粪便 5～10 g 置于烧杯(或塑料杯)中,加 10～20 倍清水充分混匀,再用金属筛或纱布滤过到另一烧杯中,滤液静置 20 min 后倾去上层液,再加清水与沉淀物重新混匀、静置。如此反复水洗沉淀物多次,直至上清液透明为止。最后倾去上清液,用吸管吸取沉淀物滴于载玻片上,加盖玻片镜检。

②离心沉淀法　取粪便 3 g 置于小杯中,加 10～15 倍水搅拌混匀,然后将粪液用金属筛或纱布滤入离心管中,在电动离心机中以 2 500～3 000 r/min 离心沉淀 1～2 min。取出后倾去上层液,再加水混匀,离心沉淀。如此离心沉淀 2～3 次,最后倾去上层液,用吸管吸取沉淀物滴于载玻片上,加盖玻片镜检。

(3)幼虫孵化法　取一灭菌的培养皿，在培养皿底部加滤纸一张，然后将欲培养的粪便加水调成硬糊状，塑成半球形，放在培养皿内的纸上，使半球形粪便的顶部略高出平皿边缘，使加盖时与培养皿盖相接触。将此培养皿置于25℃恒温箱中，使底部的垫纸始终保持潮湿状态，经7 d后，多数线虫虫卵即可发育成第三期幼虫，并集中于培养皿盖上的水滴中。将幼虫吸出，置于载玻片上，放在显微镜下检查。此法主要用于鉴别蠕虫的种类。

(4)虫卵计数法　取新鲜粪便1 g置于小杯中，加入10倍量的水搅拌混匀，用金属筛过滤于试管中，静置30～60 min后倾去上层液，再加饱和盐水。混匀后用滴管滴加饱和盐水到管口，然后管口覆以盖玻片(22 mm×22 mm)。经20 min取下盖玻片，放在载玻片上镜检。计算虫卵的数量。每份粪便用同样的方法检查3片，其总和为1 g粪便的虫卵数(EPG)。此法主要用于判断寄生虫感染的强度。

(5)毛蚴孵化法　取粪便约30 g，先经沉淀法浓集处理后，将粪便沉渣倒入三角烧瓶内，加清水(城市中需用去氯水)至瓶口，在20～26℃的条件下进行孵化，经4～6 h后用肉眼或放大镜观察。如见水面下有白色点状物作直线来往游动，即是毛蚴。必要时也可用吸管将毛蚴吸出镜检。如无毛蚴，每隔1～5 h观察记录一次。气温高时，毛蚴可在短时间内孵出，因此在夏季要用1.0%～1.2%食盐水或冰水冲洗粪便，最后一次才改用室温清水，防止毛蚴过早孵出。此法适用于鉴别吸虫的种类。

2.螨的检查

在螨的检查中，病料采集的正确与否决定检查结果的准确性。其采集部位是在动物健康皮肤和病变皮肤的交界处。采集时剪去该部的被毛，用经过火焰消毒的外科刀，使刀刃和皮肤垂直，适当用力刮取病料，一直刮到微微出血为止。病料置于消毒的小瓶或带塞的试管中。刮取处用碘酊消毒。

常用的检查方法有下列两种：

(1)煤油浸泡法　将病料置于载玻片上，滴数滴煤油后，加盖另一块载玻片，用手搓动两片，使皮屑粉碎，然后在显微镜或解剖镜下检查。由于煤油的作用，皮屑透明，螨体特别明显。

(2)皮屑溶解法　将病料浸入盛有5%～10%苛性钠(或苛性钾)溶液的试管中，经1～2 h痂皮软化溶解，弃去上层液后，用吸管吸取沉淀物，滴于载玻片上加盖片检查。为加速皮屑的溶解，可将病料浸入10%苛性钾溶液的试管中，在酒精灯上加热煮沸数分钟，痂皮全部溶解后将其倒入离心管中，用离心机离心1～2 min后，倒去上层液，吸取沉淀物制片镜检。

3.血液原虫的检查

小静脉处或耳尖剪毛后用酒精消毒，再用棉花擦干，然后用注射器采集血液以供涂片用。供浓集检查法的血液，直接在静脉采取，按检查法的要求加入抗凝剂。

(1)压滴标本检查法　取小静脉或耳尖血一滴滴于载玻片上，加等量生理盐水后再加盖片镜检，若发现有运动性的活泼虫体可确诊。检查时室温不宜过低，否则会影响检查效果。

(2)虫体浓集法　采静脉血按4∶1比例与3.8%的枸橼酸钠液混合，于试管中静置30～60 min，或用离心机以1 500～2 000 r/min离心2～3 min，然后除去上层液，吸取白细胞层的沉淀物涂片、干燥、固定后，用姬姆萨液染色进行检查。此法适用于锥虫和微丝蚴的检查。

(3)直接涂片染色法　取小静脉或耳尖血一滴滴于载玻片上，直接涂片、干燥、固定后，用姬姆萨液染色后进行显微镜检查。

4. 排泄物与分泌物的寄生虫检查

(1)呼吸系统分泌物检查　用棉签或塑料吸管取鼻腔和气管分泌物少许，将采集的病料涂片后置于显微镜下观察。为了取得更多的病料，可以进行人工诱咳。也可以使用浓集法，即收集 24 h 痰液，置于玻璃杯中，加入等量 10% 氢氧化钠溶液，用玻棒搅匀后，放入 37℃ 温箱内，待痰液消化成稀液状后，倒入离心管内，以 1 500 r/min 离心 5～10 min，倾去上清液，取沉渣滴于载玻片上，加盖玻片检查。此法适用于肺吸虫或肺丝虫的检查。

(2)尿液寄生虫检查　用导尿法或收集自然排出的新鲜尿液 5～10 mL，放入离心管内，以 1 500 r/min 离心 5～10 min，倾去上清液，取沉渣镜检。如果是乳糜尿需加等量乙醚，用力振荡，使脂肪溶于乙醚，然后弃去脂肪层，离心后取沉渣镜检。此法适用于肾膨结线虫的检查。

5. 动物接种技术

(1)弓形虫　弓形虫属于多宿主寄生虫，尤其小鼠比较敏感，一般采集动物的流产胎儿、分泌物、腹腔液等，用生理盐水 5 倍稀释，加入双抗制成乳剂，取 0.2 mL 接种于小鼠腹腔，一周后剖杀取腹腔液镜检，发现游离的速殖子为阳性。阴性者需盲传至少 3 代。

(2)伊氏锥虫　采集静脉血加入抗凝剂，取 0.5～1.0 mL 接种于小鼠的腹腔或皮下。血液应在 2～4 h 内接种完毕，接种后的动物应该隔离并经常检查。如果接种病料中的虫体较多，一般在小鼠接种的 3 d 内即可在外周血液中检查到虫体，若接种病料中的虫体较少，小鼠发病时间可能会延长到 1 个月以后。

(四)免疫学诊断

病原侵入动物体后，刺激机体产生免疫应答反应。寄生虫在生长、发育、繁殖到死亡的整个寄生过程中，其产生的分泌物、排泄物和死亡后的崩解产物，在宿主体内均起着抗原的作用，可以诱导动物机体产生免疫应答反应。因此，可以利用抗原-抗体反应或其他免疫反应来诊断寄生虫病。随着免疫学研究的进展，一些免疫学诊断方法已被用于寄生虫病的诊断，如间接血凝方法、酶标法等。但由于寄生虫虫体结构复杂，寄生虫在生活史的不同阶段有各不相同的特异性抗原，再加上有些寄生虫表膜抗原不断发生变异，因此，寄生虫病的免疫诊断不如病原诊断可靠，容易出现假阳性和假阴性的结果。然而，对于一些只有解剖动物或检查活组织才能发现病原的寄生虫病，如旋毛虫病、棘球蚴病、住肉孢子虫病等，免疫学诊断仍是较为有效的方法。此外，在寄生虫病的流行病学调查中，免疫学方法也有其他方法不可替代的优越性。

1. 皮内试验

利用宿主的速发型变态反应，将特异抗原液注入皮内，观测皮丘及红晕反应以判断有无特异抗体(IgE)的存在称为皮内试验。皮内试验可用作寄生虫病的筛选方法，先做皮试，阳性者再作进一步检查。

(1)皮内注射　在宠物腹部或背部剪毛、消毒，用 1 mL 注射器吸取抗原 0.03 mL 进行皮内注射。15 min 后测量丘疹大小。

(2)判断标准　丘疹直径大小在 0.8 cm 以上，周围出现红晕者为阳性，否则为阴性。

2. 间接血凝试验

间接血凝试验是以红细胞作免疫配体的载体，并以红细胞凝集读数的血清学方法。最常用的红细胞为绵羊红细胞。适用于诊断旋毛虫病、弓形虫病等。

操作步骤如下：

(1)致敏红细胞制备　取绵羊脱纤血用纱布过滤，以 2 000 r/min 经过 10 min 离心洗涤 3 次，用 pH 7.2 磷酸盐缓冲液(PBS)配成 2.5% 悬液，再加等量的甲醛溶液，摇匀后置于 37℃水浴箱中 2～3 h，离心后再用 pH 7.2 PBS 离心洗涤 3 次，将其配制成 2.5%的醛化红细胞悬液。然后加等量 1∶2 000 鞣酸溶液 37℃水浴 20 min，经常摇动，离心弃去上清液，用 PBS 洗 1 次，再用 pH 7.2 PBS 离心洗涤 3 次，配成 2.5%悬液。测定前每份悬液加等量适当稀释的抗原液，摇匀后 37℃水浴 15 min，离心后再用 pH 7.2 PBS 离心洗涤 3 次，配成 2.5% 悬液，按 1∶1 000 加入硫柳汞，放于 4℃冰箱中保存。

(2)微量血凝试验操作　取 U 形(或 V 形)微量血凝板一块，滴加 pH 7.2 PBS 液。每排第一孔加 4 滴，其余各孔加 2 滴。吸取待检血清 1 滴加入第一孔，混匀后吸取 2 滴加入第二孔，如此倍比稀释下去，最后稀释孔吸出 2 滴弃去。每孔依次加入致敏红细胞悬液，振荡摇匀，37℃水浴 1～2 h 后观察结果。

(3)结果判断　根据红细胞在孔底的沉积类型而定。"－"，红细胞沉于管底，呈圆点形，外周光滑；"±"，红细胞沉于管底，周围不光滑或中心有白色小点；"＋"，红细胞沉积范围很小，呈较明显的环形圈；"＋＋"，红细胞沉积范围较小，其中可出现淡淡的环形圈；"＋＋＋"，红细胞布满管底呈毛玻璃状；"＋＋＋＋"，红细胞呈片状凝集或边缘卷曲。呈明显阳性反应(＋)的最高稀释度为该血清的滴度或效价。

3. 酶联免疫吸附试验

酶联免疫吸附试验(ELISA)，已广泛用于多种寄生虫感染的宿主体液(血清、脑脊液等)以及排泄分泌物(尿、乳、粪便等)内特异抗体或抗原微粒的检测。操作步骤如下：

(1)包被抗原　以包被液(0.05 mol/L pH 9.6 碳酸钠-碳酸氢钠缓冲液)稀释抗原(常用 5～10 μg/mL)，每孔 0.1 mL 或 0.2 mL 包被反应板，37℃湿盒温浴 2～3 h 或 4℃过夜。

(2)洗涤　弃去包被液，反应板用去离子水或 PBST 液(0.02 mol/L pH 7.4 PBS 含 0.05% 吐温-20)冲洗 3 次，甩干。

(3)加样　用 PBST 稀释样本(1∶80)，加入反应孔，每孔 0.1 mL 或 0.2 mL，温浴 1～2 h。

(4)加稀释结合物　弃去样液，如上冲洗甩干后，加稀释结合物(HRP-SPA)，每孔 0.1 mL 或 0.2 mL，温浴 1～2 h。

(5)加底物　如上冲洗甩干后，即刻加入新鲜配制的底物系统，每孔 0.1 mL 或 0.2 mL，置暗盒室温 15 min。

(6)终止反应　每孔加 2 mol/L H_2SO_4 溶液 0.05 mL，使颜色由淡黄色变为橘红色。

(7)测定　用分光光度计在 492 nm 波长测定吸收值来判断结果。

(8)结果判断　每板 1A 孔只加底物和终止剂，作为对照调零，每板第 10 排设 AB 孔为阳性对照，CD 孔为阴性对照。每一样本作 2 孔，以平均值判定。

(五)药物诊断

药物诊断是对怀疑患有寄生虫病的动物进行给药驱虫，观察有无虫体排出或症状有无缓解、消除来进行诊断的方法。本法一般用于没有实验室条件的单位或地区。

(六)其他诊断技术

1. DNA 探针技术

DNA 探针技术，又称核酸分子杂交技术，是最近几年迅速发展起来的一种敏感性高、特异性强、应用面广的方法。在寄生虫病诊断中，探针是病原体的特异核酸序列，可用来检测病原体是否存在，其关键环节在于获得特异的核酸探针。DNA 探针检测，其特异性和敏感性高，并且 DNA 探针是直接检测寄生虫的基因，所以比血清学检验方法更可靠；DNA 探针比较稳定，在适当的条件下可较长期保存；在试验条件不变时试验结果的重演性较好。在寄生虫病的诊断、现场调查、寄生虫种的鉴定及分类等方面的研究中均已使用了 DNA 探针技术。

2. PCR 技术

PCR 技术是一种体外扩增特异性 DNA 的技术，是更灵敏、更快速，并且不需要同位素标记的基因扩增技术。

现已使用 PCR 技术诊断寄生虫病，如锥虫病、利什曼原虫病、贾第虫病、弓形虫病等。在一些疾病中，有时原虫数量极少，用一般方法无法检测，经用 PCR 扩增 DNA 模板，提供了一条解决诊断的途径。如在检测锥虫时，PCR 扩增纯化 DNA 可使探针检测到血样中 1 个虫体。国内建立了弓形虫病 PCR 诊断方法，具有高度特异、敏感且快速的优点。今后在寄生虫学领域中将会更广泛深入地开展 PCR 技术的应用。

三、寄生虫病的防治

由于寄生虫的种类繁多，并各有不同的生物学特性，又因宿主的饲养管理、地区分布、自然条件的不同，所以防治寄生虫病是一项极其复杂的工作。在防治寄生虫病时，必须贯彻"防重于治"的方针，掌握寄生虫的发育史和寄生虫病的流行规律，采取综合性防治措施。

（一）寄生虫病的预防原则

1. 动物驱虫

是指用药物或其他方法将动物体表或体内的寄生虫驱除或杀灭的措施。对已发病的动物进行驱虫有治疗作用（治疗性驱虫）；对感染或可能感染而未发病的动物，可以进行有计划的定期预防性驱虫（计划性驱虫）。预防性驱虫是蠕虫病的有效防治措施。无论是治疗性还是预防性驱虫，都可达到消灭动物体内或体表的虫体，防止病原扩散，减少环境污染的目的。

2. 外界环境除虫

是以杀灭散布在外界环境中的虫卵、幼虫或虫体为目的的各项措施。

（1）粪便除虫　采用粪便堆积发酵或沼气发酵的方法杀灭粪中的虫卵、幼虫或虫体。

（2）草地除虫　在放牧地区采用草地轮牧或不同畜种轮牧的方法，利用日光、高温、低温、雨水等自然力和寄生虫本身寿命有限，以达到杀灭草地上病原的目的。

3. 杀灭中间宿主和传播媒介

有些寄生虫病在流行过程中，必须有中间宿主或传播媒介参与，当其无经济价值时，可利用各种物理、化学或生物学方法加以消灭。不易广泛消灭的（如蚂蚁），则在动物所及的范围内加以消灭。

4. 保护性预防措施

是指提高动物抵抗寄生虫的能力，以及减少动物接触病原机会的一些措施。如防止病原污染饲料、饮水，防止病原传入，搞好动物舍卫生，加强饲养管理，进行药物预防、人工免疫等。

（二）寄生虫病的治疗原则

动物寄生虫病被确诊后，应根据动物的体质、病情和寄生虫的生物学特性等，应用各种驱虫或杀虫药物进行治疗。驱、杀虫工作，应先做小群试验，然后再进行大规模驱虫。选用的药物要安全、高效、成本低廉和使用方便。动物驱虫后排出的粪便和虫体，加以适当处理，以防止病原扩散。

四、寄生虫病的免疫

动物机体对寄生虫感染常具有不同程度的抵抗能力，表现为一系列的免疫反应。所谓免疫就是机体排除异己，包括病原体和非病原体的异体物质，或改变了性质的自身组织，以维持机体的正常生理平衡。一般将免疫分为非特异性免疫(先天性免疫)和特异性免疫(获得性免疫)。

(一)先天性免疫

先天性免疫是在长期的进化过程中逐渐建立起来的天然防御能力。它受遗传因素控制，具有相对稳定性，对各种寄生虫感染均具有一定程度的抵抗作用，但没有特异性，也不十分强烈。先天性免疫主要表现为：

1. 皮肤、黏膜和胎盘的屏障作用

尽管血吸虫的尾蚴等能直接钻入健康皮肤，但完整、健康的皮肤仍然是阻挡大多数寄生虫的天然屏障。胎盘屏障也能保护胎儿免受一些寄生虫的感染。

2. 吞噬细胞的吞噬作用

吞噬细胞包括中性粒细胞和单核巨噬细胞(包括血液中的大单核细胞和各组织中的巨噬细胞)。吞噬细胞一方面表现为对寄生虫的吞噬、消化、杀伤作用；另一方面在处理寄生虫抗原过程中参与特异性免疫的致敏阶段。

3. 体液因素对寄生虫的杀伤作用

补体系统因某种原因被活化后，可参与机体的防御功能。

4. 种、品种等免疫

种免疫表现为某种动物天然地不感染某寄生虫。品种免疫往往表现为某种动物的某个品种对某种寄生虫的易感性较高或较低。年龄、性别等因素在易感性上也表现出差异。

(二)获得性免疫

寄生虫侵入宿主后，抗原物质刺激宿主免疫系统，常出现免疫应答，对寄生虫可发挥清除或杀伤效应，对同种寄生虫的再感染也具有一定抵抗力，称为获得性免疫。但是，获得性免疫中也有非特异的免疫效应。

1. 寄生虫的抗原

(1)寄生虫抗原的特点

①复杂性、多源性　大多数寄生虫是一个多细胞结构的个体，并且都有一个复杂的生活史，因此寄生虫抗原比较复杂。其化学成分可以是蛋白质或多肽、糖蛋白、糖脂或多糖。就来源而言，可概括为体抗原和代谢抗原。体抗原中包括来自表膜的表面抗原；代谢抗原有各腺体分泌物、消化道排泄物、幼虫蜕皮液等。虫体体表、虫体排泄分泌物内或虫体寄生的细胞表面表达的抗原均可与宿主免疫系统直接接触，属于免疫学上重要的抗原。

②具有属、种、株、期的特异性　寄生虫生活史中不同发育阶段既具有共同抗原，又具有

各发育阶段的特异性抗原，即期特异性抗原。共同抗原还可见于不同科、属、种或株的寄生虫之间，这种特点反映在免疫诊断方面，经常产生交叉反应。一般认为特异性抗原比较重要，它的分离、提纯和鉴定有助于提高免疫诊断的特异性，在研究免疫病理、寄生虫疫苗等方面具有重要意义。近年来单克隆抗体及DNA重组技术的应用，推动了寄生虫抗原的研究。

(2)寄生虫的循环抗原　寄生虫循环抗原系指生活虫体排放到宿主体液内的大分子微粒，主要是排泄分泌物或脱落物中具有抗原特性，并且能被血清免疫学试验所证明(检出)的物质。目前，对循环抗原的追踪和研究正在不断深入。

2.获得性免疫效应机制

(1)体液免疫　是抗体介导的免疫效应。抗体属免疫球蛋白，包括IgA、IgD、IgE、IgG和IgM。寄生虫感染早期，血中IgM水平上升，随着时间的延长IgG上升。在蠕虫感染时，一般IgE水平升高，而肠道寄生虫感染则IgA上升。

抗体可单独作用于寄生虫，使其丧失侵入细胞的能力。例如伯氏疟原虫子孢子单克隆抗体的Fab部分与疟原虫子孢子表面抗原的决定簇结合，使子孢子失去附着和侵入肝细胞的能力。有的抗体结合寄生虫相应抗原，在补体参与下，通过经典途径激活补体系统，使寄生虫溶解。例如非洲锥虫病人血清中的IgM、IgG在补体参与下，可溶解血内的锥虫。抗体还可结合寄生虫表面抗原，其Fc部分与效应细胞(如巨噬细胞、嗜酸性粒细胞等)上的Fc受体结合，使效应细胞能吞噬寄生虫。如血中疟原虫及其裂殖子或感染疟原虫的红细胞与抗体结合以后，可被巨噬细胞或单核细胞吞噬。

(2)细胞免疫　是淋巴细胞和巨噬细胞或其他炎症细胞介导的免疫效应。当致敏T细胞再次接触相应抗原后，释放多种淋巴因子，例如，巨噬细胞趋化因子(MCF)，可使巨噬细胞移动到局部，聚集于病原体周围；巨噬细胞活化因子(MAF)，可激活巨噬细胞，增强其吞噬能力和杀伤作用。例如，激活的巨噬细胞可杀伤在其胞内寄生的利什曼原虫。

(3)体液免疫和细胞免疫协同作用　在寄生虫感染中，常见的有抗体依赖、细胞介导的细胞毒性(ADCC)产生的免疫效应。ADCC对寄生虫的作用需要特异性抗体如IgG或IgE，结合于虫体，然后效应细胞(巨噬细胞、嗜酸性粒细胞或中性粒细胞)通过Fc受体附着于抗体，通过协同作用发挥对虫体的杀伤作用。对于组织、血管或淋巴系统寄生的蠕虫，ADCC可能是宿主杀伤蠕虫(如血吸虫童虫、微丝蚴)的重要效应机制。

3.免疫类型

宿主感染寄生虫后，产生获得性免疫即特异性免疫应答，通常寄生虫感染的获得性免疫比较弱。由于宿主和寄生虫的种类以及宿主与寄生虫之间相互关系的不同，特异性免疫应答大致可分为以下两型：

(1)消除性免疫　宿主能消除体内寄生虫，并对再感染产生完全的抵抗力。例如热带利什曼原虫引起的东方疖，宿主获得免疫力后，体内原虫完全被清除，临诊症状消失，而且对再感染具有长期、特异性的抵抗力。这是寄生虫感染中少见的一种免疫状态。

(2)非消除性免疫　这是寄生虫感染中常见的一种免疫状态。大多数寄生虫感染可引起宿主对再感染产生一定程度的免疫力，但是，宿主体内原有的寄生虫不能完全被清除，维持在一个低水平，临诊表现为不完全免疫。一旦用药物清除体内的残余寄生虫后，宿主已获得的免疫力便逐渐消失。例如人体感染疟原虫后，体内疟原虫未被清除，维持低虫血症，但宿主对同种感染具有一定的抵抗力，称为带虫免疫。又如血吸虫感染，活的成虫可使宿主产生获得性免疫力，这种免疫力对体内原有的成虫不发生影响，可以存活下去，但对再感染时侵入的童虫有一定的抵抗力，称为伴随免疫。非消除性免疫与寄生虫的免疫逃避和免疫调节有关。

(三)免疫逃避

寄生虫与宿主长期相互适应过程中，有些寄生虫能逃避宿主的免疫效应，这种现象称为免疫逃避。寄生虫能在有免疫力的宿主体内增殖，长期存活，有多种复杂的机制，包括寄生虫表面抗原性的改变(如抗原变异)、抗原伪装，也可通过多种破坏机制改变宿主的免疫应答等。但是，任何一种寄生虫的存活机制均未能完全搞清楚。

1. 抗原性的改变

寄生虫表面抗原性的改变是逃避免疫效应的基本机制。有些寄生虫在宿主体内寄生时，其表面抗原性发生变异，直接影响免疫识别。例如，非洲锥虫在宿主血液内能有顺序地更换其表被糖蛋白，产生新的变异体，而宿主体内每次产生的抗体，对下一次出现的新变异体无作用，因此寄生虫可以逃避特异性抗体的作用。这种抗原变异现象也见于恶性疟原虫寄生的红细胞表面。

2. 抗原伪装

寄生虫体表结合有宿主的抗原，或者被宿主的抗原包被，妨碍了宿主免疫系统的识别。例如，曼氏血吸虫肺期童虫表面结合有宿主的血型抗原(A、B 和 H)和主要组织相容性复合物(MHC)抗原。这类抗原来自宿主组织而不是由寄生虫合成的，因此宿主抗体不能与这种童虫结合，为逃避宿主的免疫攻击创造了条件。

3. 抑制或直接破坏宿主的免疫应答

寄生在宿主体内的寄生虫释放出可溶性抗原，大量存在下可以干扰宿主的免疫反应，有利于寄生虫存活下来。表现为：与抗体结合、形成抗原抗体复合物、抑制宿主的免疫应答。如曼氏血吸虫感染者血清中存在循环抗原，可在宿主体内形成可溶性免疫复合物。实验证明，这种复合物可能改变宿主免疫反应，如抑制嗜酸性粒细胞介导的对童虫的杀伤，抑制淋巴细胞转化等；也可表现为直接破坏特异的免疫效应分子，如枯氏锥虫的锥鞭毛体的蛋白酶能分解附着于虫体上的抗体，使虫体上仅有 Fab 部分，而无 Fc 部分，因而不能激活补体以导致虫体的溶解。

4. 解剖位置的阻隔

寄生于肠道和生殖道的寄生虫，能有效避开循环抗体的作用。

另外，有几种寄生虫感染中发现有免疫抑制因子。

(四)寄生虫性变态反应

宿主感染寄生虫以后所产生的免疫反应，一方面可以表现为对再感染的抵抗力，另一方面也可以发生对宿主有害的变态反应，又称超敏反应。变态反应是处于免疫状态的机体，当再次接触相应抗原或变应原时出现的异常反应，常导致宿主组织损伤和免疫病理变化。寄生虫感染的变态反应也可分为Ⅰ、Ⅱ、Ⅲ、Ⅳ四型，分别称为速发型、细胞毒型、免疫复合物型、迟发型或细胞免疫型。

1. 速发型(过敏反应型)

此型多见于蠕虫感染。蠕虫的变应原刺激机体产生特异性 IgE 抗体，IgE 有亲细胞性，吸附在肥大细胞和嗜碱性粒细胞表面，当过敏原再次进入机体后，与 IgE 抗体结合，使肥大细胞、嗜碱性粒细胞产生脱颗粒变化，从颗粒中释放出许多活性介质如组胺、5-羟色胺、肝素、类胰蛋白酶等。各种介质随血流散布全身，作用于皮肤、黏膜、呼吸道等效应器官，引起血管扩张、毛细血管通透性增加、平滑肌收缩、腺体分泌增多等，分别引起荨麻疹、血管神经性水肿、支气管哮喘等临诊症状。重者可因全身小血管扩张而引起过敏性休克。例如，血吸虫尾蚴引起的尾蚴性皮炎属于局部过敏反应；棘球蚴包囊壁破裂，囊液吸收入血而产生过敏性休克属全身性过敏反应。

2. 细胞毒型

此型变态反应是抗体(IgM、IgG)直接作用于相应的细胞膜上的抗原，在补体、巨噬细胞作用下造成的损伤反应。细胞毒型的作用方式有：补体依赖性细胞毒作用；抗体依赖性细胞介导的细胞毒作用(ADCC)；促进巨噬细胞的吞噬作用等。在黑热病、疟疾患病动物，寄生虫抗原吸附于红细胞表面，特异性抗体(IgG 或 IgM)与之结合，激活补体，导致红细胞溶解，出现溶血，这是黑热病或疟疾贫血的原因之一。

3. 免疫复合物型

此型变态反应是抗原与抗体特异性结合，形成免疫复合物，在组织中沉着引起的炎症反应。当免疫复合物在血管壁或组织内沉着，激活补体，产生趋化因子，将中性粒细胞吸引至局部，中性粒细胞吞噬免疫复合物过程中脱颗粒，释放出一系列溶酶体酶类，造成血管壁及其周围组织损伤。例如，疟疾和血吸虫病患病动物常常出现肾小球肾炎，是由于免疫复合物在肾小球内沉着所引起的。

4. 迟发型或细胞免疫型

此型变态反应是由 T 细胞介导引起的免疫损伤。致敏的 T 细胞再次接触同种抗原时，出现分化、增殖并释放出多种淋巴因子，吸引、集聚并形成以单核细胞浸润为主的炎症反应，甚至引起组织坏死。血吸虫虫卵肉芽肿是 T 细胞介导的迟发型变态反应。

在寄生虫感染中，有的寄生虫病可同时存在几型变态反应，甚为复杂多变，如血吸虫病可有速发型、免疫复合物型及迟发型变态反应同时存在。

相关知识

一、寄生虫病的流行病学

寄生虫病的流行病学主要研究寄生虫病的群体发病特征，包括寄生虫病的发生原因、发生条件、传播途径、流行规律及转归等方面的特征及规律。对某些一定条件下可能发展为群体流行的个体疾病的研究亦属流行病学研究范畴。

(一)寄生虫病发生的基本环节

寄生虫病发生的基本环节包括感染来源、感染途径、易感宿主。

1. 感染来源　感染来源是指易感宿主周围环境中已经存在的寄生虫的一定发育阶段，如成虫、幼虫、虫卵、卵囊等，以及已经被寄生虫感染的各种载体，如患病动物或其器官组织、中间宿主、补充宿主、贮藏宿主、保虫宿主、生物传播媒介等。这些是寄生虫病得以发生的首要条件。

2. 感染途径　指寄生虫感染宿主的过程、方式和入侵门户。有以下几种主要方式：

(1)宿主—外界环境—宿主　多数线虫排出的虫卵(卵生)、孢子虫类原虫排出的卵囊，污染环境后再感染新宿主。病原一般都通过污染的饲料和饮水经口侵入宿主。

(2)宿主—中间宿主—宿主　这是吸虫、绦虫类具中间宿主的寄生虫感染新宿主的形式。绝大多数病原经口侵入，少数如血吸虫的尾蚴等可直接经皮肤进入宿主而感染。

(3)宿主—生物性传播媒介—宿主　某些血液原虫病，如疟原虫通过吸血昆虫传播。生物性传播媒介主要是节肢动物类，其中某些是寄生虫必需的宿主，某些只是机械性传播者。

(4)宿主—宿主　某些寄生虫通过交配等直接接触方式传播，螨等外寄生虫可通过直接接触感染。

(5)宿主—机械性途径—宿主　某些寄生虫可通过垫料、用具、人员等间接接触传播。

(6)宿主—胎盘、母乳—宿主　蛔虫、钩虫等尚可通过胎盘和母乳将幼虫从母体传给胎儿或幼畜。

3.易感宿主　是指对某种寄生虫具有易感性的宿主动物。易感宿主对于寄生虫来说具有相对专一性，某一种寄生虫只能在一种或若干种动物而不是所有动物体内生存。易感宿主也由于种类、品种、年龄、性别、营养状况等差异而呈现易感性和发病状况的差异。

(二)寄生虫的生物学特性

寄生虫的生物学特性内容广泛，与寄生虫病防治有关的主要有以下几个方面。

1.成熟时间　是指寄生虫幼虫从感染宿主到发育成熟排卵所需的时间，这对于有季节性的蠕虫病尤为重要。排卵时间可以通过粪便检测得知，依此可以推知最初的感染时间，这对制定防治措施意义重大。犬恶丝虫成熟的时间有半年左右，因此，半岁以下的犬如果出现类似恶丝虫病症状，即可排除恶丝虫病的可能。

2.成虫寿命　成虫在宿主体内的寿命，决定了它向外界排出病原时间的长短。寄生虫成虫的寿命差异很大，长的可达几十年，短的不到半年。如绵羊莫尼茨绦虫的寿命为2～6个月，而绵羊感染一般在夏季，这就使该病发生具有间断期。目前，许多宠物寄生虫成虫的寿命尚不明确，但无疑成虫寿命对构成其流行病学特征具有重要意义。

3.在外界的生存　寄生虫以何种形式、哪种发育阶段从宿主体内排出，在外界生存和发育到具有感染能力阶段所需要的时间，保持感染能力的时间，外界环境条件以及寄生虫对其抵抗力和耐受性等，都是寄生虫病防治的重要参考资料。

4.中间宿主及传播媒介　很多寄生虫在生活史中都需要中间宿主或生物性传播媒介，因此，它们的生活习性对研究流行病学特征和制定防治措施具有重要意义。

(三)流行特点

1.地方性寄生虫病　其流行与分布常有明显的地方性。主要与下列因素有关：

(1)气候、地理条件　如多数寄生虫病易在温暖潮湿的地方流行且分布广泛。山脉、河流等对寄生虫病的流行有阻隔作用。

(2)中间宿主或媒介节肢动物的地理分布　如吸虫的流行区域与其中间宿主的分布有密切关系，一般南方水网地区流行广泛；直接型发育史的土源性寄生虫则分布范围较广。

(3)人类的生活习惯和活动　人类的饮食习惯影响着寄生虫病的发生和流行，如人的猪带绦虫病与牛带绦虫病多流行于有生食或食未煮熟猪、牛肉习惯的地区。同样理由，这些地区由于绦虫病人多，加上卫生条件及设施不完备，使人粪不能集中管理，使动物也易感染囊尾蚴病。人类的经济、文化活动和对自然资源的大规模开发，也对寄生虫病的流行有重大影响。

2.季节性寄生虫病　其流行往往有明显的季节性。生活史中需要节肢动物作为宿主或传播媒介的寄生虫，其疾病的流行季节与有关节肢动物的季节消长相一致，如间日疟原虫的流行季节与蚊虫的活动季节一致，所以，由吸血昆虫传播的寄生虫病多发生于夏季；球虫卵囊孢子化过程需要温暖潮湿气候，故多发于温暖多雨季节。

3.自然疫源性　有的寄生虫病在没有人类、家畜、家禽及宠物等参与的情况下，依然可在自然界中流行和存在，主要是在野生动物群中流行循环，野生动物成为这些寄生虫的保虫宿主，这种地区称为自然疫源地。寄生虫病的这种自然疫源性决定了某些寄生虫病在流行病学和防治方面的复杂性。

(四)影响流行过程的因素

1.自然因素　包括温度、湿度、雨量、光照等气候因素，以及地理环境和生物种群等。气候因素影响寄生虫在外界的生长发育，如温暖潮湿的环境有利于在土壤中的蠕虫卵和幼虫的发育；气候影响中间宿主或媒介节肢动物的滋生活动与繁殖，同时，也影响在其体内的寄生虫的发育生长，如温度低于15～16℃或高于37.5℃，疟原虫便不能在蚊体内发育。温度影响寄生虫的侵袭力，如血吸虫尾蚴的感染力与温度有关。地理环境与中间宿主的生长发育及媒介节肢动物的滋生和栖息均有密切关系，可间接影响寄生虫病的发生和流行。

2.生物因素　间接型生活史的寄生虫，其中间宿主或节肢动物的存在是这些寄生虫病流行的必需条件，如我国血吸虫病的流行在长江以南地区，与钉螺的地理分布一致；丝虫病与疟疾的流行同其传播媒介蚊虫的地理分布与活动季节相符合。

3.社会因素　包括社会制度、经济状况、科学水平、文化教育、医疗卫生、防疫保健以及人民的生产方式和生活习惯等，这些因素对寄生虫病流行的影响日益受到重视。一个地区的自然因素和生物因素在某一个时期内是相对稳定的，而社会因素往往是可变的，并可在一定程度上影响自然和生物因素。经济文化的落后必然伴有落后的生产方式和生活方式，以及不良的卫生习惯和卫生环境，因而不可避免地造成许多寄生虫病的广泛流行，严重危害畜体健康。

二、寄生虫与宿主

在自然界中，两种生物在一起生活的，生活双方中的一方受益，而另一方受害，这种生活关系称为寄生生活。如在人、动物、植物体表或体内生活的各种致病性生物，从对方获取营养，赖以生存，并给对方带来损害。

在寄生生活关系中，营寄生生活的生物称为寄生物，而营寄生生活的多细胞无脊椎动物和单细胞的原生动物则称为寄生虫，被寄生的动物称为宿主。

(一)寄生虫的类型

寄生虫的种类繁多且数量庞大。根据其寄生部位、适应程度以及寄生虫在宿主体内或体外寄生时间的长短等，可将寄生虫分为以下类型。

1.内寄生虫与外寄生虫　从寄生虫的寄生部位来分。凡是寄生在宿主体内的寄生虫称为内寄生虫，如吸虫、绦虫、线虫等；寄生在宿主体表的寄生虫称为外寄生虫，如螨、虱、蚤、鱼虱等。

2.单宿主寄生虫与多宿主寄生虫　从寄生虫的发育过程来分。凡是发育过程中仅需要1个宿主的寄生虫称为单宿主寄生虫，如蛔虫、钩虫、球虫等，这类寄生虫一般分布广泛，流行感染较普遍；发育过程中需要多个宿主的寄生虫称为多宿主寄生虫，如吸虫、绦虫等。

3.长久性寄生虫与暂时性寄生虫　从寄生虫的寄生时间来分。一生均不能离开宿主，否则难以存活的寄生虫称为长久性寄生虫，如旋毛虫、螨、虱等；而只有在采食时才与宿主接触的寄生虫称为暂时性寄生虫，如蚊子等。

4.专一宿主寄生虫与非专一宿主寄生虫　从寄生虫寄生的宿主范围来分。有些寄生虫只寄生于一种特定的宿主，对宿主有严格的选择性，称为专一宿主寄生虫，如犬球虫只感染犬等；有些寄生虫能寄生于多种动物，称为非专一宿主寄生虫，如旋毛虫、弓形虫等。

5.专性寄生虫与兼性寄生虫　从寄生虫对宿主的依赖性来分。寄生虫在生活史中必须有寄生生活阶段，否则生活史就不能完成，这种寄生虫称为专性寄生虫，如犬绦虫等；既可营自由生活，又可营寄生生活的寄生虫称为兼性寄生虫，如类圆线虫等。

（二）宿主的类型

根据寄生虫在宿主体内发育和适应程度，将其分为以下主要类型：

1.终末宿主　寄生虫成虫或有性生殖阶段寄生的宿主称为终末宿主，如犬等肉食兽是细粒棘球绦虫的终末宿主。某些寄生虫的有性生殖阶段不明显，这时可将对人最重要的宿主称为终末宿主。

2.中间宿主　寄生虫幼虫期或无性生殖阶段所寄生的宿主称为中间宿主，如牛、羊等反刍动物是细粒棘球绦虫的中间宿主。

3.补充宿主　某些寄生虫在发育过程中需要两个中间宿主，第二个中间宿主称为补充宿主，如淡水鱼、虾是华支睾吸虫的补充宿主。

4.贮藏宿主　寄生虫的虫卵或幼虫在其体内虽不发育繁殖，但保持对易感动物的感染力，这种宿主称为贮藏宿主，亦称为转续宿主或转运宿主。如蛙、蛇、鸟类等是裂头蚴的贮藏宿主。贮藏宿主在流行病学研究上有着重要意义。

5.带虫宿主（带虫者）　宿主被寄生虫感染后，随着机体抵抗力的增强或药物治疗，处于隐性状态，体内仍存留一定数量的虫体，这种宿主称为带虫宿主。它在临诊上不表现症状，对同种寄生虫再感染具有一定的免疫力。

6.传播媒介　通常是指在脊椎动物宿主间传播寄生虫病的一类动物，主要指吸血的节肢动物，如虱传播血液原虫病等。

寄生虫与宿主的类型是人为的划分，其不同类型之间有交叉和重叠，有时并无严格的界限。

（三）寄生虫与宿主的相互影响

寄生虫侵入宿主机体后，对宿主产生不同程度的损伤。同时宿主机体为了抗御寄生虫的侵袭，产生了一系列的抗损伤反应。寄生虫与宿主之间的相互影响贯穿于寄生生活的全部过程中。

1.寄生虫对宿主的影响

（1）夺取营养　营养关系是寄生虫与宿主的最本质的关系。寄生虫夺取营养的方式，依其种类、食性及寄生部位的不同而异。一般具有消化器官的寄生虫，用口摄取宿主的营养物质，如血液、体液、组织以及食糜等，再经过消化器官进行消化和吸收；无消化器官的寄生虫，通过体表摄取营养物质，如绦虫依靠皮层外的微绒毛吸取营养。寄生虫所夺取的营养物质除蛋白质、碳水化合物和脂肪外，还有维生素、矿物质和微量元素。

（2）机械性损伤

固着：寄生虫以吸盘、吻突、小钩、口囊等器官，固着在寄生部位，造成宿主的局部损伤。

移行：寄生虫的幼虫在宿主各脏器及组织内游走移动的过程为移行。幼虫移行穿透各组织时，损伤各组织器官造成“虫道”，引起出血、炎症，同时破坏所经过器官或组织的完整性，如鱼的双穴吸虫的尾蚴，钻入鱼体后进入血管，移行到心脏和眼球。

压迫：某些寄生虫的体积较大，在其寄生部位生长时，压迫宿主的器官和组织，造成组织萎缩和功能障碍；还有些寄生虫虽然体积不大，但由于寄生在宿主的重要生命器官，也因压迫而引起严重疾病，如华支睾吸虫寄生于犬、猫的肝脏，对其危害很大。

阻塞：寄生于消化道、呼吸道和腺体的寄生虫，常因大量寄生而引起阻塞，严重者还可造成管腔破裂，如犬蛔虫引起的肠阻塞和胆管阻塞等。

破坏：在宿主组织细胞内寄生的原虫，在繁殖中大量破坏组织细胞而引起严重疾病，如犬球虫在肠上皮细胞裂殖增殖时，引起肠管发炎和大量肠上皮细胞崩解，造成严重的出血性肠炎等。

（3）带入病原引起继发感染　某些寄生虫侵入宿主时，可以把一些其他病原体（细菌、病毒等）一同携带入内；另外寄生虫感染宿主机体后，破坏了机体组织屏障，降低了抵抗力，也使宿主易继发感染其他一些疾病。如许多种寄生虫在宿主的皮肤或黏膜等处造成损伤，给其他病原体的侵入创造了条件。还有一些寄生虫，其自身就是另一些病原微生物或寄生虫的生物学传播者。

（4）虫体毒素和免疫损伤作用　寄生虫生活期间排出的代谢产物、分泌物、排泄物和死亡虫体的崩解产物，可引起宿主机体局部或全身性中毒或免疫病理反应，导致宿主组织及机能的损害。寄生虫对宿主的损伤常常是综合性的，表现为多方面的危害，而且各种危害作用又往往互为因果、互相激化而引起复杂的病理过程。

2.宿主对寄生虫的影响　宿主对寄生虫的影响也是多方面的，目的是力图阻止虫体侵入以及将其消灭、抑制、排出，主要表现为如下形式。

（1）局部组织的抗损伤反应　寄生虫侵入宿主机体以后，宿主组织对寄生虫的刺激产生炎性充血和免疫活性细胞浸润，在虫体寄生的局部进行吞噬和溶解，或形成包囊和结节将虫体包围起来。机体的网状内皮系统细胞和白细胞都具有吞噬寄生虫的作用。

（2）天然免疫　遗传因素的作用表现为一些动物对某些寄生虫先天不感受性；年龄因素是影响非特异免疫的重要因素，不同年龄的个体对寄生虫的抗感染能力不同；宿主机体的皮肤、黏膜、血脑屏障及胎盘的屏障作用，可有效地阻止某些寄生虫的侵入。

（3）获得性免疫　寄生虫侵入宿主机体以后，立即引起宿主的体液和细胞免疫系统活化，产生相应的抗体和免疫细胞，将寄生虫部分消除或者抑制其生长发育，使感染处在低水平状态，此期间宿主不表现症状，这种现象称为“带虫免疫”。

（四）外界环境对寄生生活的影响

1.对寄生虫的影响　寄生虫的外界环境具有双重性。当其处于寄生生活状态时，宿主是寄生虫直接的外界环境；当其某一个发育阶段处于独立生活阶段时，自然界便是其生活的直接外界环境。只有少数永久性寄生虫不离开动物，在宿主体内或体表完成其全部发育过程，多数寄生虫必须在外界环境中完成一定的发育阶段。因此，外界条件直接影响这些阶段，甚至决定其生存与死亡。

外界条件中，起决定作用的因素是温度和水分。只有在适宜温度下，寄生虫的体外发育阶段才能完成，温度过高或过低则使其发育停止，甚至死亡。如寄生于鱼的鳃、皮肤等处的多子小瓜虫，适宜繁殖的温度为 15～25℃，水温高于 25℃时虽能发育，但一般不形成包囊，28℃以上时幼虫死亡。

多数寄生虫的虫卵或幼虫需要潮湿的环境，甚至有些还必须在水中发育到感染期。因此，地势的高低、降雨量的大小、河流湖泊的有无等，都影响着寄生虫的发育。

2.对中间宿主和生物传播媒介的影响　有些寄生虫的发育必须有中间宿主参加，有些寄生虫的传递必须靠生物媒介完成。因此，在一定区域内，某些寄生虫的中间宿主和生物媒介的存在与否，是该种寄生虫病能否发生的重要原因。中间宿主有其固有的生物学特性，外界条件直接影响其生存、发育和繁殖，因而间接地影响寄生虫病的发生。

Project 2

吸虫病的防治技术

学习目标

掌握吸虫病的临床特征、诊断方法及防治措施；
了解吸虫的形态结构及生活史；
熟悉吸虫的分类和寄生特点。

【案例导入】

在10月份的一天下午，有一只贵宾犬来医院就诊。主诉：宝贝今年6岁了，近期突然发现吃得越来越少，而且开始越来越瘦，体重减得比较明显，毛色也比较发焦，偶尔也会出现腹泻的症状，在一些医院用抗生素等药物治疗不见好转。同时感觉最近精神状态也不好，脸色有点苍白。遂来本院就诊。

【项目描述】

(一)一般检查项目评估

1.问诊

调查患犬的饲料构成，饮食规律，判断饲料营养是否均衡，有没有营养缺乏症。同时了解近期是否有过腹泻、呕吐或吞食异物情况，如果有腹泻物的性状如何；是否长期饲喂高脂食物或经常吃生鱼虾等，如果动物没有吃过这些食物，还要了解饲料有没有发霉等，以便排除霉菌中毒。

主诉动物表现食欲不振，不爱运动一个多月，精神表现越来越差，夏天经常吃一些鱼下水。现在也偶尔吃。有时下痢。

2.临床检查

体温正常，呼吸数、心率均在正常范围内。体重从1个月前的5 kg减到3 kg，消瘦，被毛无光泽。眼结膜检查略苍白，黄染。粪便土黄色。

3.粪便检查

运用水洗沉淀法(或甲醛乙醚沉淀法)，沉淀物做镜检发现华支睾吸虫虫卵，确诊为华支睾吸虫(肝吸虫)感染。也可采用毛蚴孵化法检查。

(二)重点检查项目评估

1.血液生化检查正常

肝片吸虫在动物体内移行和发育成虫过程中，对肝脏及胆管、胆囊的损伤较大。根据寄生虫在体内的多少对肝、胆的损伤程度不同，在血液生化检查时会有程度不同的阳性、阴性反应。

当虫体阻塞胆管时，犬、猫的血清和尿液胆红素的测定为强阳性反应(正常犬猫为阴性反应)，粪便、尿液和血清的尿胆原测定为阴性反应(正常为阳性反应)，血清中碱性磷酸酶明显增加。肝硬化时，犬、猫血中间接胆红素及尿胆原均增加，尿中尿胆原明显增加，而粪便粪胆原则减少，血浆蛋白、纤维蛋白减少，球蛋白增多，血清转氨酶明显增加，腹部叩诊肝脏浊音区扩大，腹部肝区触诊，犬、猫有疼痛表现。

本病中，患犬血清和尿液的胆红素测定为弱阳性反应，粪便、尿液和血清的尿胆原测定为弱阳性反应。血清中碱性磷酸酶增加。

2.血液常规检查正常

本病例血液常规检查未见明显异常。红细胞数量稍低，但在正常值范围内。

3. B型超声检查

本病例B型超声检查可见肝实质点状回声和短棒状回声，胆管轻度扩张，管壁增厚。胆囊内壁不光滑，囊内可见少量漂浮斑点、沉淀物回声，可见细条征。

华支睾吸虫感染可以有肝脏型、胆管型和胆囊型。在声像图上，肝脏型表现为肝实质点状回声增粗、增强，短棒状、索状或网状回声。胆管型表现为肝内胆管轻度扩张，以部分阶段扩张常见，管壁增厚，回声增强，肝外胆管可见层叠排列的双线征回声，长 10～20 mm，宽 2～3 mm。胆囊型表现为胆囊壁粗糙，囊内可见漂浮斑点、沉淀物回声，可见双线征或细条征，或直或弯的高回声带，长 10～20 mm，宽 2～3 mm。

(三)并发症评估

1. 阻塞性黄疸

虫体寄生于动物的胆管和胆囊内，由于机械性刺激，引起胆管炎和胆囊炎，胆管壁增厚，导致消化功能障碍，引起贫血、消瘦和水肿；大量虫体寄生时，胆管阻塞，使胆汁分泌障碍，胆汁积聚形成黄疸。

2. 肝硬化

虫体长期寄生，致使肝脏结缔组织增生，肝细胞变性、萎缩，毛细胆管栓塞形成，引起肝硬化，重者可引起肝硬化腹水。

相关知识

一、华支睾吸虫病

华支睾吸虫病是由后睾科支睾属的吸虫寄生于犬、猫等动物和人的肝脏胆管及胆囊所引起的疾病，偶见于胰管或小肠内，又称“肝吸虫病”，是重要的人兽共患病。主要特征为多呈隐性感染和慢性经过，呈地方流行性。

病原

华支睾吸虫(*Clonorchis sinensis*)，体形狭长，外形似葵花子，背腹扁平，前端稍窄，后端钝圆，体表光滑，半透明，无棘。成虫大小为(10～25) mm×(3～5) mm。口吸盘略大于腹吸盘，腹吸盘位于虫体前 1/5 处。消化道包括口、咽和短的食道及两条肠支，沿虫体两侧直达后端。两个分支的睾丸，前后排列于虫体后部。卵巢分叶，位于睾丸之前。受精囊发达，呈椭圆形，位于睾丸与卵巢之间。输卵管的远端为卵模，周围为梅氏腺，均位于睾丸之前，子宫从卵模处开始盘绕向前，开口于腹吸盘前缘生殖孔，子宫内充满虫卵。卵黄腺呈细小颗粒状，分布于虫体中部两侧。

虫卵形似灯泡，大小为(27～35) μm×(12～20) μm，黄褐色，顶端有盖，盖的两端有肩峰样突起，卵内含有毛蚴。

生活史

成虫寄生于犬、猫等动物的肝脏胆管和胆囊内，产出的虫卵随胆汁进入消化道随粪便排出。虫卵在水中被中间宿主淡水螺吞食后，在螺内孵出毛蚴、胞蚴、雷蚴和尾蚴。成熟的尾蚴从螺体逸出进入水中，如遇到补充宿主淡水鱼或虾，即钻入肌肉内发育成囊蚴。终末宿主吞食含有活囊蚴的鱼、虾被感染，在消化液的作用下，囊蚴在十二指肠内破囊而出，经总胆管进入胆管，发育为成虫。幼虫也可钻入十二指肠壁经血流或穿过肠壁经腹腔到达肝脏。

从淡水螺吞食虫卵至发育为尾蚴，需 30～40 d，幼虫在终末宿主体内发育为成虫需 1 个月。在适宜的条件下，完成全部生活史约需 100 d。成虫在猫、犬体内分别可存活 12 年 3 个月和3年6个月以上；在人体内可存活20年以上。

流行病学

犬、猫和人是主要的感染来源，其次是猪、肉食野生哺乳动物，如食鱼的鼠类、獾、野猫、狐狸等。中间宿主为多种淡水螺，以纹沼螺、长角涵螺和赤豆螺等分布最为广泛。补充宿主为70多种淡水鱼和虾，如草鱼（白鲩）、青鱼（黑鲩）、鲢鱼等。中间宿主和补充宿主种类繁多、分布广泛，对环境的适应能力很强。在流行区，粪便污染水源是影响淡水螺感染率高低的重要因素，鱼塘边建厕所，未经处理的人、畜粪便直接倒入鱼塘，都可造成螺受感染的机会。在流行区，鱼的带虫率可达50%～100%。人的不良食鱼习惯是导致感染的主要原因，如食生鱼片、生鱼、烫鱼、干鱼、生鱼粥等。犬、猫、猪等动物感染多因食入厨房的鱼、虾废弃物或生鱼、虾饲料而引起。

囊蚴极耐干燥和盐腌，在4%的醋中可活2 h，但对高温敏感，厚度约1 mm的鱼肉片内含有的囊蚴，在90℃的热水中，1 min即能死亡；75℃ 3 min内死亡；70℃及60℃时分别在6 min及15 min内全部死亡。在烹制"全鱼"时可因温度不够和时间不足而不能杀死囊蚴。

华支睾吸虫病分布广泛，在水源丰富、淡水渔业发达的地区流行尤为严重，其他地区呈散发性分布。

致病作用

虫体寄生于动物的胆管和胆囊内，由于机械性刺激，引起胆管炎和胆囊炎，胆管壁增厚，导致消化功能障碍，引起贫血、消瘦和水肿；大量虫体寄生时，胆管阻塞，使胆汁分泌障碍，胆汁积聚形成黄疸。虫体长期寄生，致使肝脏结缔组织增生，肝细胞变性、萎缩，毛细胆管栓塞形成，引起肝硬化，肝脏可达正常的2～3倍。继发感染时，引起化脓性胆管炎，甚至肝脓肿。偶尔有虫体侵入胰管内，引起急性胰腺炎。人华支睾吸虫病与胆管型肝癌、胆结石有着密切关系。

症状

患病犬、猫等动物多为隐性感染，症状不明显。表现精神沉郁，食欲逐渐减少至厌食，继之呕吐、腹泻、脱水，后期可视结膜及皮肤黄染，尿液呈橘黄色，触诊肝区敏感。严重感染时，长期顽固性下痢，最后出现贫血、消瘦、水肿，甚至腹水，多并发其他疾病而死亡。

病理变化

犬和猫的主要病变在肝和胆囊。肝脏呈淡黄、深黄或黄褐色，表面结缔组织增生，凹凸不平，有时引起肝硬化和脂肪变性。胆囊肿大，胆管变粗，胆汁浓稠，呈草绿色、暗绿色。切开胆囊和胆管，内有很多虫体和虫卵。

诊断

根据流行病学、临诊症状和病原检查，进行综合诊断。在本病流行区，有以生鱼、虾喂犬、猫的历史，出现消化不良、下痢、消瘦、贫血、黄疸、水肿等症状时，可疑为本病。用漂浮法检查粪便发现虫卵，或尸体剖检发现虫体即可确诊。

间接血凝试验、酶联免疫吸附试验可用于辅助诊断。用B型超声波检查患病动物时，可见肝内光点粗密欠均，有小斑片或团块状回声，弥漫性中小胆管不同程度扩张，胆管壁粗糙、增厚、回声增强。声像图无特异性，但仍具有一定参考价值。

治疗

(1)吡喹酮，每千克体重10～35 mg，口服，每日1次，连用3～5 d。

(2)丙酸哌嗪，每千克体重 50～60 mg，混入饲料喂服，每日 1 次，5 d 为一疗程。

(3)丙硫咪唑，每千克体重 25～50 mg，口服，每日 1 次，连用 12 d。

(4)六氯对二甲苯(血防 846)，每千克体重 20 mg，口服，每日 1 次，连用 10 d。

(5)硫双二氯酚(别丁)，每千克体重 80～100 mg，口服，每日 1 次，连用 2 周。

预防

(1)在流行地区，对犬、猫和猪等定期全面检查和驱虫。

(2)禁止以生的或未煮熟的鱼、虾以及受污染的生水喂养犬、猫等。

(3)加强犬、猫等动物和人的粪便管理，未经无害化处理的粪便不下鱼塘。

二、后睾吸虫病

后睾吸虫病是由后睾科后睾属的后睾吸虫寄生于犬、猫、狐狸等动物的胆管内所引起的疾病。偶见于胰管或小肠内。多呈地方性流行，对犬、猫危害较大。有的地方人感染的也较多。

病原

猫后睾吸虫(*Opisthorchis felineus*)，外形似华支睾吸虫，但略小，长 8～12 mm，宽 2～3 mm，体表光滑。睾丸呈裂状分叶，前后斜列于虫体后 1/4 处。睾丸之前是卵巢和较发达的受精囊，卵巢小，呈卵圆形。子宫位于两条肠支内侧，卵黄腺位于肠支外侧，均分布于虫体中部。排泄管在睾丸之间，近 S 状弯曲。虫卵浅黄色，卵圆形，大小为(26～30) μm×(10～15) μm，一端有卵盖，另一端有突起，内含毛蚴。猫后睾吸虫成虫和虫卵的形态与华支睾吸虫相似。

生活史

猫后睾吸虫的成虫寄生在犬、猫的胆管中，排出的虫卵随胆汁进入小肠，随粪便排出体外。虫卵被第一中间宿主淡水螺吞食后，在其体内孵出毛蚴、胞蚴、雷蚴和尾蚴，约经 2 个月尾蚴从螺体逸出，在水中游动，如遇到补充宿主淡水鱼即钻入其体内形成囊蚴，囊蚴约经 6 周发育成熟。终末宿主吞食含有囊蚴的鱼后，在胃肠液的作用下，童虫逸出经胆管进入肝内，3～4 周后发育为成虫。从虫卵至成虫整个发育过程约需 4 个月。

流行病学

猫后睾吸虫的终末宿主非常广泛，除犬、猫外，狐、貂、獾、狮、猪等动物和人均可感染，成为保虫宿主。虫卵在水中存活时间较长，平均温度为 19℃时存活 70 d 以上。中间宿主淡水螺分布较为广泛，补充宿主淡水鱼有数十种，因此本病广泛流行。有些地区猫的感染率高达 100%，犬的感染率达 90%。

症状

轻度感染时不表现症状。重度感染时，胆管受到大量虫体、虫卵的刺激而肿胀，胆汁排泄受阻，形成全身性黄疸，先见于可视黏膜，几天后全身皮肤发黄。由于虫体长期刺激胆管，可以引起胆管炎、胆囊炎、肝硬化。表现精神沉郁，被毛逆立，食欲逐渐减少甚至不食，有时呕吐、便秘或腹泻，逐渐消瘦。进一步发展，患病犬、猫由于出现腹水而腹部明显增大，头部下垂，尿液橘黄色。

病理变化

与华支睾吸虫病相似。

诊断

根据流行病学、临诊表现初步判断。用沉淀法或漂浮法检查粪便发现虫卵，或尸体剖检在胆管内找到虫体即可确诊。

治疗

(1)吡喹酮,每千克体重 10～35 mg,首次口服后,隔 5～7 d 再服一次。

(2)丙硫咪唑,每千克体重 25～50 mg,口服,每日 1 次,连用 2～3 d。

(3)实施对症疗法,消炎、补液。

预防

同华支睾吸虫病。

三、并殖吸虫病

并殖吸虫病是由并殖科并殖属的并殖吸虫寄生于犬、猫及多种野生动物和人的肺脏所引起的疾病,故又称"肺吸虫病",是一种重要的人兽共患病。主要特征为肺炎和囊肿,痰液中含有虫卵,异位寄生时引起相应症状。

病原

卫氏并殖吸虫(*Paragonimus westermani*),虫体肥厚,背侧稍隆起,腹面扁平,呈长椭圆形或短椭圆形。新鲜虫体呈红褐色,半透明,固定后为灰白色。虫体长 7.5～16 mm,宽 4～8 mm,体表具有小棘。口、腹吸盘大小相近,腹吸盘位于体中横线之前。两肠管波浪状弯曲,终于虫体末端。卵巢分 5～6 叶,形如指状,位于腹吸盘的右后侧。子宫与卵巢左右相对,其内充满虫卵。卵黄腺特别发达,由许多密集的卵黄滤泡所组成,分布于虫体两侧。睾丸分支,左右并列,位于卵巢及子宫之后,约在体后部 1/3 处。

虫卵金黄色,椭圆形,形状常不规则,大小为(80～118) μm×(48～60) μm。大多有卵盖,常略倾斜,卵壳厚薄不均,卵内含十余个卵黄细胞,卵泡尚未分裂,常位于正中央。

生活史

卫氏并殖吸虫的发育需要两个中间宿主,中间宿主为淡水螺类的短沟螺和瘤拟黑螺,补充宿主为淡水蟹或蝲蛄(又名螯虾)。

成虫在终末宿主的肺部包囊内产卵,进入支气管和气管,随着宿主的痰液进入口腔,而后被咽下进入肠道随粪便排出。虫卵在水中温度适宜时(25～30℃),经过 2～3 周发育成为毛蚴。毛蚴在水中非常活泼,当它遇到中间宿主淡水螺即行侵入,否则活力逐渐减退,终至死亡。毛蚴进入螺体发育为胞蚴、母雷蚴、子雷蚴及尾蚴。成熟的尾蚴离开螺体,在水中游动,遇到补充宿主钻入体内,发育成囊蚴。从毛蚴发育到囊蚴约需 3 个月。终末宿主吃到含有囊蚴的补充宿主后,经消化液的作用,在小肠里童虫破囊而出,穿过肠壁进入腹腔,徘徊于各脏器之间或侵入组织,尤其是肝脏。童虫经过 1～3 周窜扰后再穿过横膈进入胸腔,再移行到肺脏,在移行过程中虫体逐渐发育长大,最后发育到性成熟。成虫常成对被包围在肺组织形成的包囊内,包囊以微小管道与气管相通,虫卵则以此管道进入小支气管而排出。自囊蚴进入终末宿主到在肺脏成熟产卵,约需 2 个月。成虫在宿主体内的寿命一般为 5～6 年,长者可达 20 年。

有许多童虫进入腹腔后未能进入胸腔,或进入胸腔后未能进入肺脏,它们可能停留在沿途各处或侵入其他器官,也可能在移行过程中由于机体的抵抗力等因素影响,在尚未发育为成虫时中途死亡。由于并殖吸虫在体内有到处窜扰的习性,因此除在肺部寄生外,尚可寄生在皮下肌肉、肝、眼眶、肠系膜、脑、脊髓及其他部位。

流行病学

卫氏并殖吸虫病的发生和流行与中间宿主的分布有直接关系。中间宿主多滋生于山间小溪及溪底布满卵石或岩石的河流中；补充宿主分布于小溪河流旁的洞穴及石块下，而蝲蛄喜居于水质清新河流的岩石缝内。两种宿主基本上共同栖息于同一自然环境中，有利于生活史的完成。

卫氏并殖吸虫的终末宿主范围较为广泛，除寄生于犬、猫及人外，还见于狐狸、狼、貉、猞猁、狮、虎、豹等。猫、犬和人的关系密切，且活动范围大；野生动物虽然出没深山密林，但种类多、分布广，捕食蟹类的机会多，其粪便入水的机会也大，故在病原散布上很重要，因而本病具有自然疫源性，给消灭和控制卫氏并殖吸虫病造成很大的困难。犬、猫及人等多因生食溪蟹及蝲蛄而遭感染。在流行区里，生饮溪水也有可能感染，因为溪蟹及蝲蛄死亡破裂，囊蚴流于水中所致。野猪、猪、兔、大鼠、蛙、鸡、鸟等多种动物被证实可作为卫氏并殖吸虫的转续宿主，如生吃或半生吃这些转续宿主的肉，也可能被感染。野生动物捕食野猪及鼠类等转续宿主也可感染。转续宿主因种类多、数量大、分布广，在流行病学上不可忽略。

囊蚴对外界的抵抗力较强，经盐、酒腌浸大部分不死。浸在酱油、10%～20%的盐水或醋中，部分囊蚴可存活 24 h 以上，但 70℃ 3 min 可死亡。

致病作用

童虫和成虫在动物体内移行、窜扰和寄居，造成组织脏器的机械性损伤，虫体的代谢产物和死亡虫体的分解产物等抗原物质可导致免疫病理反应。幼虫穿过肠壁引起出血。童虫在腹腔、腹壁反复游窜，引起组织损伤和出血，特别是大多数童虫从肝表面移行或从肝组织穿过，引起肝局部出血、坏死。

症状

一般发病缓慢，症状多出现于吃入囊蚴后数天至 1 个月左右，多数在 3～6 个月不等。表现轻重不一，轻者仅表现为食欲不振，精神不佳，消瘦，咳嗽，早晨较重，以后有痰液，痰多呈白色黏稠状并带腥味。若继发感染，痰量增加，并常出现咯血，铁锈色或棕色痰为本病的特征性症状。有些猫和犬还表现气喘、胸痛、发热、腹痛、腹泻，有时大便带血。由于卫氏并殖吸虫在体内有到处窜扰的习惯，有时出现异位寄生。寄生于脑部及脊椎时可导致神经症状，出现抽风、截瘫等症状。

人由于侵害部位不同，而症状各异。全身症状为食欲不振，倦怠无力，消瘦，低热，荨麻疹等。寄生于肺部，出现咳嗽、胸痛，有铁锈色痰液；寄生于腹部，出现腹痛、腹泻，有时大便带血；寄生于脑，出现头痛、癫痫、半身不遂、智力障碍；寄生于皮肤，可见皮下包块和结节。

病理变化

由于虫体移行和变态反应，出现炎性渗出，使病灶周围逐渐形成肉芽组织薄膜，其内大量细胞浸润、聚集、死亡、崩解，形成脓肿。脓肿内容物液化，肉芽组织增生形成囊壁，将坏死组织包绕形成囊肿，多在肺的表面。虫体转移或死亡后形成空囊，囊肿内容物通过支气管排出或吸收，囊内由肉芽组织充填并纤维化，最后形成瘢痕。上述变化也可发生于其他器官如肠、腹膜，甚至引起广泛粘连。

诊断

根据临诊症状，结合流行病学、粪便检查及剖检等综合判定。主要症状为咳嗽、咯血，痰带腥味，呼吸困难，腹痛、腹泻；寄生于脑部时出现共济失调、癫痫或瘫痪；用生的或半生的溪蟹或蝲蛄饲喂过动物；检查病犬和病猫的粪便和痰液中有虫卵；剖检见有虫体形成的囊肿，可见于全身各内脏器官中，以肺脏最为多见。

也可用X射线检查或血清学方法诊断，如间接血凝试验及酶联免疫吸附试验等。

治疗

(1)硫双二氯酚(别丁)，每千克体重50～100 mg，口服，每日1次，连用7 d。

(2)丙硫咪唑，每千克体重50～100 mg，口服，每日1次，连用6～12 d。

(3)苯硫咪唑，每千克体重50～100 mg，口服，每日2次，连用7～14 d。

(4)吡喹酮，每千克体重3～10 mg，一次口服，连用7～14 d。

预防

(1)在本病流行地区，防止犬、猫及人生食或半生食溪蟹和蝲蛄，不生饮疫区水。

(2)处理好人和动物的粪便。

(3)搞好灭螺工作。

四、棘口吸虫病

棘口吸虫病是由棘口科的棘隙属、外隙属和棘口属的多种吸虫寄生于犬猫等动物和人的肠道中所引起的疾病。棘口吸虫种类繁多，分布广泛，对犬猫造成一定的危害。有些种以禽类为主要宿主，也可感染哺乳动物和人；有些种以哺乳动物为主，也可感染禽和人。

病原

犬外隙吸虫(*Episthochasmus canium*)，虫体短钝，近卵形，体表有小棘。虫体长1.0～1.5 mm，宽0.4～0.8 mm。头冠发达，具有头棘。腹吸盘大于口吸盘，位于体前1/3与2/3的交界处。两肠管伸至虫体亚末端。睾丸圆形或多角形，位于体后半部中间。卵巢椭圆形，位于睾丸前方左侧。卵黄腺分布于虫体两侧，自肠分支起至体末端。生殖孔开口于肠分支后。子宫短，内含虫卵。虫卵大小为84 μm×(50～60) μm。

日本棘隙吸虫(*Echinochasmus japonicus*)，寄生于人、犬、猫、褐家鼠、狐狸、灵猫及野禽类的小肠中。虫体小，前狭后宽，近梨形，长0.66～1.04 mm，宽0.19～0.39 mm。具有头棘，排成一列。虫体前部有体棘，呈鳞片状。前咽和食道长。腹吸盘发达，约为口吸盘的2倍，位于体中横线前缘。睾丸呈横卵圆形，前后相接排列于虫体的中后部。卵巢呈椭圆形，位于睾丸与腹吸盘之间中央或右侧。子宫短且盘曲，内含几个虫卵。卵黄腺分布在腹吸盘后方的两侧，于睾丸后方向体中央扩展汇合。中间宿主为淡水螺，如纹沼螺，补充宿主为多种淡水鱼(如麦穗鱼、鳟鱼)及粗皮蛙等。虫卵为卵圆形，有卵盖，淡黄色，大小为(72～80) μm×(50～57) μm。

圆圃棘口吸虫(*Echinostoma hortense*)，虫体呈长叶状，体表具有小棘。体长8～9.2 mm，宽1.2～1.3 mm，头冠发达，具有头棘。腹吸盘大于口吸盘，位于体前1/5处。两肠管伸至虫体末端。睾丸呈三角形，前后排列，位于体后半部。卵巢位于睾丸前的体中央或亚中央。卵黄腺分布在腹吸盘后方的两侧。生殖孔开口于肠分支后。子宫弯曲于卵巢与腹吸盘之间，其内充满虫卵。中间宿主淡水螺为椎实螺、小土窝螺，补充宿主为泥鳅、沙塘鳢等。

虫卵圆形或椭圆形，大小为(108～116) μm×(56～68) μm。

生活史

棘口吸虫的成虫在终末宿主肠道产出虫卵，随粪便排至体外，在30℃左右的适宜温度下，于水中经7～31 d孵出毛蚴。毛蚴在水中游动，遇到中间宿主淡水螺类，即钻入其体内，脱掉纤毛发育为胞蚴、母雷蚴、子雷蚴及尾蚴。在外界温度适宜的条件下，尾蚴自螺体逸出，游动于水中，遇到补充宿主即侵入其体内变为囊蚴。犬、猫吞食了含囊蚴的补充宿主，囊蚴在小肠破囊而出，约经 20 d 发育为成虫。

流行病学

棘口吸虫病是常见寄生虫病。日本棘隙吸虫可寄生于多种动物，如犬、猫、大鼠、小鼠以及鸡、鸭等禽类。在福建，犬和猫的感染率达 8%～54.6%，人的感染率 49%。

致病作用与症状

棘口吸虫寄生于犬、猫的肠道内，由于虫体体棘和头棘的机械性刺激，可使肠道绒毛、黏膜及其下层受损伤而引起肠卡他性炎症，浅表黏膜上皮脱落和炎症细胞浸润。表现食欲不良，腹痛，腹泻，大便带血和黏液等胃肠症状。严重感染者厌食，贫血，消瘦，浮肿，发育不良，甚至并发其他疾病而死亡。

病理变化

剖检可见肠黏膜发炎，有出血点，肠内容物充满黏液，有多量虫体附在肠黏膜上。

诊断

根据流行病学和临诊表现，通过粪便检查发现虫卵，也可用驱虫诊断，尸体剖检发现虫体可确诊。

治疗

(1)硫双二氯酚，每千克体重 150～200 mg，一次内服。

(2)氯硝柳胺，每千克体重 50～60 mg，混饲喂服有良效。

(3)吡喹酮，每千克体重 10～35 mg，一次内服。

(4)丙硫咪唑，每千克体重 20～40 mg，一次口服。

预防

(1)在流行区，对患病动物进行有计划的驱虫，粪便堆积发酵。

(2)勿以生鱼、蛙及贝类等饲喂动物，饲喂时应煮熟或经冷冻处理。

(3)禁止在池塘边修建厕所。

(4)每年冬季清理塘泥 1 次，鱼塘经常消毒，杀灭螺蛳和棘口吸虫的尾蚴。

五、血吸虫病

血吸虫病是由分体科分体属的分体吸虫寄生于动物和人的门脉系统血管所引起的一种重要人兽共患病。主要特征为急性或慢性肠炎、肝硬化、贫血、消瘦。本病广泛分布于我国长江流域。

病原

日本分体吸虫(*Schistosoma japonicum*)呈线状，雌雄异体。

雄虫粗短，乳白色。虫体长 9.5～22 mm，宽 0.55 mm。口吸盘位于虫体前端，腹吸盘在其后方，具有粗而短的柄与虫体相连。自腹吸盘后方至尾部，体壁两侧向腹面卷起形成抱雌沟，雌虫常居雄虫的抱雌沟内，呈合抱状态，交配产卵。虫体体表光滑。消化系统有口、食道，缺咽，两条肠管在腹吸盘前分为两支，向后延伸，约于体后 1/3 处再合为一条单管，伸达虫体末端。睾丸有 7 枚，呈椭圆形，在腹吸盘后排列成单行。生殖孔开口于腹吸盘后抱雌沟内。

雌虫较雄虫细长，呈暗褐色。虫体长 15～26 mm，宽 0.3 mm。口、腹吸盘均较雄虫小。消化器官基本与雄虫相同。卵巢呈椭圆形，位于中部偏后方，两侧肠管之间，其后端发出一输卵管，并折向前方伸延，在卵巢前面和卵黄管合并形成卵模。卵模前为管状子宫，其中含有 50～300 个虫卵。雌性生殖孔开口于腹吸盘后方。卵黄腺呈较规则的分支状，位于虫体后 1/4 处。虫卵呈椭圆形，淡黄色，卵壳较薄，无盖，有一小刺，卵内含毛蚴。

生活史

成虫寄生在人和动物的肠系膜静脉，也见于门静脉内，一般雌雄合抱。雌、雄虫交配后，雌虫在血管内产卵。产出的虫卵一部分顺血流到达肝脏；一部分逆血流沉积在肠壁形成结节。虫卵在肠壁或肝脏内逐渐发育成熟。由于卵内毛蚴分泌溶组织酶，能透过卵壳破坏血管壁，并使肠黏膜组织发炎和坏死，加之肠壁肌肉的收缩作用，使结节及坏死组织向肠腔内破溃，虫卵即进入肠腔，随宿主粪便排出体外。虫卵落入水中，于适宜的条件下孵出毛蚴。如温度在 25～30℃，pH 在 7.4～7.8 时，经几小时即可孵出毛蚴。毛蚴遇到中间宿主钉螺，即钻入螺体内继续发育，如果未遇到钉螺，一般在孵出后 1～2 d 内自行死亡。毛蚴侵入钉螺体内进行无性繁殖，6～8 周内经母胞蚴、子胞蚴形成尾蚴，成熟尾蚴自钉螺体中逸出。尾蚴具有很强的活力，静止时倒浮于水面，遇到终末宿主即以口、腹吸盘附着，利用头部的穿刺腺分泌溶组织酶、透明质酸酶，并借助于尾部的推动作用，很快钻入宿主皮肤引起感染。尾蚴进入机体后，脱掉尾部变为童虫，经小血管或淋巴管随血流经右心、肺、体循环到达肠系膜静脉内寄生，并发育为成虫，以宿主的血液为食。一般尾蚴从感染宿主到发育为成虫需要 30～50 d。成虫的寿命一般为 3～4 年或更长。

流行病学

感染来源主要是患病和带虫的牛和人，其次是其他被感染的动物。犬、猫是自然宿主。还有 31 种野生哺乳动物包括褐家鼠（沟鼠）、家鼠、田鼠、松鼠、貉、狐狸、野猪、刺猬、金钱豹等，8 种家畜包括黄牛、水牛、羊、猪及马属动物等，均可自然感染本病。我国台湾省的日本血吸虫系一动物株，主要感染犬，尾蚴侵入人体后不能发育为成虫。

尾蚴直接侵入犬、猫皮肤是主要感染途径，也可在犬、猫饮水时从口腔黏膜侵入；怀孕后期，移行的童虫也可通过胎盘感染胎儿。

日本分体吸虫的繁殖力强大，一条雌虫每日产卵 1 000 个左右；一个毛蚴在钉螺体内，经无性繁殖后，可产生数万条尾蚴。尾蚴存活时间与温度有关系，在 10℃下最长可活 5 d，27℃时最长可活 48 h。虫卵在 28℃的湿粪中可存活 12 d。在长江下游地区，9 月中旬排出的含有虫卵的粪便，存放至 10 月下旬仍能孵出毛蚴。

日本分体吸虫的发育必须通过中间宿主钉螺，否则不能发育、传播。在我国为湖北钉螺，钉螺体型小，螺壳褐色或淡黄色，能适应水、陆两种环境，多生活在小河边、湖岸、稻田以及山区和平原的水边。气候温和、阴暗潮湿、土壤肥沃、杂草丛生的地方也可滋生，以腐烂的植物为食物。钉螺每年 3 月份开始活动，4～5 月份和 9～10 月份是活动和繁殖的季节。钉螺感染毛蚴后，若水温在 30℃，尾蚴成熟的最短时间是 46～48 d，温度低时成熟时间随之延长。钉螺的寿命一般不超过 2 年。

一般钉螺阳性率高的地区，人和动物的感染率也高；病人和动物的分布与钉螺的分布一致，具有地区性特点。犬、猫通常因为接触了被污染的水源而感染。日本血吸虫病在我国长江流域及以南流行较为严重。

致病作用

在血吸虫感染过程中，尾蚴、童虫、成虫和虫卵均可对宿主造成损害，并引起一系列免疫病理变化。

尾蚴穿透皮肤时可引起皮炎，对曾感染过尾蚴的动物更为显著，故为一种变态反应性炎症。童虫在体内移行时，其分泌物和代谢产物以及死亡崩解产物，可使经过的器官，尤其是肺脏，发生血管炎，受损的毛细血管栓塞、破裂，产生局部细胞浸润和点状出血。可使肝脏充血和脓肿。

成虫对寄生部位仅引起轻微的机械损伤，如静脉内膜炎及静脉周围炎。成虫死亡后被血流带到肝脏，可使血管栓塞，周围组织发生炎症反应。

虫卵沉着在宿主的肝脏及肠壁等组织，在其周围出现细胞浸润，形成虫卵肉芽肿（虫卵结节）。故血吸虫病的肝硬化，多由虫卵肉芽肿引起。而虫卵肉芽肿的形成可能是在虫卵可溶性抗原刺激下，宿主产生相应抗体，然后在虫卵周围形成抗原抗体复合物的结果。肉芽肿反应有助于破坏虫卵和消除虫卵，并能避免抗原抗体复合物引起全身性损害，但它破坏正常组织，并彼此联结成为瘢痕，而导致肝硬化，继发门脉高压、脾肿大、食道及胃底静脉曲张等一系列病变。肉芽肿还能使肠壁纤维化、增厚、硬变，引起消化吸收机能下降。

症状

日本分体吸虫病以犊牛和犬的症状较重，羊和猪较轻，马几乎没有症状。因年龄和感染强度不同，分急性型和慢性型。

急性型：幼龄犬、猫大量感染时，常呈急性经过，首先表现食欲不振，精神不佳，体温升高至40～41℃或以上。行动缓慢。腹泻，粪便中混有黏液、血液和脱落的黏膜，腹泻加剧时，最后出现水样便，排粪失禁。逐渐消瘦、严重贫血。经2～3个月死亡或转为慢性。经胎盘感染出生的幼龄犬、猫，病状更重，死亡率高。

慢性型：较多见。少量感染时症状不明显，病程多取慢性经过。患病犬、猫表现消化不良，食欲不振，下痢，粪便含黏液、血液甚至块状黏膜，有腥恶臭和里急后重现象，甚至发生脱肛。肝硬化，腹水。幼龄犬、猫发育缓慢。人感染后出现皮炎，而后咳嗽、多痰、咯血，表现发热、下痢、腹痛，肝脾肿大，肝硬化，腹水增多，逐渐消瘦和贫血，常因衰竭而死亡。幸存者体质极度衰弱，成人丧失劳动能力，妇女不育，孕妇流产，儿童发育受阻。

病理变化

病死犬、猫尸体消瘦，贫血，皮下脂肪萎缩，腹腔内常有多量积液。主要病理变化是由于虫卵沉积于组织中而产生的虫卵结节。肝脏病变较为明显，其表面或切面上，肉眼可见粟粒大到高粱米粒大的灰白色或灰黄色的小点，即虫卵结节。感染初期，肝脏可能肿大，后期肝萎缩、硬化。严重感染时，肠道各段均可找到虫卵的沉积，尤以直肠部分的病变最为严重，常见有小溃疡、瘢痕及肠黏膜肥厚。肠系膜淋巴结肿大，门静脉血管肥厚，在其内及肠系膜静脉内可找到虫体。此外，心、肾、胰、脾、胃等器官有时也可发现虫卵结节。

诊断

在流行区，根据临诊表现、流行病学资料、粪便检查和剖检变化综合诊断。

粪便检查最常用的方法是虫卵毛蚴孵化法。含毛蚴的虫卵，在适宜的条件下，可短时间内孵出，并在水中呈特殊的游动姿态。其次是沉淀法，也可两种方法综合进行。剖检发现虫体和虫卵结节等病理变化可以确诊。

近年来已将免疫学诊断法应用于生产实践，如环卵沉淀试验、间接血凝试验、间接荧光抗体试验、酶联免疫吸附试验和快速试纸法等，检出率均在95%以上。

治疗

(1)硝硫氰胺(7505),犬、猫按每千克体重 7～8 mg,口服,每日 1 次,连用 3 d。

(2)丙硫苯咪唑,每千克体重 30 mg,口服,每日 1 次,连用 12 d。

(3)吡喹酮,每千克体重 5～10 mg,一次口服。

(4)六氯对二甲苯(血防 846),每千克体重 120～160 mg,一次口服,连用 3～5 d。

预防

(1)应采取综合性措施,人、动物同步防治,尤其是加强粪便和用水管理以及消灭中间宿主钉螺等。

(2)在流行区每年对人、动物进行普查并进行治疗,消除感染源。

(3)将人、动物粪便堆积或池封发酵,或推广用粪便生产沼气等办法,以杀灭虫卵。

(4)加强犬、猫管理,限制到流行区活动。

(5)管好水源,保持清洁,防止粪尿污染,不饮地表水。

(6)根据钉螺的生态学特点,结合农田水利基本建设,采用土埋、水淹和水改旱、饲养水禽等办法灭螺。常用的办法是化学灭螺,如用氯硝柳胺、五氯酚钠、茶子饼、生石灰及溴乙酰胺等灭螺。

Project 3

绦虫病的防治技术

学习目标

掌握绦虫病的临床特征、诊断方法及防治措施；
了解绦虫的形态结构及生活史；
熟悉绦虫的分类及寄生特点。

【案例导入】

某京巴杂交品种，雌犬，5 月龄，体重 1.2 kg，发生严重呕吐、腹泻，来院就诊。

【项目描述】

门诊挂号，建立档案或查找已经建立的病历档案。

(一)一般检查项目评估

1. 问诊

调查患犬发病时间、饮食情况、呕吐表现、腹泻物的性状，是否免疫、驱虫，是否进行过治疗，如果治疗过，效果如何，是否清楚用过哪些药等。根据发病时间可以了解动物是慢性病急性发作还是急性病；通过了解免疫情况，了解传染病或寄生虫病的可能；通过腹泻物和粪便的性状了解判断消化道损伤程度；通过了解发病史，判断是新发疾病还是旧病复发；治疗情况可以帮助改进治疗方案，提高治疗效果及缩小疾病可能范围。

2. 测量体重、体温、脉搏、呼吸数

检查动物的体格大小、被毛状态、发育和营养状态、站立及运步姿势，以便发现是否存在营养不良等问题。体温、脉搏、呼吸数可以帮助我们了解全身的表现，判断疾病的发展程度，有助于预后判断。

3. 视诊

发现动物消瘦，被毛蓬乱，体格较小，营养不良，腹围相对体躯增大，精神沉郁，腹部、肛门部有污秽物黏结。检查可视黏膜，观察有无贫血、黄疸、供氧不足等。

4. 听诊

心音频率加快，未见杂音；肠蠕动音增强；肺部呼吸音增强。

(二)重点检查项目评估

1. 化验

根据患犬的临床症状，决定进行犬细小病毒、犬瘟热病毒、犬冠状病毒的检测，同时进行血液常规化验及血象分析。采取粪便，显微镜检查寄生虫的情况。

结果发现红细胞及血红蛋白含量降低，白细胞总数降低，嗜酸性粒细胞总数增加，网织红细胞增加，平均红细胞体积、平均红细胞血红蛋白含量等均降低，提示动物贫血。

2. 粪便化学检查

可见粪潜血阳性，说明消化道有出血。

3. 粪便寄生虫卵的检查

根据临床表现，进行粪便中寄生虫卵的检查。采取粪便，制作标本片，镜下可见绦虫卵，即可确诊原发病为绦虫感染。

(三)并发症评估

肠梗阻或套叠：大量寄生时，虫体可集聚成团，堵塞肠腔，导致腹痛、肠扭转甚至肠破裂。

肠炎：大量寄生时，虫体以小钩和吸盘损伤肠黏膜引起炎症，发生腹泻。同时营养吸收不良，动物消瘦，被毛粗乱。

相关知识

一、犬猫复孔绦虫病

犬猫复孔绦虫病是由双壳科复孔属的犬复孔绦虫寄生于犬、猫等动物的小肠所引起的疾病，是犬、猫常见的寄生虫病，人体偶尔感染，特别是儿童。

病原

犬复孔绦虫(*Dipylidium caninum*)为中型绦虫，活体为淡红色，固定后为乳白色，最长可达 50 cm，宽约 3 mm，约由 200 个节片组成。头节小，有 4 个杯状吸盘，顶突可伸缩，上有 4～5 行小钩。每一成节内含两套生殖系统。睾丸 100～200 个，位于排泄管的内侧。体两侧各有一卵巢和卵黄腺，形似葡萄。生殖孔开口于体两侧的中央稍后。成节与孕节均长度大于宽度，形似黄瓜籽，故又称瓜籽绦虫。孕节内子宫有许多卵袋，每个卵袋内含虫卵数个至 20 个以上。虫卵呈球形，直径为 35～50 μm，内含六钩蚴。

生活史

犬复孔绦虫的中间宿主主要是蚤类，其次是犬毛虱。孕卵节片随犬粪便排出体外或主动“爬出”肛门外，破裂后虫卵逸出，蚤类幼虫吞食虫卵后，六钩蚴在其体内发育为似囊尾蚴，终末宿主因舔毛吞入含似囊尾蚴的蚤、虱而受感染，在终末宿主小肠内约经 3 周发育为成虫。

流行病学

犬复孔绦虫在犬、猫中的感染率可达 50%，狼、狐等野生动物也可感染。本病分布广泛，感染无明显的季节性。儿童易受感染，主要与犬、猫等亲近有关。

致病作用

少量虫体引起轻微损伤。大量寄生时，虫体以其小钩和吸盘损伤宿主肠黏膜引起炎症，宿主生长发育障碍。虫体分泌毒素引起宿主中毒。

症状

轻度感染一般无症状。幼犬严重感染时可引起食欲不振，消化不良，腹痛、腹泻或便秘，肛门瘙痒等。虫体可集聚成团，堵塞肠腔，导致腹痛、肠扭转甚至肠破裂。

诊断

参考临诊症状，检查粪便中的孕卵节片，新排出的可用放大镜观察，若节片已干缩，在显微镜下可观察到具有特征性的卵袋，内含数个至 20 个以上虫卵，依此而确诊。

治疗

(1)丙硫咪唑，30 mg/kg 体重，隔 15 d 再给药 1 次。

(2)吡喹酮，5～10 mg/kg 体重，一次内服。

(3)氢溴酸槟榔素，1～2 mg/kg 体重，一次内服。

预防

(1)用氯硝柳胺、吡喹酮等药物对犬、猫进行定期驱虫，驱虫后的粪便及时清理并堆积发酵，以防虫卵污染周围环境。

(2)用蝇毒灵、倍硫磷、溴氰菊酯等，定期驱除犬、猫圈舍和体表虱和蚤类。注意人身防护。

二、线中绦虫病

线中绦虫病是由中绦科中绦属的线中绦虫寄生于犬、猫和野生食肉动物的小肠所引起的疾病。人体偶尔感染。

病原

线中绦虫呈乳白色，长 30～250 cm，最宽处 3 mm。头节上无顶突，有 4 个长圆形的吸盘。颈节很短，成节近似方形，每节有一套生殖器官。子宫为盲管，位于节片的中央。生殖孔开口于节片背面中线上。孕节似桶状，内有子宫和一卵圆形的副子宫器，后者含成熟虫卵。

生活史

中间宿主为地螨，补充宿主为蛙、蛇、蜥蜴、鸟类及小哺乳动物中的啮齿类。补充宿主吞食了含似囊尾蚴的地螨后可在其体内形成四槽蚴，这些蚴体被犬、猫等终末宿主吞食后，在小肠内经 16～20 d 发育为成虫。四槽蚴能从肠道向组织或腹腔移行，也能由腹腔移行至肠道。

流行病学

线中绦虫分布广泛。食入中间宿主可导致感染。

致病作用与症状

线中绦虫以其小钩和吸盘，损伤终末宿主的肠黏膜而引起炎症。虫体吸收营养，使宿主生长发育缓慢。虫体分泌毒素引起宿主中毒。犬精神不振，食欲减退，消化不良，被毛粗糙无光泽。严重感染时有腹痛、腹泻。在腹腔内移行可引起腹膜炎及腹水等。若虫体集聚成团，可堵塞肠腔，导致肠扭转甚至破裂。

人感染时呈现精神烦躁，食欲不振，消化不良，逐渐消瘦等。

诊断

根据临诊症状、流行病学、剖检在小肠内发现虫体，粪便检查发现极活跃的 2～4 mm 长呈桶状的孕节即可做出诊断。

治疗

可用别丁、仙鹤草酚、吡喹酮和氯硝柳胺驱虫。

预防

对犬、猫等定期驱虫。避免犬、猫吞食补充中间宿主。

三、带绦虫病

带绦虫病是由带科带属的多种绦虫寄生于犬科动物的小肠所引起的绦虫病的总称。多呈地方流行性。其幼虫对动物危害大。

(一)泡状带绦虫病

泡状带绦虫(*Taenia hydatigena*)寄生于犬、狼和狐狸等动物的小肠内，其中绦期幼虫为细颈囊尾蚴(*Cysticercus tenuicollis*)，寄生于猪、绵羊、山羊等动物肝脏浆膜、大网膜、肠系膜及其他器官中，引起细颈囊尾蚴病。严重感染时还可进入胸腔，寄生于肺部。

病原

泡状带绦虫呈乳白色或稍带黄色，体长可达 5 m，顶突上有 26～46 个小钩。前部的节片宽而短，向后逐渐加长。生殖器官一套，在一侧不规则交互开口。孕节长大于宽，其内充满虫卵，子宫有 5～16 对主侧支。

中绦期为细颈囊尾蚴，呈囊泡状，俗称“水铃铛”，大小不等，鸡蛋大或更大。囊壁薄，乳白色，内含透明液体，肉眼可见囊壁上有一个向内生长且具有细长颈部的头节。在脏器中的囊体，体外有一层由宿主组织反应产生的厚膜包裹，故不甚透明，易与棘球蚴相混。虫卵为卵圆形，内含六钩蚴，大小为(36～39) μm×(31～35) μm。

生活史

泡状带绦虫寄生在犬、狼和狐狸等动物小肠内，随粪便排出孕卵节片，节片破裂后虫卵散出，猪、羊等中间宿主吞食虫卵或孕卵节片后，六钩蚴逸出，钻入肠壁随血流移行至肝的表面或进入肝实质，发育成囊尾蚴。也有些虫体从肝表面落入腹腔而附着于网膜或肠系膜上，经3个月六钩蚴发育成具感染性的细颈囊尾蚴。犬类等终末宿主吞食含有细颈囊尾蚴的脏器后，头节在小肠中翻出，附着于肠壁经52～78 d逐渐发育为泡状带绦虫。泡状带绦虫在犬体内可存活一年左右。

流行病学

本病呈世界性分布。凡养犬的地方，一般也都会有家畜感染细颈囊尾蚴病。以猪感染最为普遍，牧区绵羊感染较重，黄牛、水牛感染较少见。流行原因主要是由于终末宿主排出的孕节或虫卵，污染了牧场、饲料和饮水，而使猪、羊等遭受感染。每逢宰猪或宰羊时，犬多守立于旁，不宜食用的废弃内脏任犬吞食，这是犬感染泡状带绦虫的主要原因。

致病作用与症状

细颈囊尾蚴对仔猪及羔羊危害较严重。在肝脏中移行的幼虫较多时，破坏肝实质和微血管形成孔道，导致出血性肝炎。病畜表现不安，流涎，不食，腹泻和腹痛等症状，可能以死亡告终。慢性型多发生于幼虫自肝脏出来之后，一般无临诊表现，多数仅表现虚弱、消瘦，偶见黄疸，腹部膨大或因囊体压迫肠道而引起便秘。有时幼虫进入腹、胸腔后引起腹膜炎和胸膜炎，此时表现体温升高。还有一些幼虫一直在肝脏内发育，可引起肝硬化。成虫寄生期一般无明显临诊表现。

病理变化

死于急性细颈囊尾蚴病时，肝脏肿大，肝表面有很多小结节和小出血点，肝叶往往变为黑红色或灰褐色，实质中能找到虫体移行的虫道。初期虫道内充满血液，继而逐渐变为黄灰色。有时腹腔内有大量带血色的渗出液和幼虫。慢性病程中可致肝脏局部组织褪色，呈萎缩现象，肝浆膜层发生纤维素性炎症，形成所谓“绒毛肝”。肠系膜和肝表面有大小不等的被包裹着的虫体，肝实质中或可找到虫体，有时可见腹腔脏器粘连。

诊断

成虫诊断一般检查粪便中的虫卵，或在粪便中发现孕卵节片，必要时可进行驱虫性诊断。死后剖检在小肠检出虫体即可确诊。

治疗

可选用以下药物：

(1)吡喹酮，犬按每千克体重5 mg，猫按每千克体重2 mg，一次内服。

(2)氯硝柳胺，犬按每千克体重100～150 mg，猫按每千克体重200 mg，一次内服。

(3)硫双二氯酚，每千克体重100 mg，一次内服。

预防

(1)对犬进行定期驱虫，捕杀野犬。

(2)严禁犬进入屠宰场，或将生内脏喂犬。

(3)吡喹酮与液体石蜡按1:6比例混合研磨均匀,分2次间隔1 d深部肌肉注射。

(二)多头带绦虫病

多头带绦虫(*Taenia multiceps*)寄生于犬、狼、狐狸的小肠,其中绦期幼虫为脑多头蚴(*Coenurus cerebralis*)又称共囊尾蚴或脑包虫,寄生于羊、牛的脑内,引起多头蚴病,又称脑包虫病,脑多头蚴有时也能在延脑和脊髓中发现,人也能偶尔感染。

病原

多头带绦虫呈扁平带状,长40～100 cm,由200～250个节片组成,节片最宽处为5 mm,头节上有4个吸盘,顶突上有22～32个小钩,排列成两行。孕节的子宫内充满虫卵,子宫主侧支为14～26对。虫卵的直径为29～37 μm,内含六钩蚴。

脑多头蚴为乳白色、半透明的囊泡,呈圆形或卵圆形,直径约5 cm或更大,其大小取决于寄生的部位、发育程度及动物种类。囊壁由两层膜组成,外膜为角质层,内膜为生发层,其上有许多原头蚴,分布不均,直径为2～3 mm,数量有100～250个。囊内充满液体。

生活史

多头带绦虫的中间宿主是绵羊、山羊、黄羊、牦牛等草食动物,成虫寄生于犬、狼等终末宿主的小肠内,脱落的孕节随粪便排出体外,污染饲草、饲料或饮水,中间宿主吞食虫卵或孕节后,六钩蚴钻入肠壁血管,随血流到达脑和脊髓中,经2～3个月发育成成熟的多头蚴。终末宿主吞食了含脑多头蚴的脑、脊髓后,原头蚴吸附于肠壁上经41～73 d发育为成虫。成虫在犬体内生存6～8个月至数年。

流行病学

脑多头蚴的分布很广,在西北、东北及内蒙古等牧区多呈地方性流行。2岁前的羔羊多发。牧羊犬是本病的主要传染源。虫卵对外界的抵抗力很强,在自然界中可长时间保持生命力,但在烈日暴晒的高温下很快死亡。全价饲料饲养的羔羊和犊牛,对脑多头蚴的抵抗力增强。

致病作用与症状

犬体内寄生大量虫体时,虫体以其小钩和吸盘,损伤宿主的肠黏膜常引起炎症;虫体吸收营养,使宿主生长发育障碍;虫体分泌毒素引起宿主中毒;虫体可堵塞肠腔,导致腹痛、肠扭转甚至肠破裂。表现不定期腹泻、便秘、流涎、消瘦、发育缓慢等。

诊断

对成虫诊断可参考泡状带绦虫病。

治疗

多头带绦虫病,可用丙硫苯咪唑,每千克体重10～20 mg,口服,每日1次,连用3～4 d;吡喹酮,每千克体重5 mg,一次内服。

预防

(1)对牧羊犬进行定期驱虫,排出的粪便和虫体应深埋或烧毁。

(2)对野犬等终末宿主应予以捕杀。

(3)防止犬吃到含脑多头蚴的牛、羊等动物的脑及脊髓。

(三)带状带绦虫病

带状带绦虫(*Taenia taeniaeformis*)亦称带状泡尾绦虫(*Hydatigera taeniaeformis*),主要寄生于猫的小肠内,也见于犬,是猫体最大的绦虫。带状带绦虫偶尔寄生于人体小肠中。中绦期幼虫为链尾蚴(*Strobilocercus*),又名带形囊尾蚴(*Cysticercus fasciolaris*),寄生于多种啮齿动物的肝脏内,特别常见于鼠类的肝脏,兔及人偶尔感染。

病原

带状带绦虫呈乳白色,体厚,长 15～60 cm,顶突肥大,上有小钩,排成 2 圈,4 个吸盘向外侧突出,颈节极不明显,因此又称为“粗头绦虫”或“肥颈绦虫”。每个成节都有一个侧生殖孔,孕节子宫内充满虫卵。虫卵呈褐色,球形,直径为 31～36 μm,内含六钩蚴。链尾蚴形似长链,约有 20 cm 长,头节裸露不内嵌,如同成虫的头节,其后接一假分节的链体,后端有一球形小泡尾。

生活史

孕节随猫粪排至体外,常常自行蠕动到草上或其他物体上释出虫卵。当鼠类等啮齿动物吞食虫卵后,六钩蚴钻入小肠壁,随血流至肝脏,经 60 d 发育成链尾蚴。猫等吞食了带有链尾蚴的鼠类后,链尾蚴进入小肠,泡尾和假链体被消化,头节吸附在肠壁上,约经 1 个月发育为成虫。带状带绦虫在猫体内可存活两年。

流行病学

带状带绦虫呈全球性分布,与家猫的分布一致。鼠科和仓鼠科啮齿动物是带状带绦虫最适宜的中间宿主。带状带绦虫的节片具有很强的运动性,可自行蠕动很长的距离。流行主要有两种类型:一种是在自然界通过野生动物肉食兽(野猫、狐等)与野生鼠类之间循环;另一种则是家猫、犬与家鼠之间的循环。人体也偶然感染链尾蚴,是因为接触家猫和犬,误食虫卵而致。

症状

迄今尚未有关于带状带绦虫感染后临诊症状的描述,故认为该虫对猫致病性弱。实验结果表明,幼虫对鼠类可引起肉瘤状肿瘤。

诊断

如果能从猫粪便中找到典型的节片,或通过漂浮法检查出虫卵即可确诊。

治疗

可用吡喹酮、非班太尔、芬苯哒唑、甲苯哒唑和硝硫氰醚。

预防

严格管理猫,对猫进行定期驱虫,注意灭鼠和处理好猫的粪便。有链尾蚴的动物组织器官应销毁,禁止随意抛弃喂猫。

Project 4

线虫病和棘头虫病的防治技术

学习目标

掌握线虫病及棘头虫病的临床特征、诊断方法及防治措施；

了解线虫及棘头虫的形态结构和生活史；

熟悉线虫及棘头虫的分类及寄生特点。

【案例导入】

土狗,50 日龄左右,黑色,体重 1.5 kg,抱回来半个月左右,不爱吃食,肚子大,呕吐,有癫痫样动作。

【项目描述】

(一)一般临床检查评估

1. 问诊

问诊调查了解到呕吐频繁,吃不吃食都吐,食后有食糜,否则干呕或有白色泡沫、黏液。阵发性抽搐。没驱过虫,没打过疫苗。偶有咳嗽。

2. 临床检查

体温正常,脉搏细数,呼吸音粗厉。腹围增大。食欲不好,抽搐,呕吐,粪便中有丝状虫体。眼结膜苍白,腹部触诊有疼痛反应,其他异常未见。

3. 粪便虫卵及虫体检查

采集粪便进行直接涂片法或饱和盐水漂浮法,从粪便中检出虫卵即可确诊。在粪便中发现乳白色蛔虫虫体即可确诊。

(二)并发症评估

肠梗阻:严重感染时,蛔虫常在肠内集结成团,造成肠阻塞或扭转、套叠甚至穿孔。

肠炎:不需要中间宿主,犬蛔虫卵随粪便排出体外,在适宜条件下发育为感染性虫卵,被幼犬吞食后,幼虫在肠内孵出后钻入肠壁,经淋巴系统到肠系膜淋巴结,然后由血液循环经肝脏和肺脏移行,幼虫在肺内上行至气管、咽部,重新吞下入胃,到小肠腔发育为成虫的过程中会持续损伤肠壁,夺取营养,导致肠炎,进而出现腹泻、贫血等症状。

贫血:蛔虫以半消化物质为食,掠夺宿主大量营养,损伤肠黏膜导致慢性出血。当感染严重时,肠黏膜脱落,出血严重导致贫血。同时,蛔虫成虫的新陈代谢产物和体液对宿主呈现毒害作用,这种毒害作用会损伤造血功能,加重贫血的症状。

肺炎:蛔虫幼虫在宿主体内移行时损伤肺毛细血管和肺泡壁,引起蛔虫性肺炎,表现咳嗽、呼吸困难、流鼻液等。

癫痫:蛔虫寄生在神经系统或其新陈代谢产物和体液对宿主呈现毒害作用,能引起神经系统中毒,发生过敏反应,表现程度不同的癫痫症状。

相关知识

一、蛔虫病

蛔虫病是由弓首科弓首属、蛔科弓蛔属的蛔虫寄生于犬、猫的小肠内所引起的疾病。主要危害幼年动物,常引起幼犬和幼猫发育不良,生长缓慢,严重感染时可导致死亡。

病原

犬弓首蛔虫(*Toxocara canis*),寄生于犬等犬科动物的小肠中。虫体浅黄色,前端体侧有狭长的颈翼膜,颈翼膜上有横粗纹,头端有 3 片唇并向腹面弯曲。食道简单,食道与肠管连接处有一个小胃。雄虫体长 50～110 mm，尾端弯曲，尾端有圆锥状突起，尾翼发达，有两根交合刺。雌虫体长 90～180 mm，尾端直，生殖孔开口于虫体前半部。虫卵呈短椭圆形，深黄色，大小为(68～85) μm×(64～72) μm，卵壳厚，外膜上有明显的小泡状结构，内含未分裂的卵胚。

猫弓首蛔虫(*T. mystax*)，寄生于猫等猫科动物的小肠中。成虫与犬弓首蛔虫相似，但其颈翼膜短而宽，近头端处颈翼膜变窄，使虫体前端如箭头状。雄虫体长 30～60 mm，有两根等长的交合刺。雌虫体长 40～100 mm。虫卵大小为 64 μm×70 μm，卵壳表面结构与犬弓首蛔虫相似。

狮弓首蛔虫(*Toxascaris leonine*)，也称狮蛔虫，属于蛔科弓蛔属，寄生于犬、猫和野生肉食兽的小肠中。虫体颜色、形态与犬蛔虫类似，区别点为食道与肠管连接处无小胃构造，从头端开始到近食道末端的两侧具有狭长的颈翼膜，其横纹较密；虫体头端常向背侧弯曲。雄虫长 35～70 mm，有两根等长的交合刺，无尾翼膜；雌虫体长 30～100 mm，阴门开口于虫体前 1/3 与中 1/3 交界处，尾直而尖细。虫卵近似圆形，浅黄色，卵壳光滑，大小为(49～61) μm ×(74～84) μm。

生活史

为直接发育，不需要中间宿主。犬蛔虫卵随粪便排出体外，在适宜条件下发育为感染性虫卵，被幼犬吞食后，幼虫在肠内孵出后钻入肠壁，经淋巴系统到肠系膜淋巴结，然后由血液循环经肝脏和肺脏移行(感染后第 5 天肺中幼虫达到高峰)，幼虫在肺内上行至气管、咽部，重新吞下入胃，到小肠进一步发育为成虫。从感染到发育为成虫需 4～5 周。

6 月龄以上的犬感染后，幼虫可随血流被带到体内各组织器官内形成包囊，可在包囊内生长，但不能发育至成熟期。若被其他肉食动物吞食，包囊内的幼虫仍可发育为成虫。若体内含有包囊的母犬怀孕后，幼虫被激活通过胎盘移行到胎儿体内引起胎内感染，幼虫先后移行至胎儿肝脏、肺脏、胃肠道。幼犬出生后 23～40 d，肠道里即可出现成熟的蛔虫。新生幼犬也可通过吮吸初乳而获得感染。感染后幼虫在小肠中直接发育为成虫。

猫弓首蛔虫的生活史与犬弓首蛔虫相似，但未见胎内感染。狮弓首蛔虫的生活史较简单，在体内不经移行，只有在大量感染时才偶有幼虫移行到肝脏和肺脏。狮弓首蛔虫虫卵在适宜条件下经 3～6 d 发育为感染性虫卵，被宿主吞食后，幼虫在小肠中逸出后钻入肠壁内发育，然后返回肠腔，经 3～4 周发育为成虫。

流行病学

带虫幼犬及被感染的怀孕母犬是主要传染源。另外，犬、猫蛔虫的感染性虫卵还可以被贮藏宿主食入，在贮藏宿主体内形成幼虫包囊，犬、猫捕食贮藏宿主后也可发生感染。犬弓首蛔虫的贮藏宿主为啮齿类动物，猫弓首蛔虫的贮藏宿主多为蚯蚓、蟑螂、一些鸟类和啮齿类动物，狮弓首蛔虫的贮藏宿主多为啮齿类动物、食虫目动物和小的肉食兽。

主要经消化道感染，多为宿主吞食了感染性虫卵或含幼虫包囊的动物肉所致。犬蛔虫繁殖能力很强，每条雌虫每日可产卵 20 万枚。虫卵对外界环境的抵抗力很强，可在土壤中存活数年，感染性虫卵至少能存活 11 d，最长可存活 1 年以上，很容易污染食物和饮水。

犬、猫蛔虫病主要发生于 6 月龄以下幼犬，感染率在 5%～80%，成年犬很少感染。

致病作用

主要为虫体的机械损伤作用、夺取营养和毒素的危害。蛔虫是犬、猫体内较粗大的寄生虫，对肠道有机械性的刺激作用，可引起卡他性肠炎、肠壁出血。蛔虫还具有游走的习性，常窜入与肠道相通的管道中，如胃、胆管或胰管等，引起呕吐等症状。特别是当宿主发热、妊娠、饥饿或饲料成分改变等因素刺激下，其活动更为频繁。严重感染时，蛔虫常在肠内集结成团，造成肠阻塞或扭转、套叠甚至穿孔。蛔虫幼虫在宿主体内移行时损伤肠壁、肺毛细血管和肺泡壁，引起肠炎和蛔虫性肺炎。

蛔虫以半消化物质为食，掠夺宿主大量营养，致使宿主消瘦，营养不良。其新陈代谢产物和体液对宿主呈现毒害作用，能引起造血器官和神经系统中毒，发生过敏反应。

症状

幼犬症状较明显。幼虫移行期可引起蛔虫性肺炎，表现咳嗽、呼吸困难、泡沫性鼻漏、发热等症状，3 周后症状自行消失。

成虫阶段，患犬食欲不振，营养不良，渐进性消瘦，发育迟缓，被毛粗乱，贫血，黏膜苍白，呕吐，异嗜，腹泻或腹泻与便秘交替出现，腹围增大，有时可在呕吐物和粪便中见到完整的虫体，呕吐物恶臭。大量感染时可引起肠阻塞，进而引起肠破裂、腹膜炎。幼犬偶见有兴奋、运动麻痹、癫痫性痉挛等神经症状。

犬弓首蛔虫和猫弓首蛔虫的幼虫可引起幼虫移行症，造成脾肿大。寄生于眼睛可致视力减退，寄生于神经系统可引起惊厥。严重者表现消瘦、厌食、体温升高、肌肉疼痛、咳嗽和皮疹，常于皮下出现圆形无痛结节性肉芽肿。

诊断

根据临诊症状、流行病学及病原体检查做出综合判定。病原体检查可用直接涂片法和饱和盐水漂浮法，从粪便中检出虫卵即可确诊。

治疗

常用的驱线虫药均可选用。

(1)驱蛔灵，每千克体重 100 mg，一次内服，对成虫有效，每千克体重 200 mg，则可驱除 1～2 周龄幼犬体内的未成熟蛔虫。

(2)甲苯咪唑，每千克体重 22 mg，内服，每日 1 次，连用 3 d。此药有一定的副作用，可引起呕吐、腹泻或软便，偶尔引起肝功能障碍。

(3)丙硫咪唑，每千克体重 22 mg，内服，每日 1 次，连用 3 d。

(4)左咪唑，每千克体重 10 mg，一次内服。

(5)伊维菌素，每千克体重 0.2～0.3 mg，皮下注射或口服。柯利犬及有柯利犬血统的犬禁止应用。

(6)双羟萘酸噻嘧啶，犬按每千克体重 5 mg，喂服。

预防

(1)定期对犬、猫进行预防性驱虫；幼犬应在 2 周龄进行首次驱虫，以后每月驱虫一次，8 月龄以后每季度驱虫一次；母犬在怀孕后第 40 天至产后 14 d 驱虫，以减少围产期感染；哺乳期母犬应与幼犬一起驱虫。

(2)注意环境、食具、食物的清洁卫生，及时清除粪便，并进行发酵处理，防止粪便污染水源和食物。

二、钩虫病

钩虫病是由钩口科钩口属和弯口属的钩虫寄生于犬、猫等动物的小肠内所引起的疾病，主要以寄生于十二指肠为多。以高度贫血、消化功能紊乱和营养不良为特征。

病原

犬钩口线虫(*Ancylostoma caninum*)，为钩口属，寄生于犬、猫、狐等动物的小肠。虫体刚硬呈淡黄色，前端向背面弯曲，口囊很发达，口囊前缘腹面两侧各有 3 个犬齿，各齿向内呈钩状弯曲，口囊深处有 1 对呈三角形的背齿和 1 对侧腹齿。雄虫长 11～13 mm，有发达的交合伞和两根等长的交合刺。雌虫体长 14～20.5 mm，尾端尖锐，呈细刺状，阴门开口于虫体后 1/3 前部。虫卵钝椭圆形，浅褐色，新排出时内含 8 个卵细胞，大小为(56～75) μm×(34～47) μm 。

狭头弯口线虫(*Uncinaria stenocephala*)，为弯口属，寄生于犬、猫、狐的小肠。虫体较犬钩口线虫小，呈淡黄白色，两端稍细，口弯向背面，口囊发达，呈漏斗状，其腹面前缘两侧各有一片半月状切板。雄虫长 6～11 mm，交合伞发达，有两根等长的交合刺。雌虫长 7～12 mm，尾端尖细。虫卵与犬钩虫卵相似，大小为(65～80) μm×(40～50) μm。

巴西钩口线虫(*Ancylostoma braziliense*)，为钩口属，寄生于犬、猫、狐等动物的小肠。虫体头端向背面稍弯，口囊呈长椭圆形，口囊腹壁有一大一小 2 对齿。雄虫长 5～7.5 mm，交合刺细长。雌虫长 6.5～9 mm，尾端呈不规则的锥形，末端尖细。虫卵大小为(75～95) μm×(41～45) μm。

生活史

属直接发育。犬钩口线虫虫卵随粪便排出体外，在适宜的条件下，经 12～30 h 孵出幼虫(杆状幼虫)，再经 1 周蜕化为感染性幼虫。感染性幼虫可通过口、皮肤、胎盘等途径感染宿主。经口和皮肤感染后，幼虫经食道或皮肤黏膜进入血液循环，到达肺并穿破肺毛细血管和肺组织，移行到肺泡和细支气管，经支气管、气管，随痰液进入口腔，再随唾液被咽下，到达小肠发育为成虫，此途径较为常见。幼虫可进入母体的血液循环，经胎盘感染胎儿。母体内的幼虫可进入乳汁，幼犬吸吮乳汁时被感染。

狭头弯口线虫生活史与犬钩口线虫相似。以经口感染为主，皮肤、胎盘等途径感染较少见，幼虫移行一般不经肺。感染后 15 d 可有虫卵排出。

巴西钩口线虫生活史与犬钩口线虫相似，但经胎盘感染较少见。

流行病学

本病多发生于夏季，对 1 岁以内的幼犬和幼猫危害较严重，成年动物多由于年龄免疫而不发病。虫体繁殖力较强，一条雌虫每日可产卵 16 000 个。虫卵在外界环境中的发育及幼虫的孵出受温度的影响，适宜的温度为 25～30℃，温度低于 10℃时停止发育，超过 45℃数小时即可死亡。虫卵在温暖、潮湿的环境中，24～48 h 内即可孵出幼虫，孵出的幼虫经 1 周左右发育为感染性幼虫(第三期幼虫)。

感染性幼虫多生活于离地面约 6 cm 深的土层中。感染性幼虫在土壤中存活的时间与温度有关，45℃时幼虫能存活 50 min，－10～－15℃时不超过 4 h。干燥和直射阳光不利于幼虫的生存，潮湿、阴暗的畜舍有利于本病的流行。

致病作用

主要是机械性破坏和吸血。钩虫以口囊吸附在宿主的肠黏膜上，利用齿或切板刺破黏膜而大量吸血，造成黏膜出血、溃疡，1 条虫体每日吸血量为 0.01～0.02 mL。且虫体能分泌抗凝素，延长凝血时间，在虫体不断变换吸血部位后，原伤口仍继续出血，造成动物大量失血，每个虫体可造成日失血量达 0.8 mL。由于慢性失血，宿主体内的铁质和蛋白质不断损耗，随之宿主出现缺铁性贫血。

幼虫侵入皮肤时，可破坏皮下血管导致出血，并引起皮肤炎症。幼虫移行时可破坏肺微血管和肺泡壁，引起局部出血及炎性病变。

症状

成年犬症状一般不明显，幼犬或严重感染的成犬症状明显。主要表现黏膜苍白，消瘦，被毛粗乱无光泽，易脱落，食欲减退或废绝，异嗜，呕吐，消化障碍，下痢和便秘交替，粪便带血或呈黑色，柏油状，最后因极度衰弱而死亡。剖检可见黏膜苍白，血液稀薄，小肠黏膜肿胀，上有出血点，肠内容物混有血液，肠内可见到大量虫体。

胎内和初乳感染出生 3 周龄内的幼犬，可引起严重贫血，导致昏迷和死亡。

幼虫侵入皮肤时，可导致钩虫性皮炎，病变主要在趾间或腹下被毛较少处，皮肤发红、奇痒、肿胀，出现丘疹、水疱，皮毛脱落，如有继发感染，可成为脓疱。幼虫移行时一般不出现症状，有时大量幼虫侵入肺脏时可引起肺炎，出现咳嗽、发热等。

诊断

根据贫血、黑色柏油状粪便、消化障碍、营养不良等临诊症状，粪便检查发现虫卵(每克粪含数千个虫卵)，死后剖检发现粪中虫体进行综合诊。

胎内或初乳感染的急性病例，严重贫血的症状常出现在虫卵排出之前。

治疗

应用抗蠕虫药，并配合对症治疗，包括输血、补液、给予高蛋白食物等。

(1)盐酸丁咪唑，犬、猫按每千克体重 0.22 mL，一次皮下注射。此药不宜和盐酸丁萘脒合用，对感染了犬恶丝虫的犬禁用，8 周龄以下的幼犬禁用。

(2)二碘硝基酚，每千克体重 10 mg，一次皮下注射或内服。此药可用于极年幼的犬、猫。

(3)双羟萘酸噻嘧啶，每千克体重 6～25 mg，一次内服。

(4)丙硫咪唑，每千克体重 8～10 mg，一次内服。

(5)左咪唑，每千克体重 10 mg，一次内服。

(6)伊维菌素，每千克体重 0.2～0.3 mg，一次皮下注射或口服。

(7)甲苯咪唑，每千克体重 22 mg，内服，每日 1 次，连用 3 d。

(8)对贫血严重的犬要输血，输血量为每千克体重 5～35 mL。同时投与止血药、收敛药、维生素 B_{12} 和铁制剂等。对循环障碍的病犬，静脉注射 5%葡萄糖。

预防

(1)搞好环境卫生，保持犬、猫舍干燥。

(2)及时清理粪便，并进行生物热处理。

(3)用硼酸盐(10 m^2 面积用 2 kg)处理犬舍地面，以杀死幼虫。

(4)定期对笼舍、用具以及犬、猫经常活动的地方进行消毒。

(5)定期对犬、猫进行预防性驱虫。

(6)成犬与幼犬要分开饲养。

三、犬恶丝虫病

犬恶丝虫病是由双瓣科恶丝虫属的犬恶丝虫寄生于犬的右心室及肺动脉所引起的疾病，也称为犬恶心丝虫病或犬心丝虫病，是以循环障碍、呼吸困难及贫血等症状为主要特征的一种血液寄生虫病。除犬外，猫、狐、狼等动物也可感染，人偶被感染。犬恶丝虫的感染率很高，可达50%左右。

病原

犬恶丝虫(*Dirofilaria immitis*)为黄白色细长粉丝状，食道细长。雄虫长12～16 cm，尾部短而钝，后端呈螺旋状卷曲，有两根不等长的交合刺。雌虫体长25～30 cm，尾端直，阴门开口于食道后端。雌虫直接产出幼虫，为胎生。幼虫称为微丝蚴，体长307～322 μm，为直线形，前端尖细，后端平直，在新鲜的血液中作蛇形或环形运动。

生活史

中间宿主为中华按蚊、白纹伊蚊、淡色库蚊等。除此，微丝蚴也可在蚤、蜱体内发育。

雌虫在宿主体内产出微丝蚴，进入宿主的血液循环。蚊、蚤吸血时摄入微丝蚴，经2周发育为感染性幼虫，并移行到蚊、蚤的口器，当蚊、蚤叮咬犬吸血时，即被感染，感染性幼虫钻入宿主的皮下和肌间，再进行两次蜕皮(约2个月)，然后经3～4个月由淋巴血液循环到心脏及大血管内，2～3个月发育为成虫。虫体到达性成熟期需6～9个月，在宿主体内能生存数年，并不断产生微丝蚴。微丝蚴在外周血液中出现的最早时间为感染后6～7个月。

流行病学

此病的发生与蚊子的活动季节一致，感染时期一般为6～10月份，7～9月份为高峰期。

致病作用

由于虫体刺激心内膜以及对血液的阻碍等作用，可引起心内膜炎并继发心脏肥大和右心室扩张。严重时肝动脉也出现内膜炎，间有静脉淤血导致腹水和肝肿大。可引起肺动脉内膜炎，肺脏有小结节，内含幼虫，贫血，出现无气肺。幼虫可经胎盘而感染胎儿。

症状

本病多发生于2岁以上的犬，少见于1岁以内的犬。症状取决于成虫寄生的数量和部位、感染的持续时间，以及宿主对虫体的反应、有无并发症等。

感染初期症状不明显，可出现慢性咳嗽，但无上呼吸道感染的其他症状，运动时咳嗽加剧，易疲劳。随着病情的发展，病犬呼吸困难、咳嗽，训练耐力下降，体重减轻，心悸亢进，脉细小而弱并有间歇，心脏有杂音；肝脏常肿胀，触诊疼痛；胸、腹腔积水，腹围增大，全身浮肿。

后期贫血加重，逐渐消瘦衰弱而死亡。并发急性腔静脉综合征时出现血色素尿、贫血、黄疸和尿毒症的症状，食欲减退，可引起突然衰竭而死亡。常伴发结节性皮肤病，以瘙痒和倾向破溃的多发性结节为特征，皮肤结节中心化脓，在化脓性肉芽肿周围的血管内常见有微丝蚴。

猫最常见的症状为食欲减退、咳嗽、呼吸困难、嗜睡和呕吐，体重下降，可突然死亡。右心衰竭和腔静脉综合征在猫少见。

病理变化

虫体除寄生于肺动脉和右心室外，还可移行到脑、腹腔、胸腔、眼前房、气管、食管和肾脏等，并造成相应器官的功能障碍。

胸部X射线摄影可见右心房、右心室、肺动脉和主动脉扩张；肺动脉栓塞及肺水肿时，局部X射线透过性降低。心血管造影可确认虫体及心室、肺动脉扩张。心电图检查可见右轴变位和肺性P波，右心室扩张时，ST波降低和T波增高。

血液生化检查可见，血清谷丙转氨酶和血清尿素酶升高，红细胞压积和血红蛋白降低。

诊断

根据临诊症状，结合外周血液内（最好在晚上采血）发现微丝蚴即可确诊。检查微丝蚴的方法有：

1. 改良 Knott 氏试验　取全血 1 mL 加 2% 甲醛 9 mL，混合后 1 000～1 500 r/min 离心 5～8 min，倾去上清液，取 1 滴沉渣和 1 滴 0.1% 美蓝溶液混合，显微镜下检验微丝蚴。

2. 毛细管离心法　取抗凝血，吸入特制的毛细管内离心，取红细胞和血浆交界处的样本镜检。

3. 直接涂片法　采末梢血 1 滴，滴到载玻片上，加盖玻片镜检，也可全血涂片直接镜检。

若用上述方法未能检出微丝蚴，并不能完全确定病犬未感染恶丝虫病，这可能是因为虫体尚未成熟、虫体寄生数量少或仅寄生有单性成虫等原因造成，雌雄成虫隐性寄生也有可能检不出微丝蚴。

对疑似病例而查不出微丝蚴时，可根据症状结合胸部 X 射线诊断。也可用超声波或血清学方法，目前已有犬恶丝虫检验试剂盒用于临床诊断。

治疗

对于犬猫的早期治疗主要是驱杀成虫和微丝蚴，并对症治疗。犬感染晚期则预后不良。

1. 驱除成虫

(1)硫乙砷铵钠，每千克体重 0.22 mL，静脉注射，每日 3 次，间隔 6～8 h，连用 2 d。注射时应缓缓注入，药液不可漏出血管。该药有一定的毒性，可引起肝和肾中毒，对患严重恶丝虫病的犬较危险，肝、肾功能必须正常，犬出现持续性呕吐、黄疸和橙色尿，应停止使用。

(2)菲拉辛，每千克体重 1 mg，口服，每日 3 次，连用 10 d。

(3)海群生，每千克体重 22 mg，口服，每日 3 次，连用 14 d。

(4)酒石酸锑钾，每千克体重 2～4 mg，溶于生理盐水静脉注射，每日 1 次，连用 3 d。

2. 驱除微丝蚴

(1)碘化噻唑氰胺，每千克体重 6～11 mg，口服，每日 1 次，连用 7 d。如微丝蚴检验仍为阳性，可加大剂量为每千克体重 13.2～15.4 mg，直至微丝蚴转阴，但用药后可能出现呕吐、腹泻等副作用。

(2)左咪唑，每千克体重 11 mg，口服，每日 1 次，连用 7～14 d。治疗后第 7 天进行血检，微丝蚴阴性时，则停止用药。

(3)伊维菌素，每千克体重 0.05～0.1 mg，一次皮下注射。

(4)对症治疗主要是强心、利尿、镇咳、保肝等。

预防

搞好环境及犬体卫生，防蚊、灭蚊是预防本病的重要措施。在蚊子繁殖的季节，亦可用驱虫药进行预防：海群生，每千克体重 2.5～3 mg，每日或隔日投药，或用左咪唑，每千克体重 10 mg，每日分 3 次内服，连喂 5 d 为 1 个疗程，隔 2 个月重复治疗 1 次，也可用伊维菌素，每千克体重 0.06 mg，每个月皮下注射 1 次。

另外，对流行地区的犬，应定期进行血检，有微丝蚴的犬应及时治疗。

四、旋毛虫病

旋毛虫病是由毛形科毛形属的旋毛虫所引起的疾病，是重要的人兽共患寄生虫病。成虫和幼虫寄生于同一宿主体内。

病原

旋毛虫(*Trichinella spiralis*),成虫寄生于小肠黏膜,称为肠旋毛虫。肠旋毛虫是一种白色细小的线虫,肉眼几乎难以辨识,虫体前半部为较细的食道部,后端较粗,内有肠管和生殖器官。雄虫长 1.4～1.6 mm,尾部有 2 个呈耳状悬垂的交配叶,无交合刺。雌虫长 3～4 mm,阴门位于食道部中央,子宫内含发育的幼虫。

幼虫寄生于横纹肌内,称为肌旋毛虫。虫体长 0.1～1.15 mm,前端尖细,向后逐渐变宽,后端稍窄,尾端钝。幼虫蜷曲并形成包囊,包囊呈圆形、椭圆形或梭形,长 0.25～0.5 mm,其长轴与肌纤维平行,有 2 层壁,一般内含 1 条幼虫,有时可达 3～4 条。

生活史

同一动物(宿主)既是终末宿主又是中间宿主,为胎生。宿主食入含有包囊幼虫的动物肌肉而受到感染,包囊在胃内被消化溶解,释放出幼虫,幼虫进入小肠内经 2 d 发育为成虫(肠旋毛虫),此时,动物为终末宿主。

动物小肠内的雌、雄虫交配后,雄虫死去,雌虫钻入肠腺、黏膜下淋巴间隙中发育,于感染后 7～10 天开始产出大量幼虫,一条雌虫可产出 1 000～10 000 条幼虫,雌虫的寿命为 5～6 周。幼虫经肠系膜淋巴结进入血液循环,随血流到达全身各处,只有到骨骼肌的幼虫可进一步发育,以肋间肌、膈肌、舌肌、咬肌中较多。感染后 3 周开始形成包囊,7～8 周完全形成。虫体在包囊内呈螺旋状盘曲,充分发育的幼虫,通常有 2.5 个盘旋,此时幼虫即有感染力,并有雌、雄之分。包囊是由于幼虫的机械性和化学性刺激作用于周围的肌纤维,引起肿胀和肌纤维膜增生而形成的。包囊于 6 个月后开始钙化,钙化先从两端开始,以后波及整个囊体。但钙化并不意味着包囊内的幼虫死亡,除非钙化波及幼虫本身,但感染力大为降低。包囊幼虫的生存时间,随个体不同而异,可存活数年至 25 年之久。此时动物为中间宿主。

流行病学

旋毛虫宿主范围广,包括人、猪、犬、猫、鼠类、狐狸、狼、熊、貂等 40 余种动物,草食动物也偶有感染。

动物感染旋毛虫病主要是吞食了含有包囊幼虫的肌肉。各种动物之间的相互捕食可以造成本病的传播。生肉加工过程中的废水、生肉屑等可以成为感染来源。许多昆虫如蝇蛆和步行虫等,多能吞食尸体中的旋毛虫包囊,并能使包囊保持感染力 6～8 d,昆虫被其他动物吞食后也能造成感染。有时宿主吞食了大量含有幼虫包囊的肌肉后,从粪便中可以排出未被彻底消化的含有包囊幼虫的肌纤维,粪便新鲜时,有可能成为其他动物的感染来源。

肌肉中的包囊幼虫对外界的抵抗力较强,−20℃时可保持生命力 57 d,在腐败的肉或尸体内可存活 100 d 以上,而且盐渍或烟熏均不能杀死肌肉深部的幼虫。

一般认为鼠旋毛虫的感染率较高,鼠为杂食性,且常互相残食,一旦旋毛虫侵入鼠群,就会长期在鼠群中保持水平感染。鼠对旋毛虫很敏感,两条即可造成感染。老鼠亦是猪等感染旋毛虫的主要来源之一。

犬感染旋毛虫病主要是捕食鼠、吃生肉或腐肉以及粪便等感染。犬的活动范围更加广泛,吃到多种动物的尸体的机会比猪大得多,对动物粪便的嗜食性也比猪强烈,所以其旋毛虫的感染率远远大于猪。某些地区犬旋毛虫的感染率为 50%,而猪的感染率只有 0.1%。

人感染旋毛虫主要与肉品卫生检验不严格及肉品烹调、处理不当有关,个别地区有吃生肉或半生半熟肉的习惯。切过生肉的菜刀、砧板均可能偶尔黏附有旋毛虫的包囊,不慎食入也可造成感染。

致病作用与症状

肠旋毛虫可引起肠黏膜出血、发炎和绒毛坏死。移行期幼虫引起肌炎、血管炎等。肌旋毛虫引起肌细胞萎缩，结缔组织增生。动物对旋毛虫有较大的耐受性，犬和家畜感染旋毛虫后一般无明显的临诊症状。严重感染时，初期表现有食欲不振、呕吐和腹泻等肠炎症状，随后表现肌肉疼痛、运动障碍、呼吸和咀嚼困难、流涎、发热、步态僵硬等肌炎症状，有时眼睑和四肢水肿。4～6周后症状逐渐消失。

当人感染时，可出现明显的病状，肠旋毛虫主要引起肠炎，出现消化道疾病的症状。肌旋毛虫可引起急性肌炎，表现发热，肌肉疼痛，嗜酸性粒细胞增多，心肌炎等，如果不及时治疗可能危及生命。

诊断

动物生前诊断较困难，目前可用间接血凝试验和ELISA方法进行免疫学诊断。目前对于犬和家畜的诊断主要依靠死后肉品检验。方法有：

1.肌肉压片法　取膈肌剪成麦粒大小的碎块，置于两载玻片之间，压平，置于显微镜下检查肌纤维间是否有旋毛虫幼虫包囊。

2.肌肉消化法　将肌肉剪碎或绞碎，用人工胃液消化，使幼虫由肌纤维间包囊内释放出来，然后镜检。

治疗

(1)丙硫咪唑，犬、猫按每千克体重15 mg，口服，每日1次，连用15～18 d；或以总量每千克体重200 mg，分3次肌肉注射；或以每千克体重200 mg拌料内服，连喂15 d。

(2)甲苯咪唑，犬、猫按每千克体重10 mg，口服，每日1次，连用1周。

(3)噻苯咪唑，犬、猫按每千克体重25～40 mg，口服，每日1次，连用5～7 d，对成虫、幼虫均有效。

(4)伊维菌素，能驱除旋毛虫成虫，对幼虫的效果较差。

预防

(1)加强肉品卫生检验，病肉应严格按肉品卫生检验规定处理。

(2)加强环境卫生管理，消灭鼠类和其他啮齿类动物。

(3)不给犬猫喂生的和未煮熟的猪肉等。

五、毛尾线虫病

毛尾线虫病是由毛尾科毛尾属的狐毛尾线虫寄生于犬、狐、猫的盲肠引起的疾病。亦称鞭虫病。主要危害幼犬，严重感染可引起死亡，极少见于猫。

病原

狐毛尾线虫(*Trichuris vulpis*)，呈乳白色，虫体长45～75 mm。前部细长呈丝状为食道部，约占虫体全长的2/3；后部为体部，短粗，内含肠管和生殖器官。全虫似鞭状，故称为鞭虫。雄虫尾端卷曲，有一根交合刺，外有鞘包围；雌虫后部钝直，生殖孔开口于虫体粗细交界处。虫卵为黄褐色，呈腰鼓状，两端有塞状构造，壳厚，光滑，内含单个胚细胞，大小为(70～89) μm×(37～41) μm。

生活史

属直接发育，不需要中间宿主。虫卵随粪便排出体外，在外界适宜的条件下，经3～4周发育为感染性虫卵。犬吞食了感染性虫卵后，幼虫在肠中孵出后，钻入小肠前部黏膜内，2～8 d后重新回到肠腔，然后进入盲肠内发育为成虫，从感染到发育为成虫需11～12周。成虫的寿命约为16个月。虫卵在犬舍中可存活3～4年，是重要的感染来源。

致病作用与症状

虫体前端深深地钻入盲肠黏膜，并寄生在黏膜深部，引起黏膜出血和局部炎症；虫体吸血常导致贫血。轻度感染时，症状不明显或无症状，有时表现间歇性软便或带有少量黏液的血便。严重感染时（虫体达百条千条），常出现食欲减退，消瘦，体重减轻，贫血，下痢，粪便中常带黏液和血液，有时粪便呈褐色，恶臭味。幼犬发育障碍，可导致死亡。

诊断

根据临诊症状和虫卵检查即可确诊。死后剖检可见大量虫体。

治疗

可选用以下药物：

(1)甲苯咪唑，犬总剂量为每千克体重22 mg，内服，每日1次，连用3 d。

(2)丙硫咪唑，犬按每千克体重22 mg，内服，每日1次，连用3 d。

(3)左咪唑，犬按每千克体重5～11 mg，一次内服。

(4)双羟萘酸噻嘧啶，犬按每千克体重5～10 mg，一次内服。

(5)丁苯咪唑，犬按每千克体重50 mg，每日1次，连用2～4 d。

预防

(1)搞好环境卫生，及时清除粪便，保持犬舍干燥、清洁。

(2)保持饲料和饮水卫生，避免被粪便污染。

(3)对犬可进行定期驱虫。

六、犬似丝线虫病

犬似丝线虫病是由丝科似丝属的似丝线虫寄生于犬的气管和肺脏所引起的疾病。

病原

主要有欧氏似丝线虫（*Filaroides osleri*）、贺氏似丝线虫（*F. hirthi*）、米氏似丝线虫（*F. milksi*）。

欧氏似丝线虫（欧氏类丝虫）寄生于气管和支气管，少见于肺实质。雄虫细长，体长5.6～7.0 mm，尾端钝圆，交合伞退化，只见有几个乳突，有2根短而不等长的交合刺。雌虫粗壮，长9～15 mm，阴门开口于肛门附近。虫卵大小为80 μm×50 μm，卵壳薄，内含幼虫，幼虫尾部呈S状。

贺氏似丝线虫与欧氏似丝线虫相似，寄生于犬的肺实质。

米氏似丝线虫寄生于犬的肺实质和细支气管。

生活史

均属直接发育，生活史相似。在唾液或粪便中可见到第1期幼虫，幼虫为感染性幼虫。6周以内的幼犬通过污染的粪便或母犬舔舐的方式极易获得感染。犬感染后，幼虫通过淋巴及门静脉系统移行到心脏和肺脏，然后移行到细支气管，寄生于气管分叉处。从感染到成熟约需10周。

致病作用

虫体寄生在气管或支气管黏膜或黏膜下引起结节，灰白色或粉红色，直径1 cm以下，息肉样，有腔，可造成气管或支气管堵塞。结节发育很慢，严重感染时，气管分叉处有许多出血性病变。

症状

症状的轻重取决于感染的严重程度和结节的数目多少，主要感染幼犬，表现为慢性症状，但有时可能引起死亡。最明显的临诊症状是顽固的咳嗽，呼吸困难，食欲缺乏，消瘦，某些感染群死亡率可达75%。

诊断

用支气管窥镜检查或在痰液、粪便中发现幼虫即可确诊，但数量不会太多，必须细心检查。另外，雌虫产卵不是连续性的，必须进行多次检查。

治疗

丙硫咪唑，每千克体重25 mg，口服，每日1次，连用5 d为一疗程，停药2周后，再用药1次。

预防

犬饲养场应执行严格的卫生消毒措施。母犬在繁殖前应进行驱虫，对新引入的犬要隔离，确认健康后方可合群。

七、类圆线虫病

类圆线虫病是由类圆科类圆属的粪类圆线虫寄生于犬的小肠内所引起的疾病。

病原

成虫只有雌虫，虫体细小如毛发，大小为1.0 mm×(0.05～0.75) mm，肉眼很难看清。杆状蚴为(0.2～0.25) mm×0.016 mm，丝状蚴为杆状蚴的2～3倍。虫卵为70 μm×40 μm，椭圆形，卵壳薄而透明，内含折刀样幼虫。

生活史

粪类圆线虫可营自生和寄生两种生活。当外界温度适宜(27℃左右)时，虫卵可在2～3 d经四次蜕皮发育为自生成虫，若条件不适宜则发育成感染期丝状蚴。主要经皮肤(或口)感染，丝状蚴经淋巴进入血液，12 h后经肝脏移行到肺脏，然后上行经咽喉，重新咽下至消化道，第3～5天后达小肠发育为成虫。

粪类圆线虫除感染犬外，尚可感染猫、狐狸、猴及人等。

致病作用和症状

本病主要感染幼犬。幼虫在体内移行时，引起肺毛细血管穿孔及管壁破坏而出血，出现急性局限性炎症及心内膜炎。雌虫可侵入小肠黏膜上皮，引起慢性炎症和细胞浸润，重症可引起肠黏膜广泛坏死及剥离，继发腹膜炎。初次感染一般无皮肤变化，当反复感染或虫体大量寄生时，可引起湿疹性皮炎，出现瘙痒和红斑。幼犬食欲减退，脓性眼屎，咳嗽，呈支气管肺炎症状。接着出现腹泻、脱水、衰弱、贫血、恶病质、昏睡等。咳嗽多在腹泻前7～10 d出现。若腹泻为非出血性，多很快可以恢复，否则可引起死亡。

诊断

根据流行病学、症状，结合实验室检查做出综合判断。实验室检查可采用粪便直接涂片或饱和盐水漂浮法，检出虫卵或幼虫可确诊。

治疗

(1)丙硫咪唑，每千克体重10～15 mg，口服，间隔48 h再服1次，驱虫率达100%。

(2)噻苯咪唑,每千克体重 50 mg,口服,每日 1 次,连用 3 d。2 周后重复用药 1 次。

(3)左旋咪唑,每千克体重 5 mg,肌肉注射;口服时按每千克体重 8 mg 给药。

(4)灭虫丁注射液,每千克体重 0.2 mg,皮下注射。

预防

(1)搞好犬、猫舍和体表卫生,保持环境干燥,不到低洼潮湿地区活动。

(2)发现病犬、猫及时隔离治疗。

(3)要定期驱虫,在彻底驱虫前,不宜做免疫接种。

八、嗜气毛细线虫病

嗜气毛细线虫病是由毛细科毛细属的嗜气毛细线虫寄生于犬、猫支气管和气管所引起的疾病,偶见于寄生在鼻腔和额窦内。

病原

嗜气毛细线虫(*Capillaria aerophila*),成虫细长,乳白色。雄虫体长 15～25 mm,尾部有两尾翼,有一根纤细的交合刺,交合刺外被交合刺鞘。雌虫体长 20～40 mm,阴门开口接近食道的末端。虫卵呈淡绿色,两端各有一卵塞,呈腰鼓状,壳厚,带有纹理,虫卵大小为(59～80) μm×(30～40) μm。

生活史

为直接发育。雌虫在肺中产卵,卵随痰液上行到喉、咽,被咽下后进入消化道随粪排出体外。在外界适宜的条件下,虫卵经 5～7 周发育为感染性虫卵,宿主吞食后,幼虫在小肠中孵出,后钻入肠黏膜,随血液移行到肺,这段时间需 7～10 d。从感染到发育为成虫约需 40 d。

症状

犬猫严重感染时,可引起慢性支气管炎、鼻炎、气管炎。病犬流涕、咳嗽、呼吸困难,继而消瘦、贫血、被毛粗糙等。

诊断

根据症状,结合粪便、鼻液虫卵检验即可确诊。注意与狐毛尾线虫卵进行区别,肺毛细线虫卵较小,卵壳表面有明显的凹陷点。

治疗

(1)左咪唑,每千克体重 5 mg,口服,每日 1 次,连用 5 d。停药 9 d 后,再按上法重复治疗 2 次。或每千克体重 4.4 mg,皮下注射,每日 1 次,连用 2 d,2 周后按每千克体重 8.8 mg,皮下注射 1 次。

(2)甲苯咪唑,每千克体重 6 mg,口服,每日 2 次,连用 5 d。

预防

保持犬、猫舍的干燥,及时清除粪便,搞好环境卫生。

九、猫圆线虫病

猫圆线虫病是由管圆科猫圆属的深奥猫圆线虫寄生于猫的细支气管和肺泡所引起的疾病。

病原

深奥猫圆线虫(*Aelurostrongylus abstrusus*),虫体呈丝状,乳白色,口孔周围有两圈乳突，体形较小。雄虫体长 4～5 mm，交合伞短，分叶不清楚，腹肋完整，2 支连在一起，背肋稍大，有 3 个强壮的分支长的交合刺。雌虫体长 9～10 mm，阴门开口近虫体后端，虫卵大小为 (60～80) μm×(55～80) μm。

生活史

中间宿主是蜗牛和蛞蝓，啮齿动物、蛙、蜥蜴和鸟类可作为贮藏宿主。雌虫于肺泡管产卵，虫卵进入邻近的肺泡孵出幼虫，幼虫上行到咽，被咽下进入消化道，随粪便排到体外。幼虫长 360 μm，食道较长，几乎占体长的一半，尾部呈波浪状弯曲，其背侧有一小刺。幼虫被中间宿主食入，在体内发育为感染性幼虫。猫吃到含有感染性幼虫的中间宿主或贮藏宿主后被感染。幼虫进入食道、胃或肠管上段黏膜，经血液循环进入肺中，大约经 1 个月可发育成熟。成虫寿命为 4～9 个月。

症状

中度感染时，病猫出现咳嗽，打喷嚏，厌食，呼吸急促。严重感染时(少见)剧烈咳嗽，呼吸困难，厌食，消瘦，腹泻，常发生死亡。

病理变化

肺表面有直径 1～10 mm 大小不等的灰色结节，结节内含虫卵和幼虫，胸腔充满乳白色液体，其中包含虫卵和幼虫。由于结节的压迫和堵塞，可引起周围肺泡萎缩或炎症。

诊断

对可疑病例可用贝尔曼氏法检查粪便中的幼虫，发现大量幼虫即可确诊。

治疗

(1)左咪唑，每千克体重 100 mg，口服，隔日 1 次，共给 5 次或 6 次。

(2)苯硫咪唑，每千克体重 20 mg，口服，每日 1 次，连用 5 d 为一疗程，间隔 5 d 后，再重复一疗程。

预防

参考嗜气毛细线虫病。

十、犬尾旋线虫病

犬尾旋线虫病是由尾旋科尾旋属的狼尾旋线虫寄生于犬和犬科动物的食道壁、胃壁及主动脉壁所引起的疾病，也称犬食道线虫病，可引发食道瘤等，导致病犬吞咽和呼吸困难，并可发生大出血而致死。该病多发于热带、亚热带地区，我国华中、华南等地区多发。

病原

狼尾旋线虫(*Spirocerca lupi*)新鲜的虫体呈血红色，螺旋状，粗壮。雄虫长 30～54 mm，尾部有两根不等长的交合刺，有尾翼和乳突。雌虫长 54～80 mm，阴门开口于食道后，尾端钝而有一对乳突。虫卵呈长椭圆形，卵壳厚，随粪便排出时，卵内已有幼虫。虫卵大小为(30～37) μm×(11～15) μm。

生活史

中间宿主是食粪甲虫、蟑螂和蟋蟀以及其他许多昆虫。两栖类、鸟类及小哺乳类等可作为贮藏宿主。

成虫寄生于食道壁，排出的虫卵通过食道结节破溃口进入消化道，随粪便排出后被中间宿主食入、孵化。幼虫在中间宿主体内发育至感染期并形成包囊，若食粪甲虫等被贮藏宿主食入体内，其幼虫包囊可停留在肠系膜内，仍保持其感染性。犬食入中间宿主或贮藏宿主后，感染性幼虫逸出，钻入胃动脉壁，经血液移行到主动脉，再通过结缔组织到达食道壁，在此形成结节并发育成熟。从感染到粪便出现虫卵需 5 个月。

致病作用和症状

病变部位约 96%在食道，动脉和胃各约占 2%。此外，还见于肺、支气管、淋巴结、胸腺、皮下和肾包膜下。幼虫移行时，可引起组织出血、炎症和坏疽性脓肿，幼虫离去后病灶可自愈。成虫在食道壁、胃壁和主动脉壁中可形成肿瘤，若血管腔狭窄或血管壁破裂，可造成大出血而突然死亡。轻度感染时，除有轻度食道梗阻症状外，其他症状不明显。重度感染时，可见吞咽困难、呕吐、流涎、呼吸困难、咳嗽、食欲不振等症状。慢性病例常伴有肥大性骨关节病，前、后肢肿胀和疼痛。

诊断

根据临诊症状，结合粪便检查虫卵即可确诊。虫卵检查可用饱和盐水漂浮法或沉淀法，由于虫卵周期性排出，因此需要反复多次检查。此外，X 射线透视检查胸部、食道和胃部有无肿瘤，以及用胃镜检查食道和胃壁等有助于确诊。

治疗

目前尚无有效的治疗药物，以下药物有一定的治疗作用：

(1)二碘硝基酚，每千克体重 7.7 mg，皮下注射，1 周后重复给药 1 次。

(2)左咪唑，每千克体重 10 mg，口服，1 周后重复给药 1 次。

(3)丙硫咪唑，每千克体重 50 mg，口服，1 周后重复给药 1 次。

(4)1%的伊维菌素，每千克体重 200～400 μg(即 0.02～0.04 mL)，皮下注射，隔 7～10 d 再注射 1 次。

预防

(1)防止犬采食中间宿主或贮藏宿主。

(2)及时清除犬的粪便，防止甲虫滋生。

(3)在流行地区，可把犬放在铁丝网上饲养。

十一、犬肾膨结线虫病

犬肾膨结线虫病是由膨结目膨结科的肾膨结线虫寄生于犬的肾脏或腹腔所引起的疾病，又称为肾虫病。肾膨结线虫亦可寄生于貂、狐和狼等动物，偶尔感染人。主要特征是血尿、尿频、腹痛、不安、体重减轻等。

病原

肾膨结线虫(*Dioctophyma renale*)，是线虫类中最大的虫种，虫体新鲜时呈红白色，圆柱状，两端略细，表皮有横纹。口简单，无唇，口孔周围有两圈乳突。雄虫长 140～450 mm，尾端有一钟形的交合伞，其边缘及内壁有许多细小乳突，交合刺一根，呈刚毛状。雌虫长 200～1 030 mm，阴门开口于食道后端处，肛门呈半月形，在其附近有数个小乳突。虫卵橄榄形，淡黄色，卵壳厚，表面有许多小凹陷，大小为(72～80) μm×(40～48) μm。

生活史

中间宿主是蛭蚓类(环节动物)，补充宿主为淡水鱼类。

成虫寄生于终末宿主的肾盂内，产出的虫卵随尿液排出体外，在水中发育，卵内形成第一期幼虫，被中间宿主蛭蚓类(环节动物)吞食后，在其体内发育为第二期幼虫。当补充宿主吞食了含有第二期幼虫的环节动物后，幼虫在其体内发育为第三期感染性幼虫。终末宿主因摄食含感染性幼虫的鱼而感染，或幼虫在环节动物体内发育为第四期幼虫，直接感染终末宿主。在终末宿主体内，幼虫穿出十二指肠移行到肾，在肾盂发育为成虫。整个发育过程约需 2 年。除犬外，多种野生肉食动物也可以被感染，野生动物的感染在本病的流行上具有重要意义。

症状和病理变化

主要症状是排尿困难，尿频，尿尾段带血。寄生时间长的则出现体重减轻、贫血、腹痛、呕吐、脱水、便秘或腹泻。若仅是一侧肾脏受到侵害，一般不表现临诊症状。若两侧肾都有本虫寄生，或者一侧未受侵袭的肾脏缺乏代偿机能时，会出现肾功能不全、神经症状以至尿毒症而死亡。病变主要在肾脏，肾实质被破坏后，留下六个像膨大的膀胱状的包囊，内含一至数条虫体和带血的液体，往往右侧肾比左侧肾受侵害的程度高。虫体还常突入输尿管，或进入膀胱。寄生于腹腔的虫体，游离或形成包囊，引起慢性腹膜炎，腹壁多处发生粘连。偶尔见虫体寄生于肝分叶之间，肝表面受损。有时在肝和网膜处见有含虫体的结节。

诊断

检查尿液发现虫卵即可确诊。取晨尿于烧杯中，沉淀 30 min，弃去上清液，在杯底衬以黑色背景，肉眼可见杯底粘有白色虫卵颗粒。

防治

本病需施行外科手术进行治疗。

预防主要是防止犬吞食生的或未煮熟的鱼及其他水生生物；对犬可进行预防性驱虫，可用丙硫苯咪唑、左咪唑等药物。

十二、吸吮线虫病

吸吮线虫病是由吸吮科吸吮属的线虫寄生于犬、猫的角膜下所引起的疾病，造成结膜炎和角膜炎，导致视力下降，甚至造成角膜糜烂、溃疡和穿孔，故又称眼虫病。亦可寄生于羊、兔和人。

病原

丽嫩吸吮线虫(*Thelazia callipaeda*)，虫体在结膜囊内时呈淡红色、半透明，离开犬体后呈乳白色。体表有显著而微细的横纹，口囊小、无唇，口缘有内外两圈乳突。雄虫长 7～11.5 mm，尾端卷曲，有两根不等长的交合刺，左交合刺比右交合刺长 12 倍。雌虫长 14～18 mm，阴门位于食道部。虫卵呈椭圆形，卵壳薄，大小为(54～60) μm×(34～37) μm，排出时已含幼虫，并迅速孵化。

生活史

中间宿主为多种蝇类，如家蝇、厕蝇等。雌虫在终末宿主的眼结膜囊和瞬膜下产卵，虫卵浮于泪液和眼分泌物中并孵出幼虫。当蝇类在舔食犬眼分泌物时食入幼虫，在蝇体内发育为感染性幼虫后，移行到蝇的口器。当带有感染性幼虫的蝇再次舔食犬眼分泌物时，幼虫进入终末宿主眼内，发育为成虫。成虫在宿主眼内可寄生 18 个月，从感染到发育为成虫约需 35 d。

流行病学

本病的发生有季节性，虫体活动的最适温度是 28℃左右，超过 34℃和低于 14℃，虫体不活动。

症状

虫体机械性刺激泪管、结膜和角膜，造成眼球损伤、发炎，引起结膜炎、角膜炎，甚至失明。表现眼部奇痒，结膜充血肿胀，分泌物增多，羞明，流泪。病犬或猫常用爪挠、摩擦患眼造成角膜浑浊。视力下降，严重的可致溃疡或穿孔。成虫多在瞬膜囊、结膜囊和泪管等部位。偶尔可见虫体在眼前房液中活动。

诊断

根据症状和在眼内检查发现虫体即可确诊。检查时可采取盐酸左旋咪唑注射液 0.1～0.2 mL 点眼。用手轻揉 10～20 s 后，翻开上下眼睑检查是否有半透明乳白色蛇形活泼运动的虫体，少则一条，多则数十条。

治疗

用手术方法取出眼内可见的虫体。

(1)用 2%盐酸普鲁卡因作上、下眼睑皮下注射，每侧各注射 1 mL，再用 5%盐酸左咪唑注射液 1～2 mL，由眼角缓缓滴入眼内，3～5 min 后虫体麻痹，翻开眼睑用眼科球头镊子取出虫体，再用生理盐水反复冲洗点眼，用药棉拭干，涂布抗生素眼膏或药水，预防继发感染。

(2)用 2%可卡因点眼，按摩眼睑 5～10 s 待虫体麻痹不动时，用眼科镊子摘除虫体，再用 3%硼酸溶液洗眼，涂布抗生素眼膏或药水，预防继发感染。

预防

(1)在流行季节大力灭蝇，搞好环境和犬(猫)舍卫生，减少蝇类滋生，防止蝇类滋扰犬、猫。

(2)每年在蝇类大量出现之前，对全群犬、猫进行预防性驱虫。

十三、犬棘头虫病

犬棘头虫病是由少棘科巨棘吻棘头属的蛭形巨棘吻棘头虫寄生于犬的小肠所引起的疾病。以空肠为最多。也可感染猪、野猪、猫，偶见于人。

病原

蛭形巨棘吻棘头虫(*Macracanthorhynchus hirudinaceus*)，虫体较大，呈乳白色或淡红色，长圆柱形，前部较粗，后部较细，体表有明显的横皱纹。前端有一个可伸缩的吻突，吻突呈球形，上有 5～6 列强大向后弯曲的小棘。雌虫长 300～680 mm。雄虫长 70～150 mm，尾部弯曲，呈长逗点状。虫卵呈长椭圆形，深褐色，两端稍尖，大小为(89～100) μm×(42～56) μm，卵壳厚，有细皱纹，一端较圆，另一端较尖，两端有小塞状构造。卵内含有棘头蚴，棘头蚴的大小为 58 μm×26 μm。

生活史

中间宿主是金龟子或其他甲虫的幼虫——蛴螬。

雌虫在犬的小肠内产卵，卵随粪便排出体外，被中间宿主吞食后，棘头蚴在中间宿主的肠内孵化然后穿过肠壁进入体腔，发育为棘头体。经 2～3 个月后，发育为具有感染性的棘头囊。棘头囊长 3.6～4.4 mm，体扁，白色，吻突常缩入吻囊，不易被肉眼看到。幼虫在中间宿主体内的发育期限因季节而异，6 月份以前感染需 3～4 个月，以后感染需 12～13 个月。当甲虫发育为蛹并变为成虫时，棘头囊仍停留在它们体内，并能保持感染力达 2～3 年。犬吞食了含有棘头囊的甲虫幼虫、蛹、成虫时，均能造成感染。棘头囊在犬的消化道中脱囊，以吻突固着于肠壁上，经 3～4 个月发育为成虫。成虫生命期为 10～24 个月。

流行病学

棘头虫繁殖力很强，每条雌虫每日排卵可达25万个以上，产卵期可持续约10个月。虫卵对外界环境中各种不利因素的抵抗力很强。在45℃温度中，长时间不受影响；在－10～－16℃低温下，可存活140 d。在干燥与潮湿交替变换的土壤中，温度为37～39℃时，虫卵在368 d内死亡。温度为5～9℃时可以生存551 d。

金龟子一类的甲虫是本病的感染来源，每年春、夏为感染季节，与甲虫幼虫出没相关联。犬的感染率和感染强度与地理、气候条件，饲养管理方式等都有密切关系。

致病作用

虫体以吻突牢牢地插入肠黏膜内，引起肠炎。吻突钩可以使肠壁组织遭受严重的机械性损伤，附着部位发生坏死和溃疡。吻突可以深入到浆膜层，形成小结节，呈现坏死性炎症。在炎症部位的组织切片上可以观察到吻突周围有嗜酸性细胞带，并有细菌。虫体有时穿过肠壁，引起发炎和肠粘连，可能因诱发泛发性腹膜炎而死亡。虫体以体表吸收营养，造成机体营养不良。

症状

一般感染时症状不明显，有时只表现贫血、消瘦和发育停滞。严重感染时，病犬食欲减退，下痢，粪便带血，腹痛。当虫体固着部位发生脓肿或肠穿孔时，体温升高到41℃，呼吸浅表，剧烈腹痛，后期继发腹膜炎，腹壁紧张，患犬表现衰弱，不食，腹痛，卧地，多以死亡而告终。

病理变化

尸体消瘦，黏膜苍白。空肠和回肠的浆膜上见到有灰黄色或暗红色的小结节，其周围有红色充血带。肠黏膜发炎，严重的可见到肠壁穿孔。吻突穿过肠壁，吸着在附近浆膜上引起粘连。肠壁增厚，有溃疡病灶。严重感染时，肠道塞满虫体，有时因造成肠破裂而导致死亡。

诊断

根据流行病学资料、症状及在粪便中发现虫卵即可确诊。粪便检查可用直接涂片法和沉淀法。

治疗

尚无特效药，可试用左咪唑或丙硫苯咪唑。

预防

定期粪便检查，发现病犬及时驱虫，以消除感染源。

保持犬舍的清洁卫生，消灭犬舍及其周围的甲虫，避免犬吃到金龟子及其幼虫。粪便要及时清理，堆积发酵，进行生物热处理。

Project 5

蜱螨病和昆虫病的防治技术

学习目标

掌握蜱螨等体表寄生虫的形态结构以及寄生后的临床特征；

了解蜱螨等体表寄生虫的生活史；

熟悉蜱螨等体表寄生虫病的防治措施。

【案例导入】

8月份，京巴犬，主人发现犬经常用爪子抓皮肤，且掉毛现象严重，来宠物医院就诊。

【项目描述】

(一)一般检查项目评估

1. 问诊

通过询问的方法了解宠物的发病时间、病后表现及用药情况，是否驱过虫，生活环境如何，常在什么样的场地牵遛及可能的疾病原因。

主诉开始时病犬鼻部、眼部皮肤发红，经常用爪子挠抓患部。后来发痒的部位越来越多，情况越来越严重，患部大面积脱毛，同时病犬因皮肤剧痒而焦躁不安。饮食欲下降，常到处摩擦、啃咬。常在草地上牵遛，一起玩的犬有两只有相同症状。

2. 临床检查

犬体重6 kg，体温38.7℃，脉搏102次/min，呼吸35次/min。听诊心音较快，无杂音；呼吸较平稳，无杂音。视诊可视黏膜苍白，精神萎靡，身体瘦弱，全身均有脱毛现象，以瘙痒部位最为严重。在耳壳周围、嘴端、肢端、胸腹下、脚内侧、尾根等处，可见米粒大丘疹和脓疱。头部、腹部及背部皮下软组织增厚，皮肤失去弹性，并形成不规则的褶皱和黄色结痂。腹中线旁也长满了红斑，有疹状结节。局部有擦伤或形成溃疡。怀疑外部寄生虫病。

3. 皮肤寄生虫检查

用刀片刮取病变部位与正常皮肤交界处的皮屑，刮到微微出血为止。将皮屑置于载玻片上，滴加50%的甘油水溶液(或香柏油)，加盖玻片，在低倍镜下观察。可见多个蠕形螨虫体，确诊为蠕形螨病。

有时采取的病料中虫体可能较少，为了提高检出率，可用虫体浓集法检查虫体。先取病料置于试管中，加入10%的氢氧化钠溶液浸泡或于酒精灯上煮沸，使皮屑、痂皮溶解，然后自然沉淀或离心沉淀，弃上清液，吸取沉渣制成涂片镜检。

4. 鉴别诊断

见表14-1。

表14-1　皮肤病的鉴别诊断

皮肤病	病原	寄生部位	典型症状	诊断方法
疥螨病	犬疥螨	皮肤内	剧烈瘙痒，有疹状凸起	刮片镜检
蠕形螨病	犬蠕形螨	毛囊和皮脂腺	脱毛、皮炎、毛囊炎	刮片镜检
耳痒螨病	耳痒螨	外耳道	耳部瘙痒，耳廓内有棕褐色分泌物	耳镜检查或刮片镜检
真菌性皮肤病	小孢子菌	白毛、表皮、趾爪角质蛋白组织	界限明显的圆形脱毛斑	伍氏灯或刮片镜检
蚤病	犬栉首蚤	体表	强烈瘙痒，皮肤及被毛根部附有蚤的黑色排泄物	体表有蚤及其黑色排泄物

(二)并发症评估

本病多发于未满 1 岁的幼犬，以 5～6 月龄居多。成年犬也有部分发病，多见于发情后期或产后的母犬。病变有局部性的，也有全身性的。局部病变时，眼睑、口唇周围及四肢末端为多发部位。

1. 脱毛

蠕形螨成虫有硬的螯肢，须肢和带刺的四对足，在皮毛和皮层内活动时对犬体组织造成机械性损伤。蠕形螨以皮脂腺细胞内容物为食，直接破坏皮脂腺细胞，由此导致皮脂腺萎缩。虫体和组织的代谢产物阻塞毛囊孔，造成毛囊扩张，一旦扩张的毛囊破裂，可在周围组织形成异物性肉芽肿。由于机械性损伤毛囊而引起脱毛。

2. 瘙痒

寄生于毛囊和皮脂腺内的蠕形螨及其代谢产物作为一种抗原刺激机体，产生免疫反应，主要为细胞免疫反应。蠕形螨和代谢产物的刺激引起痒感，一般引起的痒感并不是很强烈，但继发感染出现炎症时，会出现强烈痒感。

3. 鳞屑

主要在眼睑及其周围、额部、口角、鼻端、趾间等处有脱毛，可见秃斑，界限明显，毛囊周围有红润的小突起，并伴有皮肤轻度潮红和麸皮样碎屑，皮肤显得粗糙略微有龟裂，之后皮肤呈红铜色，患病部位几乎不痒。有的可长时间保持原型，有的会因为继发感染而发展为脓疱型。

4. 丘疹、脓疱

发病部位主要在颈部、四肢内侧等处，后期可能蔓延全身，体表脱毛严重，有大量的红斑，皮肤变肥厚，往往形成皱褶。可见弥漫性小米至麦粒大的脓疱疹，压挤时可挤出脓汁，破溃后形成溃疡，并有可能继发细菌感染，出现全身症状，严重的病例会因为脓毒血症或者自体中毒而死亡。

通过“一看二问三嗅”了解犬发病情况。一看：主要看发病部位、病变面积大小，有无丘疹、脓疱疹及脱毛和痂皮。蠕形螨病最初在口角口唇处形成丘疹皱褶。二问：通过问了解皮肤病的性质，是否有与病犬接触史，犬是否有痒感。传染性皮肤病通常与蠕形螨、疥螨、真菌等感染有关，通过问诊和流行病学调查，可建立初步诊断。三嗅：闻气味，蠕形螨病犬常散发明显的腥臭味。

相关知识

一、疥螨病

疥螨病是由疥螨科疥螨属、背肛螨属的螨寄生于犬、猫皮肤内所引起的疾病，又称为“癞”。

病原

犬疥螨，呈圆形，微黄白色，背面稍隆起，腹面扁平，体长为 0.2～0.5 mm。口器为假头，假头后方有一对粗短的垂直刚毛。肢粗而短，第 1、2 对足突出体缘。雄螨第 1、2、4 对足的末端有吸盘，第 3 对有刚毛；雌螨第 1、2 对足的末端有吸盘，第 3、4 对有刚毛。吸盘有柄。

虫体背面有细横纹、锥突、鳞片和刚毛。虫卵呈椭圆形，大小为 50 μm×100 μm 。

猫背肛螨的形态构造与疥螨相似，只是虫体比疥螨小，背面的鳞片、锥突和刚毛细小不等。

生活史

犬疥螨属于不完全变态，发育过程包括卵、幼虫、若虫和成虫四个阶段。雌、雄虫交配后，雄虫死亡，雌虫在宿主表皮内挖凿隧道，产出的卵孵化为幼虫，蜕化变为若虫，再蜕化变为成虫。整个发育过程为 2～3 周。雌虫产卵后 3～5 周死亡。

猫背肛螨的生活史与犬疥螨相似。

症状

由于犬疥螨采食时直接刺激和分泌的有毒物质的刺激，皮肤出现剧痒和炎症。幼犬症状严重，病变先起始于头部、口、鼻、眼及耳部和胸部，后遍及全身。病变部发红，有小丘疹和水疱或脓疱，水疱、脓疱破溃后形成黄色痂皮。剧烈痒感，常因摩擦而使患部严重脱毛。

猫背肛螨主要寄生在猫的面部、鼻、耳以及颈部等处。感染严重时，使皮肤增厚、龟裂，出现棕色痂皮，常引起死亡。

诊断

根据临诊症状，结合皮肤刮取物检查发现螨虫即可确诊。

治疗

(1)在施用药物治疗前，应先用温肥皂水刷洗患部，除去污垢和痂皮。

(2)伊维菌素，每千克体重 0.05 mg，一次皮下注射，每周 1 次，连续使用。

(3)5%溴氰菊酯，配成 0.005%～0.008%溶液，局部涂擦，间隔 7～10 d 再用 1 次。

(4)10%硫黄软膏，涂于患部，每天重复一次，连用多天。

(5)如瘙痒症状严重，可使用皮质激素类药物或抗组胺类药物，如有皮肤开裂，应使用抗生素以防细菌感染。

预防

(1)保持饲养场光照充足、通风良好、干燥。

(2)对患病犬、猫及早隔离治疗，对同群进行预防性杀螨。

(3)被污染的场所及用具用杀螨剂处理。

(4)多发季节(夏季及前后)避免去公共草坪等处遛犬。

二、犬蠕形螨病

犬蠕形螨病是由蠕形螨科蠕形螨属的犬蠕形螨寄生于犬的毛囊和皮脂腺内所引起的疾病。偶尔能引起猫发病。

病原

虫体细长，多蠕虫状。体长为 0.25～0.3 mm，宽约 0.04 mm，分为前、中、后三部分。口器位于前部，中部有 4 对很短的足，虫体后部细长，上有横纹密布。雄虫的生殖孔开口于背面，雌虫的生殖孔在腹面。

生活史

发育过程包括卵、幼虫、若虫和成虫阶段，全部在犬体上进行。雌虫在毛囊或皮脂腺内产卵，卵孵出幼虫，幼虫蜕皮变为前若虫，再蜕皮变为若虫，最后蜕皮变为成虫。全部发育期为 25～30 d。

症状

本病多发生于5～6月龄的幼犬。当犬的身体瘦弱，缺乏营养或某种维生素时，发病的可能性较大。常寄生于面部与耳部，严重时可蔓延到全身。病部脱毛，皮肤增厚、发红并有糠皮状鳞屑，随后皮肤变淡蓝色或红铜色，如化脓菌感染则产生小脓疱，流出脓汁和淋巴液，干涸后成为痂皮，重者因贫血及中毒而死亡。

诊断

根据症状及镜检皮肤结节或脓疱内容物发现虫体确诊。

治疗

(1)5%碘酊外用，每天6～8次。

(2)苯甲酸苄酯33 mL，软肥皂16 g，95%酒精51 mL，混合，间隔1 h涂擦2次或每天涂擦1次，连用3 d。

(3)伊维菌素，每千克体重0.05 mg，皮下注射，每周1次，连续使用。

(4)对重症病犬除局部应用杀虫剂外，还应全身应用抗生素，防止细菌继发感染。

预防

参见疥螨病。

三、耳痒螨病

耳痒螨病是由痒螨科耳痒螨属的犬耳痒螨寄生于犬、猫外耳道中所引起的疾病。

病原

犬耳痒螨，雄虫体长0.35～0.38 mm，其第3对足的端部有两根细长的毛，雌虫体长0.46～0.53 mm，第4对足不能伸出体边缘，第3、4对足无吸盘。

症状

寄生于犬、猫的外耳道内，以淋巴液、渗出液为食。有时由于细菌的继发感染，病变可深入中耳、内耳及脑膜等。患病犬、猫表现摇头、搔抓或摩擦患耳，耳道内有一种暗褐色的蜡质和渗出物，有时有鳞状的痂皮。用耳镜检查耳道可发现细小的白色或肉色的耳痒螨在暗褐色的渗出物上运动，用放大镜或在低倍显微镜下检查渗出物可见犬耳痒螨。如侵害脑膜，病犬出现癫狂症状。

诊断

根据临床症状可做出初步诊断，确诊需分离出病原体。通常采取皮肤刮取物进行实验室检查。皮肤刮取物应在患部与健康部位的交界处采取，先剪去被毛，现再用外科刀刮取。

治疗

把刺激性小的油如矿物油或耳垢溶解剂注入耳道内，轻轻按摩以助清洁。在清洁过程中用金属环清除紧贴在鼓膜上的渗出物，清洁后应用杀螨剂。耳垢溶解剂为油酸三乙基对苯烯基苯酚多肽冷凝物10%、氯乙醇0.5%、丙二醇89.5%，混匀。

(1)酞酸二甲酯(邻苯二甲酸二甲酯24%、棉籽油76%)，取1～2 mL注入耳道内并轻揉，也可敷药于耳壳和脚，每3～4 d一次，直至痊愈。

(2)保护型油基质溶液，适量，滴入耳道内，每天1次。溶液配方为间苯二酚5%、氧化锌4%、炉甘石2%、杜松油1%、纯木醋酸0.4%、氢氧化锌8%。

严重病例，应每天用杀螨剂处理全身，以杀死不在外耳道内的螨。若存在炎症病变，应在炎症部位涂抹氢化可的松新霉素软膏，或用杀虫药液(每毫升含噻苯唑40 mg、硫酸新霉素 3.2 mg、地塞米松 1 mg)5～15 滴，注入耳道内，直到炎症消退为止。

四、蜱

蜱包括硬蜱和软蜱两大类，寄生于许多种动物的体表。

(一)硬蜱

又称草爬子、狗豆子、壁虱、扁虱。

病原

寄生于犬身上的硬蜱主要有血红扇头蜱、二棘血蜱、长角血蜱、草原革蜱和微小牛蜱等。下面以血红扇头蜱为例讲述。

血红扇头蜱，雄虫长 2.7～3.3 mm，宽 1.6～1.9 mm。雌虫长约 2.8 mm，宽约 1.6 mm，呈长椭圆形，背腹扁平，由假头与躯体两部分组成。形态特征是假头基呈三角形，盾板无花斑，有眼，气门板呈逗点状，有肛后沟。

生活史

其发育过程包括卵、幼虫、若虫和成虫四个阶段。幼虫爬到宿主体上吸血，经过 2～7 d 吸饱血后落到地面，蜕化变为若虫。若虫再侵袭动物，吸饱血后再落到地面，蛰伏数十天，蜕化变为成蜱。雌虫产卵后 1～2 周内死亡，雄虫一般能活 1 个月左右。

血红扇头蜱主要生活在农区和野地，活动季节为每年的 4～9 月份。

(二)软蜱

寄生于犬体表的软蜱主要有拉合尔钝缘蜱和乳突钝缘蜱等。

病原

软蜱呈卵圆形，显著的特征是躯体背面无盾板，由弹性的革状外皮构成，上有乳头状或颗粒状或圆的凹陷或星形的皱褶等结构，假头隐于虫体前端之下，背面看不到，大多无眼，腹面有肛前沟、肛后沟和生殖沟。

生活史

其发育过程也包括卵、幼虫、若虫和成虫四个阶段。幼虫和若虫在犬体上吸血和蜕化，若虫阶段有 1～7 期，最后一期若虫吸饱血后离开犬体表蜕化变为成虫。整个发育过程一般需要 1～12 个月，寿命可达 15～25 年。耐饥饿能力强。

(三)致病性与症状

硬蜱、软蜱均是吸血动物，当它们寄生在动物体表时，损伤皮肤，病犬出现痛痒、烦躁不安，经常摩擦、抓挠或啃咬皮肤，导致寄生部位出血、水肿、发炎和角质增生，或继发伤口蛆病。由于大量吸食血液，引起贫血、消瘦、发育不良等；如大量寄生于犬后肢时引起后肢麻痹；如寄生在趾间，可引起跛行。

蜱还能传播病毒性、细菌性传染病和某些原虫病，如出血热、布鲁氏菌病、巴贝斯虫病等。

(四)防治

消灭犬体上的蜱，可用手捉或用煤油、凡士林等油类涂于寄生部位，使蜱窒息后用镊子拔除。拔出时应使蜱体与犬的皮肤呈垂直状以避免蜱的口器断落在犬体内，引起局部炎症。捉到的蜱应立即杀死。

可用 0.1%辛硫磷、0.05%蝇毒磷、1%敌百虫、0.5%毒杀芬、0.5%马拉硫磷等药液对犬的体表进行喷洒、药浴或洗刷，注意防止犬舔食。也可用苏云金杆菌的制剂，涂洒于犬的体表，能使蜱死亡率达70%～90%。

消灭犬舍内的蜱，可以用泥巴堵塞犬舍内所有的缝隙和裂口，然后用石灰乳粉刷，或用0.75%滴滴涕喷洒、用敌敌畏烟剂熏杀。

五、虱病

虱病是由毛虱科毛虱属的毛虱寄生于犬、猫体表所引起的疾病。

病原

犬啮毛虱(*Trichodectes canis*)，也可在小猫身上发现。雄虱长约1.74 mm，雌虱长约1.92 mm。淡黄色具褐色斑纹。虱体扁平，分头、胸、腹三部，头比胸宽，无眼，触角1对，咀嚼式口器，胸部有3对粗短的足。

近状猫毛虱(*Felicola subrostatus*)，虫体长约1.2 mm，淡黄色，腹部白色，具黄褐色条纹，头呈三角形。

生活史

发育属不完全变态，包括卵、若虫和成虫三个阶段。雌、雄虱交配后，雌虱产卵于宿主毛上，卵经7～10 d孵化为若虫，若虫经3次蜕皮变为成虱。整个发育期约为1个月。毛虱一生均在宿主身上度过，离开宿主，在外界只能生存2～3 d。

致病作用与症状

毛虱以毛和皮屑为食，采食时引起动物皮肤瘙痒和不安，影响采食和休息。因啃咬而损伤皮肤，可引起湿疹、丘疹、水疱和脓疱等，严重时导致犬、猫脱毛、食欲不振、消瘦。幼犬、猫发育不良。

诊断

根据症状以及在犬、猫体表发现虱体可确诊。

治疗

0.5%西维因或0.1%林丹涂擦患部。伊维菌素，每千克体重0.05 mg，皮下注射。

预防

加强平时饲养管理，犬、猫舍保持清洁干燥，光照充足，饲养密度适宜。

对犬、猫要定期检查，发现虱病及时治疗。

六、蚤病

蚤病是由蚤科蚤属的蚤类寄生于犬、猫等动物体表所引起的疾病。常引起皮炎。本病多见。

病原

犬栉首蚤(*Ctenocephalides canis*)、猫栉首蚤(*C. felis*)，亦是犬复孔绦虫的传播者。虫体呈深褐色，雄虫长不足1.0 mm，雌虫长可超过2.5 mm。

生活史

属于完全变态，包括卵、幼虫、蛹、成虫四个阶段。雌蚤在宿主被毛上产卵，卵从毛上掉下，在适宜的条件下，2～4 d孵化为幼虫。

症状

由于蚤寄生时刺激皮肤，引起瘙痒，犬、猫不停地蹭痒引起皮肤炎症，出现脱毛、皮肤破溃，被毛上有蚤的黑色排出物，下背部和脊柱部位有粟粒大小的结痂。

诊断

根据临诊症状，犬、猫体表上有跳蚤及其黑色排泄物即可诊断。

治疗

有机磷酸盐类制剂、氨基甲酸酯类制剂对蚤类都非常有效，但都具有一定的毒性，用时一定要谨慎，特别是猫很敏感。

目前，市场上有多种驱蚤喷剂和滴剂可供选择。

预防

及时清扫犬、猫饲养场所，保持干净、干燥。对周围环境用杀虫剂喷雾除虫。定期对犬、猫进行驱虫。

Project 6

原虫病的防治技术

学习目标

掌握球虫病、弓形虫病等原虫病的临床特征、诊断方法及防治措施；

了解原虫的形态构造及传播方式；

熟悉原虫的分类及寄生特点。

【案例导入】

泰迪，雄，该犬自5月中上旬开始逐渐没有食欲，吐黄水，尿发黄，之后几天开始出现明显可见黄疸，在当地按中毒治疗，效果不佳。后转院至北京某动物医院。

【项目描述】

(一)一般检查项目评估

1. 问诊

了解动物精神状态表现，饲喂狗粮还是自己调配狗粮，平时接触的犬只情况，做过哪些驱虫，询问排便情况、粪便表现、排尿情况及尿液性状，有没有其他表现。有没有呼吸困难等症状。还要问是否有过其他疫病病史。经问诊，患犬有经常在草地上活动的生活史。了解当地是否有传播本病的蜱，当时是否为蜱的活动季节。病犬是否有遭到蜱叮咬的病史或在其体上抓到过蜱。

2. 临床症状

临床检查体温41℃，脉搏160次/min，呼吸42次/min，心律不齐，呼吸音粗厉。可视黏膜潮红，鼻镜干燥，被毛干燥无光泽，体格检查发现背部有少量黑色跳蚤粪便，并发现跳蚤，其他未见明显异常。

经诊断疑似传染性肝炎，并进行治疗，在治疗期间进行了间断的血液常规检查，并进行了生化检查。其间有不安、全身震颤、腹泻(大便颜色发黑)的情况出现，经1周治疗后，黄疸症状逐渐减轻，患犬有所好转，但精神仍不佳，体温一直处于37℃左右。

(二)重点检查项目评估

1. 血液常规检查

血液稀薄，使用全自动血细胞计数仪进行血液常规检查，结果见表14-2。由表14-2可见，红细胞数目、红细胞比积、血红蛋白量急剧下降，白细胞数目逐渐升高。患犬逐渐贫血，炎症加剧。

表14-2 血液常规检查

项目	第一天	第三天	第五天	第七天	参考值
红细胞 RBC	5.72	5.50	5.29	4.74	5.5～8.5
红细胞比积 HCT	0.371	0.346	0.304	0.274	0.37～0.55
血红蛋白 HGB	119	117	108	86	120～180
白细胞 WBC	28.3	42.8	73.8	63.3	6.00～17.00

2. 生化检验

患犬状态一直不见明显好转，遂进行生化检验，结果见表14-3。结果显示，ALT、AST升高，表明肝细胞受损；ALP、T. Bili升高，表明胆汁淤积；BUN、Cre升高，表明肾脏受损严重。

表 14-3 生化检验结果(第七天)

生化项目	结果	参考值
总蛋白(TP)/(g/L)	51	48～66
白蛋白(ALB)/(g/L)	25	23～39
丙氨酸氨基转移酶(ALT)/(U/L)	181	3～50
天门冬氨酸氨基转移酶(AST)/(U/L)	91	1～37
碱性磷酸酶(ALP)/(U/L)	444	20～155
γ谷氨酰转移酶(GGT)/(U/L)	23	5～25
葡萄糖(Glu)/(mmol/L)	6.5	3.7～8.2
总胆红素(T. Bili) /(μmol/L)	32	1.71～11.97
尿素氮(BUN)/(mmol/L)	>35.7	1.61～10.9
肌酐(Cre)/(μmol/L)	>1 459	44.2～132.6
胆固醇(Chol)/(mmol/L)	4.68	3.26～9.28

3. 血液涂片

由后肢隐静脉采血，涂片，瑞氏染液染色，油镜镜检。在红细胞边缘处发现淡蓝色的圆形、环形虫体。

讨论和解释：根据患犬的临床症状及实验室检查结果，即可确诊为犬吉氏巴贝斯虫病。鉴于患犬肝肾功能状况不佳，建议使用进口驱虫药并结合补液等手段进一步治疗。

(三)并发症评估

犬巴贝斯虫病，主要是由传播媒介——蜱(扇头蜱属的镰形扇头蜱及长角血蜱)传播的血液原虫病，其单个或成对寄生于患犬的红细胞内，引起严重的贫血和血红蛋白尿症。

本病呈现出一定的地方流行性和季节流行性，多发于南方地区，北方地区少见，易造成漏诊；主要发生于春、夏、秋三季，秋季多发，春季次之，冬季基本不发病。

因此，在本病的诊断中，在重视临床症状的同时，应考虑患犬来自南方地区并常在草地活动的情况，进行血液寄生虫的实验室检查。

1. 典型感染

常见再生性贫血、高胆红素血症、胆红素尿、血红蛋白尿、血小板减少、代谢性酸中毒、氮质血症、多细胞系丙种球蛋白病和肾性管型。在本病的急性感染期，最常见的是严重的贫血、代谢性酸中毒和肾脏疾病。急性巴贝斯虫病应与自发性免疫介导性溶血性贫血进行鉴别诊断。

2. 非典型性感染

还可见腹水、胃肠道症状、中枢神经系统症状、水肿和心肺疾病的临床症状。感染期，在某些犬可见黄疸、淤点、肝脾肿大。临床上，应结合病史、体格检查及实验室检查结果做出诊断，同时应与其他疾病进行鉴别诊断。

目前，犬巴贝斯虫病可根据实验室检查确诊，只是本病具有一定的地域性，因此，对于外地转诊病例，在疾病的诊断过程中，应综合考虑各方面的信息，全面分析患犬的情况，才能做出正确的诊断，防止延误病情。

(四)治疗

应用三氮脒(贝尼尔、血虫净),用量为 3.5 mg/kg 体重,皮下或肌肉注射,每天 1 次,连用 2 d。或用咪唑苯脲,用量为 5 mg/kg 体重,一次皮下或肌肉注射或间隔 24 h 再用 1 次,或每千克体重用 5~7 mg 肌肉注射,间隔 14 d 再用 1 次。

(五)预防

第一,在疫区,要做好犬体的防蜱灭蜱工作。可应用杀虫药,如 2.5 mg/L 溴氰菊酯溶液,每隔 7~10 d 喷淋 1 次犬体。

第二,对病犬应做到早发现,早诊断,早治疗。发现病例后,可应用三氮脒、咪唑苯脲的治疗剂量对其他健康犬进行药物预防。

相关知识

一、球虫病

犬、猫球虫病是由艾美耳科等孢属的球虫寄生于犬和猫的小肠和大肠黏膜上皮细胞内所引起的疾病。一般情况下致病力较弱,严重感染时,可以引起肠炎。

病原

犬等孢球虫(*Isospora canis*),寄生于犬小肠,主要在小肠后 1/3 段。孢子化卵囊呈卵圆形或椭圆形,大小为(30.7~42.0) μm×(24.0~34.0) μm。卵囊壁光滑,淡色或淡绿色。无卵膜孔、极粒和卵囊残体。孢子囊呈椭圆形,无斯氏体,有孢子囊残体。卵囊内含 2 个孢子囊,每个孢子囊内含 4 个子孢子。孢子化时间在 20℃时为 2 d。

俄亥俄等孢球虫(*I. ohioensis*),寄生于犬小肠、结肠和盲肠。孢子化卵囊呈椭圆形或卵圆形,大小为(20.5~20.6) μm×(14.5~23.0) μm。卵囊壁光滑,无色或淡黄色。无卵膜孔、极粒和卵囊残体。孢子囊呈椭圆形,无斯氏体,有孢子囊残体。卵囊内含 2 个孢子囊,每个孢子囊内含 4 个子孢子。孢子化时间在 1 周以内。

伯氏等孢球虫(*I. burrowsi*),寄生于犬小肠后段和盲肠。孢子化卵囊呈球形或椭圆形,大小为(17~24) μm×(15~22) μm。卵囊壁光滑,黄绿色。无卵膜孔、极粒和卵囊残体。孢子囊呈卵圆形或椭圆形,无斯氏体,有孢子囊残体。卵囊内含 2 个孢子囊,每个孢子囊内含 4 个子孢子。20℃时 2 d 至 1 周内孢子化。

猫等孢球虫(*I. felis*),寄生于猫小肠。孢子化卵囊呈卵圆形,大小为(35.9~46.2) μm×(25.7~37.2) μm。卵囊壁光滑,淡黄色或淡褐色。无卵膜孔、极粒和卵囊残体。孢子囊呈卵圆形,无斯氏体,有孢子囊残体。卵囊内含 2 个孢子囊,每个孢子囊内含 4 个子孢子。孢子化时间为 2 d 或更短。

芮氏等孢球虫(*I. rivolta*),寄生于猫小肠、盲肠和结肠。孢子化卵囊呈卵圆形或椭圆形,大小为(21.0~30.5) μm×(18.0~28.2) μm。卵囊壁光滑,无色或淡褐色。无卵膜孔、极粒和卵囊残体。孢子囊宽椭圆形,无斯氏体,有孢子囊残体。卵囊内含 2 个孢子囊,每个孢子囊内含 4 个子孢子。孢子化时间为 1~2 d。

生活史

上述几种球虫的生活史基本相似,可以分为三个阶段,即裂殖生殖、配子生殖、孢子生殖。随粪便排出的卵囊内含有一团卵囊质，此时的卵囊不具有感染能力。在外界适宜的条件下，经过一定的时间完成孢子生殖，即孢子化，卵囊质发育为 2 个孢子囊，每个孢子囊内发育出 4 个香蕉形的子孢子，称为孢子化卵囊，对犬、猫等具有感染能力，吞食后可感染。子孢子在小肠内释出，侵入小肠或大肠上皮细胞，进行裂殖生殖，即首先发育为裂殖体，其内含有 8～12 个或更多的裂殖子。裂殖体成熟后破裂，释出的裂殖子侵入新的上皮细胞再发育为裂殖体。经过 3 代或更多的裂殖发育后，进入配子生殖阶段。一部分裂殖子先后发育为大配子体、大配子，一部分先后发育为小配子体、小配子。大配子与小配子结合后形成合子，合子最后形成卵囊壁变为卵囊随粪便排出体外。动物从感染孢子化卵囊到排出卵囊的时间（潜隐期）为 9～11 d。一定时间后，如不发生重复感染，动物可以自动停止排出卵囊。

致病作用与症状

球虫的主要致病作用是破坏肠黏膜上皮细胞。由于球虫的裂殖生殖和配子生殖均在上皮细胞内完成，所以当裂殖体和卵囊释出时，可以引起大量肠上皮细胞的破坏，导致出血性肠炎和肠黏膜上皮细胞脱落。

轻度感染时一般不表现症状。严重感染者，患病动物于感染后 3～6 d 发生水泻或血便，轻度发热，精神沉郁，食欲减退，消化不良，消瘦，贫血。感染 3 周以后，症状自行消失，大多数可以自然康复。

诊断

根据症状和粪便检查可以确诊，但在感染初期，因卵囊尚未形成而不能检出。此时，可刮取肠黏膜做成压片，在显微镜下检查裂殖体。

治疗

可选用下列药物：

(1)磺胺六甲氧嘧啶，每千克体重 50 mg，每天 1 次，连用 5 d。

(2)磺胺二甲氧嘧啶，犬按每千克体重 55 mg，每天 1 次；或按每千克体重 27.5 mg，每天 2 次，用药 2～4 d。也可用药直到症状消失。上述磺胺类药物也可与增效剂联合应用。

(3)氨丙啉，犬按每千克体重 50～100 mg，混入食物，每天 1 次，连用 4～5 d。

预防

主要是搞好环境卫生，防止感染。也可用氨丙啉进行药物预防。

二、弓形虫病

弓形虫病是由孢子虫纲肉孢子虫科弓形虫属的弓形虫所引起的疾病，寄生于犬、猫等 200 多种动物及人，分布很广。犬和猫多为隐性感染，但有时也可引起发病。

病原

龚地弓形虫（*Toxoplasma gondii*），其不同的发育阶段有不同的形态。在中间宿主犬和其他动物体内为速殖子和包囊，在终末宿主猫体内为裂殖体、配子体和卵囊。

1.速殖子　呈弓形或梭形，大小为(4～8) μm×(2～4) μm，多数在细胞内，亦可游离于组织液内。在急性感染时，速殖子在细胞内迅速增殖，使含虫的细胞膜似一个包囊，称为假包囊。

2.包囊　可见于多种组织，以脑组织为多。包囊呈圆形或椭圆形，有很厚的囊壁，直径 8～100 μm，含有数十个缓殖子。

3.裂殖体　呈圆形，直径 12～15 μm，内含 4～24 个裂殖子。

4. 配子体　大配子体的核致密，较小，含有明显的颗粒。小配子体色淡，核疏松，后期分裂成许多小配子，每一个小配子有一对鞭毛，存在于终宿主的肠上皮细胞内。

5. 卵囊　见于终末宿主猫粪便内，呈圆形或近圆形，大小为 10 μm×12 μm。在适宜的条件下经 2～3 d 发育为孢子化卵囊，其内有 2 个孢子囊，每个孢子囊含有 4 个子孢子。

生活史

终末宿主为猫及猫科动物，中间宿主为多种哺乳动物和鸟类，猫亦可作为中间宿主。

猫食入孢子化卵囊、缓殖子或速殖子后，虫体进入小肠上皮细胞，经 2～3 代裂殖生殖，最后形成卵囊随粪便排出。在外界适宜的环境下，经 2～4 d 发育为孢子化卵囊。其潜隐期为 2～41 d，猫一生只排一次卵囊。侵入猫的一部分子孢子也可进入淋巴和血液循环，并被带到各个组织和器官，进行和在中间宿主体内一样的发育。

中间宿主食入孢子化卵囊、缓殖子或速殖子而感染。虫体通过淋巴或血液侵入全身组织，尤其是网状内皮细胞，在胞浆中以内出芽方式进行繁殖。如果感染的虫株毒力很强，而且宿主又未产生足够的免疫力，即可引起弓形虫病的急性发作。反之，如果虫株毒力较弱，宿主又能很快产生免疫，则弓形虫的繁殖受阻，疾病发作缓慢，或者成为无症状的隐性感染，虫体就会在宿主脑和其他一些脏器中形成包囊。

致病作用

初次感染时，由于宿主尚未建立免疫反应，血流中的弓形虫很快侵入宿主的器官，在宿主的细胞内迅速繁殖。这种繁殖很快的虫体称为速殖子。速殖子可以充满整个细胞，导致细胞破坏，速殖子释出，又侵入新的细胞。虫体可以侵入任何器官，包括脑、心、肺、肝、脾、淋巴结、肾、肾上腺、胰、睾丸、眼、骨骼肌以及骨髓等。

当宿主已具有免疫力时，弓形虫在细胞内增殖受到影响，增殖变慢，称为缓殖子。可形成包囊。这种包囊周围无明显炎症反应。一旦宿主免疫力下降，包囊便开始破裂，虫体再次释出，形成新的暴发。因此，包囊是宿主体内潜在的感染来源。包囊最多见于脑和眼，其次为心肌和骨骼肌，而肝、脾和肺内少见。在慢性感染的宿主体内因为免疫力强，包囊破裂后释出的抗原与机体的抗体作用，可发生无感染的过敏性坏死和强烈的炎症反应，形成肉芽肿。

症状

犬、猫都以隐性感染为主。

猫的症状分为急性型和慢性型。急性型主要表现为厌食、嗜睡，体温 40℃以上，呼吸困难（呈腹式呼吸）等。有些出现呕吐，腹泻，过敏，眼结膜充血，对光反应迟钝，甚至眼盲。有的出现轻度黄疸。怀孕母猫可出现流产，不流产者所产胎儿于产后数日死亡。慢性型的病猫时常复发，厌食，体温在 39.7～41.1℃，发热期长短不等，可超过 1 周。有些猫腹泻，虹膜发炎，贫血。中枢神经系统症状多表现为运动失调，惊厥，瞳孔不均，视觉丧失，抽搐及延髓麻痹等。怀孕母猫有流产或死产。

犬的症状主要为发热，咳嗽，呼吸困难，厌食，精神沉郁，眼和鼻流分泌物，呕吐，黏膜苍白，运动失调，早产和流产等。

病理变化

猫急性和慢性病例均可见肺水肿，肺有分散的结节。肝边缘钝圆，有小的黑色坏死灶。不同部位的淋巴结表现不同程度的增生、出血或坏死。心肌有出血和坏死灶。胸腔和腹腔积有大量淡黄色的液体。胃有出血。

犬剖检可见胃和肠道有大量大小不一的溃疡。肠系膜淋巴结肿大，切面常有范围不等的坏死区。肺有大小不同、灰白色的结节。脾脏中等肿大。肝脏通常只有轻度脂肪浸润，少数病例有不规则的坏死。心肌有小的坏死区。

诊断

可采集各脏器或体液做涂片、压片或切片检查虫体。也可用免疫学方法诊断，如间接血凝试验、补体结合反应、中和抗体试验、荧光抗体反应和酶联免疫吸附试验等。还可做动物接种试验，小鼠、豚鼠和兔子等对弓形虫非常敏感，可以用作实验动物。目前已有快速诊断试剂盒应用于临床。

治疗

只有磺胺类药物对弓形虫有效。常用的药物为磺胺嘧啶加乙胺嘧啶，磺胺嘧啶为每千克体重 10 mg，乙胺嘧啶为每千克体重 0.5～1 mg，混合后每日分 4～6 次口服，连用 14 d。

预防

最主要的措施为管好猫的粪便，防止污染环境、水源及饲料。

三、犬巴贝斯虫病

犬巴贝斯虫病为巴贝斯科巴贝斯属的寄生虫寄生于犬的红细胞内所引起的疾病。特征是严重贫血和血红蛋白缺乏。对犬危害严重。

病原

吉氏巴贝斯虫(*Babesia gibsoni*)，虫体很小，多位于红细胞的边缘或偏中央，多呈环形、椭圆形、圆点形、小杆形等，偶尔也可见到成对的小梨籽形虫体，其他形状较少见。梨籽形虫体的长度为 1～2.5 μm。圆点形虫体为一团染色质，姬姆萨染色呈深紫色，多见于感染的初期。环形的虫体为浅蓝色的细胞质包围一个空泡，有一团或两团染色质。小杆形虫体的染色质位于两端，染色较深。在一个细胞内可寄生 1～13 个虫体，大多为 1～2 个。

犬巴贝斯虫(*Babesia canis*)，为大型虫体，典型虫体呈梨籽形，一端尖，一端钝，长 4～5 μm，梨籽形虫体间可以形成一定的角度。此外，还有变形虫样、环形等其他多种形状的虫体。一个红细胞内可以感染多个虫体，多的可以达到 16 个。虫体还可见于肝、肺的内皮细胞和巨噬细胞中，可能是吞噬了含虫的红细胞所致。

生活史

巴贝斯虫发育过程中需要蜱作为终末宿主。吉氏巴贝斯虫的终末宿主为长角蜱、镰形扇头蜱和血红扇头蜱。犬巴贝斯虫的终末宿主主要为血红扇头蜱以及其他一些蜱。

蜱在吸动物血时，将巴贝斯虫的子孢子注入动物体内，子孢子进入红细胞内，以二分裂法、出芽法、裂殖生殖进行繁殖，形成裂殖体和裂殖子。红细胞破裂，虫体又进入新的红细胞。反复几代后形成大、小配子体。蜱再次吸血的时候，配子体进入蜱的肠管进行配子生殖，形成大、小配子，而后结合形成合子。合子可以运动，进入各种器官反复形成更多的动合子。动合子侵入蜱的卵细胞，在子代蜱发育成熟和采食时，进入子代蜱的唾液腺，进行孢子生殖，形成子孢子。在子代蜱吸血时，将巴贝斯虫子孢子传给动物。

流行病学

蜱既是巴贝斯虫的终末宿主也是传播者，所以本病的分布和发病季节，往往与蜱的分布和活动季节有密切关系。一般而言，蜱多在春季开始出现，冬季消失。犬巴贝斯虫原来认为主要发生在热带地区，然而，随犬的流动以及温带地区蜱的存在，在亚热带地区发生的病例越来越多。目前，已蔓延到全世界。另外，已从狐狸、狼等多种动物体内分离到犬巴贝斯虫，说明这些动物在本病的流行上具有重要意义。在我国主要为吉氏巴贝斯虫，呈地区性流行，对犬危害严重。与其他动物的巴贝斯虫病不同，幼犬和成年犬对巴贝斯虫病一样敏感。

致病作用

虫体在红细胞内繁殖，破坏红细胞，导致溶血性贫血，并引起黄疸。巴贝斯虫本身具有酶的作用，使动物血液中出现大量的扩血管活性物质，如激肽释放酶、血管活性肽等，引起低血压性休克综合征；激活动物的凝血系统，导致血管扩张、淤血，从而引起系统组织器官缺氧，损伤器官。

症状

多呈慢性经过。病初精神沉郁，喜卧，四肢无力，身躯摇摆，发热，呈不规则间歇热，体温在40～41℃，食欲减退或废绝，营养不良，明显消瘦。结膜苍白，黄染。常见有化脓性结膜炎。从口、鼻流出具有不良气味的液体。尿呈黄色至暗褐色，如酱油样，血液稀薄。常在病犬皮肤上，如耳根部、前臂内侧、股内侧、腹底部等皮肤薄、被毛少的部位找到蜱。

诊断

根据症状、流行病学、血涂片检查发现虫体和体表检查发现蜱即可确诊。

治疗

(1)硫酸喹啉脲，每千克体重0.5 mg，皮下注射。对早期病例疗效较好。如出现兴奋为主的副作用，可将剂量减少为每千克体重0.3 mg，多次给药。

(2)三氮脒，每千克体重11 mg，配成1%溶液，皮下或肌肉注射，间隔5 d再用药1次。

(3)咪唑苯脲，每千克体重5 mg，配成10%溶液，皮下或肌肉注射，间隔24 h重复用药1次。

在应用以上药物治疗的同时，应根据相应症状对症治疗。

预防

(1)做好灭蜱工作，在蜱出没的季节消灭犬体、犬舍以及运动场的蜱。

(2)在引进犬时要在非流行季节，并尽可能不从流行地区引进。

四、利什曼原虫病

利什曼原虫病是由锥体科利什曼属的利什曼原虫寄生于犬和人的肝、脾、淋巴结的网状内皮细胞中所引起的疾病，又称“黑热病”。

病原

主要致病种为热带利什曼原虫(*Leishmania tropica*)、杜氏利什曼原虫(*L. donovani*)、巴西利什曼原虫(*L. braziliensis*)。呈圆形或卵圆形，大小约4 μm×2 μm，一侧有一球形核，还有动基体和基轴线。在染色抹片中，虫体为淡蓝色，核呈深红色，动基体为紫红色。

生活史

通过白蛉作为媒介而传播。虫体被白蛉吸入后，在其肠内繁殖，形成前鞭毛型虫体，呈柳叶形，动基体前移至核前方，有1根鞭毛，无波动膜。7～8 d后返回口腔。白蛉再次吸血时使宿主感染。

症状

犬表现贫血、消瘦、衰弱，口角及眼睑发生溃烂。慢性病例则见全身皮屑性湿疹和被毛脱落。

诊断

骨髓或脾的抹片中检查到利什曼原虫即可确诊，有时在病犬的皮肤溃疡边缘刮取病料也可查到病原。

治疗

可用葡萄糖酸锑钠、戊烷脒等。

预防

本病是严重的人兽共患病，我国已基本消灭，一旦发现病犬，应予以扑杀。

五、阿米巴病

阿米巴病是由内变形科内变形属的溶组织内变形虫寄生于人的大肠黏膜，引起人阿米巴痢疾的原虫病，也可感染猴、犬、猫、猪等。起病缓慢，以顽固性腹泻为其特征。

病原

溶组织内变形虫(*Entamoeba histolytica*)，虫体形态多变。滋养体直径为 7～60 μm，平均略大于 20 μm，外质透明，内质较稠密，含有细胞核及被吞噬的红细胞。染色后可见细胞核一个，核的中央有核仁。新排出粪便内的滋养体非常活泼，依靠伪足行动。但在慢性感染时伪足不常见。包囊呈圆形，直径为 5～20 μm，囊壁较厚。根据其不同发育期，有 1～4 个核。

生活史

动物食入包囊而感染。包囊在宿主的肠道内脱囊，以二分裂进行繁殖，形成滋养体。滋养体以其伪足运动，侵入肠壁，破坏组织，致使肠壁局部坏死，形成溃疡。滋养体变为包囊，随粪便排出体外。

症状

急性病例表现为严重下痢，导致死亡。慢性病例表现为间歇性或持续性腹泻，里急后重，厌食，体重下降。

诊断

在粪便中发现滋养体或包囊即可确诊。

治疗

犬可用灭滴灵，每千克体重 10 mg，口服，每天 2 次，连用 1 周。或用痢特灵，每千克体重 2 mg，口服，每天 3 次，连用 1 周。

预防

煮沸、过滤、消毒饮水，适当处理粪便，防止苍蝇滋生和灭蝇。

六、贾第鞭毛虫病

贾第鞭毛虫病是由六鞭科贾第属的贾第虫寄生于犬、猫的小肠中所引起的疾病。

病原

犬贾第虫(*Giardia canis*)寄生于犬的十二指肠、空肠和回肠上段。有滋养体和包囊 2 种形态。滋养体如对切的半个梨，左右对称，前半呈圆形，后部逐渐变尖，长 12～17 μm，宽 7.6～10 μm，腹面扁平，背面隆突，腹面有 2 个吸盘；有 2 个核，4 对鞭毛；体中部有一对半月形的中体。包囊呈卵圆形，大小为(9～13) μm×(7～9) μm，虫体可在其内繁殖，故可见包囊内有

2个核或4个核，少数有更多的核。

猫贾第虫(*G. cati*)，寄生于猫的小肠和大肠。与犬贾第虫形态非常相似，有人认为是犬贾第虫的同物异名。

生活史

虫体以包囊传播。包囊随粪便排出体外污染饲料或饮水，被犬和猫吞食，在十二指肠内脱囊变成滋养体，侵入肠壁，以纵二分裂法繁殖，滋养体落入肠腔变为包囊。虫体可以在包囊内繁殖。

致病作用和症状

一般认为，本虫的致病性与宿主的免疫状态和抵抗力有关。当宿主健康，状态良好，免疫功能正常时不致病；当宿主免疫功能受到抑制或破坏时，或者肠黏膜的完整性受到损伤时，则可致病。

幼犬发病时，主要表现为下痢，粪便灰色，带有黏液或血液，精神沉郁，消瘦，后期出现脱水症状。成年犬仅表现排出多泡沫的糊状粪便，体温、食欲无太大变化。

诊断

用新鲜粪便做成抹片，在显微镜下发现虫体即可确诊。

治疗

灭滴灵，每千克体重25～30 mg，口服，每天3次，连用5～6 d，有良好的效果。阿的平也有效。

预防

彻底治疗病犬、猫及带虫动物，控制传染源，加强水源管理。

七、伊氏锥虫病

伊氏锥虫病是由锥体科锥体属的伊氏锥虫寄生于动物血液中所引起的疾病。马属动物、牛、水牛、骆驼易感，猪、犬、猫、兔等也可感染。

病原

伊氏锥虫(*Trypanosoma evansi*)呈弯曲柳叶状，前端尖，后端钝。长18～34 μm，宽1～2 μm。椭圆形细胞核位于细胞中央。虫体后端有点状动基体和毛基体，毛基体生出一条鞭毛，沿虫体边缘的波动膜向前延伸，最终游离于虫体外。伊氏锥虫在压滴血标本中原地运动很活泼，前进运动较缓慢。

生活史

伊氏锥虫寄生于动物的造血器官、血液和淋巴中，以纵二分裂法繁殖。由虻及吸血蝇类(螫蝇和血蝇)在吸血时传播伊氏锥虫在昆虫体内并不发育，生存时间亦短。在螫蝇体内仅生存22 h，保持感染力3 h，虻体内生存33～44 h。

流行病学

患病动物和带虫动物为感染来源。牛可带虫2～3年，骆驼达5年以上。动物中以马、骡等易感性最高，且呈急性发作。牛、水牛以慢性发作为主。犬亦有急性发作，且治疗不及时即死亡。本病发生与昆虫活动季节紧密相关。

致病作用

锥虫在血液中大量繁殖，产生大量有毒代谢产物，虫体在血液中被抗体溶解，又释放出大量毒素。首先侵害神经系统使机能障碍，继而破坏造血器官，使红细胞溶解，从而引起黄疸、组织缺氧、酸中毒。伊氏锥虫表面的糖蛋白具有很强的抗原变异性，是免疫逃避的重要原因，借此功能可引起新的虫血症高潮，如此反复损害机体。

症状

犬感染后表现精神沉郁，食欲减退，体温升高到 40～41℃。眼结膜苍白、黄疸、出血，渐进性消瘦。后期高度贫血，体表水肿，最后站立困难，倒地死亡。

剖检病变

尸体消瘦，皮下有黄色胶冻样浸润，血液稀薄，凝固不良。淋巴结肿大，内脏器官浆膜有小点出血，脾脏肿大明显，髓质呈烂泥状。肝淤血肿大。

诊断

根据流行病学、症状及血液压滴标本或涂片染色镜检即可诊断。

治疗

及早治疗才有意义，并配合对症治疗和支持疗法。

(1)安锥赛，犬按每千克体重 5～10 mg，一次皮下或肌肉注射。

(2)血虫净，犬按每千克体重 5 mg 肌肉注射，隔日一次，连用 2～3 次。

预防

定期喷洒杀虫药，尽量消灭吸血昆虫。

附录　犬瘟热诊断技术

GB/T 27532—2011

2011-11-21 发布，2012-03-01 实施

前言

本标准由中华人民共和国农业部提出。

本标准由全国动物防疫标准化技术委员会(SAC/TC 181)归口。

1　范围

本标准规定了犬瘟热的临床诊断、犬瘟热病毒的病原分离、免疫酶检测、免疫组织化学检测、RT-PCR 检测的操作方法。

本标准适用于犬瘟热的鉴定及其流行病学调查、诊断和监测。其中病毒分离、免疫酶检测、免疫组织化学检测、RT-PCR 检测适用于犬瘟热的病原诊断。

2　试剂和材料

2.1　改良最低要素营养液(DMEM)培养基：配方参见标准的附录 A。

2.2　非洲绿猴肾细胞(Vero 细胞)。

2.3　磷酸盐缓冲液(PBS)：配制参见标准的附录 A。

2.4　青霉素、链霉素：配方参见标准的附录 A。

2.5　CDV 阳性血清：中和抗体效价 1∶1 024。

2.6　CDV 阴性血清：无 CDV 感染的犬血清。

2.7　酶结合物：HRP 标记的葡萄球菌 A 蛋白(SPA)。

2.8　底物溶液：配制参见标准的附录 A。

2.9　过氧化氢甲醇溶液：配制参见标准的附录 A。

2.10　盐酸酒精溶液：配制参见标准的附录 A。

2.11　胰蛋白酶溶液：配制参见标准的附录 A。

2.12　*Taq* 酶及 10 倍 *Taq* 酶反应缓冲液：*Taq* 酶浓度为 5 U/μL，−20℃保存。

2.13　逆转录酶及 10 倍逆转录酶反应缓冲液：逆转录酶浓度为 50 U/μL，−20℃保存。

2.14　RNA 酶抑制剂(40 U/μL)：−20℃保存。

2.15　dNTP：含 dATP、dGTP、dCTP、dTTP 各 10 mmol/L，−20℃保存。

2.16　引物：浓度为 20 μmol/L，其序列如下：

上游引物(CDVF)：5′ CGA GTG TTT GAG ATA GGG TT 3′；

下游引物(CDVR)：5′ CCT CCA AAG GGT TCC CAT GA 3′。

2.17　随机引物：含有 9 个碱基的随机序列引物，浓度为 50 μmol/L，−20℃保存。

2.18 DEPC 水：自配（参见标准的附录 A），或购买商品化 DEPC 水。

2.19 Trizol 试剂：4℃保存。

2.20 异丙醇：使用前预冷至－20℃。

2.21 75%乙醇：用新开启的无水乙醇和 DEPC 水配制，使用前预冷至－20℃。

2.22 1.5 mL 无 RNA 酶的 Eppendorf 管。

2.23 0.2 mL 无 RNA 酶的 PCR 薄壁管。

3 器材和设备

3.1 细胞培养瓶（中号瓶）。

3.2 二氧化碳培养箱。

3.3 恒温水浴箱（5～100℃）。

3.4 普通光学显微镜。

3.5 0.45 μm 微孔滤膜。

3.6 离心机。

3.7 PCR 扩增仪。

3.8 水平电泳仪。

3.9 40 个小孔的室玻片。

3.10 冷冻切片机。

3.11 高速台式冷冻离心机：可控温至 4℃，离心速度可达 12 000 *g* 以上。

3.12 凝胶成像系统。

4 临床检查

4.1 临床症状

4.1.1 病犬体温升高至 40℃以上，鼻流清涕至脓性鼻汁，脓性眼屎，有咳嗽、呼吸急促等肺炎症状。

4.1.2 腹下可见米粒大丘疹。

4.1.3 病后期 CDV 侵害大脑时则出现神经症状，头、颈、四肢抽搐。

4.2 病理变化

4.2.1 新生幼犬感染 CDV 表现胸腺萎缩；成年犬多表现结膜炎、鼻炎、气管支气管炎和卡他性肠炎。

4.2.2 表现神经症状的犬可见鼻和脚垫的皮肤角化病。

4.2.3 中枢神经系统的病变包括脑膜充血，脑室扩张和因脑水肿所致的脑脊液增加。

4.2.4 犬瘟热病毒的包涵体呈嗜酸性，位于胞浆内，直径 1～5 μm，可在黏膜上皮细胞、网状细胞、白细胞、神经胶质细胞和神经元中发现，核内包涵体多位于被覆上皮细胞、腺上皮细胞和神经节细胞。

4.3 判定

若临床症状符合 4.1.1 或 4.1.3 且出现 4.2.4 的病理变化，则可判定疑似犬瘟热，其他临床症状和病理变化可作为参考指标；疑似病例可采用病毒分离、免疫酶检测、免疫组织化学检测和 RT-PCR 检测等方法确诊。

5　病毒分离

5.1　样品采集和处理

5.1.1　活犬可采集泪液、鼻液、唾液、粪便，病死犬可采集肝、脾、肺等组织器官。

5.1.2　上述样品用无血清 DMEM 制成 20%组织悬液，10 000 r/min 离心 20 min，取上清液，经 0.45 μm 微孔滤膜过滤，滤液用于 CDV 分离。

5.2　操作方法

5.2.1　细胞培养

用含 8%新生牛血清的 DMEM 培养基在细胞培养瓶（中号瓶）培养 Vero 细胞，置 37℃二氧化碳培养箱，单层细胞长至 80%～90%时，接种样品上清。

5.2.2　病料接种

取 0.1 mL 处理好的样品上清接种 Vero 细胞，置 37℃二氧化碳培养箱吸附 1 h，加入无血清 DMEM 继续培养 5～7 d，观察结果。

5.3　结果判定

若接种未出现细胞病变，应将细胞培养物冻融后盲传三代，如仍无细胞病变，则判为 CDV 病原分离阴性。若 Vero 细胞培养 4～5 d 出现细胞病变（如细胞变圆、胞浆内颗粒变性和空泡形成，随后形成合胞体，并在胞浆中出现包涵体），可用免疫酶检测、免疫组织化学检测和 RT-PCR 三种方法之一进行确诊。

6　免疫酶检测

6.1　操作方法

6.1.1　将 CDV 标准株和待鉴定的样品分别接种 Vero 细胞，接种后 5～7 d，病变达 50%～75%时，用胰蛋白酶消化分散感染细胞，PBS 液洗涤 3 次后，稀释至 1×10^6 个/mL 细胞。取有 40 个小孔的室玻片，每孔滴加 10 μL。室温自然干燥后，冷丙酮（4℃）固定 10 min。密封包装，置－20℃备用。

6.1.2　取出室玻片，室温干燥后，每份 10 倍稀释的 CDV 阳性血清和阴性血清，每份血清滴加到两个病毒细胞孔和一个正常细胞孔，置湿盒内，置恒温水浴箱 37℃孵育 30 min。

6.1.3　PBS 漂洗 3 次，每次 5 min，室温干燥。

6.1.4　滴加 1∶100 稀释的酶结合物，置湿盒内，用恒温水浴箱 37℃孵育 30 min。

6.1.5　PBS 漂洗 3 次，每次 5 min。

6.1.6　将室玻片放入底物溶液中，室温下显色 5～10 min。PBS 漂洗 2 次，再用蒸馏水漂洗 1 次。

6.1.7　吹干后，在普通光学显微镜下观察，判定结果。

6.2　结果判定

6.2.1　若 CDV 阴性血清与正常细胞和病毒感染细胞反应均无色，且 CDV 阳性血清与正常细胞反应无色，与 CDV 标准毒株感染细胞反应呈棕黄色或棕褐色，则判定阴、阳性对照成立。

6.2.2　在符合 6.2.1 的条件下，待鉴定病毒感染细胞与 CDV 阳性血清和阴性血清反应均呈无色，判为 CDV 阴性，相应动物犬瘟热感染阴性。

6.2.3　在符合6.2.1的条件下，待鉴定病毒感染细胞与阴性血清反应呈无色，而与CDV阳性血清反应呈棕黄色或棕褐色，判为CDV阳性，相应动物犬瘟热感染阳性。

7　免疫组织化学检测

7.1　样品处理

对疑似CD的病死犬或扑杀犬，立即采集肺、脾、胸腺、淋巴结和脑等组织，置冰瓶内立即送检，不能立即送检者，将组织块切成1 cm×1 cm左右大小，置体积分数为10%的福尔马林溶液中固定，保存，送检。

7.2　操作方法

7.2.1　新鲜组织按常规方法制备冰冻切片。冰冻切片机切片风干后用丙酮固定10～15 min，新鲜组织或固定组织按常规方法制备石蜡切片（切片应用白胶或铬矾明胶做粘合剂，以防脱）。

7.2.2　去内源酶：用过氧化氢甲醇溶液或盐酸酒精溶液37℃作用20 min。

7.2.3　胰蛋白酶消化：室温下，用胰蛋白酶溶液消化处理2 min，以使充分暴露抗原。

7.2.4　漂洗：PBS漂洗3次，每次5 min。

7.2.5　封闭：滴加体积分数为5%的新生牛血清或1∶10稀释的正常马血清，37℃湿盒中孵育30 min。

7.2.6　加10倍稀释的CDV阳性血清或阴性血清，37℃湿盒中孵育1 h或37℃湿盒中孵育30 min后4℃过夜。

7.2.7　漂洗：PBS漂洗3次，每次5 min。

7.2.8　加1∶100稀释的酶结合物，37℃湿盒孵育1 h。

7.2.9　漂洗：PBS漂洗3次，每次5 min。

7.2.10　底物显色：新鲜配制的底物溶液显色5～10 min后漂洗。

7.2.11　从90%乙醇开始脱水、透明、封片、普通光学显微镜观察。

7.2.12　试验同时设阳性、阴性血清对照。

7.3　结果判定

7.3.1　被检组织与阴性血清作用后应无着染，若出现黄色或棕褐色着染，判定阴性对照不成立，应重复实验。

7.3.2　在符合7.3.1的条件下，被检组织与CDV阳性血清作用后本底清晰，细胞浆内呈现黄色或棕褐色着染，判为CDV阳性，相应动物犬瘟热感染阳性。

8　RT-PCR检测

8.1　病料的采集及处理

采集的样品包括犬的泪液、鼻液、唾液、粪便及病死犬的肝、脾、肺等组织器官。将待检组织或粪便样品加等体积生理盐水研磨匀浆，3 000 *g* 离心15 min，收集上清液待检。口腔拭子、粪拭子用少量生理盐水浸润后，取上清液待检。经细胞病原分离培养的样品，收集细胞沉淀待检。CDV阳性对照样品和阴性对照样品同样处理。

8.2　RNA抽提

分别取100 μL待检样品、CDV阳性样品和阴性样品的上清液各装入1.5 mL无RNA酶的Eppendorf管，加入1 mL Trizol试剂，用枪头充分吹打20～30次；13 000 *g* 离心

15 min;取上层水相,加 500 μL 异丙醇,颠倒数次混匀,-20℃放置 20 min;13 000 *g* 离心 10 min;弃上清,沉淀用 1 mL DEPC 水配制的 75%乙醇清洗;8 000 *g* 离心 10 min;弃上清,沉淀室温干燥 10 min;加 20 μL DEPC 水溶解 RNA 沉淀。RNA 溶液在 2 h 内进行逆转录合成 cDNA 模板。另外,RNA 抽提也可采用市售的商品化 RNA 抽提试剂盒进行。

8.3 cDNA 模板制备

取 17 μL RNA 溶液,加 10 倍逆转录酶浓缩缓冲液 2.5 μL、dNTP 1.5 μL、随机引物 2 μL、RNA 酶抑制剂 1 μL、逆转录酶 1 μL,室温放置 10 min 后,置 PCR 仪上经 42℃、60 min,70℃、10 min。

8.4 PCR 检测

在 0.2 mL PCR 薄壁管中,按每个样品 10 倍 *Taq* 酶浓缩缓冲液 2.5 μL、dNTP 0.5 μL、*Taq* 酶 0.5 μL、cDNA 模板 2 μL、上游引物和下游引物(CDVF、CDVR)各 0.5 μL、三蒸水 18.5 μL,配制 PCR 检测体系。将 PCR 管置 PCR 仪上按如下程序扩增:首先 94℃变性 2 min;再 94℃、30 s,55℃、30 s,72℃、40 s 进行 35 个循环;最后 72℃、3 min。用 TBE 电泳缓冲液配制 1.5%的琼脂糖平板(含 0.5 μg/mL EB,参见标准的附录 A 中 A.11),将平板放入水平电泳仪,使电泳缓冲液刚好没过胶面,将 10 μL PCR 产物和 2 μL 加样缓冲液(6×)混匀后加入样品孔。在电泳时设立 DNA 标准分子量作对照。5 V/cm 电泳约 30 min,当溴酚蓝到达底部时停止,用凝胶成像系统观察结果。

8.5 结果判定

8.5.1 经 RT-PCR 检测,CDV 阳性对照样品可扩增出大小为 455 bp 的核酸片段,且阴性对照样品无扩增条带,否则试验结果视为无效。

8.5.2 在符合 8.5.1 的条件下,若待检样品扩增出了大小为 455 bp 的核酸片段,则初步判定犬瘟热病毒核酸阳性;若待检样品无扩增条带或扩增条带大小不为 455 bp,则判定犬瘟热病毒核酸阴性。

8.5.3 待检样品扩增出的阳性基因片段应进行核酸序列测定,若其序列与提供的比对序列的同源性≥90%,则可确诊为犬瘟热病毒核酸阳性,否则判定犬瘟热病毒核酸阴性。

8.5.4 若犬瘟热病毒核酸阳性且病原分离也呈阳性,则可判定犬瘟热病毒感染阳性。

附录 A

(资料性附录)

试剂及其配制

A.1 DMEM(高糖)培养液的配制

量取去离子水 950 mL,置于适宜的容器中,将 DMEM 粉剂 10 g 加于 30℃的去离子水中,边加边搅拌。每 1 000 mL 培养液加 3.7 g 碳酸氢钠。加去离子水至 1 000 mL,用 1 mol/L 氢氧化钠或盐酸将培养液 pH 调至 6.9~7.0。在过滤之前应盖紧容器瓶塞。立即用孔径 0.45 μm 的微孔滤膜正压过滤除菌,4℃冰箱保存。

A.2 磷酸盐缓冲液(PBS 0.01 mol/L pH 7.4)

氯化钠 8 g

氯化钾	0.2 g
磷酸二氢钾	0.2 g
十二水磷酸氢二钠	2.83 g
蒸馏水	加至 1 000 mL

A.3 青霉素、链霉素

取注射用青霉素和链霉素溶解于三蒸水中，使每毫升含青霉素、链霉素各 5 万单位(μg)，除菌过滤，用时按 100 mL 1640-15 培养液加 0.2 mL，使青霉素、链霉素的最终浓度各为 100 单位(μg)。

A.4 底物溶液

3,3-二胺基联苯胺盐酸盐(DAB)	40 mg
PBS	100 mL
丙酮	5 mL
30%过氧化氢	0.1 mL

滤纸过滤后使用，现用现配。

A.5 过氧化氢甲醇溶液(0.3%)

30%过氧化氢	1 mL
甲醇	99 mL

现用现配。

A.6 盐酸酒精溶液(1%)

盐酸	1 mL
70%乙醇	99 mL

A.7 胰蛋白酶溶液(0.5%)

胰蛋白酶	0.5 g
PBS	100 mL

低温保存。使用时，用 PBS 稀释为 0.05%。

A.8 DEPC 溶液(0.1%)

DEPC	1 mL
蒸馏水	加至 1 000 mL

磁力搅拌至溶解，高压灭菌 121℃，30 min 后 4℃冰箱保存备用。

A.9 生理盐水

称取 9 g 无水氯化钠溶于 1 000 mL 去离子水中配成 0.9%生理盐水，121.3℃灭菌 15 min。

A.10 5×TBE 电泳缓冲液

每升三蒸水中加入三羟甲基氨基甲烷(Tris)54.0 g，乙二胺四乙酸(EDTA)2.9 g，硼酸 27.5 g，用 5 mol/L 的盐酸调 pH 至 8.0。

A.11 EB 核酸染色剂

在 10 mL 三蒸水中加入 100 mg 溴化乙锭(EB)配制成 10 mg/mL 的浓缩液。

A.12 加样缓冲液(6×)

每100 mL三蒸水中加入溴酚蓝0.25 g和蔗糖40 g。

附录B
(资料性附录)
犬瘟热病毒RT-PCR扩增核酸片段参考序列

CGAGTCTTTG	AGATAGGGTT	CATCAAACGG	TGGCTGAATG	ACATGCCATT
ACTCCAGACA	ACCAACTATA	TGGTCCTCCC	GGAGAATTCT	AAAGCTGAGG
TGTGTACTAT	AGCAGTGGGC	GAGCTGACAC	TGGCTTCCTT	GTGTGTAGAT
GAGAGCACCG	TATTATTATA	TCATGACAGC	AATGGTCCAC	ATGACAGTGT
TCTAGTAGTG	ACGCTGGGAA	TATTTGGGGC	AACACCGATG	AATCAAGTAG
AAGAGGTGAT	ACCTGTCGCT	CATCCATCAG	TAGAAAAGAT	ACATATCACA
AATCACCGTG	GTTTCATAAA	AGATTCAGTA	GCAACCTGGA	TGGTGCCTGC
ATTGGTCTCT	GAGCAACAAG	AAGGACAAAA	AAATTGTCTG	GAGYCGGCTT
GTCAAAGAAA	ATCCTACCCT	ATGTGCAACC	AAACATCATG	GGAACCCTTT
GGAGG				